21 世纪普通高等教育规划教材

无机及分析化学

WUJI JI FENXI HUAXUE

主编 赵金安
徐 霞

图书在版编目(CIP)数据

无机及分析化学/赵金安,徐霞主编.—郑州:郑州大学出版社,2007.9

ISBN 978-7-81106-711-8

Ⅰ.无… Ⅱ.①赵…②徐… Ⅲ.①无机化学-高等学校-教材②分析化学-高等学校-教材 Ⅳ.061 065

中国版本图书馆CIP数据核字(2007)第133661号

郑州大学出版社出版发行
郑州市大学路40号 邮政编码:450052
出版人:邓世平 发行部电话:0371-66966070
全国新华书店经销
黄委会设计院印刷厂印制
开本:787 mm×1 092 mm 1/16
印张:21.5
字数:512千字
版次:2007年9月第1版 印次:2007年9月第1次印刷

书号:ISBN 978-7-81106-711-8 定价:34.00元

编委名单

BIANWEIMINGDAN

主　编　赵金安　徐　霞

副主编　张慧勤　张红岭　潘　玮

　　　　　刘萃红

编　委　（按姓氏笔画排序）

　　　　　马步伟　王艺军　刘萃红

　　　　　朱玉玲　张红岭　张慧勤

　　　　　陈　燕　赵金安　赵振新

　　　　　柳　兵　徐　霞　潘　玮

内容提要

NEIRONGTIYAO

本书按照教学大纲要求，将无机和分析化学内容融合在一起。内容包括溶液和胶体、化学热力学和化学动力学初步、化学平衡、原子和分子结构与化学键、定量分析概论和化学分析的四大平衡以及光度分析法，每章末有思考题和习题。

本书可作为本科化工类、环境类、制药技术类、生物技术类、医学类、农林类、材料类、国防公安类等相关专业的教材使用，也可作为以上各相关专业成人教育、职业培训教材使用，同时可作为各相关专业参考书。

前言

QIANYAN

随着社会的飞速发展和科技的进步，使得化学在各个相关学科如农学、生物学、医学和环境学等学科中的地位日益提高。为使学习这些学科的学生适应科技发展，化学工作者不断更新教学内容，为此，我们编写了无机及分析化学一书。该书综合了以往的无机化学和分析化学两门基础化学课程的内容，包括基本化学原理、物质结构、滴定分析、四大化学平衡以及仪器分析等。

鉴于无机化学和分析化学学科的迅速发展，本教材在充实内容的基础上，适当增加了发展比较成熟的新方法和新技术的相关内容，以实现教材的先进性，使学生能够了解并学习学科发展的新进展。另外，编者参考了已出版的相关教材，并引用了其中的一些图表，主要参考书列于书后，在此特向所有参考图书的作者表示感谢！

本教材主编为一直战斗在教学一线的赵金安老师和徐霞老师，副主编为张慧勤老师，张红岭老师，潘玮老师，刘萃红老师。绪论和第十章由赵金安编写；第七章、第十三章由徐霞编写；第十一章、第十二章由张慧勤和潘玮编写；第八章、第九章由张红岭和陈燕编写；第三章由柳兵和朱玉玲编写；第二章、第四章、第五章由刘萃红、马步伟和赵振新编写；第六章由王艺军编写。

限于编者水平，书中难免有不妥之处，恳请专家和读者批评指正。

编者

2007 年 6 月

目录
MULU

第一章 绪 论

自从有了人类,化学便与人类结下了不解之缘。钻木取火,用火烧煮食物,烧制陶器,冶炼青铜器和铁器,等等,都是化学技术的应用。正是这些应用,极大地促进了当时社会生产力的发展,成为人类进步的标志。今天,化学作为一门基础学科,在科学技术和社会生活的方方面面正起着越来越大的作用。

世界是由物质组成的,物质是客观存在的东西,它是现在和未来工程师的实际工作对象,也是化学研究的对象。

一、化学研究的对象和重要作用

1. 化学是研究化学物质变化的科学

众所周知,世界是由物质组成的,形形色色的物质处于永恒的运动之中。自然科学就是以客观存在的物质世界为考察对象,以它的基本属性——运动作为研究的内容。目前,人们把客观存在的物质划分为实物和场(电磁场、引力场等)两种基本形态。化学研究的对象主要是实物。就物质的构造而言,大至宏观的天体,小到微观的基本粒子,其间可分为若干层次。化学研究的主要对象是单质、化合物与原子、分子和离子等客观存在的东西,也常称为物质。

物质运动的形式,目前主要分为机械运动、物理运动、化学运动、生物运动和社会运动等。化学研究的内容主要是物质的化学运动,即物质的化学变化,化学变化的过程实际上为分子、原子或离子等因核外电子运动状态的改变而发生分解和化合等变化的过程,同时伴有物理变化如光、热、电、颜色、物态等的发生。因此,在研究物质化学变化的同时,也必须注意研究伴随化学变化的相关的变化。对这些相关变化的研究,有时会反过来促进化学学科自身的发展。如研究化学反应产生的电流现象,导致电化学的发展;对化学反应热的研究,又产生热化学,等等。

化学变化之后,原物质变成了新物质,但不涉及原子核的变化。由于物质的化学变化与物质的化学性质相关,而物质的化学性质与物质的组成和结构密切相关。因此,首先是研究物质本身的组成、结构及其性质,其次是研究物质发生化学变化的外界条件,最终还要对变化本身的规律进行研究,即反应能否发生、反应程度如何,有哪些因素影响反应的发生及程度,如何进行化学反应等,并综合理解和应用。

综上所述,化学是一门在原子、分子或离子层次上的研究:

① 物质的组成、结构和性质的关系;

② 物质的组成、结构变化的内在联系及外界变化条件;

③ 伴随着整个变化的效应等。

2. 化学的重要作用

从宇宙进化的层次结构来看，化学是研究化学进化这一层次的科学。因此，化学不会消亡。人类认识世界、认识物质，总是从自己直接感知开始，并借助于仪器和辩证思维不断深入扩展的。物质处于不断地运动之中，各层次的物质运动都有相应于其特点的理论。人类对物质运动的认识没有完结，随着时代的前进而不断更新。在19世纪和20世纪上半叶，化学研究的前沿之一是发现新元素及其化合物，因此元素周期律是化学研究的一个极为重要的规律。20世纪三大科学发现（相对论、量子力学、DNA双螺旋结构），使化学工作者在理论物理与化学交叉学科有多项重大突破，对20世纪人类科技和物质文明进步产生了巨大影响。量子化学从20世纪30年代初的理论奠基到90年代末在计算技术与应用上的成熟，经历了将近70年。量子力学的辉煌使理论物理学家18次共25人荣获诺贝尔物理奖。这是几代杰出理论化学家不懈努力的结果，得益于计算机和计算技术的巨大进步。在90年代行将结束之际，化学理论和计算研究的巨大进展，致使整个化学正在经历一场革命性的变化。Kohn和Pople是其中的两位最优秀代表。1998年诺贝尔化学奖的颁布是计算量子化学在化学和整个自然科学中的重要地位被确立和获得普遍承认的重要标志。量子力学颁奖典礼上对他们研究成果的评价是“这项突破被广泛地公认为近一二十年来化学学科中最重要的成果之一”。从20世纪下半叶起，化学研究的主要任务就转变为合成新分子。在过去的几十年中，新分子和化合物的数目从110万种增加到2 000万种以上。在这些新分子中，有许多是人们感兴趣的分子，例如能使血管扩张、传递神经信息的“信使分子”——NO，此外，1985年合成的C_{60}，1991年合成的碳纳米管等都是非常重要的分子。21世纪的化学，有的中国科学院院士预言还要飞速发展，并在研究对象的更新方面有3个特征：①在数量上，新分子和新化合物将以指数函数的速度增长，大概每隔10年翻一番；②在质量上，将更加重视人类需要的功能分子和功能材料；③将不再满足合成新分子，而要把分子扩展组装成分子材料、分子器件、分子机器，例如碳纳米管分子导线、分子开关、分子磁体、分子电路、分子计算机等。

现在多数科学家预言21世纪是生命科学的世纪，但现代生命科学须在分子层次及以上水平来研究。在分子水平上的研究方法之一就是化学方法。如果有了深厚的化学理论、方法和实验基础，再去从事分子生物学和生命科学的研究，将会取得很大成功，这在中外的著名生物学家中有不少例子。

另外，化学是社会迫切需要的实用科学。化学与人类社会的衣、食、住、行、能源、信息、材料、国防、环境保护、医药卫生、资源利用等都有密切的关系。例如在化学合成新材料方面，已经合成出比头发丝还细的石英光导纤维，用它在通讯中代替铜线，一根光导纤维就可供2.5万人同时通话而互不干扰。1987年发现$YBa_2Cu_3O_x$一类氧化物显示超导性的温度为95 K，这意味着在液氮温度下实现超导性已成为可能，这样就有可能把电能进行长距离输送而无损失。人体中微量元素的作用正在被化学家一一探明，新的合成药物一批又一批被研制成功，人类的寿命不断地延长。可以说，现代化学正在成为一门满足社会需要的重要学科之一。与此同时，化学向其他学科的渗透趋势在21世纪将会更加明显，更多的化学工作者会投身到研究生命科学、材料等的队伍中去，并在化学与生物学、化学与材料学等的交叉领域中大有作为。化学必将为解决基因组工程、蛋白质组工程中的问题作出巨大的贡献。

化学的发展已经成为带动和促进其他与之相关学科的发展的基础之一,同时其他学科的发展和技术的进步,会反过来推动化学本身的不断前进。从微观看,化学家已经能够研究单分子中的电子传递过程和能量转移过程;从宏观看,化学家能探讨分子间的作用力和电子的运动。化学家不仅能够描述慢过程,亦能跟踪超快过程,而这些研究将有助于化学家在更深层次揭示物质的性质及物质的变化规律。

随着20世纪的过去,化学知识和化学生产的普及和发展,以及数学、物理学的进展,一些在此基础上综合发展起来的大科学,开始显现出它们重要的地位。而这些大科学的发展,又会对化学提出新的挑战。化学家要走出纯化学,进入生命科学、材料科学、环境、能源乃至信息科学等,这些都要求化学有新的发展,才能解决现今面临的诸如复杂体系、极端条件和非平衡态等新问题。

总之,化学是一门实用的中心科学,它与数学、物理学等学科共同成为当代自然科学迅猛发展的基础。化学的核心知识已经应用于自然科学的方方面面,与其他学科相辅相成,构成了认识自然和改造自然的强大力量。

二、无机及分析化学课程的性质、任务与学习方法

无机及分析化学课程是相关专业的基础课,主要介绍化学学科的基础理论与基本知识,以及基本实验技能。在此基础上,运用微观理论知识,去揭示物质的组成、结构及其性质与变化规律的关系;用宏观理论知识中的化学热力学与化学动力学知识,计算化学反应中的能量变化,从而判断化学反应的方向、限度、快慢及反应历程,以及掌握化学反应与外界条件的关系等,并将这些知识在水溶液的四大化学平衡中应用和深化。例如,金属离子是酶的辅基或激活剂,金属离子通过自身化合价的变化来传递电子,完成生物体内的氧化还原反应,在维持生物体内的水和电解质平衡等方面亦需要金属离子。总之从生物和化学两方面都逐步认识到所有生物功能均直接或间接地依靠多种金属离子。

学习无机及分析化学课程须用科学的思维方法。科学的方法即在仔细观察实验现象、搜集事实、获得感性知识的基础上,经过分析、比较、判断,然后由表及里、由此及彼地进行推理、归纳得到在概念、定律、原理和学说等不同层次上的理性知识,再将这些理性知识应用到实际生产上,在实践的基础上又进一步丰富理性知识的过程。因此学习无机及分析化学课程与学习其他自然科学一样,必须是从实践到理论再到实践的过程,整个过程中人脑所起的作用就是科学思维。

在学习过程中,应该注意以下两方面:

(1)学习中要注意基本概念和基本理论知识的理解和应用。学习某一内容时,首先注意研究的对象(物质的名称、组成结构、性质及变化规律等)和背景(化学反应的条件或物质所处的环境等)。重点和难点是什么?然后再研究具体内容,弄清问题的提出,用什么理论、方法、概念或计算公式研究、分析和解决。从而抓住学习要领。例如,学习化学键与分子结构这一章时,首先了解分子是物质的主要存在形式,是原子间靠化学键的作用结合成分子,分子是参与化学反应的基本单元,分子间依靠存在的分子间力、氢键等作用力而结合成物质。继而进一步认识物质的组成、结构和性质的关系,培养自学能力。

尽力做到课前预习，以利于主动学习，课后复习和做作业，从中有选择地阅读一些参考书和杂志。

（2）本学科的新知识增长较快，目前教学学时数有限，为此，配合以不断改革教学方法，充分运用现代化教学手段，以期提高学生的可接受性。

三、无机及分析化学的任务

1. 无机化学的任务

无机化学涉及范围很广，它所涉及的一些基础理论是化学研究中的一些普遍规律，是学习有机化学、物理化学、生物化学及结构化学的基础。它的主要研究对象是元素和非碳氢结构的化合物；涉及的内容为原子结构，无机分子结构和晶体结构。化学平衡的理论，元素性质及其周期律，各种无机化合物的性质、制备及应用。

2. 分析化学的任务

分析化学是一个确定物质组成、结构和各组分含量的学科，是化学学科的一个重要分支，它是获取物质化学组成和结构信息并研究相关的分析方法和理论的一门学科。分析化学的研究对象是物质的化学组成和结构，它的任务包括：进行定性分析以确定物质由哪些元素、离子、官能团或化合物组成；进行结构分析以确定物质的存在形态（氧化—还原态、配位态等）和结构（化学结构、晶体结构等）；进行定量分析以测量有关组分的含量。通过分析化学可获得物质及其变化的全面信息。

分析化学不仅适用于无机物，也适用于有机物和生物物质。几乎所有的化工生产都离不开它。在冶金、建材、航天、轻工、石油、食品、生物、医药、卫生、材料、环保等行业也得到了广泛应用。

分析化学按其任务可分为定性分析、结构分析和定量分析。在定性分析中，一般是应用化学反应将待测组分转变为具有某些特殊性质的外观表现效果（如沉淀的生成和溶解，颜色的形成或改变，气体的生成等），以判断样品中是否含有某种组分，即解决试样中“有什么”的问题。

分析化学中除了各种化学分析的手段外，仪器分析手段的使用也越来越重要。特别是对于痕量物质的测定和分析。古人云“工欲善其事，必先利其器”。化学实验工作往往离不开测量，因此实验手段的进步，特别是实验仪器的开发使用对化学研究有着重要的作用。19 世纪精密天平的出现曾为化学研究开创了一个新的局面。19 世纪初期，曾有人提出“任何原子质量都是氢原子质量的倍数”。此学说是否可信有赖于对各种元素的称量测定。后来由于测到了氯元素的原子量并非氢原子整倍数，该学说就受到怀疑并被摒弃。同样的称量工作使化学家 Regleigh 发现，从空气中得到的 N_2 和从氨分解中得到的 N_2 两者的密度不一样。由此而想到空气来源的 N_2 中是否还会有没分开的物质，结果就发现了惰性元素氩（Ar）。

近代化学实验手段的飞跃发展，更是将化学研究推进到一个新的时代。各种波谱，特别是红外、紫外、电磁、核磁技术的发展，使化学物质的结构研究有了明亮的“眼睛”。各种电子能谱的发展又使化学研究如虎添翼，更深入到微观和分子水平的研究。

第二章　溶液和胶体

溶液(solution)和胶体(colloid)都是自然界中最常见的混合物，在自然界中普遍存在，与工农业生产以及人类生命活动过程有着密切的联系。生物体和土壤中的液态部分大都为溶液或胶体，人体内的血液、尿液、胃液及淋巴液都是溶液，自然界中广大的江河湖海就是最大的水溶液，它们都是由一种或者几种物质以大小不同的颗粒状态被分散到另一种含量较多的物质中所形成的分散体系。

第一节　分　散　系

一、分散系的概念

当一种或几种物质分散在另一种物质中所形成的体系，叫做分散系。物质除了以气态、液态和固态的形式单独存在外，在自然界中大多以分散系的形式存在，如溶液、悬浊液、土壤溶液等都属于液态分散系。

分散系由分散相(dispersed phase)和分散介质(dispersing medium)组成。分散系中被分散的物质称为分散相（或分散质）；把分散质分开来的物质称为分散介质(或分散剂)。对一个体系来说，物理和化学性质相同的部分为一相。每一相内部都是均匀的，而相与相之间有界面分开，凡只含有一个相的分散系称为均相(单相)分散系，而含有两个或两个以上相的分散系称为非均相(多相)分散系。当分散系的分散相粒子由许多分子或原子聚集而成时，分散相和分散介质间有相界面存在，这样的分散系属于非均相体系。例如黏土分散在水中成为泥浆，水滴分散在空气中成为云雾，而当分散相粒子以单个的分子(或离子)分散在介质中时，则分散系的每一部分都是溶质分子或离子与分散介质的均匀混合物，分散相和分散介质间没有相界面，只存在一个相。属于均相分散体系，如酒精水溶液、食盐水溶液等。

二、分散系的分类

按照分散质粒子的大小和分散系的一些性质，可以把分散系分为三类：分子或离子分散系、胶体分散系和粗分散系三类。见表 2 - 1。

表 2 - 1 分散系分类

类　型	粒子直径/nm	分散系名称	主要特征
分子、离子分散系	<1	真溶液	最稳定，扩散快，能透过滤纸及半透膜，对光散射极弱。分散质是小分子，电子显微镜不可见，属于单相系统
胶体分散系	1 ~ 100	高分子溶液	很稳定，扩散慢，能透过滤纸及半透膜，对光散射极弱，黏度大。分散质是大分子，电子显微镜可见，属于单相系统
		溶胶	稳定，扩散慢，能透过滤纸，不能透过半透膜，光散射强。分散质是分子的小集合体，电子显微镜可见，属于多相系统
粗分散系	>100	乳状液悬浊液	不稳定，扩散慢，不能透过滤纸及半透膜，无光散射，分散质是分子的大集合体，一般显微镜可见，属于多相系统

当被分散的物质是以分子、离子或者原子为单位被均匀地分散到另一个均匀的物质中，它们与分散剂的亲和力极强，均匀、无界面，是高度分散、高度稳定的单相系统，这种均匀的分散体系称为溶液。溶液中不论是被分散的物质还是分散介质的颗粒半径都很小，一般小于 1 nm，因此也将这种溶液称为真溶液。最常见的有工业酒精、生理盐水、稀硫酸溶液等。

在分散体系中，若被分散物质的颗粒直径介于 1 ~ 100 nm 之间时，所形成的分散体系称为胶体分散体系，简称胶体。胶体可分成两类：溶胶和高分子溶液。

被分散物质为分子或者粒子的集合体这类难溶于分散剂的固体分散质，高度分散在液体分散剂中，所形成的胶体分散系称为溶胶。例如 $Al(OH)_3$ 溶胶、AgI 和硫化砷溶胶等。其分散质和分散剂的亲和力不强，不均匀，有界面。故溶胶是高度分散、不稳定的多相系统。由于亲和力不强，故又称为疏液溶胶（或憎液溶胶）。

高分子溶液指的是被分散物质为聚合物分子或者生物大分子，例如聚乙烯醇溶液、明胶等。分散质粒子是单个的高分子，与分散剂的亲和力强，故高分子溶液是高度分散、稳定的单相系统。高分子溶液在某些性质上与溶胶相似。由于高分子粒子与溶剂的亲和力强，故又称为亲液溶胶。

当被分散的物质的颗粒半径大于 100 nm 时，所形成的分散系统称为粗颗粒分散体系。用普通显微镜甚至肉眼也能分辨出，是一个多相系统。按分散质的聚集状态不同，粗分散系又可分为两类：一类是液体分散质分散在液体分散剂中，称为乳状液，如牛奶。另一类是固体分散质分散在液体分散剂中，称为悬浊液，如泥浆。由于粒子大，容易聚沉，分散质也容易从分散剂中分离出来，故粗分散系统是极不稳定的多相系统。

三种分散系之间虽然有明显的区别，但各种分散系之间并没有绝对的界限。实际中的分散系往往是比较复杂的，有的同时会表现出分散系中二种或三种性质。

第二节　溶液的浓度

一、溶　　液

溶液是分子分散系，是由两种或两种以上的物质混合而成的均匀稳定的分散体系。从上一节学习中我们知道，溶液可存在三种状态，即气态溶液（如空气）、液态溶液（如生理盐水）和固态溶液（如合金）。但从狭义上讲，一般溶液都是指液态溶液。

二、溶液的组成

溶液均由分散相和分散剂两部分组成。由固体和液体、气体和液体组成的溶液，液体就是溶剂，固体和气体则是溶质；由液体和液体组成的溶液，往往量多的是溶剂，量少的是溶质。但水可看做是恒溶剂，如在质量分数为95%的乙醇、浓硫酸、浓盐酸中，溶剂就是水。在有机化学中也有一些恒溶剂，如乙醇、乙醚、氯仿、丙酮、煤油、四氯化碳、二硫化碳、二甲亚砜等。

三、溶液的浓度

溶液的浓度是指一定量的溶液或溶剂中含有的溶质的量。由于"溶质的量"可取物质的量、质量、体积，溶液的量可取体积，溶剂的量常可取质量、体积等，所以浓度的表示方法是多种多样的。

1. 质量分数 ω_B

混合系统中，代表溶质的质量（m_B）占溶液总质量（m）的分数，常用百分数表示，用符号 ω_B 表示，其量纲为1，表达式为

$$\omega_B = \frac{m_B}{m}$$

质量分数，以前常称为质量百分浓度（用百分率表达则再乘以100%）。

2. 体积分数 φ_B

混合系统中，代表溶质的体积（V_B）占溶液总体积（V）的分数，常用百分数来表示

$$\varphi_B = \frac{V_B}{V}$$

3. 物质的量浓度（通常称为摩尔浓度）c_B

物质的量是国际单位制SI规定的一个基本物理量，用来表示系统中所含基本单元的量，其单位为摩尔（简称摩），符号mol。摩尔是一系统物质的物质的量，该系统中所包含的基本单元数与0.012 kg ^{12}C 的原子数目相等时，其物质的量为1 mol。1 mol ^{12}C 所含的原子数，叫阿伏伽德罗常数，用"N_A"表示，其数值为 6.02×10^{23}。因此，1摩尔任何物质，均含有 N_A 个基本单元。在使用物质的量时，基本单元应予指明，它可以是分子、原子、离子、电子及其他粒子，也可以是这些微粒的特定组合。

任何分子、原子或离子的摩尔质量，当单位为 $g \cdot mol^{-1}$ 时，数值上等于其相对原子质

量、相对分子质量或离子质量。若用 m 表示 B 物质的质量，则该物质的物质的量为

$$n_B = \frac{m}{M_B}$$

物质的量的浓度：即单位体积溶液中溶解的溶质的物质的量（n_B），按国际单位制应表示为 $mol \cdot m^{-3}$，法定单位为摩尔每升（$mol \cdot L^{-1}$）。

$$c_B = \frac{n_B}{V}$$

4. 物质的量分数（通常称为摩尔分数）M_B

即溶质的物质的量（n_B）与整个溶液中所有物质的物质的量（n）之比

$$M_B = \frac{n_B}{n}$$

式中：n_B——溶质物质的量；

n——溶液中所有物质的物质的量。

5. 质量浓度 ρ_B

即单位体积溶剂中溶解的溶质的质量（m_B），按国际单位制应表示为 $kg \cdot m^{-3}$。

$$\rho_B = \frac{m_B}{V}$$

6. 质量摩尔浓度 b_B

1 000 g 溶剂中所含溶质 B 的物质的量，称为溶质 B 的质量摩尔浓度，用符号 b_B 表示，单位为 $mol \cdot kg^{-1}$。表达式为

$$b_B = \frac{n_B}{m_A}$$

质量摩尔浓度与体积无关，故不受温度变化的影响，常用于稀溶液依数性的研究。对于较稀的水溶液来说，质量摩尔浓度近似地等于其物质的量浓度。

例题 2-1 在常温下取 NaCl 饱和溶液 10.00 cm^3，测得其质量为 12.003 g，将溶液蒸干，得 NaCl 固体 3.173 g。求：（ⅰ）物质的量浓度；（ⅱ）质量摩尔浓度；（ⅲ）饱和溶液中 NaCl 的摩尔分数；（ⅳ）NaCl 饱和溶液的质量分数；（ⅴ）质量浓度。

解 （ⅰ）NaCl 饱和溶液的物质的量浓度为

$$c(\text{NaCl}) = \frac{n(\text{NaCl})}{V} = \frac{3.173\ \text{g} / 58.44\ \text{g} \cdot \text{mol}^{-1}}{10.00 \times 10^{-3}\ \text{L}} = 5.42\ \text{mol} \cdot \text{L}^{-1}$$

（ⅱ）NaCl 饱和溶液的质量摩尔浓度为

$$b(\text{NaCl}) = \frac{n(\text{NaCl})}{m(\text{H}_2\text{O})} = \frac{3.173\ \text{g}/58.44\ \text{g} \cdot \text{mol}^{-1}}{(12.003 - 3.173) \times 10^{-3}\ \text{kg}} = 6.14\ \text{mol} \cdot \text{kg}^{-1}$$

（ⅲ）NaCl 饱和溶液中

$$n(\text{NaCl}) = 3.173\ \text{g}/58.44\ \text{g} \cdot \text{mol}^{-1} = 0.054\ 2\ \text{mol}$$

$$n(\text{H}_2\text{O}) = (12.003 - 3.173)\ \text{g}/18\ \text{g} \cdot \text{mol}^{-1} = 0.491\ \text{mol}$$

$$M(\text{NaCl}) = \frac{n(\text{NaCl})}{n(\text{NaCl}) + n(\text{H}_2\text{O})} = \frac{0.054\ 2\ \text{mol}}{0.054\ 2\ \text{mol} + 0.491\ \text{mol}} = 0.10$$

（ⅳ）NaCl 饱和溶液的质量分数为

$$\omega(NaCl)=\frac{m(NaCl)}{m(NaCl)+m(H_2O)}=\frac{3.173\ g}{12.003\ g}=0.2644=26.44\%$$

(V) NaCl 饱和溶液的质量浓度为

$$\rho=\frac{m_B}{V}=\frac{3.173\ g}{10.00\times10^{-3}L}=317.3\ g\cdot L^{-1}$$

例题 2－2 用分析天平称取 1.234 6 g $K_2Cr_2O_7$ 基准物质，溶解后转移至 100.0 mL 容量瓶中定容，试计算 $c(K_2Cr_2O_7)$ 和 $c\left(\frac{1}{6}K_2Cr_2O_7\right)$。

解 已知 $m(K_2Cr_2O_7)=1.2346\ g$ $M(K_2Cr_2O_7)=294.18\ g\cdot mol^{-1}$

$$M\left(\frac{1}{6}K_2Cr_2O_7\right)=\frac{1}{6}\times294.18\ g\cdot mol^{-1}=49.03\ g\cdot mol^{-1}$$

$$c(K_2Cr_2O_7)=\frac{m(K_2Cr_2O_7)}{M(K_2Cr_2O_7)\cdot V}=\frac{1.2346\ g}{294.18\ g\cdot mol^{-1}\times100.0\ mL\times10^{-3}}=0.04197\ mol\cdot L^{-1}$$

$$c\left(\frac{1}{6}K_2Cr_2O_7\right)=\frac{m(K_2Cr_2O_7)}{M\left(\frac{1}{6}K_2Cr_2O_7\right)\cdot V}=\frac{1.2346\ g}{49.03\ g\cdot mol^{-1}\times100.0\ mL\times10^{-3}}=0.2518\ mol\cdot L^{-1}$$

$$c\left(\frac{1}{6}K_2Cr_2O_7\right)=6c(K_2Cr_2O_7)\qquad n\left(\frac{1}{6}K_2Cr_2O_7\right)=6n(K_2Cr_2O_7)$$

由于溶液的体积随温度而变，导致“物质的量浓度”也随温度而变。为避免温度对数据的影响，常使用不受温度影响的浓度表示方法，如质量摩尔浓度、质量分数等。

第三节 稀溶液的依数性

溶质的溶解过程是溶质和溶剂的某些性质相应地发生了变化，这些性质变化可分为两类：一类是溶质本性不同所引起的，如溶液的密度、体积、导电性、酸碱性和颜色等的变化，溶质不同则性质各异。另一类是溶液的浓度不同而引起溶液的性质变化，如蒸气压下降、沸点上升、凝固点下降、渗透压等，是一般溶液的共性。

稀溶液中溶剂的蒸气压下降，凝固点降低（析出固体纯溶剂），沸点升高（溶质不挥发）和渗透压的数值，仅与一定量溶液中溶质的质点数有关而与溶质的本性无关，只适用于理想稀溶液，对稀溶液近似适用。所以称为溶液的依数性（colligative properties of dilute solution）。溶液的依数性只有在溶液的浓度很稀时才有规律，而且溶液越稀，其依数性的规律性越强。

一、蒸气压下降

1. 蒸气压的产生

物质分子在不断地运动着，当温度一定时，在密闭容器中，单位时间内由液面蒸发出的分子数和由气相回到液体内的分子数相等时，气、液两相处于平衡状态，这时蒸气的压强叫做该液体的饱和蒸气压，通常又称为蒸气压（vapor pressure）。常用符号 p 表示，其单位为 Pa 或者 kPa。

蒸气压与液体的本质和温度有关,与液体的量以及液面上方空间的体积无关。实验证明,相同温度下。当把难挥发的非电解质溶于溶剂形成稀溶液后,稀溶液的蒸气压比纯溶剂的蒸气压低。这是因为溶剂的部分表面被溶质所占据,因此在单位时间逐出液面的溶剂分子数就相应减少。结果达到平衡时,溶液的蒸气压必须低于纯溶剂的蒸气压,这种现象称为溶液的蒸气压下降。

纯液体在一定温度下具有一定的蒸气压。由于蒸发是吸热过程,所以同一液体的蒸气压随着温度的升高而增大(图 2-1)。例如:20 ℃时水的蒸气压为 2.34 kPa,而 100 ℃时则有 101.325 kPa。

气—液相间存在蒸发——凝结平衡,同样在气—固相间也存在此类平衡,因而固相也具有一定的蒸气压。例如碘的固相蒸气压较大,甚至一定温度和压力下可由固态直接转变为气态,称为升华。但多数固态物质常温下的蒸气压较其液相蒸气压小得多而被忽略。

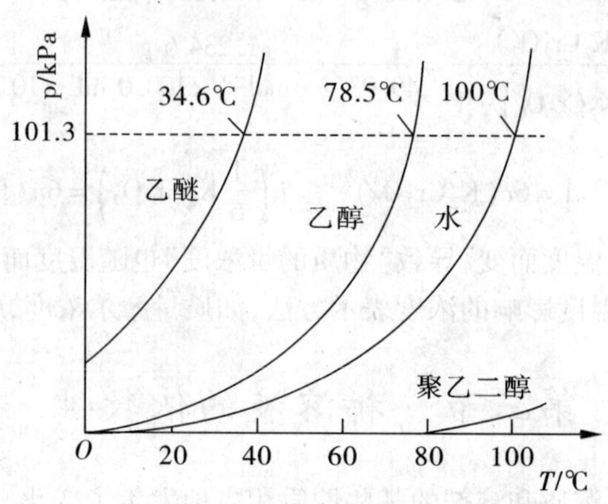

图 2-1 几种液体蒸气压与温度关系图

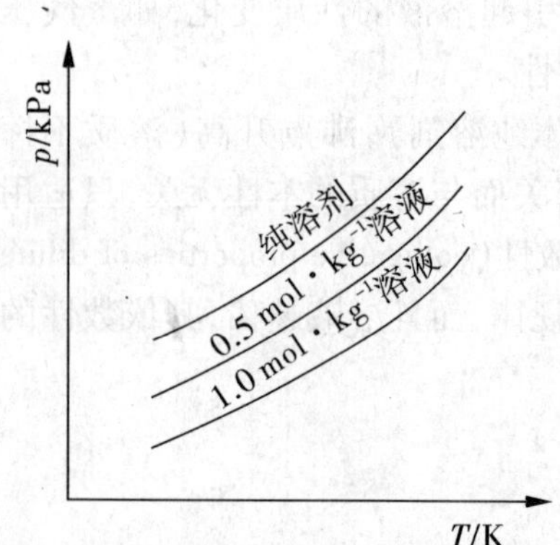

图 2-2 纯溶剂与溶液的蒸气压

2. 稀溶液的蒸气压下降

实验证明,当在纯溶剂中加入少量难挥发的溶质时,液体的蒸气压就会下降。这是因为在纯溶剂中溶入难挥发的溶质后,加入溶剂中的溶质分子将会占据液体的部分表面,使得单位时间内逸出液面的溶剂分子数相对于纯溶剂时有所减少,其结果是当蒸发与凝结重新达到平衡时,溶液的蒸气压将低于同温度下纯溶剂的蒸气压,即引起了蒸气压下降(vapor pressure lowering)。图2-2表示了纯溶剂和溶液的蒸气压的曲线。

1887 年,法国物理学家拉乌尔(Raoult)研究了溶质对纯溶剂的凝固点和蒸气压的下降。对于难挥发的非电解质稀溶液,他得出了如下经验公式

$$p = p^* x_A$$

式中：p——溶液的蒸气压；

p^*——纯溶剂的蒸气压；

x_A——溶剂的摩尔分数。

这种定量关系称之为拉乌尔定律，即在一定温度下，难挥发非电解质稀溶液的蒸气压等于纯溶剂的蒸气压与溶剂摩尔分数的乘积。

设 x_B 为溶质的摩尔分数，由于 $x_A + x_B = 1$

$$p = p^*(1 - x_B)$$

$$p^* - p = p^* x_B$$

$$\Delta p = p^* x_B$$

因此，拉乌尔定律又可以表述为：在一定温度下，难挥发非电解质稀溶液的蒸气压下降（Δp），与溶质的摩尔分数（x_B）成正比。

若溶质的物质的量为 n_B，溶剂的物质的量为 n_A，则

$$x_B = \frac{n_B}{n_A + n_B}$$

当溶液很稀时，$n_A \gg n_B$，则

$$x_B \approx \frac{n_B}{n_A}$$

如果溶剂是水，且质量为 1 000 g，则溶质 B 的物质的量 n_B 就等于溶液的质量摩尔浓度 b_B。

因为

$$n_A = \frac{1\ 000\ \text{g}}{18.016\ \text{g} \cdot \text{mol}^{-1}} = 55.51\ \text{mol}$$

所以

$$\Delta p = p^* x_B \approx p^* \frac{n_B}{n_A} = p^* \frac{b_B}{55.51}$$

一定温度下，纯溶剂的蒸气压（p^*）是一定值，所以 $\frac{p^*}{55.51}$ 为一常数，用 K 表示，则有

$$\Delta p = K \cdot b$$

溶液的蒸气压下降，对植物的抗旱具有重要意义。研究表明，当外界气温升高或降低时，在有机体的细胞中，可溶物（主要是可溶性糖类等小分子物质）强烈地溶解，增大了细胞液的浓度，从而降低了细胞液的蒸气压，使植物的水分蒸发过程减慢。因此，植物在较高温度下仍能保持必要的水分而表现出抗旱性。

例题 2－3　已知 20 ℃时水的饱和蒸气压为 2.33 kPa，将 17.1 g 蔗糖（$C_{12}H_{22}O_{11}$）与 3.00 g 尿素［$CO(NH_2)_2$］分别溶于 100 g 水。计算这两种溶液的蒸气压各是多少？

解　蔗糖的摩尔质量 $M_r = 342\ \text{g} \cdot \text{mol}^{-1}$，所以溶液的质量摩尔浓度

$$m = \frac{17.1}{342} \times \frac{1\ 000}{100} = 0.500\ \text{mol} \cdot \text{kg}^{-1}$$

H_2O 的摩尔分数

$$x_{H_2O}=\frac{\frac{1\ 000}{18.0}}{\frac{1\ 000}{18.0}+0.500}=\frac{55.5}{55.5+0.5}=0.991$$

蔗糖溶液的蒸气压

$$p=p_{H_2O}^{\ominus}\cdot x_{H_2O}=2.33\times0.991=2.31\ \text{kPa}$$

尿素的摩尔质量 $M_r=60.0\ \text{g}\cdot\text{mol}^{-1}$,溶液的质量摩尔浓度

$$m=\frac{3.00}{60.0}\times\frac{1\ 000}{100}=0.500\ \text{mol}\cdot\text{kg}^{-1}$$

所以尿素溶液中,$x_{H_2O}=0.991$,蒸气压 $p=2.31$ kPa,这两种溶液,质量分数虽然不同,但是溶剂的摩尔分数相同,故蒸气压也就相等。

二、沸点升高

液体的蒸气压随温度升高而增加,当蒸气压等于外界压力时,液体的表面和内部同时进行汽化的过程称为沸腾,这个温度就是液体的沸点(T_b^0),沸点与压力有关。当液体的蒸气压等于外界大气压时的温度,便是该液体的正常沸点。如在标准大气压下水的沸点为 373 K。因溶液蒸气压低于纯溶剂的蒸气压,所以在 T_b^0时,溶液的蒸气压就小于外压。当温度继续升高到 T_b时,溶液的蒸气压等于外压,溶液才沸腾,溶液的沸点高于纯溶剂的沸点,这一现象称之为溶液的沸点升高(图 2-3)。溶液沸点和溶剂沸点之差($T_b-T_b^0$)即为溶液沸点升高 ΔT_b。溶液的浓度越大,其蒸气压下降越多,则沸点升高越多。如图所

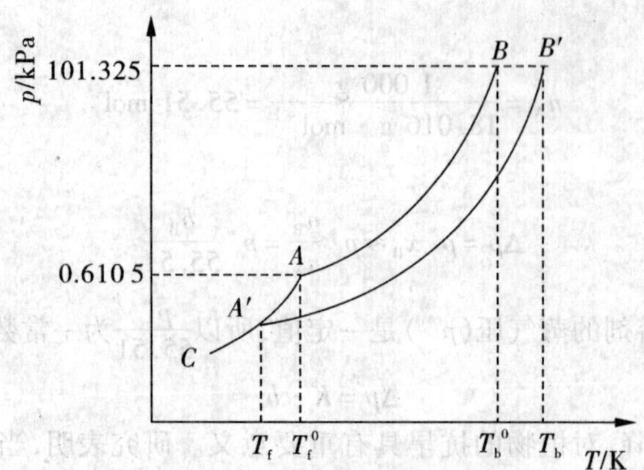

图 2-3 溶液沸点升高或凝固点降低

示:根据拉乌尔定律,难挥发非电解质稀溶液沸点上升与溶液质量摩尔浓度近似成正比,与溶质本性无关,其数学表达式为

$$\Delta T_b=K_b\cdot b$$

式中:K_b——溶剂的沸点上升常数,该常数取决于溶剂的性质,与溶质的性质无关。K_b值可以通过实验测得,也可以由理论推算,单位为 ℃·kg·mol^{-1}或 K·kg·mol^{-1}。表2-2中列出了一些常见溶剂的 K_b 值。

表 2-2　常用溶剂的 K_f 和 K_b 值

溶剂	T_f/K	K_f/(K·kg·mol^{-1})	T_b/K	K_b/(K·kg·mol^{-1})
水	273.0	1.86	373	0.512
苯	278.5	5.10	353.1	2.53
环乙烷	279.5	20.20	354.0	2.79
乙酸	290.0	3.90	391.0	2.93
乙醇	155.7	1.99	351.4	1.22
氯仿	209.5	–	334.2	3.63
萘	353.0	6.90	491.0	5.80
樟脑	451.0	40.00	481.0	5.95

例题 2-4　已知苯的沸点是 80.2 ℃，萘的摩尔质量为 128 g·mol^{-1}，取 2.67 g 萘（$C_{10}H_8$）溶于 100 g 苯中，测得该溶液的沸点升高了 0.531 K，试求苯的沸点升高常数。

解

$$\Delta T_b = K_b \cdot m$$

所以

$$0.531 = K_b \times \frac{2.67}{128} \times \frac{1\,000}{100}$$

$$K_b = 2.55\ \text{K}\cdot\text{kg}\cdot\text{mol}^{-1}$$

若已知溶剂的 K_b 值，就可从沸点升高求溶质的摩尔质量。

K_b 值可以通过实验而测得，即通过测定不同质量浓度的稀溶液的 ΔT_b 值，然后以 $\Delta T_b/b_B$ 为纵坐标，b_B 为横坐标作图得到的一条直线，在纵坐标上的截距为 K_b。

三、凝固点下降

凝固点是物质的固相与它的液相平衡共存的温度。纯溶剂和它的固相成平衡共存时的温度就是该溶剂的凝固点 T_f^0，在此温度下，液相的蒸气压与固相的蒸气压相等。纯水的凝固点为 273 K，在此温度水和冰的蒸气压相等。但在 273 K 水溶液的蒸气压低于纯水的蒸气压，所以水溶液在 273 K 不结冰。若温度继续下降，因冰的蒸气压下降率比水溶液大，当降到 T_f时，冰和溶液的蒸气压相等，这个平衡温度（T_f）就是溶液的凝固点。溶剂凝固点与溶液的凝固点之差（$T_f - T_f^0$）就是溶液的凝固点降低 ΔT_f（图 2-3）。

和沸点升高一样，溶液的凝固点降低 ΔT_f也与 Δp 成正比，因而难挥发非电解质稀溶液的凝固点降低和溶液的质量摩尔浓度成正比，而与溶质的本性无关，即

$$\Delta T_f = K_f \cdot b$$

式中：K_f——溶剂的凝固点下降常数，单位为 ℃·kg·mol^{-1}或 K·kg·mol^{-1}。它也随溶剂不同而异，与溶质的性质无关。

K_f 值的测定方法与 K_b 值的测定相似。即 K_f 值可通过测定不同质量浓度的稀溶液的 ΔT_f值，然后以 $\Delta T_f/b_B$ 为纵坐标，b_B 为横坐标作图得到的一直线，在纵坐标上的截距

即为 K_f。

由于溶质的摩尔质量在数值上与它的相对分子质量 M_B 是相同的，因此利用测定难挥发非电解质稀溶液的凝固点下降值，可以间接地测定该非电解质溶质的相对分子质量 M_B。

由溶质 B 的质量摩尔浓度的定义和凝固点下降的定义得到

$$M_B = K_f \frac{1\ 000\ m_B}{m_A \cdot \Delta T_f}$$

式中：m_A 和 m_B——溶剂和溶质的质量(g)；

M_B——溶质的摩尔质量($g \cdot mol^{-1}$)；

K_f——溶剂的凝固点下降常数。

若测得溶液的 ΔT_f 值，则可以计算溶质的摩尔质量 M_B。

例题 2-5　取 2.67 g 萘溶于 100 g 苯中，测得该溶液的凝固点下降了 1.07 K，求萘的摩尔质量。

解　苯的凝固点下降常数为 $5.12\ K \cdot kg \cdot mol^{-1}$

$$\Delta T_f = K_f \cdot b$$

$$1.07\ K = 5.12\ K \cdot kg \cdot mol^{-1} \times \frac{2.67\ g}{M \times 100 \times 10^{-3}\ kg}$$

$$M = 127.8\ g \cdot mol^{-1}$$

溶液凝固点下降的性质有许多实际的应用。例如，严冬季节，在汽车水箱和油箱里加入防冻剂可防止水箱结冰和油料凝固；利用盐和冰的混合物可作为冷却剂，等等，都是利用溶液凝固点下降的性质。

四、渗　透　压

1. 渗透现象和渗透压

渗透现象在自然界和日常生活中普遍存在。如动物组织间水分的转移运送，植物所需水分的获得。

要认识渗透现象需先认识半透膜(semipermeable membrance)。半透膜是一种只允许某些物质透过，而不允许另一些物质透过的膜。理想半透膜是一种允许体积较小的溶剂(水)分子自由通过，而体积相对较大的溶质粒子(如蔗糖分子、Na^+、Cl^- 等)不能自由通过的选择性通透膜。半透膜常见的有动物膀胱膜、细胞膜、植物根膜以及人造的火棉胶、亚铁氰化铜半透膜等。

用图 2-4 能说明渗透压现象。装置的左边是纯溶剂，右边是非电解质的稀溶液，两边用半透膜隔开，半透膜允许溶剂分子通过而溶质分子不能透过。开始，两边毛细管液面高度相同，若保持两侧的温度、压力相等，则溶剂分子可以自动地从左侧通过半透膜渗透到右侧，结果右侧毛细管中的液面将上升，溶液的浓度也会减小，这种渗透过程直到渗透平衡状态为止。溶剂分子通过半透膜从纯溶剂或从稀溶液向较浓溶液的净迁移叫渗透。

对于一定温度和一定浓度的溶液，为了阻止左侧溶剂向右侧溶液渗透，需在右侧溶液上施加一定的压力,这种阻止纯溶剂向溶液渗透所需的压力叫渗透压。当用比右边更稀的溶液代替纯溶剂时,也能观察到类似现象。

渗透不仅可以在纯溶剂与溶液之间进行,同时也可以在两种不同浓度的溶液之间进行。因此,产生渗透作用必须具备两个条件:一是有半透膜存在;二是半透膜两侧单位体积内溶剂的分子数目不同(如水和水溶液之间或稀溶液和浓溶液之间)。渗透总是溶剂分子从纯溶剂向溶液,或是从稀溶液向浓溶液的迁移,从而缩小溶液的浓度差。

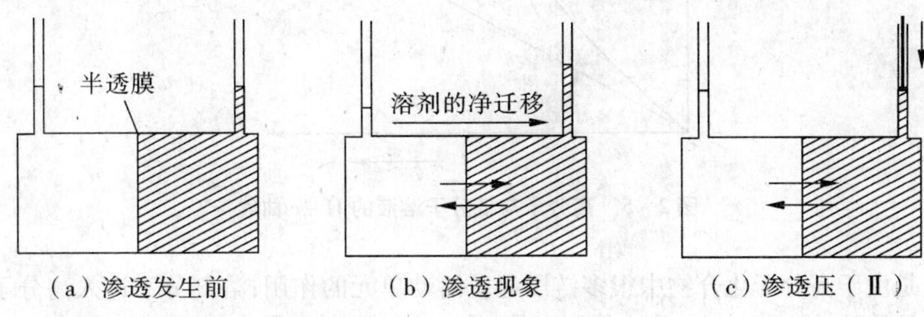

(a)渗透发生前　(b)渗透现象　(c)渗透压(Ⅱ)

图2-4　渗透现象和渗透压

2. 渗透压与溶液的浓度及温度的关系

1886年,荷兰物理学家范特霍夫(Van't Hoff)根据一些溶液的渗透压与其浓度及温度的实验数据,总结指出,稀溶液的渗透压与溶液浓度及温度的关系与理想气体方程相似

$$\Pi = \frac{n_B}{V}RT$$

式中:Π——稀溶液的渗透压;

n_B——溶质的物质的量;

V——溶液的体积;

T——绝对温度;

R——气体常量。

当Π的单位为kPa, n_B 的单位为mol, V 的单位为L, T 的单位为K时, R 值为8.314 $kPa \cdot L \cdot mol^{-1} \cdot K^{-1}$。

对于非电解质稀溶液, c_B数值上近似等于质量摩尔浓度 b_B,因此

$$\Pi = c_B RT = b_B RT$$

此式表示:在一定温度下,非电解质稀溶液的渗透压与溶液的质量摩尔浓度成正比。

在高分子化合物溶液中,由于高分子溶质的相对分子质量很大,浓度较小,因而其溶液的依数性效应较低,用沸点上升和凝固点下降法测定其相对分子质量结果误差较大,而渗透压法却相当灵敏,故常用渗透压法测定高分子化合物的相对分子质量。但是,高分子化合物溶液的渗透压与低分子稀溶液的渗透压是不同的。低分子稀溶液的渗透压Π与浓度 c 的关系是通过原点的直线、符合范特霍夫关系式,而高分子化合物溶液渗透压与浓度的关系则是一条曲线(图2-5)。

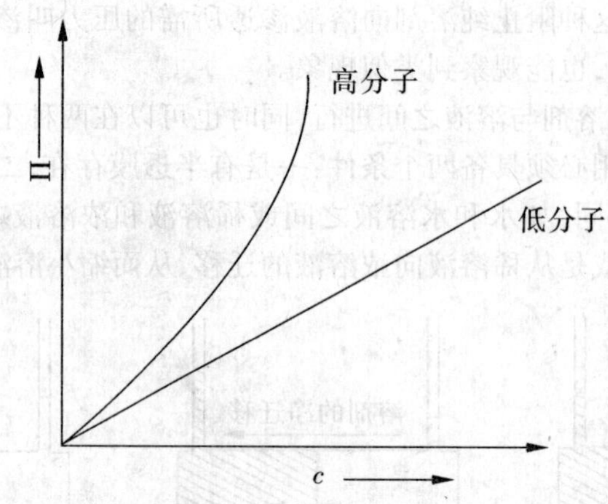

图 2-5　高分子与低分子溶液的 Π-c 曲线

这是由于高分子化合物中很多链段起着活动单元的作用;溶剂分子进入高分子化合物团簇的缝隙,减少了"自由"溶剂分子数,相当于提高了溶液的浓度,因而出现溶液渗透压的偏差。

如果外加在溶液上的压力超过了溶液的渗透压,则溶液中的溶剂分子可以通过半透膜向纯溶剂方向扩散,纯溶剂的液面上升,这一过程称为反渗透。

与凝固点下降、沸点上升实验一样,溶液的渗透压下降也是测定溶质的摩尔质量的经典方法之一,而且特别适用于摩尔质量大的分子。

例题 2-6　在 1 L 溶液中含有 5.0 g 血红素,298 K 时测得该溶液的渗透压为 182 Pa,求血红素的平均摩尔质量。

解　由 $\Pi = cRT$,得

$$c = \frac{\Pi}{RT} = \frac{182\ \text{Pa}}{8.314\ \text{kPa} \cdot \text{L} \cdot \text{mol}^{-1} \cdot \text{K}^{-1} \times 298\ \text{K}} = 7.3 \times 10^{-5}\ \text{mol} \cdot \text{L}^{-1}$$

$$\text{平均摩尔质量} = \frac{5.0\ \text{g} \cdot \text{L}^{-1}}{7.3 \times 10^{-5}\ \text{mol} \cdot \text{L}^{-1}} = 6.8 \times 10^{4}\ \text{g} \cdot \text{mol}^{-1}$$

范特霍夫公式表明:在一定温度下,溶液的渗透压与单位体积溶液中所含不能透过半透膜的粒子数(分子数或离子数)成正比,而与溶质的本性无关。

第四节　强电解质溶液

强电解质(strong electrolyte):在水溶液中能完全解离成离子的化合物,如 NaCl、$CuSO_4$等物质。

难挥发非电解质稀溶液的蒸气压下降、凝固点下降、沸点上升和渗透压都与溶液中所含的溶质的种类无关,而与溶液的浓度有关,总称为稀溶液的依数性,也叫做稀溶液的通性。对于浓溶液或电解质溶液来讲,也有蒸气压下降、凝固点下降、沸点升高以及渗透压,其实验测定值和计算值偏离较大,见表 2-3。

表 2-3　几种电解质稀溶液的 ΔT_f

电解质	浓度($mol \cdot kg^{-1}$)	ΔT_f(计算值) ℃	$\Delta T'_f$(测定值) ℃	$i=\frac{\Delta T'_f}{\Delta T_f}$
KCl	0.1	0.186	0.346	1.86
	0.01	0.018 6	0.036 1	1.94
K_2SO_4	0.1	0.186	0.454	2.44
	0.01	0.018 6	0.052 1	2.80
KNO_3	0.2	0.372	0.664	1.78
$MgCl_2$	0.1	0.186	0.519	2.79

由表可见,电解质溶液的凝固点下降的实验值均比计算值要大,也就是同浓度的电解质稀溶液凝固点下降 $\Delta T'_f$ 皆比非电解质稀溶液的凝固点下降 ΔT_f 数值要大,其校正系数 i 随着浓度的减小而增大。引入可校正系数 i 后,拉乌尔定律就可以应用于电解质溶液的依数性的计算了。如

$$\Delta T'_f = i\Delta T_f = iK_f b$$

对于同种电解质稀溶液,不仅凝固点下降 $\Delta T'_f$,而且蒸气压下降 $\Delta p'$、沸点上升 $\Delta T'_b$、渗透压 Π' 等均比同浓度的非电解质稀溶液的相应数值要大,且存在着下列关系

$$i = \frac{\Delta T'_f}{\Delta T_f} = \frac{\Delta T'_b}{\Delta T_b} = \frac{\Delta p'}{\Delta p} = \frac{\Pi'}{\Pi}$$

说明电解质的依数性均是计算值的 i 倍。

1884 年,瑞典化学家阿仑尼乌斯(Arrhenius)根据以上的实验事实提出了电解质溶液的电离学说,可用于解释电解质溶液与拉乌尔定律的偏离行为,阿仑尼乌斯认为,电解质溶于水,可以解离成阴阳两种离子,因而其溶液中的质点数增加,所以,ΔT_f 等依数性数值会增大。

从理论上讲,强电解质在水溶液中 100% 的解离,校正系数 i 应该等于强电解质质点增加的倍数,比如对于 0.01 $mol \cdot kg^{-1}$ 的 KCl 溶液,若不发生电离的话,其 ΔT_f 的计算值应为 0.018 6 ℃。若强电解质在水中是完全电离的,那么理论上来说,其

$$\Delta T'_f = K_f b' = 2K_f b = 2\Delta T_f = 0.037\ 2\ ℃$$

然而,实测值为 0.0361 ℃,小于计算值,这就显示了电解质 KCl 并没有完全电离,通过计算可以得到只有 94% 的 KCl 电离,说明电解质的"表观浓度"与真实浓度不同,将表观浓度称为活度(α),活度与浓度的关系可用下式来表示

$$\alpha = \gamma c$$

式中:γ——活度系数,表示电解质溶液中离子间相互牵制作用的大小,溶液浓度越大,离子电荷越高,离子间的牵制作用越强烈。当溶液稀释时,离子间相互作用极弱,$\gamma \to 1$,这时,活度与浓度基本趋于一致了。

1923 年,德拜(Debe)和休克尔(hückel)等提出了离子互吸学说。离子互吸学说认为强电解质在溶液中是完全电离的,在溶液中的离子浓度很大。但电离产生的离子由于带电而相互作用,每个离子都被异性离子包围,使得离子在溶液中不能完全自由。因此离

子的表观浓度总是低于其浓度。

在实际应用中，如果电解质浓度不是很大，或者对结果的准确度要求不是太高，一般用浓度代替活度进行有关计算。

第五节 胶体溶液

在分散系中，颗粒直径在 1 ~ 100 nm 的分散质分散到分散介质中，构成的多相系统称为胶体分散系(简称为胶体)。构成胶体分散系的分散相粒子可为分子量较小的分子或离子的聚合体及分子量较大的所谓高分子化合物的分子或离子。固态分子或离子聚合体分散在液态分散介质中形成的分散系称为胶体溶液，简称为溶胶；高分子化合物在水中形成的分散系称为高分子溶液。

溶胶的制备方法大致可分为两种：一种是使固体粒子变小的分散法，另一种是使分子或离子凝结成胶的凝聚法。

一、溶胶的基本性质

在溶胶的整个体系中，分散相粒子彼此之间是不连续的，称为不连续相，而分散介质却是连续的，故称连续相。溶胶的分散相粒子要比溶液中的溶质分子大 10^3 ~ 10^6 倍，因此，可以理解溶胶的分散粒子是由 10^3 ~ 10^6 个普通分子聚集而成的粒子。这些聚集的粒子与分散介质之间有明显的界面存在。但是，这些粒子很小，用超显微镜只能分辨出这些粒子的存在，只有用电子显微镜才能看出这些粒子的形状和大小。可见溶胶的分散相处于高度分散状态。

由于溶胶是多相的高分散体系，与溶液相比，溶胶分散相粒子具有自动聚结至最后沉淀的性质，称为聚结不稳定性。因此，在制备溶胶时，必须有稳定剂存在。

因此，溶胶的基本性质是多相性、高分散性和不稳定性，溶胶的动力学性质、光学性质和电学性质都是由这些基本性质引起的。

1. 光学性质

在暗室，将一束光通过溶胶，在与光束垂直的方向上可以观察到一个发光的圆锥体，这种现象称为丁铎尔(Tyndall)现象或丁铎尔效应(图 2－6)。在日常生活中，常常可以见到丁铎尔现象，阳光从窗户射进较暗的房间里，从侧面可以看到空气中灰尘产生的光柱。

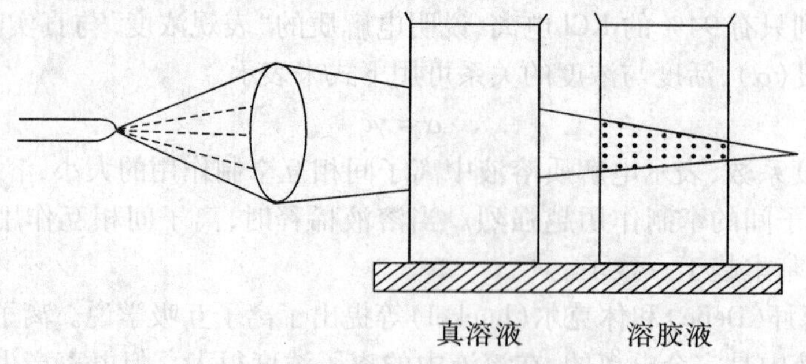

图 2－6 丁铎尔现象

丁铎尔效应的产生是由于胶体粒子对光的散射而形成的，当光束照射到大小不同的分散相粒子上时，除了光的吸收之外，还可能产生两种情况：一种是如果粒子小于入射光波长，就产生光的散射。这时粒子本身就好像是一个光源，光波绕过粒子向各个方向散射出去，散射出的光就称为乳光；另一种是如果分散质粒子大于入射光波长，光在粒子表面按一定的角度反射，粗分散系属于这种情况。

由于溶胶粒子的直径在 1 ~100 nm 之间，小于入射光的波长（400 ~760 nm），因此发生了光的散射作用而产生丁铎尔现象。分子或离子分散系中，由于分散质粒子太小（ <1 nm），散射现象很弱，基本上发生的是光的透射作用，故丁铎尔效应是溶胶所特有的光学性质。

利用丁铎尔现象还可以制成超显微镜，以观察溶胶粒子的存在。普通光学显微镜看不到 200 nm 以下的颗粒，也就是看不到溶胶粒子，但溶胶粒子具有丁铎尔现象，能使入射光线发生散射。因此，用强光照射溶胶，在入射光线垂直的方向上用显微镜观察，就可以在暗视野中从溶胶粒子散射的光辨别大于 5 nm 的胶粒。这种装置称为超显微镜，如图 2 –7 所示。

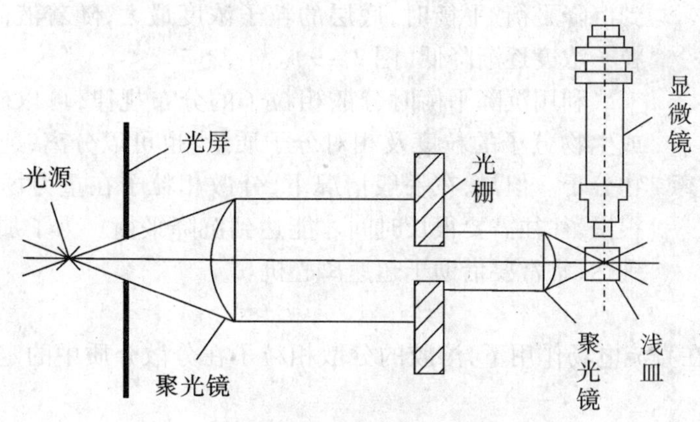

图 2 –7　超显微镜及光程简图

2. 动力学性质

（1）布朗运动　在超显微镜下观察溶胶，可以看到代表溶胶粒子的发光点在不断地做无规则的运动，这是由于胶粒除本身热运动外，还有分散介质的分子从各个方向以不同的力撞击胶粒，每一瞬间胶粒所受的合力方向不断改变，因而呈现不规则的折线运动如图2 –8所示，由于这一现象是英国植物学家布朗（Brown）于 1828 年在观察花粉悬浮液时最早发现的，所以称为布朗运动。

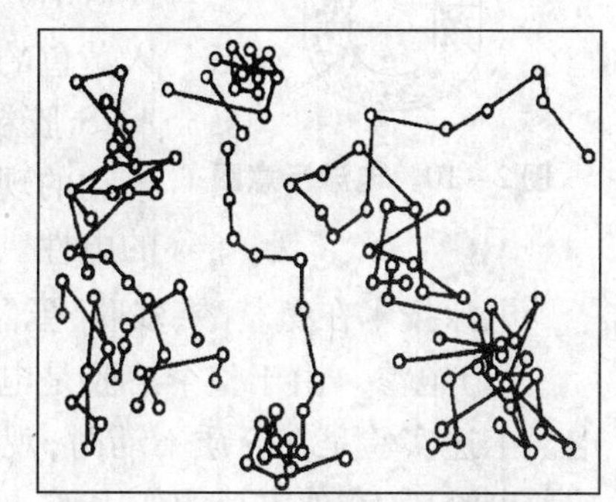

图 2 –8　Brown 运动示意图

溶胶粒子的布朗运动导致其扩散作用，它可以自发地从粒子浓度大的区域向粒子浓度小的区域扩散。但由于溶胶粒子比一般的分子或离子大得多，故它们的扩散速度比一般的分子或离子要慢得多。

布朗运动是由于分散相粒子受到来自周围各方向上的介质分子的撞击，且合力不为零而引起的。布朗运动是影响溶胶中分散相粒子分布的因素之一。

(2)扩散　溶胶的分散相粒子由于布朗运动,将自动地从高浓度处缓缓地移动到低浓度处,这种现象称为扩散(diffusion)。

扩散速率与温度、粒子的大小有关。温度越高、分散相粒子越小,扩散速率就越快,扩散作用促使分散相粒子的分布趋向均匀一致,扩散作用在生物体内的物质输送或者物质的分子跨细胞膜运动中起着重要作用。

(3)沉降　溶胶在放置过程中,在重力作用下分散相粒子下沉的现象称为沉降(sedimentation)。

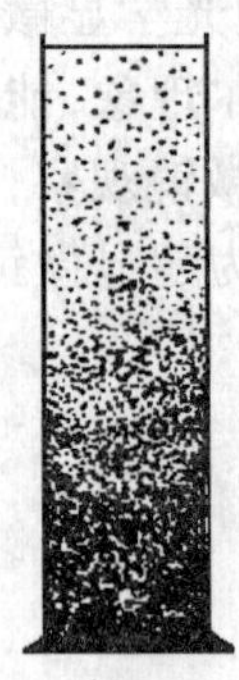

图2-9　沉降平衡示意图

在溶胶中,溶胶粒子由于本身的重力作用而会沉降,沉降过程导致粒子浓度不均匀,即下部较浓上部较稀。布朗运动会使溶胶粒子由下部向上部扩散,因而在一定程度上抵消了由于溶胶粒子的重力作用而引起的沉降,使溶胶具有一定的稳定性,这种稳定性称为动力学稳定性。当扩散和沉降这两个相反作用的速度相等时,即达到沉降平衡,平衡时,底层的粒子浓度最大,随着液面高度的增加,粒子浓度逐渐降低(图2-9)。

利用沉降平衡时分散相粒子的分布规律,可以研究、测定溶胶或生物分子的粒度及相对分子质量;也可以分离、纯化蛋白质等生物分子。但是,在一般情况下,分散相粒子在重力场中的沉降速率很慢,往往需要很长时间才能达到沉降平衡。为了加速沉降平衡的到达,常常要借助于超速离心机。

3. 电学性质

(1)电泳　在直流电场作用下,溶胶的分散相粒子在分散介质中的定向移动称为电泳(eletrophoresis)。

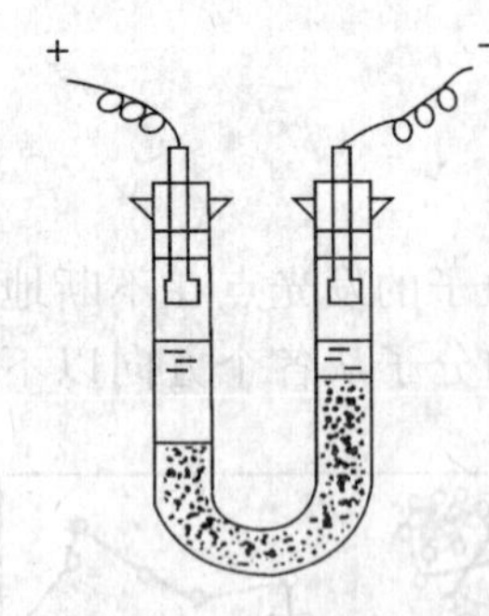

图2-10　电泳示意图

观察电泳最简单的办法是在U形电泳仪内装入红棕色的$Fe(OH)_3$溶胶,溶胶上方加少量的无色NaCl溶液,使溶液和溶胶有明显的界面(图2-10)。插入电极,接通电源后,可看到红棕色的$Fe(OH)_3$溶胶的界面向负极上升,而正极界面下降。这表明$Fe(OH)_3$溶胶粒子在电场作用下向负极移动,说明$Fe(OH)_3$溶胶胶粒是带正电的,为正溶胶。如果在电泳仪中装入黄色的As_2S_3溶胶,通电后,发现黄色界面向正极上升,这表明As_2S_3胶粒带负电荷,为负溶胶。溶胶粒子在外电场作用下定向移动的现象称为电泳。通过电泳实验,可以判断溶胶粒子所带的电性。

电泳技术在氨基酸、多肽、蛋白质及核酸等物质的分离、鉴定方面有着广泛的应用。

(2)电渗　由于整个溶胶是电中性的,所以,如果胶粒带正电,则液体介质必定带负电。上述实验是在介质不动时,观察胶粒在电场中的运动情况。若设法使胶粒不动,则接通电流后,在外电场的作用下,液体介质将通过多孔隔膜(如活性炭、素烧磁片等)向与其所带电荷相反的电极方向移动,这种现象称为电渗。

(3)溶胶粒子带电的原因及胶团结构　溶胶分散相粒子为什么会带有电荷呢？其主要原因有两种：

①吸附作用：吸附是指物质（主要是固体物质）将周围介质中的分子或离子吸在其表面的现象；吸附作用与固体物质的表面积和温度有关，表面积越大、温度越低，吸附能力就越强。

溶胶的分散相粒子是相对较小的固体颗粒，具有很大的比表面积，因此表现出强烈的吸附作用，可将溶液中的离子吸附在其表面而带电荷。

②解离作用：有些溶胶的粒子是通过其表面基团的解离而产生电荷的。例如，在硅胶（H_2SiO_3）溶胶中，由于分散相粒子表面上的硅胶分子在水分子的作用下可以发生如下的解离

$$H_2SiO_3 \rightleftharpoons SiO_3^{2-} + 2H^+$$

H^+ 扩散至介质中，而 SiO_3^{2-} 留在胶核表面，结果使胶粒表面带负电荷，生成负溶胶。

③胶团结构：下面以 $Fe(OH)_3$ 溶胶为例来说明胶体粒子的结构，如图 2-11 所示。

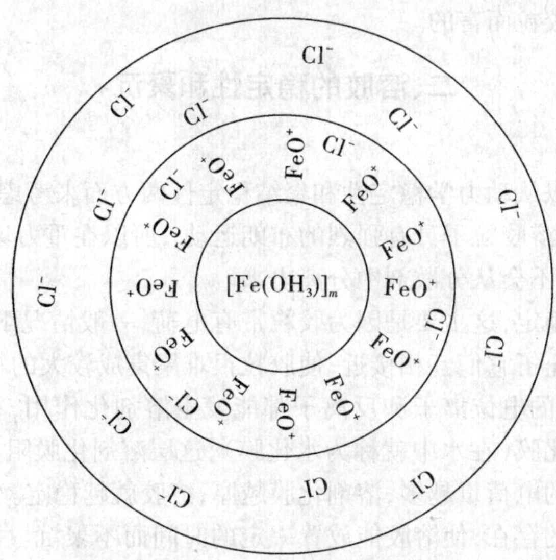

图 2-11　$Fe(OH)_3$ 胶团结构示意图

胶团结构也可以用胶团结构式表示。$Fe(OH)_3$ 溶胶的胶团结构式为

$$\{[Fe(OH)_3]_m \cdot nFeO^+ \cdot (n-x)Cl^-\}^{x+} \cdot xCl^-$$

胶核；电位离子　反离子（吸附层）；反离子（扩散层）

胶粒（胶核 + 吸附层）；胶团（胶粒 + 扩散层）

式中：m——形成胶核物质的分子数，通常 m 是一个很大的数值，在 10^3 左右。

n——吸附在胶核表面的电位离子数，n 比 m 要小得多。

x——扩散层的反离子数，也是胶核所带的电荷数。

$(n-x)$——吸附层的反离子数。

由 m（约为 10^3）个 $Fe(OH)_3$分子聚集成直径为 1 ~ 100 nm 的固体粒子，它是溶胶粒子的核心，称为胶核，溶液中存在有 FeO^+、Cl^-，胶核就选择吸附 n 个 FeO^+（n 比 m 的数值要小得多），Cl^-则分布在周围的介质中，这些反离子一方面受到胶核的异电吸引，有力图靠近胶核表面的趋势，另一方面因离子的扩散作用又有远离胶核表面的趋势，这两种作用达平衡时，有$(n-x)$个 Cl^-被胶核紧密地吸附在表面上，这部分 Cl^-和胶核表面吸附的 n 个 FeO^+所组成的带电层，称为吸附层，胶核和吸附层组成胶粒。在吸附层外面的另一部分 x 个 Cl^-则扩散分布在胶粒周围，离胶核越近越浓，渐远渐稀，形成了与吸附层总电荷相反的另一带电层，称为扩散层。这种由吸附层和扩散层构成的电性相反的两层，称为双电层。电泳时在吸附层和扩散层之间裂开，由于 $n>(n-x)$，故氢氧化铁胶粒带 x 个单位的正电荷，在电场中向负极移动。胶粒和扩散层组成胶团，胶粒和扩散层电荷符号相反，电量相等，所以整个胶团是电中性的。在溶胶中，胶粒是独立运动的单位，通常所说的溶胶带电是指胶粒而言的。

二、溶胶的稳定性和聚沉

1. 溶胶的稳定性

溶胶的稳定性可以从动力学稳定性和聚结稳定性两方面来考虑。

动力学方面，由于溶胶粒子具有强烈的布朗运动，所以在重力场内，溶胶粒子会抵抗重力的作用而不下沉，不会从分散剂中分离出来。

溶胶一般都相当稳定，这主要是因为胶粒带有电荷，一般情况下，同种胶粒带同号电荷，因而互相排斥，阻止了它们互相接近，使胶粒很难聚集成较大的粒子而沉降。

另一方面，胶团中的电位离子和反离子都能发生溶剂化作用，在其表面形成具有一定强度和弹性的溶剂化膜（在水中就称为水化膜），这层溶剂化膜阻止了溶胶粒子之间的直接接触。溶胶粒子的电荷量越多，溶剂化膜越厚，溶胶就越稳定。

由于这两个因素的存在，使溶胶能放置一定的时间而不聚沉。溶胶的聚结稳定性也是使溶胶稳定的根本性原因。

2. 溶胶的聚沉

溶胶的稳定是暂时的、有条件的、相对的。减弱这些因素可促使胶粒聚集成较大颗粒。若粒子大到布朗运动克服不了重力的程度，则颗粒会沉淀下来，这个过程叫做聚沉。

热力学不稳定性才是溶胶的基本性质。从溶胶的稳定性来看，只要破坏了溶胶稳定性的因素，溶胶粒子就会聚结变大，最后从分散剂中分离而沉降，破坏溶胶稳定性因素的方法有以下几种。

（1）加入少量的电解质　溶胶对电解质是十分敏感的，少量的电解质就能促使溶胶聚沉。这是由于加入电解质后，离子浓度增大，反离子浓度也增大，被电位离子吸引进入吸附层的反离子数目就会增多，使得吸附层变厚，扩散层变薄，从而使胶粒间的电荷排斥力减小，胶粒失去了带电的保护作用。

同时，加入的电解质可以产生很强的溶剂化作用，破坏胶粒的溶剂化膜，使其失去溶剂化膜的保护，促使溶胶在碰撞过程中会相互结合成大颗粒而聚沉。

电解质对溶胶的聚沉作用不仅与电解质的性质、浓度有关，还与胶粒所带电荷的电性有关。通常用聚沉值来比较各种电解质对溶胶的聚沉能力的大小。聚沉值是指使1 L溶胶在一定时间内完全聚沉所需电解质的最小浓度，单位为 $mmol \cdot L^{-1}$。显然，某一电解质对溶胶的聚沉值越小，其聚沉能力就越大；反之，聚沉值越大，聚沉能力就越小。

电解质负离子对正溶胶的聚沉起主要作用，正离子对负溶胶的聚沉起主要作用，聚沉能力则随着离子价数的升高而显著增加，这一规律称为叔尔采—哈迪（Schulze - Hardy）规则。

（2）加热　许多溶胶在加热时可以发生聚沉。这是由于加热能加快胶粒的运动速度，增加了胶粒相互碰撞的机会，同时也降低了胶核对电位离子的吸附能力，减少了胶粒所带的电荷，即减弱了使溶胶稳定的主要因素，使胶粒间碰撞聚结的可能性大大增加。

（3）加入带相反电荷的溶胶　当把电性相反的两种溶胶以适当比例相互混合时，溶胶也会发生聚沉，这种聚沉称为溶胶的相互聚沉，明矾能够净水就是这个道理。

溶胶的相互聚沉是胶粒间吸引力作用的结果，因此聚沉的程度与溶胶的量有关，只有当溶胶粒子所带的电荷量相等时，这两种溶胶的电荷才能完全中和而发生完全聚沉，否则只有部分聚沉，甚至不聚沉。

三、高分子化合物溶液简述

高分子化合物是指具有较大相对分子质量的大分子化合物，如蛋白质、纤维素、淀粉、动植物胶、人工合成的各种树脂等。高分子化合物在适当的溶剂中能强烈地溶剂化，形成很厚的溶剂化膜而溶解，构成了均匀、稳定的单相分散系，称为高分子溶液。

1. 高分子化合物的概念

高分子化合物（又称大分子化合物）是指相对分子量在1万以上，甚至高达几百万的大分子，如组成人体肌肉、组织、细胞以及存在于体液中的重要物质——蛋白质、酶、核酸、糖原等都是一些与生命有关的生物大分子，而树脂、塑料、橡胶等则属于人工合成的高分子化合物。有些高分子化合物如蛋白质、核酸等可以在水溶液中形成带电的离子，又称为高分子电解质。

高分子化合物相对分子量虽然很大，但是其组成一般比较简单，是由一种或几种叫做单体的简单化合物聚合而成的，因此又被称为高聚物。组成高分子的结构单位为链节，许多链节重复地连接成长链形分子（有的在主链上带有一些支链），其链节数 n 称为聚合度。例如聚糖类的高分子化合物如纤维素、淀粉、糖原等分子是由许许多多葡萄糖残基[—($C_6H_{10}O_5$)—]连接而成，通式可写成$(C_6H_{10}O_5)_n$，但各物的分子链长度以及单体的结合方式不同而有线状和分支状等类型。

大分子化合物的性质不仅与大分子化合物相对分子质量的大小有关，而且与高分子化合物的形态有关。以含碳氢原子的高分子化合物为例，分子长链上每个链节的碳单键可以围绕固定的键角（109°28′）做内旋转。由于这种旋转导致了高分子形态不断改变，分子两端距也在不断改变，我们称这样的分子链具有柔顺性。分子柔性大就是容易弯曲，甚至可以卷成线团状，在外力作用下可被伸直，但伸直的链具有自动恢复原来状态的趋势,这说明高分子化合物具有一定的弹性,并且柔顺性越大,它的弹性就越强。

2. 高分子化合物溶液的特性

高分子化合物溶液中,分散相颗粒是大分子,这些大分子和分散相介质之间没有界面,因而和小分子溶液一样是均相体系,但它的分子大小与胶粒相似,因此又被归入胶体体系。它具有胶体体系的某些性质,如扩散速度慢,分散相粒子不能通过半透膜等,但它同时也有自己的特性,这些特性主要是:

(1)黏度大　高分子化合物溶液的黏度比一般液体大很多,这主要是由于高分子化合物因具有线状或分支状结构,在溶液中能牵引介质使其运动困难。例如1%的橡胶溶于苯中,溶液的黏度为纯苯的十几倍,而当浓度增大时,黏度也会发生急剧的增加。

(2)稳定性大　高分子溶液比溶胶稳定得多,在无菌、溶剂不蒸发的情况下,可以长期放置而不沉淀。它的稳定性和真溶液相似。

高分子溶液稳定,这与高分子化合物本身的结构相关。高分子化合物具有许多亲水基团,如—OH、—COOH、$—NH_2$等,这些基团与水有很强的亲和力。当高分子化合物溶解在水中时,分子表面牢固地吸引着许多水分子形成水化膜,这层水化膜与溶胶粒子的水化膜相比,在厚度和紧密程度上都要大得多,因而它在水溶液中比溶胶粒子稳定得多(表2-4)。如果要使高分子化合物从溶液中析出,例如使蛋白质从溶液中析出,除需中和电荷外,更重要的是除去水化膜,必须加入大量的电解质才能使它沉淀。

表2-4　高分子化合物溶液和溶胶在性质上的异同

溶　胶	高分子溶液
胶粒是由许多小分子组成的聚集体	胶粒是单个的高分子
分散相和分散介质无亲和力(不溶解)	分散相和溶剂间有亲和力(自行溶解)
多相,不稳定体系,丁铎尔现象强	单相,稳定体系,丁铎尔现象弱
对电解质敏感,加少量电解质即聚沉	对电解质不敏感,加大量电解质才沉淀
相界面对溶胶性质有重要影响	分子的柔顺性对溶液的性质有重要影响
黏度小	黏度大

3. 高分子溶液对溶胶的保护作用

在一定量的溶胶中加入足量的高分子溶液,可以显著提高溶胶的稳定性,这种现象称为高分子溶液对溶胶的保护作用。

高分子对溶胶的保护作用,是由于加入的高分子化合物都是能卷曲的线性分子。很容易被吸附在溶胶粒子表面上,将整个胶粒包裹起来形成一个保护层。又由于高分子化合物水化能力强,在高分子化合物外面又形成一层水化膜,这样就阻止了溶胶粒子的聚集,从而增强了溶胶的稳定性。

保护作用在生理过程中很重要。血液中碳酸钙、磷酸钙等微溶性无机盐,它们是以溶胶的形式存在,由于血液中的蛋白质对这些盐类溶胶起了保护作用,所以它们分散在血液中的浓度虽然比溶解在水中的浓度大,但仍然能稳定存在而不聚沉。但当发生某些疾病，使血液中的蛋白质减少，减弱了对这些盐类溶胶的保护作用，则微溶性盐类就可能沉积在肝、肾等器官中，这就是形成各种结石的原因之一。

医药上用的防腐剂蛋白银就是利用蛋白质的保护作用制成的银的胶态制剂，使银稳定地分散在水中。而用于胃肠道造影的硫酸钡合剂，则是利用高分子化合物——阿拉伯胶对硫酸钡的保护作用。当患者口服后，硫酸钡胶浆会均匀地黏附在胃肠道壁上形成薄膜，从而有利于造影检查。

习　题

一、选择题

1. 将0.450 g某物质溶于30.0 g水中，使冰点降低了0.150 ℃。已知$K_f=1.86\ kg\cdot mol^{-1}$，这种化合物的分子量是　（　）

A. 100　B. 83.2　C. 186
D. 204　E. 50

2. 101 ℃下，水沸腾时的压力是　（　）

A. 1个大气压　B. 10个大气压　C. 略低于1个大气压
D. 0.1个大气压　E. 略高于1个大气压

3. 溶质溶于溶剂之后，必将会引起　（　）

A. 沸点降低　B. 凝固点上升　C. 蒸气压降低
D. 吸热　E. 放热

4. 用半透膜分离胶体溶液与晶体溶液的方法，叫做　（　）

A. 电泳　B. 渗析　C. 胶溶
D. 过滤　E. 电解

5. 往As_2S_3胶体溶液中，加入等物质的量的下列哪一种溶液，使As_2S_3胶体凝结得最快　（　）

A. NaCl　B. $CaCl_2$　C. Na_3PO_4
D. $Al_2(SO_4)_3$　E. $MgCl_2$

6. 下述哪些效应是由于溶液的渗透压而引起的　（　）

①用食盐腌制蔬菜，用于储藏蔬菜　②用淡水饲养海鱼，易使海鱼死亡　③施肥时，兑水过少，会“烧死”农作物　④用和人类血液渗透压相等的生理盐水对人体输液，可补充病人的血容量

A. ①②　B. ②③　C. ①②③
D. ①②③④　E. ②③④

7. 扩散在下述哪一种状态下进行得最迅速　（　）

A. 固体　B. 液体　C. 气体
D. 凝胶　E. 胶体微粒

8. 如果配制相同物质的量下列物质的水溶液，并测定它们的沸点，哪一种溶液的沸点最高　（　）

A. $MgSO_4$　B. $Al_2(SO_4)_3$　C. K_2SO_4

D. $C_6H_5SO_3H$ E. $CaCl_2$

9. 比较下列各物质在水中的溶解度,溶解度较大的是 ( )

A. 蒽(熔点 218 ℃) B. 联二苯(熔点 69 ℃) C. 萘(熔点 80 ℃)

D. 菲(熔点 100 ℃)

10. 稀溶液依数性的本质是 ( )

A. 渗透压 B. 沸点升高 C. 蒸气压下降

D. 凝固点下降 E. 沸点升高和凝固点下降

11. 100 g 水溶解 20 g 非电解质的溶液,在 -5.58 ℃时凝固,则该溶质的分子量为 ( )

A. 33 B. 50 C. 67

D. 200 E. 20

12. 下列物质分离的方法中,根据粒子的大小进行分离的是 ( )

A. 结晶 B. 过滤 C. 蒸馏 D. 渗析

13. 下列关于胶体的说法正确的是 ( )

A. 胶体外观不均匀 B. 胶体做不停的、无秩序的运动

C. 胶体不能通过滤纸 D. 胶体不稳定,静置后容易产生沉淀

14. 有一种纳米级的(直径在 1 ~ 100 nm, 1 nm = 10^{-9} m)的超细粉末粒子,下列分散系中分散质的粒子直径和这种粒子具有相同数量级的是 ( )

A. 牛奶 B. 泥浆 C. 淀粉溶液 D. 食盐水

15. 下列与胶体无关的是 ( )

A. 丁铎尔效应 B. 分散质粒子直径 1 ~ 100 nm

C. $CuSO_4$溶液显蓝色 D. $Al(OH)_3$的净水作用

16. $Fe(OH)_3$胶体和 $MgCl_2$溶液共同具备的性质是 ( )

A. 都比较稳定,密封放置不产生沉淀

B. 都有丁铎尔现象

C. 加入足量盐酸,均可发生化学反应

D. 分散质微粒均可透过滤纸

二、计算题

1. 1.84 g 氯化汞溶于 100 g 水,测得该水溶液的凝固点为 -0.126 ℃,由计算结果说明氯化汞在水溶液中的存在形式。(氯化汞的摩尔质量为 272 g · mol^{-1})

2. 在 25 ℃时,固体碘的蒸气压为 0.041 32 kPa,氯仿(液态)的蒸气压为 26.55 kPa。在碘的氯仿饱和溶液中,碘的摩尔分数为 0.014 7。计算:

(1)在这样的饱和溶液中,平衡时碘的分压;

(2)此溶液的蒸气压(假定为理想溶液)。

3. 医学上输液时要求输入液体和血液的渗透压相等(即等渗液)。临床上用的葡萄糖等渗液的冰点降低值为 0.543 ℃,试求此葡萄糖的百分浓度和血液的渗透压。(水的 K_f为 1.86,葡萄糖分子量为 180。血液的温度为 37 ℃)。

4. 有一糖水溶液,在 101.3 kPa 下,它的沸点升高了 1.02 K,问它的凝固点是多少?

5. 一种在 300 K 时 100 mL 体积中含有 1.0 g 过氧化氢酶(在肝中发现的一种酶)的水溶液,测得它的渗透压为 0.099 3 kPa,计算过氧化氢酶的摩尔质量。

三、综合题

1. 如何将碘化钾从淀粉胶体中分离出来？分离后怎样证明碘化钾溶液中没有淀粉？又怎样证明淀粉溶胶中没有 KI？

2. 解释下列现象

(1)清晨,树林中的丁铎尔现象产生的原因;

(2)当一束光线透过窗户时,也会产生丁铎尔现象,为什么？

3. 下列物质中

① CO_2　② HNO_3　③KOH　④石墨　⑤ Fe　⑥葡萄糖　⑦Na_2CO_3　⑧酒精　⑨食盐水

(1)属于电解质的是____;

(2)属于非电解质的是____;

(3)写出电解质的电离方程式。

第三章 原子结构与元素周期律

分子是保持物质的化学性质的最小微粒,物质在不同条件下表现出来的性质上的差别是由物质的内部结构的不同引起的。在化学变化中,原子的原子核并不发生变化,只是核外电子的运动状态发生变化。因此,研究一个化学反应或物质的性质,就必须先深入了解原子的内部结构。

元素周期律是化学中最重要的规律之一,本章将利用原子结构理论揭示元素周期律的本质,并阐明元素性质周期性变化规律与元素原子的电子层结构的关系。

第一节 原 子 结 构

自然界中属分子层次以上的物体,从宏观的天体到微观的分子,从有生命的动植物到无生命的矿物都是由化学元素组成的。到 20 世纪 40 年代,人们已发现了自然界存在的全部 92 种化学元素,加上用粒子加速器人工制造的化学元素,到 1996 年总数已达111 种。

元素以原子实物形式存在。电子、X 射线、放射性现象的发现,使研究人员修正了原子不可再分割的概念。1911 年卢瑟福(E. Rutherford)通过 α 粒子的散射实验,提出了核原子模型:原子是由带负电荷的电子与带正电荷的原子核组成。原子是电中性的。原子核也具有复杂的结构,它由带正电荷的质子和不带电荷的中子组成。电子、质子、中子等称为基本粒子。原子很小,基本粒子更小,但是它们都有确定的质量与电荷,如表 3 - 1 所示。

表 3 - 1 基本粒子的质量与电荷

基本粒子	m/kg	m/u①	Q/C	Q/e
质子	$1.672\ 52 \times 10^{-27}$	1.007 277	$+1.602 \times 10^{-19}$	+1
中子	$1.674\ 82 \times 10^{-27}$	1.008 665	–	–
电子	$9.109\ 1 \times 10^{-31}$	0.000 548	-1.602×10^{-19}	−1

注:①u 为原子质量单位,$1u = 1.660\ 565\ 5 \times 10^{-27}$ kg;e 为元电荷,一个质量的电荷。

如果电子的质量忽略不计,原子相对质量的整数部分就等于质子相对质量(取整数)与中子相对质量(取整数)之和,这个数值叫做质量数,用符号 A 表示,中子数用符号 N 表示,质子数用符号 Z 表示,则

$$质量数(A)=质子数(Z)+中子数(N)$$

核电荷数由质子数确定

$$核电荷数=质子数=核外电子数$$

归纳起来，如以${}_Z^AX$代表一个质量数A、质子数Z的原子，那么构成原子的离子间的关系可以表示为

$$原子({}_Z^AX)(\sim10^{-10}m)\begin{cases}原子核(10^{-16}\sim10^{-14}m)\begin{cases}质子Z个\\中子(A-Z)个\end{cases}\\核外电子Z个(\sim10^{-15}m)\end{cases}$$

原子、原子核和电子都很小，括号内的数据是它们的直径。

具有一定数目的质子和中子的原子称为核素，即具有一定的原子核的元素。具有相同质子数的同一类原子总称为元素。同一元素的不同核素互称同位素。例如氢元素有${}_1^1H$(氕)、${}_1^2H$(氘)、${}_1^3H$(氚)3种同位素，氘、氚是制造氢弹的材料。元素铀(U)有${}_{92}^{234}U$、${}_{92}^{235}U$、${}_{92}^{238}U$三种同位素，${}_{92}^{235}U$是制造原子弹的材料和核反应堆的燃料。

第二节　核外电子运动的量子力学表示方法

一、氢原子光谱和波尔理论

1897年，英国物理学家汤姆逊(Thomson)发现了电子，并确认电子是原子的组成部分。1911年，英国物理学家卢瑟福为了了解电子和原子核在原子中的分布，在α粒子散射实验基础上建立了原子结构的“行星模型”，提出原子是由带正电荷的原子核和一定数目绕原子核高速运动的电子所组成；卢瑟福的“行星模型”为近代原子结构的研究奠定了基础。1913年，年轻的丹麦物理学家玻尔(Bohr)在卢瑟福的原子结构模型的基础上，应用普朗克(Planck)的量子论和爱因斯坦(Einstein)的光子学说建立了玻尔原子结构模型，成功地解释了氢原子光谱，推动了原子结构理论的发展。但进一步研究发现玻尔原子结构模型仍然存在严重的缺陷，所以电子等微观粒子的运动状态只能用量子力学来描述。

1. 氢原子光谱

氢原子的结构简单，其光谱具有明显的规律，各种原子光谱线规律性的研究首先是在氢原子上得到突破，通过测量氢光谱可见谱线的波长，能较准确测定氢的里德伯约常数，所以，近代原子结构理论的建立是从研究氢原子光谱开始的。

在一个熔接着两个电极，且抽成高度真空的玻璃管内，装着高纯度的低压氢气，然后在两极上施加高电压，使低压气体放电，氢原子在电场的激发下发光。若使这种光线经过狭缝，再通过棱镜分光后，可得到含有几条谱线的线状光谱，即为氢原子光谱，氢原子光谱在可见光区有四条比较明显的谱线，通常用H_α、H_β、H_γ、H_δ来表示，如图3-1所示。氢原子是原子结构中最简单的元素，氢原子光谱可以通过氢气放电管获得，实验中可通过光谱仪观察到氢原子的线状光谱。1885年瑞士数学兼物理学家巴耳末首先把氢原子光谱中各谱线的波长表示为经验公式，即

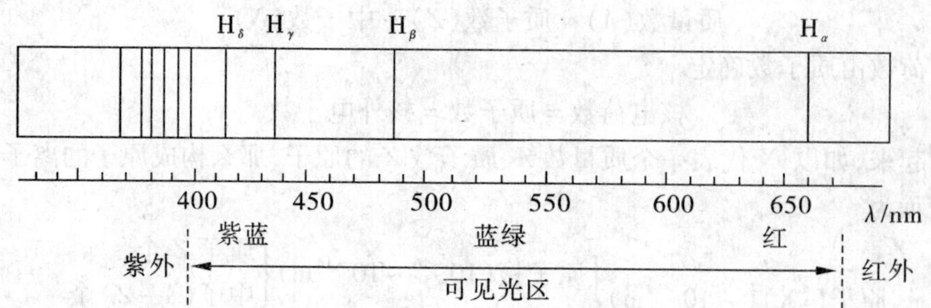

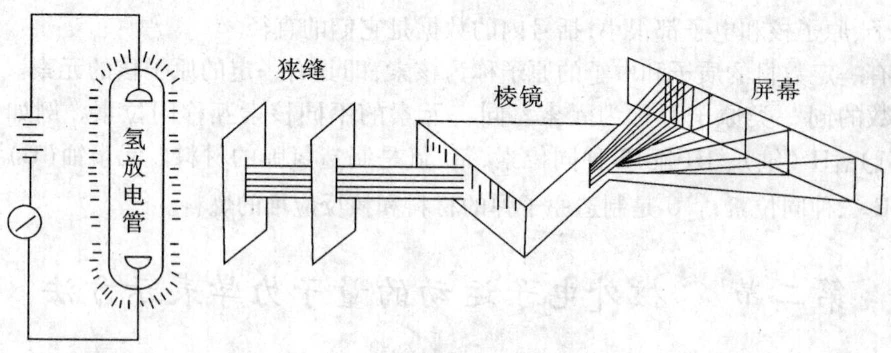

图 3－1 氢原子光谱图

$$\lambda = B\frac{n^2}{n^2 - 2^2} \qquad n = 3,4,5,6,\cdots \tag{3-1}$$

式中：$B = 364.6$ nm；

λ——波长，当 $n = 3,4,5,6$ 时，上式就给出氢原子光谱中可见光部分的各条谱线的波长。这个谱线系叫巴耳末系，式(3－1)称为巴耳末公式。式(3－1)也可改写为

$$\tilde{v} = \frac{1}{\lambda} = R\left(\frac{1}{2^2} - \frac{1}{n^2}\right) \qquad n = 3,4,5,6,\cdots$$

式中：$\tilde{v}$——波长的倒数，称为波数，通常是指 1 m 长度内所含有的完整的波数，它的单位为 m^{-1}，$R = 4/B = 1.093\ 731\ 534 \times 10^7 m^{-1}$ 称为里德伯约常量。

后来在氢原子光谱中的紫外和红外区又发现了另外一些谱线系，并可用类似的公式表示。

紫外区：

莱曼系 $\tilde{v} = R\left(\frac{1}{1^2} - \frac{1}{n^2}\right) \qquad n = 2,3,4,\cdots$

红外区：

帕邢系 $\tilde{v} = R\left(\frac{1}{3^2} - \frac{1}{n^2}\right) \qquad n = 4,5,6,\cdots$

布拉开系 $\tilde{v} = R\left(\frac{1}{4^2} - \frac{1}{n^2}\right) \qquad n = 5,6,7,\cdots$

普丰德系　　$\tilde{v}=R\left(\frac{1}{5^2}-\frac{1}{n^2}\right)$　　$n=6,7,8,\cdots$

以上公式,可归纳为一个更普遍的公式称为广义的巴耳末公式,即

$$\tilde{v}=R\left(\frac{1}{k^2}-\frac{1}{n^2}\right) \quad (3-2)$$

式中:k——可取 1,2,3,4,5;

n——可取从 $k+1$ 开始的一系列正整数。

2. 波尔理论

如何认识氢原子光谱呈现的规律,玻尔(Bohr)于 1913 年大胆提出了两点基本假设,此假设也称玻尔理论或玻尔原子结构模型,又分别称为定态规则和频率规则。定态规则描述的是氢原子核外有一系列定态,每一个定态有一相应的能量 E,电子在这些定态的能级上绕核做圆周运动,既不放出能量,也不吸收能量,处于稳定状态。原子可能存在的定态受一定限制,这种限制是由于电子做圆周运动的角动量 M 是量子化所产生的,即 M 必须等于 $6/2\pi$ 的整数倍

$$M=n\frac{h}{2\pi} \qquad n=1,2,3$$

频率规则指出:当电子自一个定态跃迁到另一个定态时,就会吸收或发射频率为 $\upsilon=\Delta E/h$ 的光子(ΔE 为两定态之间的能量差)。

在此假设的基础上,玻尔作出了以下贡献:

① 指出光谱经验式中的 n 即为核外电子所处定态运动轨道;

② 按电子绕原子核运动离心力与向心力相等的原则,推算出氢原子在基态下的原子半径 $L=52.92$ pm(称为玻尔半径)与每一个定态 n 相对应的能量

$$E=-\frac{13.6}{n^2}\text{eV}$$

③按照频率规则算得里得堡常数 $R_H=1.097\,37\times10^7\,\text{m}^{-1}$,与实测值 $1.096\,78\times10^7\,\text{m}^{-1}$ 基本一致。

玻尔的思想大胆且有创建,把量子论的观点引入了原子体系,这一认识具有划时代的意义,但其局限性也是显而易见的。在说明氢原子光谱的规律性时相当成功,但是无法解释氢原子光谱的精细结构,同时不能推广到多电子体系,即便只有两个电子的原子体系,计算结果与光谱实验结果亦相差很远。主要原因在于:玻尔的假设,没有涉及微观粒子运动的波动性,因而他所设想的原子结构不能正确反映原子的真实结构。

二、电子的波粒二象性

通过光在传播过程中的干涉、衍射现象,人们认识了光的波动性,而通过光和物质相互作用时的光电效应现象,人们认识了光的微粒性。这就是所谓的光的波粒二象性。$E=h\upsilon$ 关系式的左边;E 为光子所具有的能量;P 为光子的动量,反映了光子的粒子性质,h 为普朗克常数;υ 为光的频率,λ 为与一定动量 P 相对应光子所具有的波长。表征光的粒子性的动量 P 与表征光的波动性的波长 λ 之间存在着下列关系式

$$\lambda = \frac{h}{P} \qquad (3-3)$$

1924 年,法国物理学家德布罗依进一步假设,包括电子在内的一切微观粒子和光一样也都具有二象性。假设质量为 m、运动速度为 v 的微粒,一方面可用动量 P 对其作微粒性的描述,另一方面又可用波长 λ 作波动性的描述。λ 和 P 之间的关系式

$$\lambda = \frac{h}{P} = \frac{h}{mv}$$

式中:m——电子的质量;

v——电子的运动速度;

P——电子的动量;

h——普朗克常数。这种波通常称为物质波,亦称为德布罗依波。

表 3-2 列出了一些粒子的德布罗依波长和半径。

表 3-2 一些粒子的德布罗依波长和半径

粒子种类	质量 m(g)	速度 v($cm \cdot s^{-1}$)	$\lambda = \frac{h}{mv}$(cm)	粒子近似直径(cm)	波动性
电子	9×10^{-28}	10^8	7×10^{-8}	$\gg10^{-13}$	较显著
电子	9×10^{-28}	10^{10}	7×10^{-10}	$\gg10^{-13}$	较显著
氢原子	1.6×10^{-24}	10^5	4×10^{-8}	$>10^{-8}$	较显著
氢原子	1.6×10^{-24}	10^8	4×10^{-11}	$<10^{-8}$	不显著
枪弹	~10	10^5	6×10^{-33}	<1	基本没有

德布罗依的假设是从实物微粒与光子的类比中得到的,但由于物质波的波长短,普通光栅无法检测,因而在当时这个想法提出时并未被重视。3 年后,德布罗依假设由戴维逊(C. Da Visson)、革末(L. H. Germer)和汤姆逊(G. P. Thomsom)的电子衍射所证实,戴维逊和革末以镍单晶反射电子束,得到与 X 射线在晶体表面反射相类似的衍射图像,H. P · 汤姆逊使高速运动的电子束通过 Au、Pt、Al 等金属薄膜后,得到类似多晶 X 射线的衍射图像,并在此基础上利用衍射方程测得电子波长数据,该数据与由德布罗依关系式计算所得波长相当接近。这一实验结果既证实了物质波的存在,又确认了德布罗依二象性关系式的正确性。1928 年后,实验进一步证明质子、中子、原子等实物粒子都具有波动性,且都符合德布罗依关系式。电子衍射实验如图 3-2 所示。

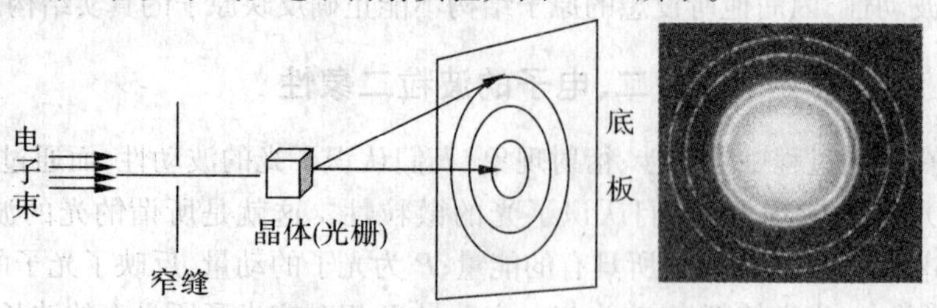

图 3-2 电子衍射实验示意图

三、海森堡测不准原理

1927 年,德国的物理学家海森堡(W. Heisenberg)从理论上证明,要想同时测定运动微粒的位置和动量(或速度)是不可能的。如果微粒的运动位置测得越准确,其相应的速度测得越不准确,反之亦然。也就是说,不可能设计一种实验方法,能准确地测量物体的位置同时准确地测量物体在那时的运动速度。若设该质点的动量不确定范围是 ΔP,位置的不确定范围是 Δx,则有下列关系式

$$\Delta x \cdot \Delta P \geqslant \frac{h}{4\pi}$$

式中:h——普朗克常数。由该式不难看出,Δx 越小,即位置准确程度越大,ΔP 就越大,即动量的准确程度就越小。

一般来说,因为测不准原理的数学表达式中的 h 是一个非常小的数,对于宏观物体的运动可将它视为零,运动物体的波动性不明显,因而经典力学中的物体既有确定的位置又有确定的动量(或速度)。对于微观粒子的运动,h 已不可忽略。运动粒子显示波动性的本质,所以测不准原理发生了作用。

电子运动的速度约为 $10^6\ m \cdot s^{-1}$,这样快的速度又有波粒二象性,就使得对单个电子的运动轨迹无法测定,而只能对大量电子的运动或一个电子重复多次的实验进行设计,也就是说研究微观粒子的运动不能像描述宏观物体的运动那样,肯定它在某一瞬间处于空间的某一位置,或者说,我们不可能同时准确地测出一个核外电子的动量和位置,这就是所谓的测不准原理。

海森堡测不准原理很好地反映了微观粒子的运动特征,但是不适合宏观物体。应该指出的是测不准原理并不是说微观粒子的运动是虚无缥缈的、不可认识的,而只是说明了不能把微观粒子和宏观物体同样用经典力学处理。

四、波函数和薛定谔方程

德布罗依的假设和海森堡的测不准原理,促使原子结构理论进入一个新的更广泛适用的发展阶段。在这些新的探索中,一切想准确测定电子的瞬时位置和动量的企图都被抛弃,电子的波动性得到公认,并且依照波的性质来描述电子的性质。

1. 薛定谔方程

在经典物理学中,宏观物体的运动状态,可根据经典力学的方法,用坐标和动量来描述,但测不准原理告诉我们,用坐标和动量来描述微观粒子的运动状态是不适宜的。1926 年,薛定谔(E. Schrödinger)根据德布罗依关于物质波的观点,建立了著名的描述微观粒子运动状态的量子力学波动方程。薛定谔方程是一个二阶偏微分方程

$$\frac{\partial^2 \psi}{\partial x^2} + \frac{\partial^2 \psi}{\partial y^2} + \frac{\partial^2 \psi}{\partial z^2} + \frac{8\pi^2 m}{h^2}(E - V)\psi = 0$$

式中:ψ——波函数;

E——体系中电子的总能量;

V——体系的总势能;

h——普朗克常数；

m——电子的质量。

电子在核外运动的频率 υ 与能量 E 相联系：$E=h\upsilon$。薛定谔方程将微观粒子的粒子性（m、E、υ）与波动性（ψ）统一起来了，从而能更全面地反映微观粒子的运动状态，即薛定谔方程的求解涉及较深的数学知识，在这里我们定性地描述由薛定谔方程得出的结论。

（1）ψ 是薛定谔方程的解，ψ 是空间坐标的波函数，即 $\psi=\psi(x,y,z)$，将直角坐标换成球坐标（$x=r\sin\theta\cos\varphi$，$y=-r\sin\theta\sin\varphi$，$z=r\cos\theta$），如图 3－3 所示。

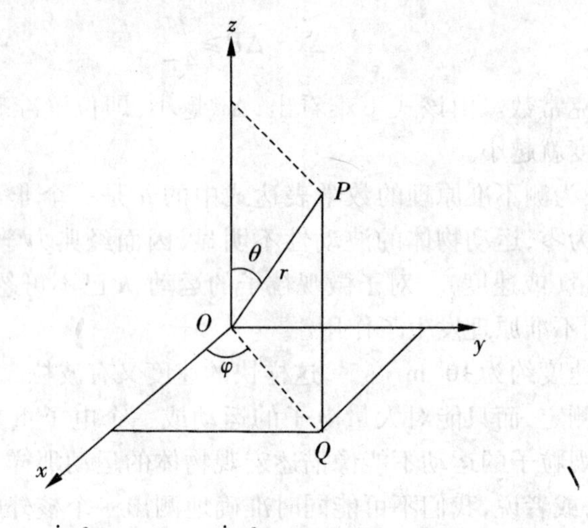

图 3－3 球极坐标和直角坐标的关系

（2）薛定谔方程的解为系列解，每个解都有一定的能量 E 和其对应，且每个解 ψ 都要受到三个参数（n,l,m）的规定，n,l,m 称为量子数。

（3）每个解的球坐标 ψ 可以表示成两部分函数的乘积

$$\psi(r,\theta,\varphi)=R_{nl}(r)\cdot Y_{lm}(\theta,\varphi)$$

式中，$R_{nl}(r)$ 仅与 r 有关，由 n,l 规定，$Y_{lm}(\theta,\varphi)$ 与 θ,φ 有关，由 l,m 规定。

2. 原子轨道和波函数

薛定谔方程是描述核外电子运动状态的方程，它的解——波函数 ψ 是描述核外电子运动状态的函数。在量子力学中常把波函数称为原子轨道函数，简称原子轨道。薛定谔方程的解为系列解，每个解对应一个运动状态，因而原子中电子有一系列可能的运动状态。由于每个解受到 3 个参数 n,l,m 的规定，因而一个波函数（一个运动状态或一个原子轨道）可以简化用一组量子数（n,l,m）来表示。

波函数 ψ 是描述核外电子运动状态的函数，物理意义不够明确，但是函数绝对值的平方 $|\psi|^2$ 有着明确的物理意义，它表示空间某处单位体积内电子出现的概率，即概率密度。$|\psi|^2$ 的空间图像就是电子云的空间分布图像，为了深刻地理解波函数的物理意义，对概率密度、电子云等概念有必要进一步进行讨论。

3. 四个量子数

量子力学对核外电子运动状态的描述引出四个量子数，即电子的运动状态可以用四个量子数来规定。主量子数 n，角量子数 l，磁量子数 m 和自旋量子数 m_s。其中 n,l 和 m 三个量子数确定电子在空间运动的轨道，称为原子轨道。当然电子运动并不是真有确定的轨道，量子力学理论认为电子在整个原子空间都有可能出现，只是在各处出现的概率密度不同，因而运动状态也不同。电子不仅在核外空间不停地运动，而且还做自旋运动，自旋量子数 m_s 规定电子自旋运动状态。所以，电子的运动状态通常由 n,l,m 三个量子数决定轨道运动，由 m_s 决定自旋运动。这四个量的具体含义和取值大致如下。

主量子数 n　它规定了核外电子离核的远近和电子能量的高低。由近及远，由低至高，n 可取正整数 1,2,3,4,…，n 值越大，表示电子离原子核越远，能量越高。反之，n 越小，则电子离核越近，能量越低。由于 n 只能取正整数，所以电子的能量是分立的不连续的，或者说能量是量子化的。这也相当于把核外电子分为不同的电子层，凡 n 相同的电子均属于同一层。习惯用 K,L,M,N,O,P 来代表 $n=1,2,3,4,5,6$ 的电子层。

角量子数 l　它规定电子在原子核外出现的概率密度随空间角度的变化，即决定原子轨道或电子云的形状。l 可取小于 n 的正整数，即 0,1,2,…，$n-1$，如 $n=4$，l 可以是 0,1,2,3，相应的符号是 s,p,d,f，例如 $l=0$，就用 s 表示，$l=1$ 用 p 表示，等等。对含有多于 l 个电子的原子（或称多电子原子），当 n 相同时，l 越大，电子的能量越高。因此，常把 n 相同、l 不同的状态称为电子亚层，一个电子层可以分为几个亚层。如 $n=2$（L 层），有两个亚层，即 $l=0$ 和 1，相应的原子轨道符号为 2s 和 2p；当 $n=3$（M 层）时，有 $l=0,1,2$ 三个亚层，可分别用 3s、3p 和 3d 表示。以此类推。

磁量子数 m　它规定电子运动状态在空间伸展的取向。m 的数值可取 0，±1，±2，…，$\pm l$。对某个运动状态可有 $2(l+1)$ 个伸展方向。s 轨道的 $l=0$，所以只有一种取向，它是球对称的。p 轨道 $l=1$，$m=-1,0,+1$，所以有三种取向，用 p_x，p_y 和 p_z 表示。图 3-4 为 s 和 p 原子轨道轮廓图。s 轨道在空间伸展取向呈球对称，而 p_x 轨道伸展取向垂直于 yz 平面，p_y 取向垂直于 xz 平面，而 p_z 取向则垂直于 xy 平面。

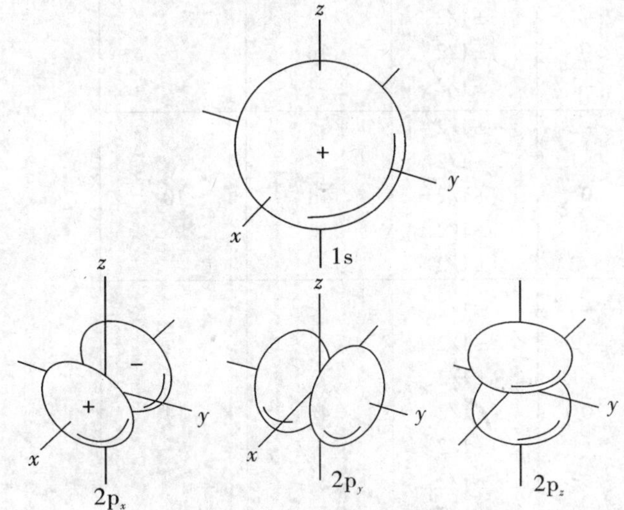

图 3-4　原子轨道轮廓图

（s 状态对原点是对称的，p 状态是反对称的。图中 s 状态、p 状态的标度大小并不相同）

自旋量子数 m_s 电子除绕原子核运动外，它本身还做自旋运动。电子自旋运动有顺时针和逆时针两个方向，分别用 $m_s = +\frac{1}{2}$ 和 $m_s = -\frac{1}{2}$ 表示，也常用"↑"和"↓"符号表示自旋方向相反的电子。表 3-3 归纳了四个量子数的关系。

表 3-3 量子数和原子轨道

量子数				原子轨道		电子层可容纳电子总数
n	l	m	m_s	名称	容纳电子数	
1(K层)	0	0	±1/2	1s	2	$2\times1^2=2$
2(L层)	0	0	±1/2	2s	2	$2\times2^2=8$
	1	+1 0 −1	±1/2 ±1/2 ±1/2	2p	6	
3(M层)	0	0	±1/2	3s	2	$2\times3^2=18$
	1	+1 0 −1	±1/2 ±1/2 ±1/2	3p	6	
	2	+2 +1 0 −1 −2	±1/2 ±1/2 ±1/2 ±1/2 ±1/2	3d	10	
4(N层)	0	0	±1/2	4s	2	$2\times4^2=32$
	1	+1 0 −1	±1/2 ±1/2 ±1/2	4p	6	
	2	+2 +1 0 −1 −2	±1/2 ±1/2 ±1/2 ±1/2 ±1/2	4d	10	
	3	+3 +2 +1 0 −1 −2 −3	±1/2 ±1/2 ±1/2 ±1/2 ±1/2 ±1/2 ±1/2	4f	14	

四个量子数的物理意义及数值之间的相互关系都是量子力学在处理波动方程时求解得到的，并有物理和化学的实验依据，本书不作阐述。这里仅把这些结论作为描述电子运动状态的符号使用。

4. 电子云

(1)电子云和几率密度　高速运动的电子具有波粒二象性，人们不可能同时准确地测定一个核外电子在某一瞬间所处的位置和运动速度。但是可以用统计的方法来判断电子在核外空间某一区域内出现的几率，这种几率在数学上称为概率。回想前面讲过的电子衍射图，图中有明暗交替的条纹，说明有些地方衍射强度大，也就是电子出现的几率密度大，有的地方衍射强度小，电子出现的几率密度小。因此波函数的平方 $|\psi|^2$ 可代表电子在空间单位体积中出现的几率，即电子在空间出现的几率密度。电子在核外某处单位体积内出现的概率称为该处的概率密度。

为了形象地表示电子的几率密度分布，可用小黑点的疏密来表示空间各点的几率密度大小，如图3-5所示。图中可以表示的是 $|\psi|^2$。$|\psi|^2$ 大的地方，小黑点的密度就大；小的地方，小黑点的密度就小。这些密密麻麻的小黑点像一团带负电的云，把原子核包围起来，如同天空中的云雾一样，所以人们形象地把它称为电子云(electron cloud)，描述电子云的图称为电子云图。

电子云的表示方法通常有两种，一种是电子云示意图，如图3-5所示。原子核位于中心，小黑点的疏密表示核外电子几率密度的大小，即电子在核外空间各处出现机会的多少；电子云的另一种表示方法是电子云界面图，如图3-6所示。图中显示的是氢原子电子云界面的剖面图，它的界面是等密度面，即该面上每个点的电子云密度相等，界面以内电子出现的几率很大(90%以上)，界面以外电子出现的几率很小(10%以下)。

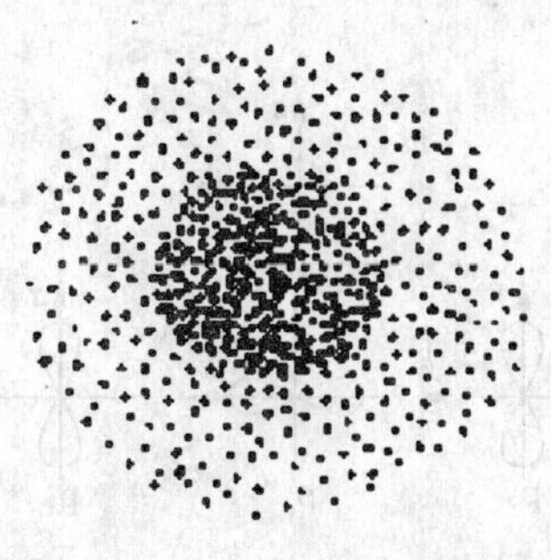

图3-5　电子云示意图

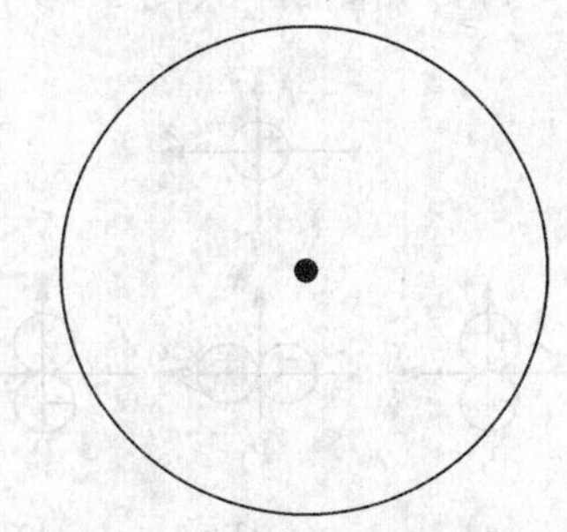

图3-6　氢原子的电子云界面图

几率是电子在某一区域出现的次数。几率与电子出现区域的体积有关，也与所在研究区域单位体积内出现的次数有关。几率密度为电子在单位体积内出现的几率。

几率与几率密度之间的关系

$$\text{几率}(W) = \text{几率密度} \times \text{体积}(V)$$

相当于质量、密度和体积三者之间的关系。

量子力学理论证明，几率密度等于 $|\psi|^2$，于是有

$$W = |\psi|^2 \times V$$

当某空间区域中几率密度一致时，根据上式可用乘法求得几率。

电子云图是几率密度 $|\psi|^2$ 的形象化说明。黑点密集的地方，$|\psi|^2$ 的值大，几率密度大；反之几率密度小。

各种状态的电子云的分布形状如图 3－7 所示。

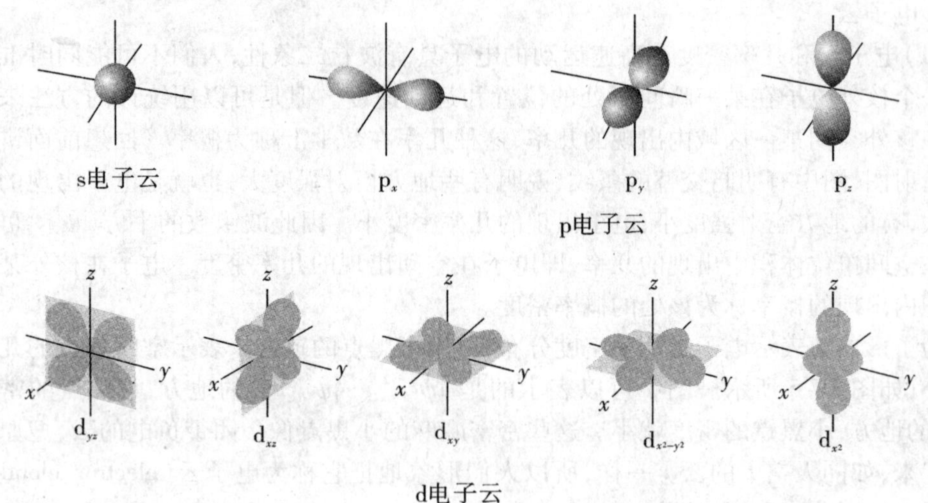

图 3－7　电子云的轮廓图

(2) 角度分布　$Y(\theta,\varphi)$ 对 θ,φ 作图可得原子轨道的角度分布图，$|Y(\varphi,\theta)|^2$ 对 θ,φ 作图可得到电子云的角度分布图。

① 原子轨道角度分布图"胖"一点，而电子角度分布图"瘦"一点。这是因为 $|Y|<1$，所以 $|Y|^2<|Y|$。如图 3－8、图 3－9 所示。

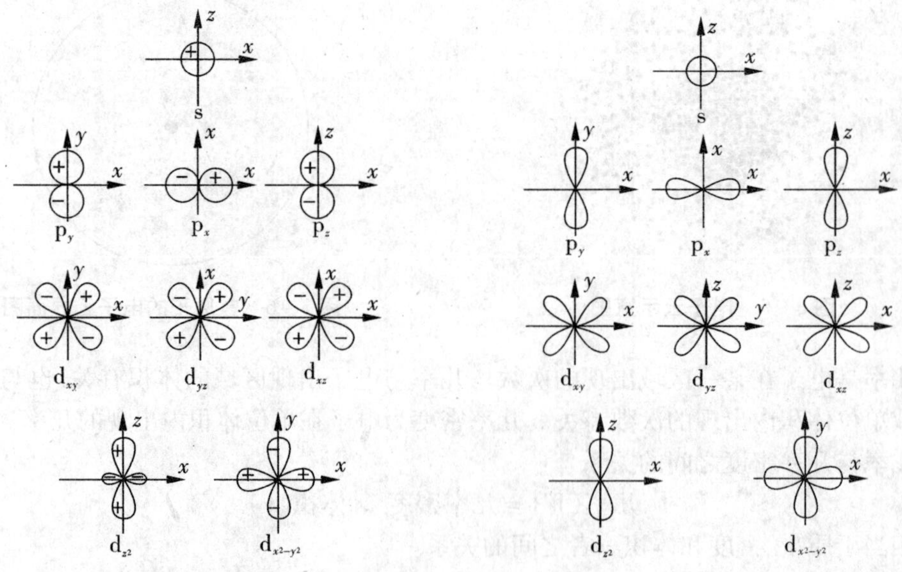

图 3－8　原子轨道的角度分布图　　**图 3－9　电子云的角度分布图**

② 原子轨道角度分布图有"＋"、"－"符号表示 $Y(\theta,\varphi)$ 的角度分布图形的对称性

关系,符号相同则表示对称性相同,符号相反则表示对称性相反;而电子云角度分布图均为正值。如图3-10所示。

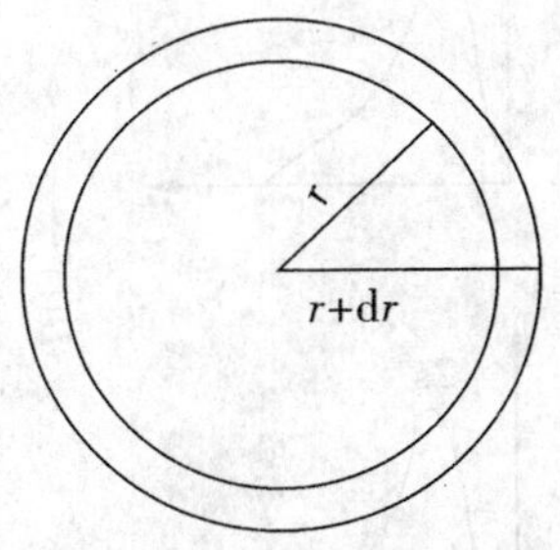

图3-10　薄层球壳剖面图

原子轨道角度分布和电子云角度分布的图像相似,但有区别,如表3-4所示。

表3-4　原子轨道角度分布和电子云角度分布的异同

	原子轨道	电子云
定义	描写原子中核外电子运动状态的数学表示式(即波函数 ψ)	代表在原子核外空间某处单位体积内找到电子的概率(即概率密度 $\|\psi\|^2$)
形状	比电子云"胖"一些	比原子轨道"瘦"一些,是数学处理的结果
符号	表示原子轨道的对称性 (+)表示该区域中 ψ 为正值 (-)表示该区域中 ψ 为负值	没有正负号,是数学处理的结果
应用	分析化学键的形成与方向、讨论原子轨道组合形成分子轨道	讨论电子在空间的分布、分子的几何结构及其价键类型时常用

(3)电子云的径向分布图　一个与核的距离为 r、厚度为 dr 的微分薄层球壳(图3-10)内电子出现的总几率为

$$|\psi|^2 \mathrm{d}V = |\psi|^2 \cdot 4\pi r^2 \mathrm{d}r = D(r)\,\mathrm{d}r$$

式中:$D(r)=4\pi r^2$,用 $D(r)$ 对 r 作图,即可得到电子云的径向分布图(图3-11)。

在 $D(r)-r$ 的曲线中,有$(n-1)$个极大值峰,并且在 $r(0,\infty)$ 之间有$(n-l-1)$个 $D(r)=0$的结点。所谓极大峰值,表示电子在该处单位球壳内出现的几率最大;所谓结点,表示电子在该处单位球壳内出现的几率为零。例如3s 轨道($n=3, l=0$),在它的 $D(r)-r$曲线上有三个极大值峰和两个结点。

对于1s 轨道,$D(r)-r$ 曲线在 $r=a_0=52.9$ pm 处有极大值。这表明在半径为52.9 pm 附近的一薄层球壳内电子出现的几率,比任何其他地方同样厚度的单位球壳内电子出现的几率大。就这一点可以说,玻尔轨道是氢原子结构的粗略近似。

外层轨道的一个或一个以上的小峰,穿过内层轨道的主峰而进入近核区的现象,会

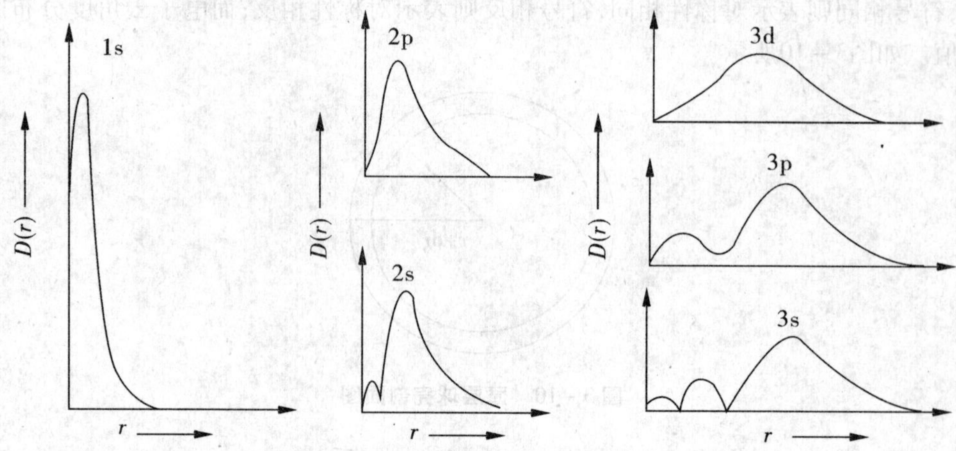

图 3-11 氢原子电子云径向分布示意图

引起多电子原子中轨道能级分裂和能级交错。这种作用称为钻穿效应。关于这一点,将在后面作详细介绍。

5. 核外电子的运动状态

(1)电子层 在含有多个电子的原子里,电子之间的能量是不同的。能量低的电子通常在离核近的区域内运动;能量高的电子在离核远的区域内运动。电子能量由低到高,通常运动的区域离核由近到远,这些离核距离不等的电子运动区域叫做电子层。

电子层是决定电子能量高低的主要因素。电子层的编号 n 有数字及字母两种表示方法其对应关系以及各层电子的能量变化如下:

电子层序数 n	1	2	3	4	5	6	7
对应符号	K	L	M	N	O	P	Q
电子的能量	电子离核由近到远,电子能量由低到高						

如 $n=1$,表示第一电子层,即 K 层;$n=2$,表示第二电子层,即 L 层;依此类推,n 值越大,表示电子离核越远,该电子具有的能量就越高。

(2)电子云的形状 在多电子原子中,同一层电子上的电子的能量还有微小的差别,且电子云的形状也有差别,由于这个差别,一个电子层又可分为一个或几个电子亚层,这些电子亚层通常用 s、p、d、f 等符号表示。第一电子层即 K 层只含有一个亚层,即 s 亚层;第二电子层即 L 层含有两个亚层,即 s 亚层和 p 亚层;第三电子层(即 M 层)含有三个亚层,即 s、p 和 d 亚层;第四电子层即 N 层含有四个亚层,即 s、p、d 和 f 亚层。在 1~4 四个电子层中,电子亚层的个数等于电子层的序数。

不同电子亚层的电子云形状不同。s 亚层的电子云是以原子核为中心的球体,如图 3-12所示。p 亚层的电子云呈无柄哑铃形,如图 3-13 所示。d 亚层和 f 亚层电子云的形状比较复杂。

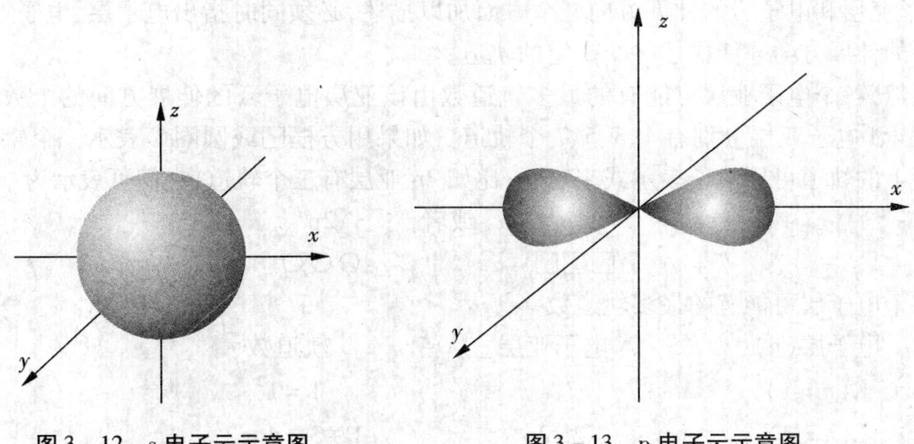

图3－12　s电子云示意图　　图3－13　p电子云示意图

同一电子层中,不同亚层的能量是按s、p、d、f的顺序递增的。为了说明电子在核外所处的电子层和亚层,以及它的能量的高低和电子云的形状,通常将电子层的顺序 n 标在亚层符号的前面。例如:处于K层的s亚层上的电子标为1s,处在L层的s亚层和p亚层的电子标为2s和2p;处于M层的d亚层的电子标为3d,处于N层的f亚层的电子标为4f。

不同电子层上具有相同电子云形状的电子,其能量关系为

$$E_{1s} < E_{2s} < E_{3s} < E_{4s}$$

同一电子层而不同亚层的电子,其能量关系为

$$E_{ns} < E_{np} < E_{nd} < E_{nf}$$

由于原子中各亚层能量有高有低,好像阶梯一样一级一级的,所以又称为原子的能级,上述1s、2s、2p等都是原子的能级。

(3)电子云的伸展方向　电子云不仅有确定的形状,而且在空间有一定的伸展方向。s电子云是球形对称的,在空间各个方向上出现的几率都一样,所以没有方向性,p电子云在空间可沿 x、y、z 轴三个方向伸展,如图3－14所示。f电子云则有七个伸展方向。

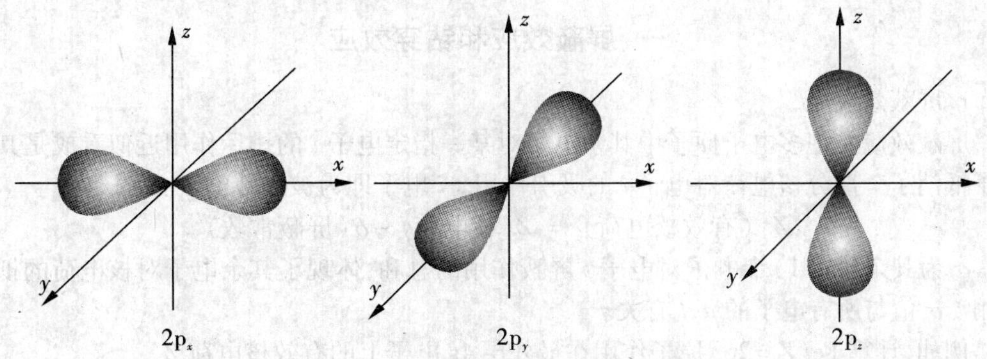

图3－14　p电子云的三种伸展方向

前面我们已经讲过,核外电子运动状态可用原子轨道函数来表示,原子轨道由电子

层、电子亚层和电子云的伸展方向三个方面加以描述，必须同时指出电子层、电子亚层和电子云的伸展方向才能描述一个确定的轨道。

显然，各个电子亚层可能有的最多轨道数由该亚层电子云的伸展方向的个数决定，即 s、p、d、f 电子亚层分别有 1、3、5、7 个轨道。如果用方框□或圆圈○表示一个轨道，则各亚层上的轨道可用轨道表示式来表示；比如 2p 亚层有三个轨道，它们可表示为

2p　　　或者　　　2p

□□□　　　　　　○○○

各个电子层可能有的最多轨道数

电子层(n)	电子亚层	轨道数
K($n=1$)	1s	$1=1^2$
L($n=2$)	2s 2p	$1+3=4=2^2$
M($n=3$)	3s 3p 3d	$1+3+5=9=3^2$
N($n=4$)	4s 4p 4d 4f	$1+3+5+7=16=4^2$
N		n^2

由此可见，每个电子层可能有的最多轨道数是电子层序数的平方，即 n^2($N\leqslant 4$)。

(4)电子的自旋　电子不仅在核外空间高速绕核运动，而且还在做着自旋运动：电子的自旋状态有两种，通常用“↑”和“↓”表示两种不同的自旋状态。

综上所述，电子在核外空间的运动状态必须由电子层、电子亚层(即电子云的形状)、电子云的伸展方向以及电子的自旋四个方面共同决定。

第三节　核外电子排布规律

在氢原子核和类氢原子的原子核外只有一个电子，这个电子只受到原子核的作用，量子力学可以解出它们的电子概率密度和轨道能量。而在多电子的原子中，由于其他电子对指定电子有非常复杂的作用，核外电子不仅受到原子核的吸引，而且还受到电子间的互相排斥，因此核外电子排布规律较氢原子和类氢原子离子复杂许多。

一、屏蔽效应和钻穿效应

1. 屏蔽效应

屏蔽效应是把多电子原子中其余电子对某一指定电子 i 的排斥作用近似看成是其余电子抵消了一部分核电荷对电子 i 的吸引作用。i 电子即为被屏蔽电子。

$$Z^*(\text{有效核电荷}) = Z(\text{核电荷}) - \sigma(\text{屏蔽常数})$$

σ 为其余($Z-1$)个电子对电子 i 屏蔽作用的总和，体现了其余电子对核电荷的抵消作用。σ 值与所有电子的 n，l 有关。

例如，计算 Fe($Z=26$)原子作用在最外层 4s 电子上的有效核电荷 Z^*。

先将 Fe 原子核外的电子分组：($1s^2$)；($2s^2$，$2p^6$)；($3s^2$，$3p^6$)；($3d^6$)；($4s^2$)

对于一个 4s 电子，受到的有效核电荷作用为

$$Z^* = Z - \sigma = 26 - [(1\times0.35) + (14\times0.85) + (10\times1.00)] = 26 - 22.25 = 3.75$$

2. 钻穿效应

顾名思义钻穿效应就是电子可以钻到内层靠核近的地方去，本身回避了内层电子对它的屏蔽而它又对外层电子产生屏蔽作用。注意 n 相同、l 较小的电子的钻穿能力较大。用钻穿效应可以解释 n 相同、l 不同时：$E_{ns} < E_{np} < E_{nd} < E_{nf}$；同时也能解释 n、l 都不同时：$E_{4s} < E_{3d} < E_{4p}$，$E_{5s} < E_{4d} < E_{5p}$ 和 $E_{6s} < E_{4f} < E_{5d} < E_{6p}$ 等能级交错现象。

钻穿效应可以解释无机化学中的一些现象，例如为什么 Hg（汞）、Tl^{+}（铊）、Pb^{2+}（铅）、Bi^{3+}（铋）相当稳定（$6s^2$ 惰性电子对效应）。钻穿效应的出现是由于核外电子的运动状态只能用统计规律加以描述，电子在原子核外空间各处都可以出现，只是概率分布的大小不同而已。

应用屏蔽效应和钻穿效应，能很好解释多电子原子中轨道能量的高低顺序。

二、鲍林近似能级图

鲍林从大量光谱实验数据中总结出了多电子原子中原子轨道能量高低的顺序，得到鲍林近似能级图。

在能级图中把能量相近的轨道划为同一组，称为能级组。同一能级组所包含的原子轨道和同一主量子数所包含的轨道并不一样，这是因为有能量交错的现象

$$ns < (n-2)f < (n-1)d < np$$

能级组与元素周期表中的周期相对应。通常我们所说的电子层是指主量子数 n 相同的所有电子，而不是同一能级组的所有电子，切勿混为一谈。

三、鲍利不相容原理

科学实验证明：在同一个原子中，不可能有运动状态完全相同的电子存在，这就是瑞士物理学家鲍利（W. Pauli）在 1924 年提出的鲍利不相容原理。也就是说，如果两个电子处于同一轨道，那么，这两个电子的自旋状态必定不同。因此，每一个轨道中只能容纳自旋状态不同的两个电子。由此，可以推断出：各电子层可能容纳的最多电子数应是 $2n^2$（$n \leqslant 4$）。表 3－5 列出了 1～4 电子层可容纳的最多电子数。

表 3－5　1～4 层电子层可容纳的最多电子数

电子层 n	K $n=1$	L $n=2$		M $n=3$			N $n=4$			
电子亚层	1s	2s	2p	3s	3p	3d	4s	4p	4d	4f
亚层中的轨道数	1	1	3	1	3	5	1	3	5	7
亚层中的电子数	2	2	6	2	6	10	2	6	10	14
表示符号	$1s^2$	$2s^2$	$2p^6$	$3s^2$	$3p^6$	$3d^{10}$	$4s^2$	$4p^6$	$4d^{10}$	$4f^{14}$
电子层可容纳电子的最大数目	2	8		18			32			

四、能量最低原理

轨道能量高低不同,核外电子怎样依次排布呢?实验证明:多原子电子在基态时,核外电子总是尽可能分布在能量最低的轨道,以使原子系统的能量最低,这就是能量最低原理。能量最低原理是自然界一切事物共同遵守的法则。

原子中电子所处轨道的能量(E)的高低主要由电子层 n 决定:n 越大,能量越高。不同电子层的同类型亚层的能量,按电子层序数递增:如 $E_{1s} < E_{2s} < E_{3s}$;$E_{2p} < E_{3p} < E_{4p}$;在多电子原子中,轨道的能量也与电子亚层有关:在同一电子层中,各亚层能量按 s、p、d、f 的顺序递增,即 $E_{ns} < E_{np} < E_{nd} < E_{nf}$,如 $E_{4s} < E_{4p} < E_{4d} < E_{4f}$。

在多电子原子中,由于各电子间存在着较强的相互作用,造成某些电子层序数较大的亚层能级反而低于某些电子层序数较小的亚层能级现象;例如 $E_{4s} < E_{3d}$,$E_{5s} < E_{4d}$,$E_{6s} < E_{4f} < E_{5d}$ 等,此种现象称为能级交错。

按照上述经验,将这些能量不同的轨道按能量高低的顺序排列起来,如图 3-15 所示。

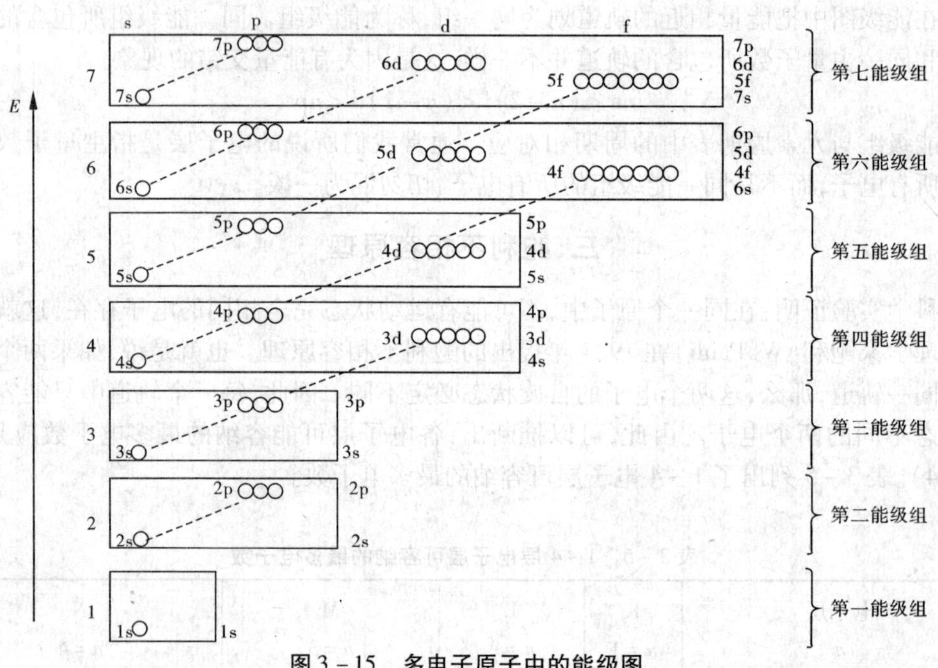

图 3-15 多电子原子中的能级图

图中每一个方框表示一个轨道,方框的位置越低,表示能量越低。方框位置越高,表示能量越高。

图中按轨道能量高低,将邻近的能级用方框分为七个能级组,每个能级组内各亚层轨道间的能量差别较小,而相邻能级组间的能量差别则较大。这些能级组是元素周期表划分周期的基础。

根据多电子原子的近似能级图来排列核外电子,其排布还是呈现一定规律的,其规律如图 3-16 所示。

五、洪特规则

1925 年,德国科学家洪特(F. Hund)根据大量光谱实验数据,总结出在 n 和 l 相同的等价轨道中,电子尽可能分占各等价轨道,且自旋方向应相同,称为洪特规则(Hund's rule),也称为等价轨道原理。

如基态氮原子 $2s^2 2p^3$,p 轨道中的三个电子分占三条 p ⓘⓘⓘ,且自旋状态相同,洪特规则是经验规则,后经量子力学证明,电子按洪特规则排布,可以使系统能量最低。作为洪特规则的特例,兼并轨道在全空(p^0,d^0,f^0)、全满(p^6,d^{10},f^{14})和半满(p^3,d^5,f^7)时比较稳定。

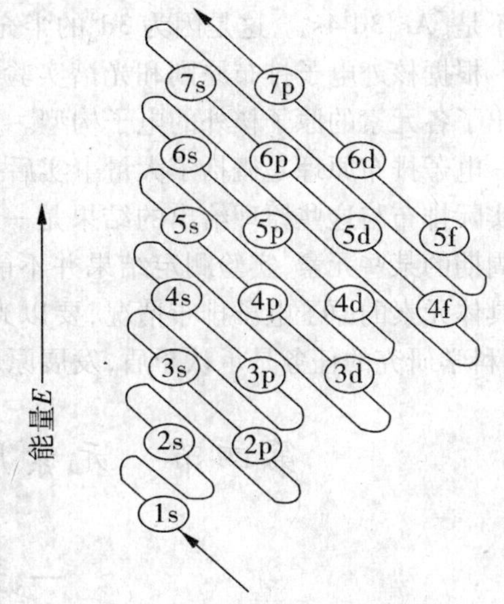

图 3-16　电子进入轨道助记图

根据以上原则,电子在原子轨道中填充排布的顺序为 1s 2s 2p 3s 3p 4s 3d 4p 5s 4d 5p 6s 4f 5d 6p 7s 5f 6d…如图 3-16 所示。

下面我们运用核外电子排布的三原则来讨论核外电子排布的几个实例。

氮(N)原子核外有 7 个电子,根据能量最低原理和鲍利不相容原理,首先有 2 个电子排布到第一层的 1s 轨道中,又有 2 个电子排布到第二层的 2s 轨道中。按照洪特规则,余下的 3 个电子将以相同的自旋方式分别排布到 3 个方向不同但能量相同的 2p 轨道中。氮原子的电子排布式为 $1s^2 2s^2 2p^3$。这种用量子数 n 和 l 表示的电子排布方式,叫做电子构型或电子组态,右上角的数字是轨道中的电子数目。也可以用下式比较形象地表明这些电子的磁量子数和自旋量子数

$$\underset{1s}{\underline{\uparrow\downarrow}}\quad \underset{2s}{\underline{\uparrow\downarrow}}\quad \underset{2p_x}{\underline{\uparrow}}\ \underset{2p_y}{\underline{\uparrow}}\ \underset{2p_z}{\underline{\uparrow}}$$

氖(Ne)原子核外有 10 个电子,根据电子排布三原则,第一电子层中有 2 个电子排布到 1s 轨道上,第二层中有 8 个电子,其中 2 个排布到 2s 轨道上,6 个排布到 2p 轨道上。因此氖的原子结构可以用电子构型表示为 $1s^2 2s^2 2p^6$。这种最外电子层为 8 电子的结构,通常是一种比较稳定的结构,称为稀有气体结构。

钠(Na)原子核外共有 11 个电子,按照电子排布顺序,最后一个电子应填充到第三电子层上,它的电子构型为 $1s^2 2s^2 2p^6 3s^1$。为了避免电子结构式书写过繁,也可以把内层电子已达到稀有气体结构的部分写成"原子实",以稀有气体的元素符号外加方括号来表示,例如钠原子的电子构型也可以表示为[Ne]$3s^1$。

钾(K)原子核外共有 19 个电子,由于 3d 和 4s 轨道能级交错,第 19 个电子填入 4s 轨道而不填入 3d 轨道,它的电子构型为 $1s^2 2s^2 2p^6 3s^2 3p^6 4s^1$ 或[Ar]$4s^1$。同理 20 号元素钙(Ca)的第 19、第 20 个电子也填入 4s 轨道,钙原子的电子构型为[Ar]$4s^2$。

铬(Cr)原子核外有 24 个电子,最高能级组中有 6 个电子。铬的电子构型为[Ar]$3d^5 4s^1$,

而不是[Ar]$3d^44s^2$。这是因为$3d^5$的半充满结构是一种能量较低的稳定结构。

根据核外电子排布原则和光谱实验的结果,可确定原子的核外电子排布。表3-11列出了各元素的原子核外的电子构型。

电子排布原理是概括了大量事实后提出的一般规律,因此绝大多数原子的核外电子的实际排布与这些原理给出的结果是一致的;然而有些副族元素,特别是第五、第六、第七周期的某些元素,实验测定结果并不能用电子排布原理圆满地解释。因此,对于某一个具体元素的原子电子排布情况,要以光谱实验的结果为准,原理总是有其相对近似性的,科学研究的任务是承认矛盾,发展原理,使它更加符合实际。

第四节　元素周期律和元素周期表

一、元素周期律

元素的单质及其化合物的性质,随着原子序数的递增而呈现周期性的变化。这一规律叫做元素周期律。它是在1869年由俄国化学家门捷列夫(D. L. Mendeleev)发现的。

元素周期律的实质是:元素性质的周期性变化是元素原子的核外电子排布周期性变化的结果。

二、元素周期表

根据元素周期律,把已知的112种元素中电子层数相同的元素,按原子序数递增的顺序从左到右排成横行,再把不同横行中最外层电子数相同的元素按电子层数递增的顺序从上到下排列成纵列,这样得到的表叫做元素周期表。元素周期表是元素周期律的体现形式,它反映元素之间相互联系的规律。

元素周期表有多种形式,最有代表性的是俄国化学家门捷列夫元素周期表。

该表将元素分为5个区,分别为s区、p区、d区、ds区和f区。前4个区包括18族元素(主族8个,副族10个),f区包括镧系和锕系两个系列。表中有7个周期,1个特短周期,两个短周期,两个长周期,1个特长周期,1个未充满周期。

第一周期只有两种元素($_1H$,$_2He$),该周期称为特短周期。它们只有一个电子层,电子填充到第一能级组(1s)。

第二周期有8种元素($_3Li$ ~ $_{10}Ne$)。它们有两个电子层,电子填充到第二能级组(2s 2p)。第三周期也有8种元素($_{11}Na$ ~ $_{18}Ar$),它们有三个电子层,电子填充到第三个能级组(3s 3p)。这两个周期称为短周期。

第四周期有18种元素($_{19}K$ ~ $_{36}Kr$),它们有四个电子层,电子填充到第四能级组(4s 3d 4p);第五周期也有18种元素($_{37}Rb$ ~ $_{54}Xe$),它们有五个电子层,电子填充到第五能级组(5s4d5p);这两个周期称为长周期。

第六周期有32种元素($_{55}Cs$ ~ $_{86}Rn$),它们有六个电子层,电子填充到第六能级组(6s 4f 5d 6p),其中从57号元素镧(La)到71号元素镥(Lu)共15种元素,它们的性质非常相似,总称为镧系元素。它们在表内占一个空格,单独列在表的下方。这个周期称为特长周期。

第七周期应该也有 32 种元素，它们有七个电子层，电子填充到第七能级组（7s 5f 6d 7p）。但目前只发现了 26 种元素（$_{87}$Fr ~ $_{109}$Mt），第 110 ~ 112 号三种元素名尚未公布，其中从 89 号元素锕（Ac）到 103 号元素铹（Lr）共 15 种元素，它们的性质十分相似，总称为锕系元素。它们在表中也只占据一个空格，单独列在表的下方。第七周期也称为特长周期，但目前又叫做未充满周期（或者不完全周期）。

1. 原子的电子层结构与元素的分区

分区依据是元素原子最高能态电子的充填情况，最高能态电子填充于 ns 轨道的为 s 区，填充于 np 轨道的为 p 区，填充于 d 轨道的为 d 区，填充于 f 轨道的为 f 区，$(n-1)d^{10}$ 全充满，ns 为 1 或 2 个电子，则为 ds 区，如表 3－6 所示。

表 3－6　元素周期表分区

周期	ⅠA	ⅡA	ⅢB	ⅣB	ⅤB	ⅥB	ⅦB	ⅧB	ⅠB	ⅡB	Ⅲ	ⅣA	ⅤA	ⅥA	ⅦA	ⅧA
1																
2																
3																
4	s区										p区					
5																
6			d区						ds区							
7																

镧系	f区
锕系	

2. 原子的电子层结构与元素所处族和周期的关系

族：s 区、ds 区，族数等于 ns 电子数；

p 区，族数等于 ns 和 np 电子总数；

d 区，族数等于 $(n-1)$d 和 ns 电子总数，当总数为 8，9 和 10 时为Ⅷ副族（包括三个分组即铁系、铂系和重铂系）；

f 区，全为第Ⅲ副族。

周期：周期数等于原子充填电子的最大层数。

根据上述讨论，若已知元素在周期表中的位置，便可写出它的电子层结构及原子序数；反之，若已知一元素的原子序数，同样可以写出它的电子层结构，从而写出它在周期表中的位置。

例如：指出第四周期第五主族元素原子基态的电子层结构及原子序数。

第五主族应该是 p 区，于是，可以写出其最外层电子层结构为 $4s^24p^3$，其原子序数应为 2 + 8 + 8 + 10 + 5 = 33，2、8 和 8 分别为第一、第二、第三能级组可填电子数，10 为第四能级组的 $3d^{10}$。

三、元素的周期性变化

元素的基本性质包括原子半径（atomic radius）、电离能、电子亲和能和电负性等。由于元素周期表中原子的电子层结构呈现周期性变化，不难预料，与电子层结构有关的元素的基本性质亦应呈现出周期性变化。

1. 原子半径

（1）原子半径的概念　由于原子在物质中所处的状况不完全相同。所以，要根据不同的情况，赋予原子半径以不同的含义。通常将原子半径分为以下三种：

①共价半径（covalent radius）：同种元素的 2 个原子以共价单键结合时，其核间距离的一半称为共价半径。

②金属半径（matellic radius）：在金属晶体中，相邻两个金属原子核间距离的一半称为金属半径。例如，测得金属钠晶体中 2 原子核间的距离 d = 372 pm。则钠的金属半径为 r_{Na} = 186 pm。

就同一种元素而论，其共价单键半径比金属半径小 10% ~15%。在用原子半径对元素或化合物性质的变化规律性进行讨论时，所涉及的原子半径应为同一套数据。

③范德华半径（Vanderwaal's radius）：稀有气体为单原子分子，相互间没有化学键。它们相互靠近时仅依靠微弱的范德华引力，其原子半径取两原子相互靠近时核间距离的一半。本书以单键共价半径作为原子半径，但稀有气体采用范德华半径。周期系中各元素的原子半径如表 3 – 7 所示。

表 3 – 7　原子半径

H 37																	He 54
Li 156	Be 105											B 91	C 77	N 71	O 60	F 67	Ne 80
Na 186	Mg 160											Al 143	Si 117	P 111	S 104	Cl 99	Ar 96
K 231	Ca 197	Sc 161	Ti 154	V 131	Cr 125	Mn 118	Fe 125	Co 125	Ni 124	Cu 128	Zn 133	Ga 123	Ge 122	As 116	Se 115	Br 114	Kr 99
Rb 243	Sr 215	Y 180	Zr 161	Nb 147	Mo 136	Tc 135	Ru 132	Rh 132	Pd 138	Ag 144	Cd 149	In 151	Sn 140	Sb 145	Te 139	I 138	Xe 109
Cs 265	Ba 210	La ~ Lu	Hf 154	Ta 143	W 137	Re 138	Os 134	Ir 136	Pt 139	Au 144	Hg 147	Tl 189	Pb 175	Bi 155	Po 167	At 145	

镧系元素

La	Ce	Pr	Nd	Pm	Sm	Eu	Gd	Tb	Dy	Ho	Er	Tm	Yb	Lu
187	183	182	181	181	180	199	179	176	175	174	173	173	194	172

(2)原子半径的递变情况

①长周期内原子半径的变化(第四、第五周期)。在长周期中,从左向右,主族元素原子半径变化的趋势与短周期基本一致,原子半径逐渐缩小;副族中的 d 区过渡元素,自左向右,由于新增加的电子填入了次外层的($n-1$)d 轨道上,对于决定原子半径大小的最外电子层上的电子来说,次外层的 d 电子部分地抵消了核电荷对外层 ns 电子的引力,使有效核电荷增大得比较缓慢。因此, d 区过渡元素从左向右,原子半径只是略有减小,缩小程度不大;到了 ds 区元素,由于次外层的($n-1$)d 轨道已经全充满,d 电子对核电荷的抵消作用较大,超过了核电荷数增加的影响,造成原子半径反而有所增大。同短周期一样,末尾稀有气体的原子半径又突然增大。

②特长周期内原子半径的变化(第六、第七周期)。在特长周期中,不仅包含有 d 区过渡元素,还包含有 f 区内过渡元素(镧系元素、锕系元素),由于新增加的电子填入外数第三层的($n-2$) f 轨道上,对核电荷的抵消作用比填入次外层的($n-1$)d 轨道更大,有效核电荷的变化更小。因此 f 区元素从左向右原子半径减小的幅度更小。这就是镧系收缩。由于镧系收缩的影响,使镧系后面的各过渡元素的原子半径都相应缩小,致使同一副族的第五 、第六周期过渡元素的原子半径非常接近。这就决定了 Zr 与 Hf、Nb 与 Ta 、Mo 与 W 等在性质上极为相似,难以分离。

在特长周期中,主族元素、d 区元素、ds 区元素的原子半径的变化规律同长周期的类似。

③同族元素原子半径的变化。在主族元素区内,从上往下,尽管核电荷数增多,但由于电子层数增多的因素起主导作用,因此原子半径显著增大。

副族元素区内,从上到下,原子半径一般只是稍有增大。其中第五与第六周期的同族元素之间原子半径非常接近,这主要是镧系收缩所造成的结果。

同一周期中从左至右(稀有气体除外),主族元素的原子半径逐渐减小。因为同周期的主族元素从左至右随着原子序数的增加,核电荷增大,核电荷对电子的吸引力增强,致使原子半径缩小;卤素以后,稀有气体半径又加大,此时已不是共价半径,而是范德华半径了;对过渡元素和镧系、锕系元素而言,同周期中从左至右,元素的原子半径减小的幅度没有主族元素大。因为这些元素的新增电子处于次外层上或是倒数第三层上,因此,随着核电荷的增大,原子半径减小不明显。

同一主族中从上至下,元素的原子半径逐渐增大。因为同族的原子由上至下随着原子序数的增加,原子的电子层数增多,核对外层电子吸引力减弱,原子半径增大;尽管随着原子序数的增加,核电荷也增大会使原子半径缩小,但这两种作用相比电子层数的增加而使半径增大的作用较强,所以总的效果是原子半径由上至下逐渐增大。

2. 元素的电负性

(1)电负性(electronegativity)的概念　1932 年鲍林(Pauling)首先提出了电负性的概念,电负性是指元素的原子在分子中吸引电子能力的相对大小,电负性大,元素吸引电子的能力就强,反之就弱;同时指出氟的电负性为 4.0,依次比较得到其他原子的电负性,见表 3-8。

表 3－8　元素的电负性

H																
2.18																
Li	Be											B	C	N	O	F
0.98	1.57											2.04	2.55	3.04	3.44	3.98
Na	Mg											Al	Si	P	S	Cl
0.93	1.31											1.61	1.90	2.19	2.58	3.16
K	Ca	Sc	Ti	V	Cr	Mn	Fe	Co	Ni	Cu	Zn	Ga	Ge	As	Se	Br
0.82	1.00	1.36	1.54	1.63	1.66	1.55	1.80	1.88	1.91	1.90	1.65	1.81	2.01	2.18	2.55	2.96
Rb	Sr	Y	Zr	Nb	Mo	Tc	Ru	Rh	Pd	Ag	Cd	In	Sn	Sb	Te	I
0.82	0.95	1.22	1.33	1.60	2.16	1.90	2.28	2.20	2.20	1.93	1.69	1.73	1.96	2.05	2.10	2.66
Cs	Ba	La	Hf	Ta	W	Re	Os	Ir	Pt	Au	Hg	Tl	Pb	Bi	Po	At
0.79	0.89	1.10	1.30	1.50	2.36	1.90	2.20	2.20	2.28	2.54	2.00	2.04	2.33	2.02	2.00	2.20

（2）电负性的递变规律　元素的电负性也呈现周期性的变化：同一周期元素中，从左到右电负性逐渐递增，过渡元素的电负性变化不大；同一主族中，元素从上到下电负性逐渐减小，副族元素则从上到下电负性逐渐增强；稀有气体的电负性是同周期元素中最高的，其中 Ne 的电负性最高，不易形成化学键，Xe 的电负性比 O，F 小，故有氙的氧化物及氟化物。

电负性是判断元素是金属和非金属以及了解元素化学性质的重要参数。电负性的值等于 2 时近似地标志着金属和非金属的分界点，但是这不是一个严格的界限，电负性大的集中在周期表的右上角，周期表的左下角集中了电负性较小的元素。电负性有广泛的应用，电负性数据和其他键参数结合，可以预测化合物中化学键的类型。

3. 电离能

（1）电离能的基本概念　元素的电离能是衡量单个原子丢失电子难易的一种物理量，也可粗略地反映元素的金属性及金属活泼性的相对强弱。

电离能的含义：一个基态的气态原子失去 1 个电子形成 +1 价气态离子所需要的能量，叫做元素的第一电离能 I_1。从 +1 价气态离子再失去 1 个电子形成 +2 价气态离子所需的能量，叫做第二电离能 I_2，其余类推。电离能用 $kJ \cdot mol^{-1}$ 表示。表 3－9 列出某些元素的第一电离能数据，图 3－17 表示元素的第一电离能随原子序数增加呈现的周期性变化规律。

（2）电离能的递变规律　第一电离能的变化规律为随着原子序数的增加，同一主族元素的电离能逐步减小，原因是随着原子序数的增加，同一主族元素的原子半径逐渐增大，使得核对价电子的吸引力逐渐减小的缘故。同一副族元素第一电离能的变化较小，并且不规律。对于短周期元素，随着原子序数的增加，第一电离能逐渐增大，稀有气体（惰性气体）的第一电离能特别大，因为它们已经达到稳定结构（核外电子排布为 8，全充满结构）。

表 3-9　元素的第一电离能（I_A/kJ·mol^{-1}）

ⅠA	ⅡA	ⅢB	ⅣB	ⅤB	ⅥB	ⅦB	Ⅷ			ⅠB	ⅡB	ⅢA	ⅣA	ⅤA	ⅥA	ⅦA	0
H																	He
1 312																	2 372
Li	Be											B	C	N	O	F	Ne
520	900											801	1 086	1 402	1 314	1 681	2 081
Na	Mg											Al	Si	P	S	Cl	Ar
496	738											578	787	1 012	1 000	1 251	1 521
K	Ca	Sc	Ti	V	Cr	Mn	Fe	Co	Ni	Cu	Zn	Ga	Ge	As	Se	Br	Kr
419	590	631	658	650	653	717	759	758	737	746	906	579	762	944	941	1 140	1 351
Rb	Sr	Y	Zr	Nb	Mo	Tc	Ru	Rh	Pd	Ag	Cd	In	Sn	Sb	Te	I	Xe
403	550	616	660	664	685	702	711	720	805	731	868	558	709	832	869	1 008	1 170
Cs	Ba	La	Hf	Ta	W	Re	Os	Ir	Pt	Au	Hg	Tl	Pb	Bi	Po	At	Rn
376	503	538	654	761	770	770	840	880	870	890	1 007	589	716	703	812	912	1 037

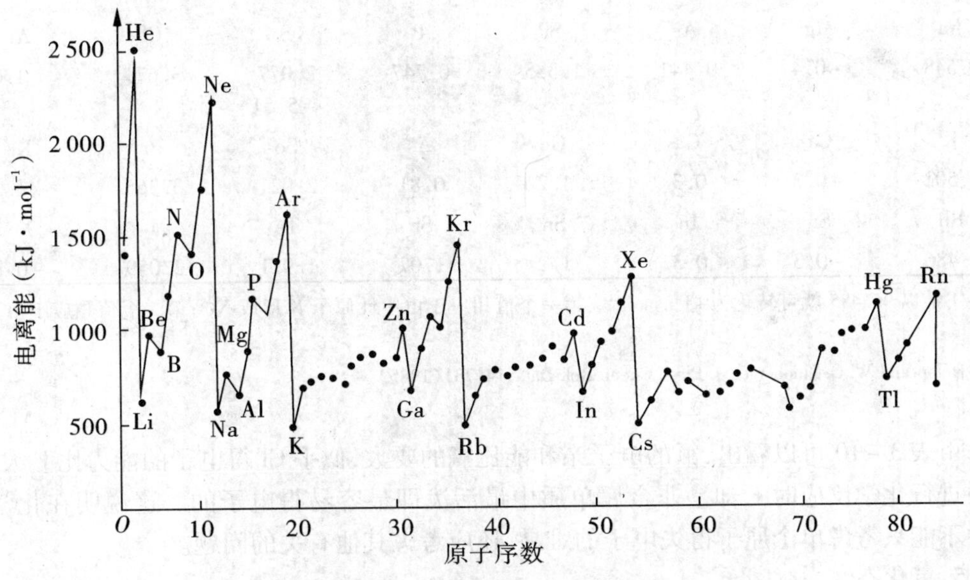

图 3-17　元素的第一电离能变化规律

电离能在同一周期的变化中出现了一些特殊现象。如第二周期中的 N 元素电离能比同周期的前后两元素 C 和 O 的电离能都要大，其他周期中的 Mg、P、As、Zn、Cd、Hg 等元素也有类似情况。这是因为这些元素的原子具有半充满、全充满电子层稳定结构，系统的能量较低，因而电离能较大。

值得提及的是，电离能的大小只是衡量气态原子失去电子变为气体正离子的难易程度，至于金属在溶液中失去电子形成正离子的倾向，还是应该根据金属的电极电势来判断。

4. 电子亲和能

电子亲和能是表征单个原子获得电子能力的物理量，1 个基态气态原子得到 1 个电

子变为 -1 价气态阴离子所释放的能量,称为第一电子亲和能。元素的电子亲和能越大,该元素转变为负离子的倾向就越大。电子亲和能的数据多由计算得到,且准确性不高。有关的数据列于表 3-10。根据电子亲和能的定义,正值表示放出能量,负值表示吸收能量,这与电离能及化学反应热效应的正、负号意义正好相反,因此,在进行有关能量的计算时,电子亲和能数值的正、负号应予以更换。

元素的电子亲和能越大,表示元素由气态原子得到电子生成负离子的倾向越大,该元素非金属性越强。电子亲和能的变化趋势与电离能相似。

表 3-10　元素的电子亲和能(单位 eV①)

H							He
0.754							-0.5
Li	Be	B	C	N	O	F	Ne
0.618	-0.5	0.277	1.263	-0.07	1.461	3.399 -8.75	-1.2
Na	Mg	Al	Si	P	S	Cl	Ar
0.548	-0.4	0.441	1.385	0.747	2.077 -5.51	3.671	-1.0
K	Ca	Ga	Ge	As	Se	Br	Kr
0.502	-0.3	0.3	1.2	0.81	2.021	3.365	-1.0
Rb	Sr	In	Sn	Sb	Te	I	Xe
0.486	-0.3	0.3	1.2	1.07	1.971	3.059	-0.8

注:①乘以 96.485 就可转化为 $kJ \cdot mol^{-1}$, 第一个值相应于由中性原子 X 形成 X^-;第二个值相应于由 X 形成 X^{2-}。

引自:Hotop and W. C. Lineberger. J. Phys. Chem. Ref. Data, 14. 731(1985)

由表 3-10 可以看出,氟的电子亲和能比氯的要大,似乎 Cl 得电子的能力比 F 大,但单质进行化学反应时 F 却是非金属单质中最活泼即最容易得电子的。这说明在化学反应中不能只考虑单个原子得失电子的难易,还应考虑其他有关的问题。

5. 氧化态

元素的氧化数与原子的价层电子构型或者说与价电子数有关。

(1)主族元素的氧化数　在主族元素原子中,仅最外层的电子(即价电子)能参与成键,因此主族元素(氧、氟除外)的最高氧化数等于其原子的全部价电子数,还等于相应的族数。主族元素的氧化数随着原子核电荷数递增而递增,呈现周期性的变化。

(2)过渡元素的氧化数　从ⅢB ~ ⅦB 族元素原子的价电子,包括最外层的 s 电子和次外层的 d 电子都能参与成键,因此元素的最高氧化数也等于全部价电子数,亦等于族数。下面以第四周期的元素为例:从ⅢB ~ ⅦB 族过渡元素的最高氧化数,随着原子核电荷数递增而递增,呈现周期性变化。ⅡB 族元素的最高氧化数为 +2 ,ⅠB 族和第Ⅷ族元素的氧化数变化不很规律。

习　题

1. 当氢原子的一个电子从第二能级层跃迁至第一能级层时发射出光子的波长是121.6 nm；当电子从第三能级层跃迁至第二能级层时，发射出光子的波长是656.3 nm。问哪一个光子的能量大？

2. 基态氢原子吸收97.2 nm波长的光子后，放出486 nm波长的光子，问氢原子的终态电子 n 为多少？

3. 硫原子中的一个p轨道电子可用下面任何一套量子数描述：

①3，1，0，$+\frac{1}{2}$　②3，1，0，$-\frac{1}{2}$　③3，1，1，$+\frac{1}{2}$　④3，1，1，$-\frac{1}{2}$　⑤3，1，－1，$+\frac{1}{2}$　⑥3，1，－1，$-\frac{1}{2}$。若同时描述硫原子的4个p轨道电子，可以采用哪四套量子数？

4. 19号元素K和29号元素Cu的最外层中都只有一个4s电子，但二者的化学活泼性相差很大。试从有效核电荷和电离能说明之。

5. 写出下列元素原子的电子排布式，并给出原子序数和元素名称。

(1)第三个稀有气体；　(2)第四周期的第6个过渡元素；

(3)电负性最大的元素；　(4) 4p半充满的元素；

(5)4f填4个电子的元素。

6. 有A，B，C，D四种元素。其中A为第四周期元素，与D可形成1∶1和1∶2原子比的化合物。B为第四周期d区元素，最高氧化数为7。C和B是同周期元素，具有相同的最高氧化数。D为所有元素中电负性第二大元素。给出四种元素的元素符号，并按电负性由大到小排列之。

7. 有A，B，C，D，E，F元素，试按下列条件推断各元素在周期表中的位置、元素符号，给出各元素的价电子构型。

(1)A，B，C为同一周期活泼金属元素，原子半径满足 $A > B > C$，已知C有3个电子层。

(2)D，E为非金属元素，与氢结合生成HD和HE。室温下D的单质为液体，E的单质为固体。

(3)F为金属元素，它有4个电子层并且有6个单电子。

8. 由下列元素在周期表中的位置，给出元素名称、元素符号及其价层电子构型。

(1)第四周期第ⅥB族；　(2)第五周期第ⅠB族；

(3)第五周期第ⅣA族；　(4)第六周期第ⅡA族；

(5)第四周期第ⅦA族。

9. A，B，C三种元素的原子最后一个电子填充在相同的能级组轨道上，B的核电荷比A大9个单位，C的质子数比B多7个；1 mol的A单质同酸反应置换出1 g H_2，同时转化为具有氩原子的电子层结构的离子。判断A，B，C各为何元素，A，B同C反应时生成的化合物的分子式。

10. 对于116号元素，请给出：

(1)钠盐的化学式；　　　　　　(2)简单氢化物的化学式；

(3)最高价态的氧化物的化学式；　　(4)该元素是金属还是非金属。

11. 比较大小并简要说明原因。

(1)第一电离能 O 与 N,Cd 与 In,Cr 与 W；

(2)第一电子亲和能 C 与 N,S 与 P。

12. 某原子的2p 轨道角动量与 z 轴分量的夹角为45°,则描述该轨道上电子的运动状态可采用的量子数是多少？

第四章　化学键与分子结构

分子是物质保持其化学性质的最小微粒，是参与化学反应的基本单元，物质的性质主要决定于分子的性质，而分子的性质又是由分子的内部结构所决定的。因此，研究分子的内部结构，对于了解物质的性质和化学反应规律有极其重要的作用。

物质的分子是由原子结合形成的。形成分子的原子之间存在着强烈的相互作用力，分子中相邻原子（或离子）之间直接的、主要的、强烈的吸引作用称为化学键。根据原子间这种吸引作用性质的不同，化学键可分为三种基本类型，分别是离子键、共价键、金属键。化学键的类型和强弱是决定物质化学性质的重要因素。

本章将在第三章的基础上，讨论分子形成的过程以及有关的化学键理论，其中包括有离子键理论、共价键理论以及金属键理论等。

第一节　离子键理论

根据稀有气体具有稳定结构的事实，1916 年德国的化学家科塞儿(Kossel)提出了离子键理论，科塞儿认为：不同的原子间相互作用时，他们都有达到稀有气体稳定结构的倾向，首先形成正、负离子，并通过静电吸引作用结合而形成化合物。

一、离子键的形成

1. 离子键的形成过程

金属和非金属元素，由于电负性差异较大，通过电子的得失而形成正、负离子，正、负离子间由于静电作用形成的化学键，我们称之为离子键。如金属钠元素和第七主族元素氯形成氯化钠的过程如下

$$Na(2s^2 2p^6 3s^1) \xrightarrow{-e^-} Na^+(2s^2 2p^6)$$

$$Cl(3s^2 3p^5) \xrightarrow{+e^-} Cl^-(3s^2 3p^6)$$

$$Na^+ + Cl^- \longrightarrow NaCl$$

活泼金属原子钠最外电子层有 1 个电子，容易失去，氯原子属于活泼的非金属原子，最外层有 7 个电子，很容易得到 1 个电子，使最外层的电子结构为稳定结构(全充满)。当钠原子和氯原子接触时，钠原子最外层的一个电子就转移到电负性较大的氯原子上，形成带正电的钠离子和带负电荷的氯离子。正负离子间存在着静电吸引力，使钠离子和氯离子相互靠近，随着两个离子的距离逐渐减小，电子与电子、原子核与原子核之间的同性电荷间的排斥力逐渐增大，达到一定距离后，静电吸引力和排斥力达到平衡，形成稳定

的化学键——离子键。

正离子和负离子由于静电引力相互吸引，其吸引势能 $V_{吸引}$ 为

$$V_{吸引} = -\frac{Z^+ \cdot Z^-}{r}$$

当正、负离子充分接近时，原子核与原子核之间，外层电子与外层电子之间的斥力又充分显示出来，这种斥力为

$$V_{排斥} = \frac{B}{r^n}$$

当吸引作用与排斥作用达平衡时，正、负离子在平衡位置（相距为 r_0 处）附近振动，此时体系能量最低，形成稳定的化学键即离子键。

离子键的形成与体系的能量如图 4－1 所示。

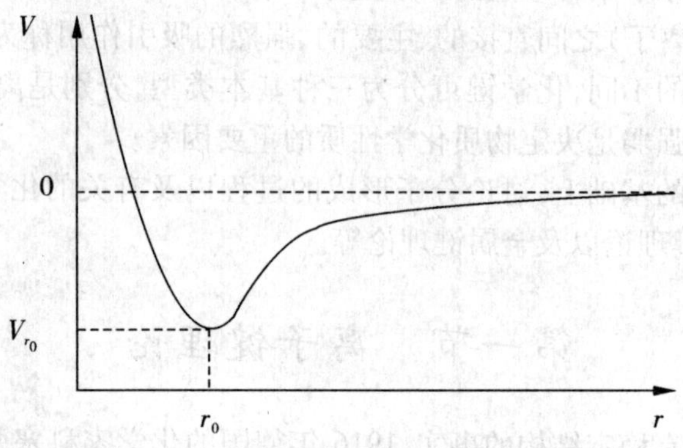

图 4－1　一对正负离子间 $V-r$ 示意图

横坐标：核间距 r；纵坐标：体系的势能 V。纵坐标的零点表示：当 r 无穷大时，即两核之间无限远时，势能为零。下面来考察 Na^+ 和 Cl^- 彼此接近时，势能 V 的变化。从图 4－1 中可见：$r > r_0$，体系的能量 V 随 r 的减小而降低，体系处于稳定状态。$r = r_0$ 时，体系能量降到最低状态，此时体系最稳定，表明形成了离子键；$r < r_0$ 时，体系的能量 V 急剧上升，因为 Na^+ 和 Cl^- 彼此再接近时，相互之间电子斥力急剧增加，导致势能骤然上升。因此，离子相互吸引，保持一定距离时，体系最稳定，即为离子键。

不同离子形成的离子键，其 r_0 不同，V_0 也不相同（如表 4－1）。

表 4－1　离子键的 r_0 和 V_{r_0}

离子键	r_0（pm）	V_{r_0}（kJ · mol^{-1}）
NaF	231	－902.1
NaCl	278	－768
NaBr	293	－740
NaI	3 171	－693.1

2. 离子键的形成条件

(1)元素的电负性差要比较大　成键原子的电负性差值大于 1.7，成键原子间发生电子转移，形成离子键；成键原子的电负性差值小于 1.7，成键原子间不发生电子转移，形成共价键。但离子键和共价键之间，并非截然可以区分的。可将离子键视为极性共价键的一个极端，而另一极端为非极性共价键。

化合物中也不存在百分之百的离子键，即使是 NaF 的化学键之中，也有共价键的成分，即离子间除靠静电相互吸引外，尚有共用电子对的作用。

(2)易形成稳定离子　如 $Na^+(2s^22p^6)$，$Cl^-(3s^23p^6)$，达到稀有气体稳定结构；$Ag^+(4d^{10})$ d轨道全充满的稳定结构。而：C 和 Si 原子的电子结构为 s^2p^2，要失去全部的 4e,才能形成稳定离子，比较困难。所以一般不形成离子键。如 CCl_4、SiF_4等，均为共价化合物。

(3)形成离子键，释放能量大

$$Na(s) + \frac{1}{2}Cl_2(g) = NaCl(s)\text{；}\Delta H = -410.9\ kJ \cdot mol^{-1}$$

在形成离子键时，以放热的形式，释放较大的能量。

二、离子键的特性

1. 离子键的本质是正、负离子的静电引力。

这种引力用f来表示，f与正、负两种离子电荷的乘积成正比，而与两个离子之间的距离 R 的平方成反比。

$$f = \frac{q^+ \cdot q^-}{R^2}$$

从上面这个公式可以看出:离子的电荷越大,离子间的引力越大;离子之间的距离越小,离子间的引力同样增大,反之亦然。

2. 离子键没有方向性和饱和性

由于离子键是由带正负电荷的离子通过静电引力结合而成的,而带电离子的电荷分布是球形对称的,因此,在任何方向上都可以与电荷相反的离子产生吸引作用。而且离子键没有饱和性,只要是正、负电荷,它们都可以相互吸引,它们相互吸引力的大小和带相反电荷粒子的距离有关。

3. 键的离子性与元素的电负性的关系

离子键形成的重要条件是相互作用的原子间的电负性差值较大。一般元素之间的电负性差越大,它们之间形成键的离子性成分也越高。在周期表中,碱金属的电负性较小,而卤族的电负性较大,它们之间相结合时形成的化学键是离子键。一般认为,若两原子电负性差值大于1.7 时,可判断它们之间形成离子键。

但近代化学实验和量子化学的计算指出,即使典型的离子化合物中,离子间的作用力也并不完全是静电引力,仍有原子轨道的重叠的成分,即离子键中也有部分共价性。对于双原子化合物单键离子性百分数和两原子电负性的差值之间的关系见表 4-2。

表 4-2 单键的离子性百分数与电负性差值之间的关系

电负性差值	离子性百分比(%)	电负性差值	离子性百分比(%)
3.2	92	1.4	39
2.8	86	0.8	15
2.4	76	0.4	4
1.8	55	0.2	1

在离子键和共价键之间应存在着一系列的逐渐变化,即在典型的离子键和典型的共价键之间尚存在一大部分以离子键为主,但表现部分共价键特征或以共价键为主来表现部分离子键特征的化学键。

三、离子的特征

离子是构成离子化合物的基本结构粒子,所以离子的结构性质在很大程度上决定着离子键和离子化合物的性质。

1. 离子电荷

离子是带有电荷的原子或原子团。对简单离子来说,阴阳离子电荷数就是原子得到的电子数或者失去的电子数目。离子电荷的不同往往带来性质上的不同,如 Fe^{2+} 和 Fe^{3+},尽管它们是同种原子形成的离子,但性质有很多不同,比如 Fe^{2+} 在水溶液中是浅绿色的,具有还原性;Fe^{3+} 在水溶液中是黄棕色的,具有氧化性等。

2. 离子的电子层构型

离子的电子层构型有以下几种类型:

(1)2 电子构型　即氦型结构,原子核最外层有 2 个电子的离子,如 Li^+ ($1s^2$),Be^{2+} ($1s^2$)等。

(2)8 电子构型　原子核最外层有 8 个电子的离子,如 Na^+ ($2s^22p^6$),Cl^- ($3s^23p^6$),Mg^{2+} ($2s^22p^6$) 等。

(3)18 电子构型　原子核最外层有 18 个电子的离子,如 Cu^{2+} ($3s^23p^63d^{10}$),Zn^{2+} ($3s^23p^63d^{10}$)等。

(4)(18+2)电子构型　原子核次外层有 18 个电子的离子,最外层有 2 个电子,如 Pb^{2+} ($5s^25p^65d^{10}6s^2$)等。

(5) 9~17 电子构型　原子核最外层有 9~17 个电子,如 Fe^{3+} ($3s^23p^63d^5$)等。

离子的电子构型对离子化合物的性质有较大的影响,如氯化钠和氯化银虽然都是由氯离子和一价的金属离子形成的离子化合物,但是它们的性质有很大差别,它们的溶解度差异较大。

3. 离子半径(ionic radius)

离子半径是离子的重要特征之一。离子半径是在假定离子型晶体中相邻的电子彼此接触的前提下测定的,在离子型晶体中,相邻的阴阳离子的核间距离便是离子的半径之和。

结晶学上常用 d 来表示阴阳离子的核间距离为阴阳离子的半径之和(图4-2),阴阳离子的半径用 r^+ 和 r^- 来表示则有

$$d = r^+ + r^-$$

若已经测得核间距离 d,并且已知一个离子的半径,那么另外一个离子的半径就可以通过计算得到;例如,测得氟化钠晶体中 F^- 与 Na^+ 的核间距离是 230 pm,已知 F^- 的半径为 133 pm,那么 $\gamma_{Na^+} = 230 - 133 = 97$ pm。

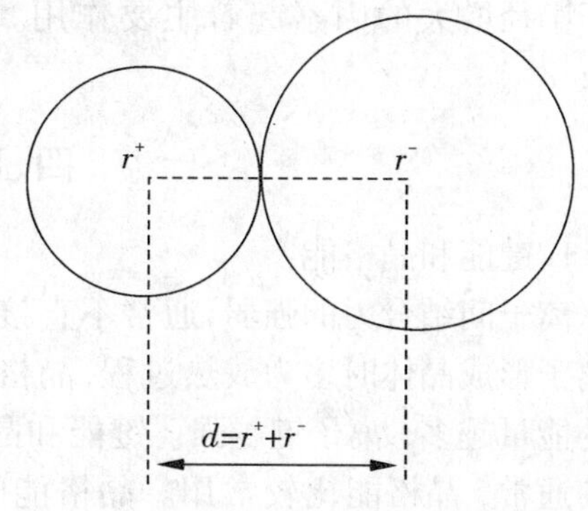

图4-2 正负离子半径与核间距的关系

因为上述的方法求得的离子半径,是阴阳离子在晶体中相互作用时所表现的半径,我们称之为有效离子半径,简称离子半径。

离子半径也可以通过计算得到,推算的方法很多,得到的离子半径的数据也不相同,通常用的是鲍林离子半径。

(1)在同一周期中,非金属元素形成的负离子,离子半径比较接近,如

	O^{2-} ≈	F^-	S^{2-} ≈	Cl^-	Se^{2-} ≈	Br^-
离子半径(pm)	132	133	184	181	191	196

在同一周期中,金属元素形成的正离子,电荷数目越大,离子半径越小,如

	Li^+ >	Be^{2+}	Na^+ >	Mg^{2+} >	Al^{3+}
离子半径(pm)	68	35	97	66	51

(2)同族元素的离子,当它们得失的电子数目相同时,它们的离子半径随着原子序数的增加而增大。

	Li^+ <	Na^+ <	K^+ <	Rb^+ <	Cs^+	F^- <	Cl^- <	Br^- <	I^-
离子半径(pm)	68	97	133	147	167	133	181	196	220

(3)同一元素的半径,大于正离子的半径小于负离子的半径。

$$H^+ < H < H^-$$

同一元素能形成几种不同电荷的正离子时,高价离子半径小于低价离子半径,如

	Fe^{3+} <	Fe^{2+}	Co^{3+} <	Co^{2+}
原子半径(pm)	64	74	63	72

(4)周期表中每个元素与其近邻的右下角或左上角元素离子半径相接近,这就是"对角线规则",如

	Li^+ ≈	Mg^{2+}	Na^+ ≈	Ca^{2+}
离子半径(pm)	68	66	97	99

从上述讨论我们可以知道,离子半径的变化是有规律性的。离子半径的大小,主要取决于核电荷及核外电子数的相对多少。由于原子核对核外电子有吸引力,因此核电荷越大,离子半径越小,如离子半径 $Na^+ > Mg^{2+} > Al^{3+}$。由于核外的电子之间有相互排斥力,所以当核外电子数目增大时,离子半径增大。例如,Fe^{3+} 和 Fe^{2+},它们的核电荷相同,但是 Fe^{3+} 的核外电子数比 Fe^{2+} 少一个,所以离子半径 $Fe^{3+} < Fe^{2+}$。对于同一族元素形

成的具相同电荷的离子(包括正离子和负离子),自上而下,核电荷及核外电子数同时增加,它们对离子半径的影响是互相矛盾的,但核外电子数的增加(即电子层数的增多)使离子半径增大的因素起着主要作用。所以,在同族元素中,自上而下,离子半径逐渐增大。

四、离子键的强度

1. 键能和晶格能

离子间结合力的强弱,通常不直接用键能而是采用晶格能的大小来衡量。因为正、负离子形成晶体时多为放热过程,晶格能一般为负值。晶格能越大,则形成离子键时放出的能量越多,离子键越强。键能和晶格能,均能表示离子键的强度,而且大小关系一致。通常,晶格能比较常用。晶格能的数值越大,其离子晶体的熔点和沸点越高。如表4－3。

表4－3 晶格能与离子型化合物的物理性质

AB 型 离子晶体	最短核间距 r_0 (pm)	晶格能 U ($kJ \cdot mol^{-1}$)	熔点 m. p. (℃)	摩氏 硬度
NaF	231	923	993	3.2
NaCl	282	786	801	2.5
NaBr	298	747	747	>2.5
NaI	323	704	661	>2.5
MgO	210	3 791	2 852	6.5
CaO	240	3 401	2 614	4.5
SrO	257	3 223	2 430	3.5
BaO	256	3 054	1 918	3.3

1 mol 气态离子化合物分子,离解成气体原子时,所吸收的能量为键能,用 Ei 表示。由相距无穷远的 1 mol 气态正负离子结合生成晶体所释放的能量称为晶格能(lattice energy),用符号"U"表示。其数值可通过间接的实验方法测定,也可通过理论计算求得。间接实验测定法主要是根据盖斯定律,用升华热、电离能、电子亲和能等实验数据,按波恩—哈伯循环法(亦称热化学循环法)推算出来。

2. 影响离子键强度的因素

离子键的实质是静电引力 $f=\frac{q^{+}\cdot q^{-}}{R^2}$,影响 f 大小的因素有:离子的电荷数 q 和离子之间的距离 R(与离子半径的大小相关)。

(1)离子电荷数的影响　由库仑定律我们可以知道,离子电荷数目越大,离子键的强度越高。

(2)离子半径的影响　半径大,导致离子间距大,所以作用力小;相反,半径小,则作用力大。

	NaCl	NaI
	Cl^-半径小	I^-半径大
m. p	801 ℃	660 ℃
U	786.7 kJ · mol^{-1}	686.2 kJ · mol^{-1}

第二节　共　价　键

1916 年美国的化学家路易斯(G. N. lewis)提出了早期的共价键理论,路易斯认为:相互键合的原子若有未成对价电子,则在一定条件下,可以通过电子配对,达到稀有气体八隅稳定结构,形成化学键,也就是说分子的形成是原子间共享电子对的结果。路易斯的理论成功地解释了由相同原子组成的分子如H_2、O_2等。但是价键理论有许多解释不了的问题,如PCl_3中的 P 为 10 电子结构,BF_3中的 B 元素,成键后为 6 原子结构,它们不符合稀有气体八隅稳定结构,但是仍然能够稳定存在;同时价键理论不能解释共价键的特性(如共价键具有的方向性、饱和性)和共用电子对能使两个原子结合成分子的本质原因。到 1927 年,海特勒(Heitler)和伦敦(Londen)把量子力学的成果应用于揭示H_2的形成,才使得共价键的本质得以部分的说明,后来鲍林等人发展了这一成果,建立了现代的共价键理论,也就是电子配对理论、杂化轨道理论、价层电子对互斥理论、分子轨道理论等。

一、价 键 理 论

价键(VB)理论(valence bond theory)是与分子轨道理论并行的现代化学键理论之一,它对分子的静态性质如分子的结构,成键特性及动态性质如键的形成与断裂行为的描述方面具有分子轨道理论所无可比拟的优越性。经典价键理论中的共振、杂化和离域等概念已成为现代化学理论和分子物理学的基石,因而人们一直试图在从头计算水平上开展 VB 应用研究。VB 理论的优越性来源于其选用非正交的原子轨道作为单电子函数,然而由于非正交轨道引起的困难是导致 VB 理论发展远落后于分子轨道理论方法的最重要因素。当今绝大部分量子化学从头计算研究都是应用分子轨道理论。近 10 多年来,由于电子计算机技术的迅速发展, VB 理论重新得到了人们的重视。

1. 共价键的形成

用量子力学处理H_2分子时,得到了H_2分子的能量(E)与 A 和 B 两氢原子核间距离(R)的关系曲线如图 4 - 3 所示。

随着 2 个电子自旋方向相同氢原子的逐步靠近,体系的能量越来越高,其能量总高于 2 个氢原子单独存在时的能量,该状态下体系的能量用E_A表示。这种能量状态表明:当电子自旋方向相同的 2 个氢原子相互靠近时,它们之间始终存在着推斥力,此时不会形成稳定的氢分子,这种不稳定的状态称为氢分子的排斥态。

当电子自旋方向相反的 2 个氢原子相互靠近时,随着 2 个氢原子间距离的缩短,体系的能量逐渐降低,但降到一个最低值时,若 2 个氢原子进一步靠近,则体系的能量迅速升高。图中的虚线表示计算值,实线表示实验测定值。两者虽有差异,但变化规律基本

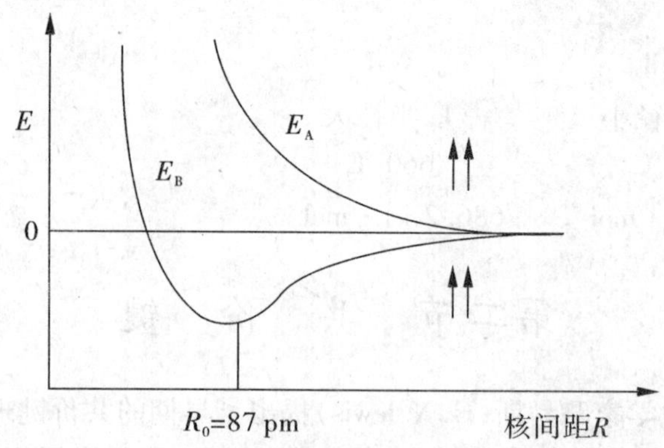

图 4-3 氢分子能量与核间距的关系曲线

一致。计算及实验结果表明：电子自旋方向相反的 2 个氢原子靠近时，2 个原子间存在着一种相互吸引力，但当体系的能量达到最低点后，若 2 个氢原子进一步靠近，便开始产生强的推斥力。如用 E_s 表示电子自旋方向相反的 2 个氢原子组成的体系能量。但当 E_s 达最低点时，即表示 2 个氢原子已形成稳定的氢分子，这种状态称为氢分子的基态。图中 R_0（理论值为 87 pm，实验值为 74 pm）表示稳定的氢分子中 2 个氢原子核间的平衡距离。

每个氢原子有一个 1s 单电子，若 2 个氢原子的自旋方向相同，则当 2 个氢原子相互靠近时它们会相互推斥，此时两核间出现电子的几率密度几乎为零，2 个氢原子未发生键合，这种状态称为推斥态。若 2 个氢原子中的 2 个单电子自旋方向相反，则当 2 个氢原子相互靠近时，单电子所在的原子轨道发生重叠，在两核间出现电子几率密度较大的区域，形成共价键，这种状态称为基态。氢分子的两种状态如图 4-4 所示。

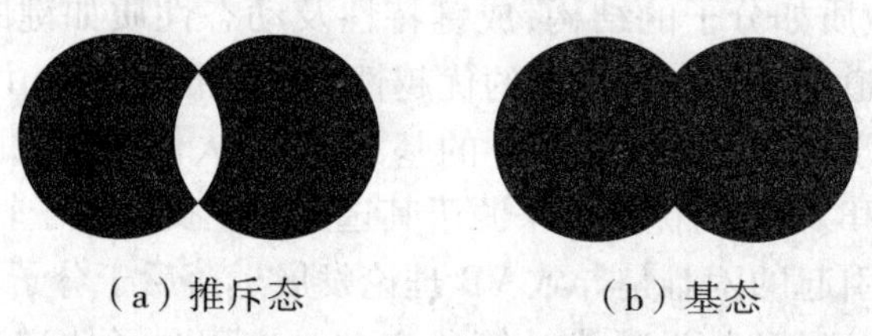

（a）推斥态　　（b）基态

图 4-4 H_2 分子的两种状态

由上述讨论可知，共价键形成的基本条件是：成键 2 原子需有自旋相反的成单电子，成键时单电子所在的原子轨道必须发生最大程度的有效重叠。而 2 原子间究竟形成几个共价键，则取决于成键原子的单电子数。如 A、B 两原子各有 2 个或 3 个自旋相反的单电子，则 A、B 原子间可形成共价双键或共价三键。若 A 原子有 2 个或 3 个单电子，而 B 原子只有一个单电子，则 A 原子可与 2 个或 3 个 B 原子形成 2 个或 3 个共价单键。

2. 共价键的特点

共价键既然是靠成键原子单电子的偶合及单电子所在的原子轨道的相互重叠形成的，所以，它与靠正负离子相互吸引所形成的离子键不同。共价键主要具备以下特点：

（1）共价键结合的本质　由共价键的形成可见，共价键的结合力是两核对共用电子对形成的负电区域的吸引，同时，降低了两核间的互相排斥作用。说明共价键的本质是电性作用力，但是又与正负离子间的静电吸引力不同。

(2)共价键的方向性　共价键的形成应满足原子轨道最大重叠原理，即成键原子轨道应沿着合适的方向以达到最大程度的有效重叠如图4-5所示。这样便决定了共价键的方向性，因为原子轨道除s轨道呈球形对称，s轨道可沿任意方向重叠外，其他的p，d，f轨道在空间均有不同的伸展方向。它们的相互重叠或这些轨道与s轨道的重叠需要取一定的方向，才能满足最大重叠原理，才能形成稳定的化学键。

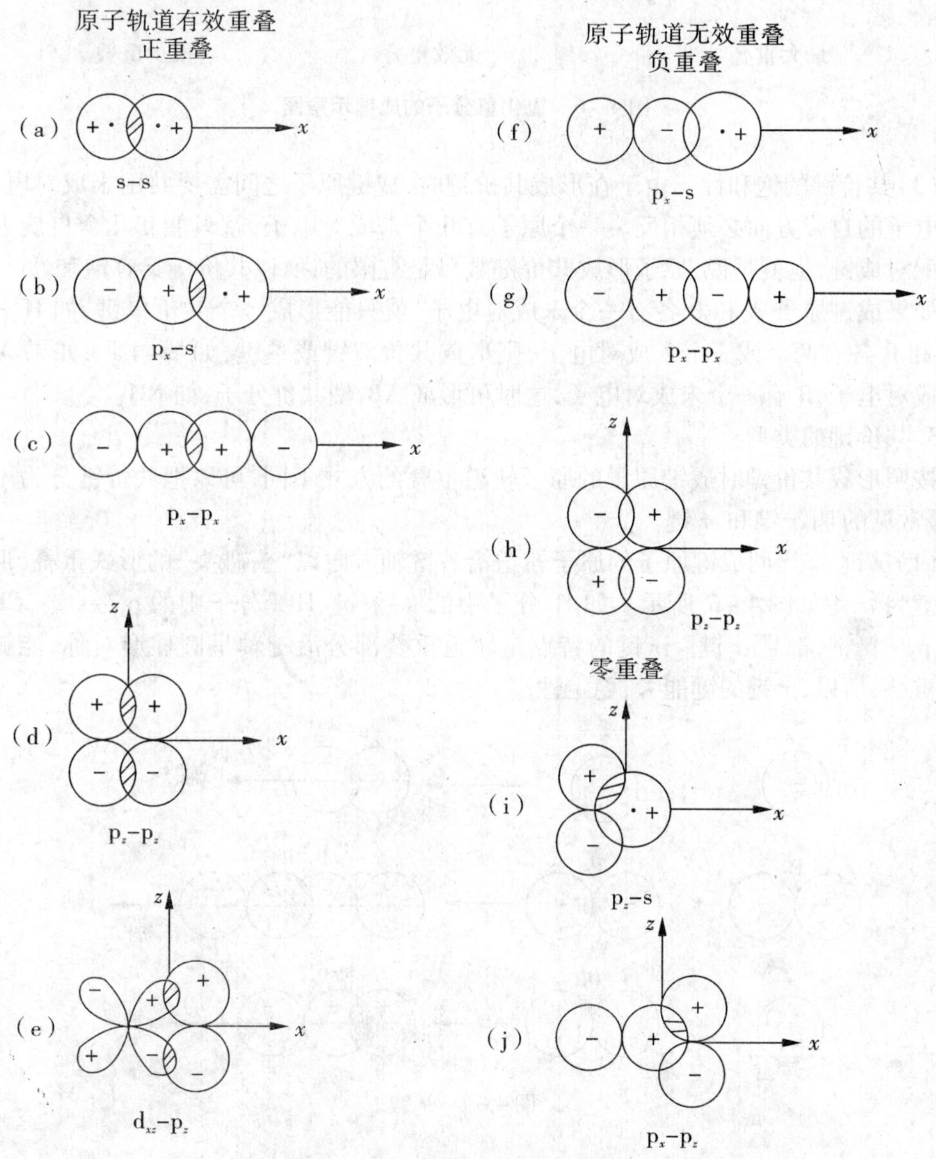

图4-5　原子轨道重叠的几种方式

以氯化氢(HCl)分子的形成为例，在氢原子与氯原子结合形成共价键时，只有当氢原子的 1s 轨道与氯原子的 $3p_x$ 轨道沿 x 方向相互重叠时,才能成键。若沿其他方向,则不能成键或形成很弱的键,其重叠情况如图 4-6 所示。

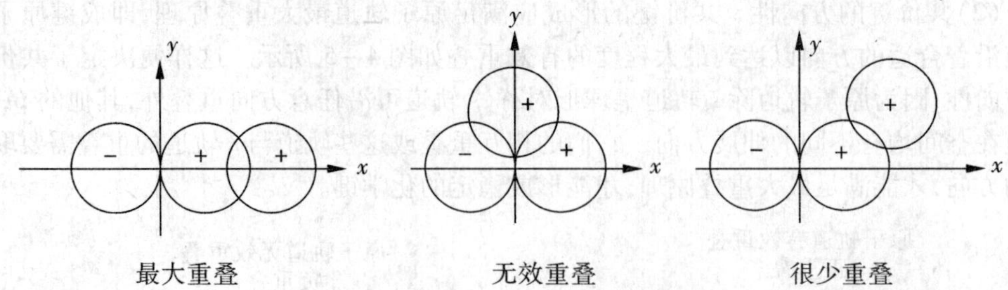

图 4-6 氯化氢分子的成键示意图

(3)共价键的饱和性 由于在形成共价键时,成键原子之间需要共用未成对电子,且成单电子的自旋方向必须相反。一个原子有几个未成对电子,就只能和几个自旋方向的电子配对成键,也就是说,原子形成共价键数目是有限的,所以共价键具有饱和性。

如果成键原子 A 和 B 各有一个未成对电子,就只能形成一个共价单键,如 H—H;如果 A 和 B 各有两个或三个未成对电子,则形成共价双键或叁键,如 N≡N ,如果 A 有三个未成对电子,B 有一个未成对电子,这时可形成 AB_3 型共价分子,如 NH_3。

3. 共价键的类型

按照形成共价键时成键原子的原子轨道重叠的方式不同,可以把共价键分为不同类型,最常见的是 σ 键和 π 键。

(1)σ 键 当两成键原子的原子轨道沿着键轴方向以“头碰头”的形式重叠,形成的共价键为 σ 键如图 4-7 所示。如 H_2 分子中的 s-s 键、HCl 分子中的 p_x-s 键,Cl_2 分子中的 p_x-p_x 键,都是 σ 键。σ 键的特点是轨道重叠部分沿键轴呈圆柱形对称,能够发生最大重叠,所以,σ 键的键能大,稳定性高。

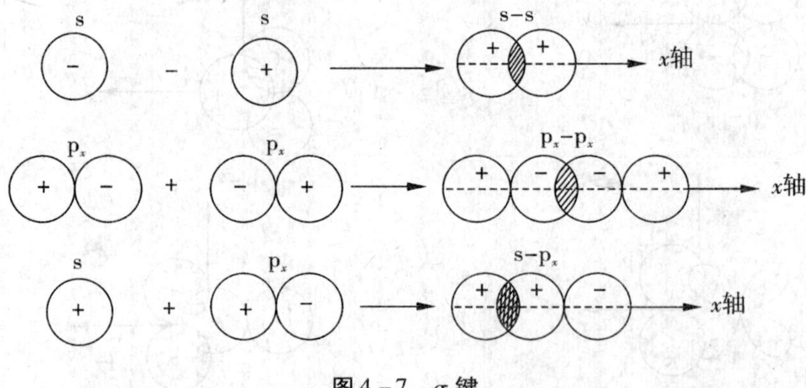

图 4-7 σ 键

(2)π 键 当两个成键原子的原子轨道沿着键轴方向以平行或者“肩并肩”方式重叠形成的共价键的类型为 π 键,如图 4-8 所示。键重叠部分的对称性与 σ 键不同,它是以通过键轴的一个平面为对称面,而呈镜面反对称,即原子轨道的重叠部分。若以上述对称面为镜,则互为物与像的关系,但重叠部分物与像的符号相反,可发生这种重叠的原子轨道有 p_y-p_y,p_y-p_z,p－d 等。从原子轨道重叠的程度来看,π 键的重叠程度小于 σ 键,故 π 键的电子稳定性低,化学性质活泼。

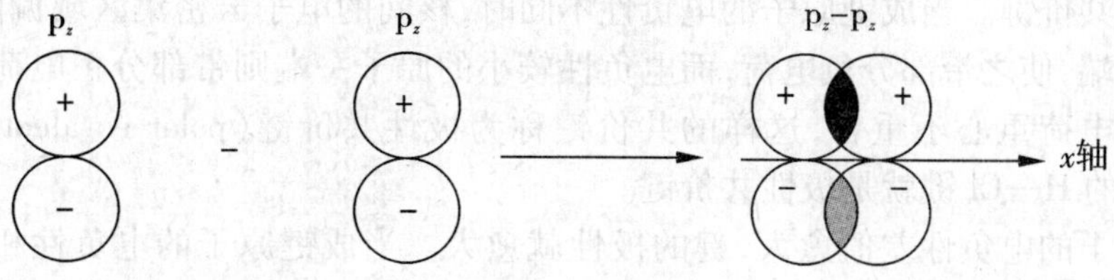

图 4－8　π 键

通常情况下,在共价化合物的分子中,原子若是成单键,必然是 σ 键,原子键若成双键和三键,除 σ 键外,其余都是 π 键。σ 键与 π 键的异同点见表 4－4。

表 4－4　σ 键与 π 键的异同点

项　目	σ 键	π 键
轨道组成	由 s－s,s－p,p－p 原子轨道组成	由 p－p,p－d 原子轨道组成
成键方式	轨道以“头对头”方式重叠	轨道以“肩并肩”方式重叠
重叠部分	沿键轴呈圆柱形对称	垂直于键轴呈镜面反对称,电子密集在键轴的上面或者下面
存在形式	一般是由一对电子组成的单键	仅存在于双键和三键中
特点	重叠程度大,键能大,稳定性高	重叠程度小,键能小,稳定性低

大量的化学事实表明:上述 σ 键和 π 键只是共价键中最简单的模型,此外还存在多种共价键类型,如 δ 键、p－p 大 π 键、d－p π 键等(图 4－9)。

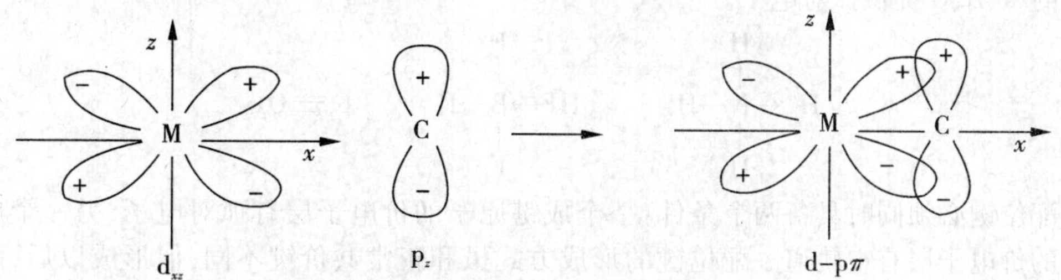

图 4－9　d－pπ 键

可知,在共价化合物的分子中,原子若是成单键,必然是 σ 键,原子若成双键和三键,除 σ 键外,其余都是 π 键。

(3)非极性共价键和极性共价键

①非极性共价键。键的极性是由于成键原子的电负性不同而引起的。当成键原子

的电负性相同时，核间的电子云密集区域在两核的中间位置，两个原子核正电荷所形成的正电荷重心和成键电子对的负电荷重心恰好重合，这样的共价键称为非极性共价键(nonpolar covalent bond)。如 H_2、O_2分子中的共价键就是非极性共价键。

②极性共价键。当成键原子的电负性不同时，核间的电子云密集区域偏向电负性较大的原子一端，使之带部分负电荷，而电负性较小的原子一端则带部分正电荷，键的正电荷重心与负电荷重心不重合，这样的共价键称为极性共价键(polar covalent bond)。如 HCl 分子中的 H—Cl 键就是极性共价键。

成键原子的电负性差值愈大，键的极性就愈大。当成键原子的电负性相差很大时，可以认为成键电子对完全转移到电负性很大的原子上，这时原子转变为离子，形成离子键。因此，从键的极性看，可以认为离子键是最强的极性键，极性共价键是由离子键到非极性共价键之间的一种过渡情况(表 4-5)。

表 4-5 键型与成键原子电负性差值的关系

物质	NaCl	HF	HCl	HBr	HI	Cl_2
电负性差值	2.1	1.9	0.9	0.7	0.4	0
键 型	离子键	极性共价键				非极性共价键

(4)配位共价键(配位键、配键、配价键) 按照价键理论，当元素的原子间形成共价键时，共用电子对应由成键原子双方各提供 1 个单电子。但有一大类化合物，在它们的结构单元中含有另外一种类型的共价键，其共用电子对由成键原子中的一方单独提供，但为成键原子双方所共用，这种键称为配位共价键(coordinate covalent bond)，简称配位键(coordination bond)。

配位共价键是成键双方一方提供一对电子(孤对电子)即电子给予体，另一方提供空的轨道即电子接受体形成的共价键。如：NH_4^+、HBF_4、CO。"箭头"表示配位键，分别由分子中的 N、B、O 提供孤对电子。

```
       H                 F
       |                 |
H⁺ ←— N —H       HF → B —F        :C ⇄ O:
       |                 |
       H                 F
```

配位键必须同时具备两个条件：一个成键原子的价电子层有孤对电子；另一个成键原子的价电子层有空轨道。配位键的形成方式虽和正常共价键不同，但形成以后，两者是没有区别的。

4. 键参数

能表征化学键性质的物理量称为键参数(bond parameter)。共价键的键参数主要有键长、键能、键角及键级。

(1)键长 分子中两成键原子的核间平衡距离称为键长(bond length)。光谱及衍射实验的结果表明，同一种键在不同分子中的键长几乎相等。因而可用其平均值即平均键长作为该键的键长。例如，C—C 单键的键长在金刚石中为 154.2 pm；在乙烷中为 153.3

pm;在丙烷中为 154 pm;在环已烷中为 153 pm。因此将 C—C 单键的键长定为 154 pm。就相同的两原子形成的键而言,单键键长 > 双键键长 > 叁键键长。例如,C ═ C 键长为 134 pm; C≡C 键长为 120 pm。键长特点:两原子形成同型共价键时,键长愈短,相应的键能越大,键愈牢固。

在理论上,键长可用量子力学近似法算出,但对于较复杂的分子,一般通过光谱或衍射等实验方法测出。表 4-6 列出了若干键能和键长的数据。

表 4-6　部分共价键的键焓和键长

键	键长(pm)	键焓($kJ \cdot mol^{-1}$)	键	键长(pm)	键焓($kJ \cdot mol^{-1}$)
H—H	74	436	C—H	109	414
C—C	154	347	C—N	147	305
N—N	145	159	N—H	101	389
O—O	148	142	O—H	96	464
C—Cl	199	244	S—H	136	368
Br—Br	228	192	C═C	134	611
I—I	267	150	C≡C	120	837
S—S	205	264	N≡N	110	946

(2)键能(E)　键能(bond energy)是从能量因素来衡量共价键强度的物理量。对于双原子分子,键能(E)就等于分子的解离能(D)。在 100 kPa 和 298.15 K 下,将 1 摩尔理想气态分子 AB 解离为理想气态的 A、B 原子所需要的能量,称为 AB 的解离能,单位为 $kJ \cdot mol^{-1}$。表 4-7 列出了一些双原子分子的键能和某些键的平均键能。

表 4-7　一些双原子分子的键能和某些键的平均键能 $E/(kJ \cdot mol^{-1})$

分子名称	键能	分子名称	键能	共价键	平均键能	共价键	平均键能
H_2	436	HF	565	C—H	413	N—H	391
F_2	165	HCl	431	C—F	460	N—N	159
Cl_2	247	HBr	366	C—Cl	335	N═N	418
Br_2	193	HI	299	C—Br	289	N≡N	946
I_2	151	NO	286	C—I	230	O—O	143
N_2	946	CO	1 071	C—C	346	O═O	495
O_2	493	–	–	C═C	610	O—H	463
–	–	–	–	C≡C	835	–	–

例题 4-1　计算 H_2 分子的键能。

对于 H_2 分子：

$$H_2(g) \longrightarrow 2H(g)$$

$$E(\text{H—H}) = D(\text{H—H}) = 436\ \text{kJ} \cdot \text{mol}^{-1}$$

例题 4－2　计算 H_2O 分子的键能。

对于 H_2O 分子

$$E(\text{O—H})_1 = 502\ \text{kJ} \cdot \text{mol}^{-1}$$

$$E(\text{O—H})_2 = 423.7\ \text{kJ} \cdot \text{mol}^{-1}$$

$$E(\text{O—H})_{\text{平}} = 463\ \text{kJ} \cdot \text{mol}^{-1}$$

双原子分子和多原子分子不同，对于多原子分子，键能和解离能不同。例如，H_2O 分子中有两个等价的 O—H 键，一个 O—H 键的解离能为 502 $\text{kJ} \cdot \text{mol}^{-1}$，另一个 O—H 键的解离能为 423.7 $\text{kJ} \cdot \text{mol}^{-1}$，其 O—H 键的键能是两个 O—H 键的解离能的平均值。

同一种共价键在不同的多原子分子中的键能虽有差别，但差别不大。我们可用不同分子中同一种键能的平均值即平均键能作为该键的键能。一般键能愈大，键愈牢固。

(3)键角(α)　分子中同一原子形成的两个化学键间的夹角称为键角(bond angle)。

键角是反映分子的几何构型，是分子中键与键之间的夹角(在多原子分子中才涉及键角)。双原子分子为直线形；多原子分子的构型由键长和键角决定。如：H_2S 分子，H—S—H 的键角为 92°，决定了 H_2S 分子的构型为"V"字形；又如：CO_2 中，O—C—O 的键角为 180°，则 CO_2 分子为直线形。因而，键角是决定分子几何构型的重要因素。

(4)键级(bond order)　表示键的牢固程度。键级的定义是

$$\text{键级} = \frac{\text{成键轨道上的电子数} - \text{反键轨道上的电子数}}{2}$$

键级可以是整数，也可以是分数。一般说来，键级愈高，键愈稳定；键级为零，则表明原子不可能结合成分子。

二、杂化轨道理论

价键理论比较简明地介绍了共价键的形成过程和本质，并且能成功地解释了共价键的方向性和饱和性等特点。但是，在解释共价键分子的结构方面，遇到了相当大的困难。作为价键理论的补充和发展，被提出的杂化轨道理论能圆满地解决这一问题。

1. 杂化与杂化轨道的概念

杂化轨道理论(hybrid orbital theory)是 1931 年鲍林为说明甲烷及其他多原子分子的空间结构，根据量子力学原理提出来的。甲烷(CH_4)分子经近代实验方法测得，它为正四面体结构。碳原子位于四面体的中心，4 个氢原子则分别占据四面体的 4 个顶点。碳氢键间的夹角 ∠HCH = 109°28′，4 个 C—H 键的键长相同(109.1 pm)，键能均为 413.4 $\text{kJ} \cdot \text{mol}^{-1}$。按照价键理论，甲烷分子的结构不应如此，碳原子的价层有 4 个电子，即 $2s^22p^2$，s 轨道上的电子成对，2p 轨道上有 2 个成单电子，欲形成 4 个共价单键，需有 1 个 2s 电子受激跃迁至 2p 轨道，变为 $2s^12p^3$，如图 4－10 所示。也就是 $1s^22s^12p_x^12p_y^12p_z^1$，这样也就是说有 4 个未成对电子可以和 4 个氢原子的 1s 轨道上的自旋方向相反的未成对电子配对 4 个共价键。然而这样形成的 4 个共价键的键长应该是不同的，并且键角也应该

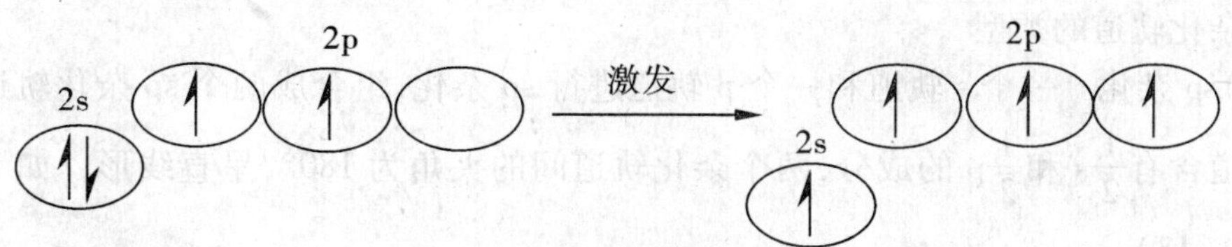

图 4－10 s 电子激发

是 3 个 H 原子和 C 原子的 p 轨道上成键的键角为 90°，由一个 s 轨道上的单电子形成的 C—H 键应该和 3 个 p 轨道上形成的 3 个 C—H 键还应该保持相等的角度，以减少原子间的斥力，即键角大约为 125°，这样就不能形成正四面体结构。为此，1931 年，鲍林在价键理论的基础上提出，在形成多原子分子的过程中，由于原子之间存在互相影响，使中心原子的若干能量相近的不同类型的原子轨道混合起来，重新组合成一组新的轨道，这个过程叫轨道的杂化（hybridization），所形成的新轨道叫做杂化轨道（hybrid orbital）。具有了杂化轨道的中心原子的单电子与其他原子自旋相反的单电子形成共价键。

2. 杂化轨道的数目、形状、成分和能量

在杂化过程中形成的杂化轨道的数目等于参加杂化的轨道的数目。CH_4 中参加杂化的有 2s，$2p_x$，$2p_y$，$2p_z$ 4 条原子轨道，形成的杂化轨道也是 4 条，4 条完全相同的 sp^3 杂化轨道。

杂化实质是波函数 ψ 线性组合，得到新的波函数，即杂化轨道的波函数。例如：s 和 p_x 杂化，产生两个杂化轨道，分别用 Φ_1 和 Φ_2 表示

$$\Phi_1 = \sqrt{\frac{1}{2}}\psi_s + \sqrt{\frac{1}{2}}\psi p_x \quad \Phi_2 = \sqrt{\frac{1}{2}}\psi_s - \sqrt{\frac{1}{2}}\psi p_x$$

杂化轨道中有波函数，当然也有自身的轨道角度分布，如图 4－11。

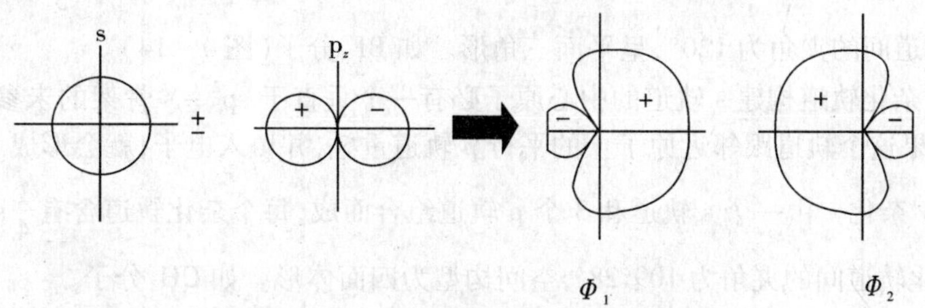

图 4－11 s 和 p_x 杂化的轨道角度分布图

在 sp 杂化轨道中，s 和 p 的成分各 1/2。sp^2 杂化中，s 占 1/3，p 占 2/3。p 的成分大时，轨道分布向某方向集中，s 无方向性，故 sp^2 比 sp 集中，在成键时重叠程度较大，键较强，体系能量低，这就是杂化过程的能量因素。

s 和 p 之间形成的杂化轨道，其能量高于 s，低于 p，但 p 的成分越多能量越高。如图 4－12 所示。

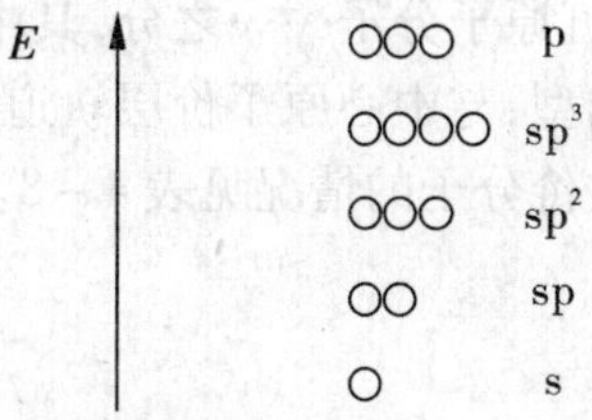

E
p
sp^3
sp^2
sp
s

图 4－12 sp 杂化轨道的能量大小示意图

3. 杂化轨道的类型

(1) sp 杂化　一个 s 轨道和一个 p 轨道进行 sp 杂化，组合成两个 sp 杂化轨道，每个杂化轨道含有$\frac{1}{2}$s 和$\frac{1}{2}$p 的成分，两个杂化轨道间的夹角为 180°，呈直线形。如 $BeCl_2$分子（图 4－13）。

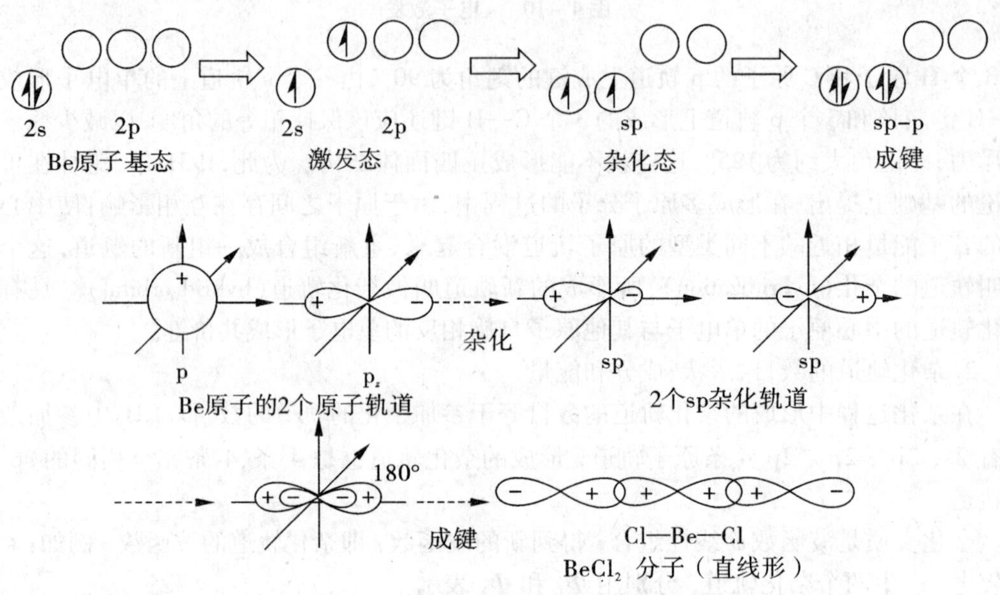

图 4－13　$BeCl_2$分子形成过程示意图

(2) sp^2杂化　一个 s 轨道和两个 p 轨道杂化，每个杂化轨道都含有$\frac{1}{3}$s 和$\frac{2}{3}$p 的成分，杂化轨道间的夹角为 120°，呈平面三角形。如 BF_3分子（图 4－14）。

以 sp^2杂化轨道构建 s 轨道的中心原子必有一个垂直于 sp^2－s 骨架的未参与杂化的 p 轨道，如果这个轨道跟邻近原子上的平行 p 轨道重叠，并填入电子，就会形成 π 键。

(3) sp^3杂化　由一个 s 轨道和 3 个 p 轨道组合而成，每个杂化轨道含有$\frac{1}{4}$s 和$\frac{3}{4}$p 的成分。杂化轨道间的夹角为 109°28′，空间构型为四面体形。如 CH_4分子。

4. 杂化轨道的类型与分子空间构型

共价键形成共价分子，对于 AB_x 型共价分子有双原子分子，三原子分子，四原子分子，五原子分子……之分，其中，A 为中心原子，B 为配位原子。它们分别有各自的空间几何构型，与中心原子价层轨道杂化以及所形成杂化轨道的空间几何构型有关。共价键形成共价分子的情况见表 4－8。

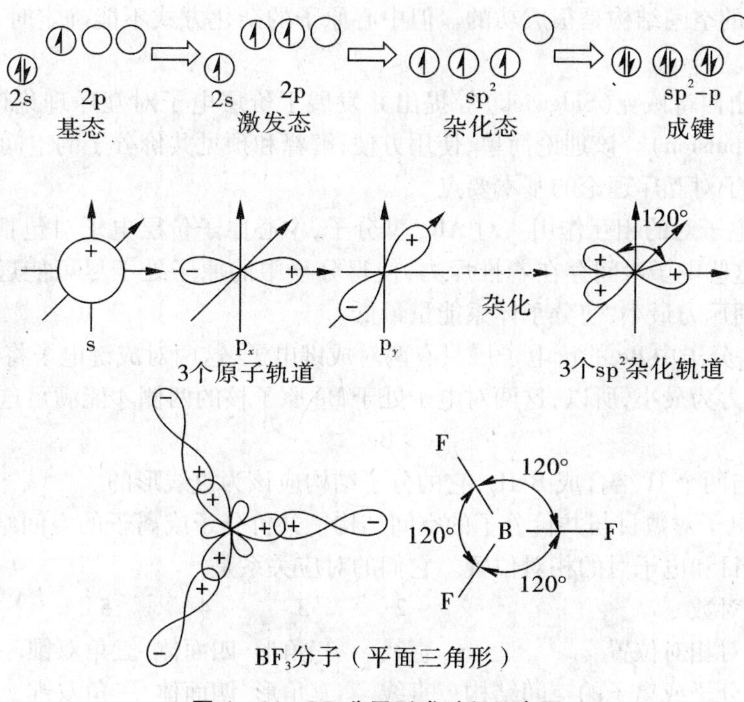

图 4-14　BF_3分子形成过程示意图

表 4-8　杂化轨道的类型和空间结构

杂化类型	sp	sp^2	sp^3	dsp^2	sp^3d^2
参与杂化的原子轨道数	2	3	4	4	6
杂化轨道的数目	2	3	4	4	6
杂化轨道间的夹角	180°	120°	109.5°	90°,180°	90°,180°
空间构型	直线	平面三角	四面体	平面正方	八面体
杂化轨道的成键能力	轨道成键能力→				
实例	$BeCl_2$ CO_2 $HgCl_2$ $Ag(NH_3)_2^+$	BF_3 BCl_3 $COCl_2$ NO_3^{2-} CO_3^{2-}	CH_4 CCl_4 $CHCl_3$ SO_4^{2-} ClO_4^- PO_4^{3-}	$Ni(H_2O)_4^{2+}$ $Ni(NH_3)_4^{2+}$ $Cu(NH_3)_4^{2+}$ $CuCl_4^{2-}$	SF_6 SiF_6^{2-}

三、价层电子对互斥理论

价键理论和杂化轨道理论都可以很好地解释共价键的方向性，杂化轨道理论解释和预见共价分子的空间结构是很成功的。但中心原子的杂化方式不能确定时,杂化轨道理论便不能解释。

1940 年,由西奇威克(Sidgwick)等提出并发展了价层电子对互斥理论(valence shell electron pair repulsion)。该理论简单,使用方便,解释和预见共价分子的空间结构较好。

1. 价层电子对互斥理论的基本要点

(1)价层电子对的相互作用　对 AB_m 型分子,中心原子价层电子对包括成键电子对和孤对电子,这些电子对间存在着推斥力,使得分子中的原子处于尽可能远的相对位置上,以便彼此间斥力最小,使分子体系能量最低。

例如 BeH_2 分子中 Be 的价电子层只有两对成键电子,这两对成键电子将倾向于远离,使彼此间排斥力为最小,所以,这两对电子处于 Be 原子核的两侧才能满足这个条件。

:Be:

如果 Be 与两个 H 结合成 BeH_2,它的分子结构应该为直线形的。

(2)价层电子对数目与共价分子的空间结构　共价分子或离子的空间结构取决于价层电子对的数目和电子对的相对位置。它们的对应关系是

价层电子对数	2	3	4	5	6
价层电子对相对位置	直线	三角形	四面体	三角双锥	八面体
相应共价分子或离子的空间结构	直线	三角形	四面体	三角双锥	八面体
实例	$HgCl_2$	BCl_3	CH_4	PCl_5	SF_6

由此关系知道,只要 1 个结构单元(分子或离子)中心原子的价层电子对数确定了,该结构单元的空间结构即可随之确定。中心原子的价层电子对数可用下式算出,即

$$价层电子对数=\frac{中心原子价电子数+配位原子数\pm 离子所带电荷数}{2}$$

式中:配位原子若为第六主族元素则不作为配位原子加入,若结构单元为正离子,应减去该离子所带的电荷数;若结构单元为负离子,则应加上该离子所带的电荷数。例如:

在 CCl_4 中,中心原子"C"的价层电子对数为$\frac{4+4}{2}=4$;

在 CO_2 中,中心原子"C"的价层电子对数为$\frac{4}{2}=2$;

在 NH_4^+ 中,中心原子"N"的价层电子对数为$\frac{5+4-1}{2}=4$;

在 PO_4^{3-} 中,中心原子"P"的价层电子对数为$\frac{5+3}{2}=4$。

若中心原子的价电层中出现单电子,则 1 个单电子仍作为一对考虑。如:NO_2分子中"N"的价层电子对数为 5/2 = 2.5,此时应按价层电子考虑 NO_2的空间结构。

2. 不同电子对结构的影响

若中心原子的价层电子对全为 σ 电子对,则分子和离子的空间结构如上所述。但当价层中有孤对电子或重键存在时,则空间结构将发生一定程度的变化。孤对电子的影响主要表现在两个方面:一是孤对电子没有形成化学键,即此处无另外元素的原子存在;二是孤对电子因没有形成化学键,且较靠近中心原子,故它对其他价层电子对的推斥力强

于 σ 电子对。孤对电子的存在，将使共价键的夹角与"标准结构"有一定偏离。孤对电子的数目与相应空间结构的关系列于表 4－9 中。

表 4－9　孤对电子的数目与相应空间结构的关系

A 的电子对数	成键电子对数	孤电子对数	几何构型	中心原子 A 价层电子对的排列方式	分子的几何构型实例
2	2	0	直线形	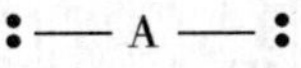 :— A —:	BeH_2 $HgCl_2$（直线形） CO_2
3	3	0	平面三角形	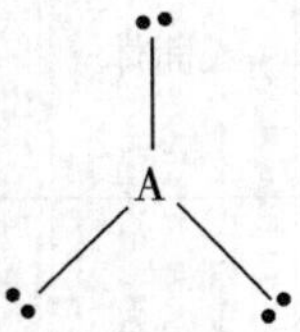	BF_3 （平面三角形） BCl_3
3	2	1	三角形	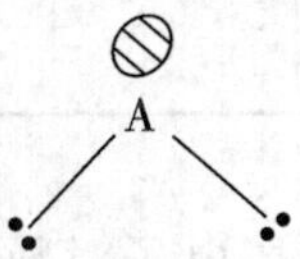	$SnBr_2$ （V 形） $PbCl_2$
4	4	0	四面体	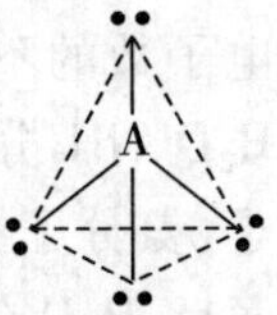	CH_4 （四面体） CCl_4
4	3	1	四面体	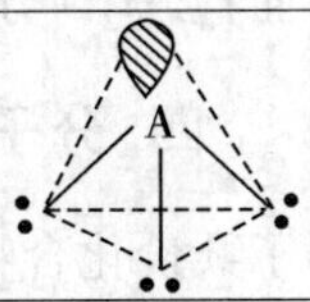	NH_3（三角锥）
4	2	2	四面体	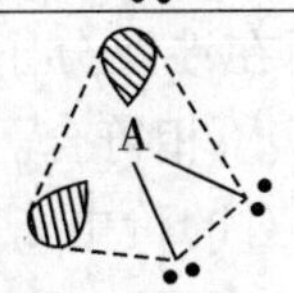	H_2O（V 形）
5	5	0	三角双锥	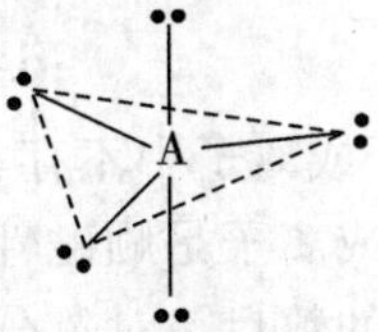	PCl_5（三角双锥）
5	3	2	三角双锥	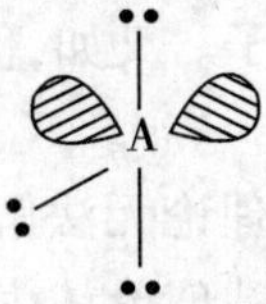	ClF_3（T 形）

续表 4 - 9

A 的电子对数	成键电子对数	孤电子对　数	几何构型	中心原子 A 价层电子对的排列方式	分子的几何构型实例
6	6	0	八面体		SF_6(八面体)
6	5	1	八面体		IF_5(四角锥)
6	4	2	八面体		ICl_4^- XeF_4 (平面正方形)

从表 4 - 9 可以看到,在价层电子对数目相同的情况下,若孤对电子数不同,则分子的空间构型也不同。随着孤对电子数的不同,分子中的键角也将发生变化,孤对电子数越多,则键角变得越小。例如,H_2O、NH_3分子的中心原子价电子层中均有 4 对电子,但水分子中氧原子上有 2 对孤对电子,氨分子中氮原子上有 1 对孤对电子。因此,H_2O、NH_3分子中的键角均小于 109°28′,而且,H_2O 分子中的键角比 NH_3分子中的更小。

四、分子轨道理论

杂化轨道理论成功地说明了共价化合物的价键形成和空间构型,使分子的几何形状和化学键更加容易理解。然而在涉及分子的某些整体性质时,如分子的磁性和分子光谱,价键理论的解释有时与事实不相符合。如价键理论认为 O_2分子中不含有成单电子,因为 2 个氧原子各有 2 个未成对的价电子,二者结合时配对,按价键理论得出氧分子的结构应当是

$$:\ddot{O}=\ddot{O}:$$

由物理学可以知道:分子或离子中不存在未成对电子(电子全部成对),则它应当是抗磁性的;相反,若某个分子或离子是顺磁性的,则必有未成对电子(成单电子),且通过磁天平可以测得未成对电子的数目。对氧分子的磁性实验研究表明,O_2是顺磁性的,且有两个自旋方向相同的成单电子。又如,价键理论对 H_2^+(只有一个电子)分子离子的形成及稳定存在无法解释。

为什么对待上述问题价键理论无法解释呢?原因是价键理论没有注意到形成分子的原子与孤立原子的差别。价键理论认为原子形成分子时仅仅是各自的成单价电子相互配对,原子成键时只与未成对价电子有关,与其他的价电子则无关,显然,这不符合

实际。

1932 年美国化学家密立根(Milikin)和德国化学家洪特(Hund)等人提出了一种新的共价键理论——分子轨道理论(molecular orbital theory,简称 MO 法)。该理论注意了分子的整体性,因此较好地说明了多原子分子的结构。近十几年来随着计算机技术的发展和应用,该理论发展很快,在共价键理论中占有非常重要的地位。

1. 分子轨道理论基本要点

分子轨道的理论设想,在多原子分子中,组成分子的每个电子并不属于某个特定的原子,而是在整个分子的范围内运动。分子中的电子处于所有原子核和其他电子的作用之下,分子中电子的空间运动状态也可以用波函数来描述,这些波函数俗称分子轨运,即分子中电子的空间运动状态叫分子轨道(molecular orbital,简称 MO)。

正如原子中存在对应能量的若干原子轨道一样,在分子中也存在对应一定能量的若干分子轨道。像原子结构那样遵循能量最低原理将分子中所有电子依次填入各分子轨道中,则可得到分子的电子构型,并由此说明分子的性质。这就是分子轨道理论的基本思路。基本要点简述如下:

(1)原子在形成分子时,所有电子都有贡献,分子中的电子不再从属于某个原子,而是在整个分子空间范围内运动。分子轨道和原子轨道的主要区别在于:①在原子中,电子的运动只受 1 个原子核的作用,原子轨道是单核系统;而在分子中,电子则在所有原子核势场作用下运动,分子轨道是多核系统。②原子轨道的名称用 s、p、d、…符号表示,而分子轨道的名称则相应地用 σ、π、δ、…符号表示。

(2)分子轨道是由原子轨道线性组合(linear combination of atomic orbitals,简称 LCAO)而成,n 个原子轨道就可组合成 n 个分子轨道。在组合形成的分子轨道中,比组合前原子轨道能量低的称为成键分子轨道(bonding molecular orbital),用 φ 表示;能量高于组合前原子轨道的称为反键分子轨道(antibonding molecular orbital),用 φ^* 表示。例如,如果由两个原子组成的一个双原子分子时(H_2),两个原子的 2 个 s 轨道可组成 2 个分子轨道,即

$$\varphi_{\sigma 1s}=C_1(\varphi_A+\varphi_B)\quad \varphi_{\sigma 1s}^*=C_2(\varphi_A-\varphi_B)$$

式中:C_1、C_2——常数;

$\varphi_{\sigma 1s}$——成键原子轨道,它是由两个原子轨道同号重叠而成(波函数相加)。波函数同号表示它们所代表的电子波同相位,组合时两个波相互叠加,得到强度更大的波。两个原子核间电子运动概率密度增大,体系能量降低,因此成键分子轨道能量较原子轨道能量低。

(3)原子轨道组合成分子轨道时,必须遵循对称性原则、能量近似原则和最大重叠原则。

对称性原则:原子轨道均具有一定的对称性(原子轨道有 s、p、d 等各种类型,从它们的角度分布函数的几何图形可以看出,它们对于某些点、线、面等有着不同的空间对称性),为了有效组合成分子轨道,必须要求参加组合的原子轨道对称性相同(匹配),对称性不相同的原子轨道不能组合成分子轨道。所谓对称性相同是指:将原子轨道绕键轴(x 轴)旋转 180°,原子轨道的正、负号都不变或都改变即为原子轨道对称性相同(匹配);若

一个正、负号变,另一个不变即为对称性不相同(不匹配)。

符合对称性匹配原则的几种简单的原子轨道组合是,(对 x 轴)$s-s$、$s-p_x$、p_x-p_x组成 σ 分子轨道;(对 xy 平面)p_y-p_y、p_z-p_z组成 π 分子轨道。对称性匹配的两原子轨道组合成分子轨道时,因波瓣符号的异同,有两种组合方式:波瓣符号相同(即 + + 重叠或 - - 重叠)的两原子轨道组合成成键分子轨道;波瓣符号相反(即 + - 重叠)的两原子轨道组合成反键分子轨道。

能量近似原则:两个对称性相同的原子轨道能否组合成分子轨道,还要看这两个原子轨道能量是否接近。只有能量接近的原子轨道才能组合成有效的分子轨道,而且原子轨道的能量越接近越好,这就叫能量近似原则。

最大重叠原则:当两个对称性相同、能量相同(或相近)的原子轨道组合成分子轨道时,与原轨道重叠得越多,组合成的分子轨道越稳定,这就叫最大重叠原则。这是因为原子轨道发生重叠时,在可能的范围内重叠程度越大,成键轨道能量降低得越显著。

(4) 每个分子轨道都有相应的能量(Ei)和图像。分子的能量 E 等于分子中电子能量的总和,而电子的能量即为被它们所占据的分子轨道的能量。根据原子轨道的重叠方式和形成的分子轨道的对称性不同,可将分子轨道分为 σ 成键、π 成键和 σ^* 反键、π^* 反键轨道。按分子轨道的能量大小,可以排出分子轨道的近似能级图。

(5)分子中所有电子将遵守原子轨道电子排布三原则(鲍利原理,能量最低原则和洪特规则)进入分子轨道,即得分子的基态电子结构。

2. 分子轨道线性组合的类型

A 原子与 B 原子结合形成分子时,A、B 原子中原子轨道的类型有 ns、np_x、np_y、np_z等。若 ns(A)与 ns(B)、np(A)与 np(B)能量相等或相近,则 ns(A)与 ns(B)、np_x(A)与 np_x(B)、np_y(A)与 np_y(B)、np_z(A)与 np_z(B)将组合成分子轨道;若两原子的 ns 与 np 能量接近,则 ns 与 np 也会发生组合。原子轨道同号重叠(波函数相加)得到成键分子轨道,异号重叠(波函数相减)得反键分子轨道。原子轨道的线性组合主要有下列几种类型。

(1)$ns-ns$ 重叠组合的分子轨道　A、B 两原子的 ns 轨道相结合,可以形成两条分子轨道,一条是能量比 ns 原子轨道能量低的成键分子轨道,用符号 σ_{ns} 表示;另一条是能量比 ns 原子轨道能量高的反键分子轨道,用 σ_{ns}^* 表示。如图 4-15 所示。

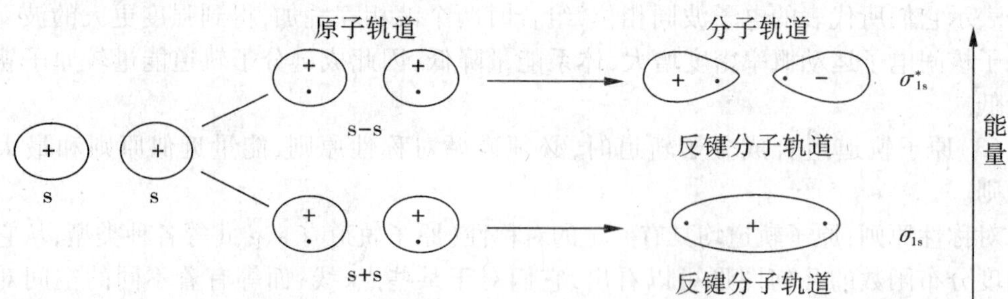

图 4-15　s-s 轨道重叠形成的 σ_B 分子轨道

(2)ns 和 np 的重叠形成的分子轨道　当能量相等或相近的 A 原子 ns 轨道与 B 原子的 np 轨道沿键轴重叠时，由于 ns 轨道只与 np_x 轨道对称性匹配，则可以组合成两条分子轨道，用 σ_{sp_x} 和 $\sigma^*_{sp_x}$ 表示。如图 4－16 所示。

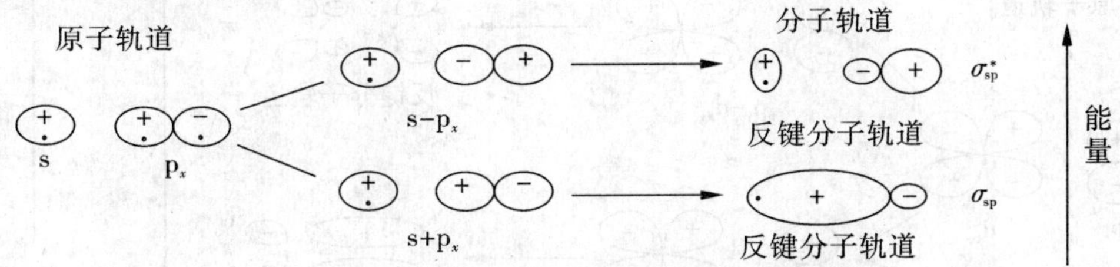

图 4－16　s－p 轨道重叠形成的 σ_{sp} 分子轨道

(3)$np-np$ 组合的分子轨道　每个原子的 np 轨道共有 3 条，即 np_x、np_y、np_z，它们在空间的分布是互相垂直的。若原子 A 与原子 B 沿键轴(x 轴)方向重叠时，np_x(A)与 np_y(B)以"头碰头"方式重叠，形成两条 σ 分子轨道，用符号 σ_{np_x} 和 $\sigma^*_{np_x}$ 表示。如图 4－17 所示。这种 p_x-p_x 重叠出现在单质卤素等分子中。

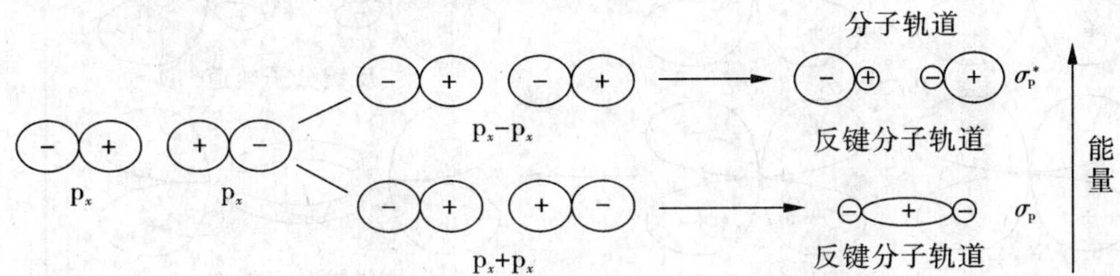

图 4－17　p－p 轨道重叠形成的 σ_{pp} 分子轨道

np_y(A)与 np_y(B)，np_z(A)与 np_z(B)的重叠是垂直于键轴以"肩并肩"的方式进行的，形成 π 分子轨道。这两组轨道的组合情况相同，仅空间取向不同，故可用同样图形表示在图 4－18 中。因此 π_{np_y} 与 π_{np_z}，$\pi^*_{np_y}$ 与 $\pi^*_{np_z}$ 的能量相等，互为简并轨道。这种 pp 组合出现在 N_2 分子中。

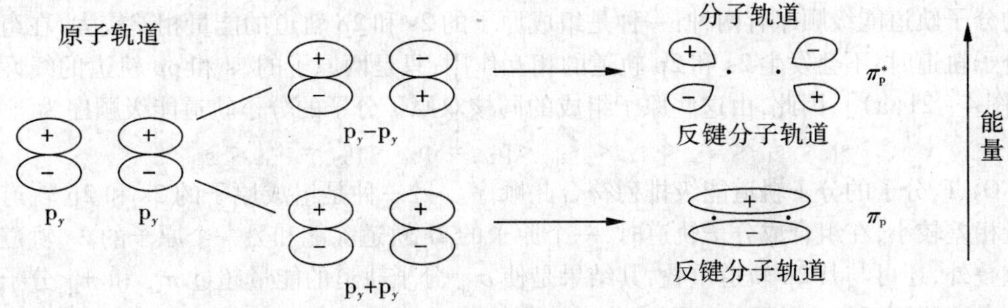

图 4－18　p－p 轨道重叠形成的 π_{pp} 分子轨道

分子轨道的重叠方式还有 p－d、d－d 重叠，如图 4－19 和图 4－20。这类重叠一般出现在过渡金属化合物和一些含氧酸中。

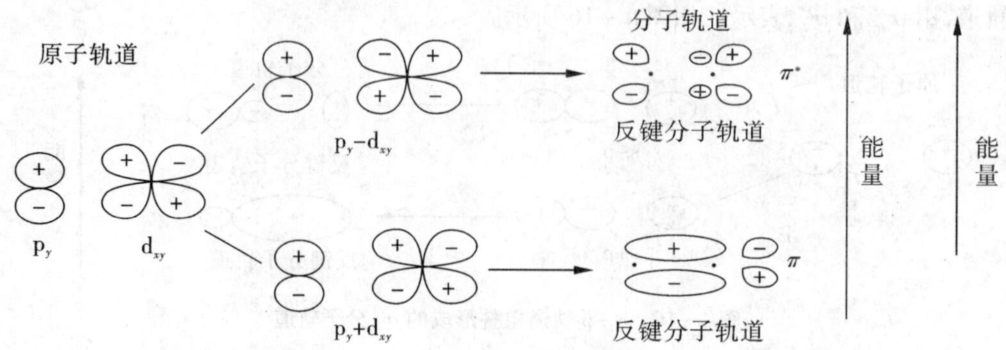

图 4－19　p－d 轨道重叠形成的 π_{pd} 分子轨道

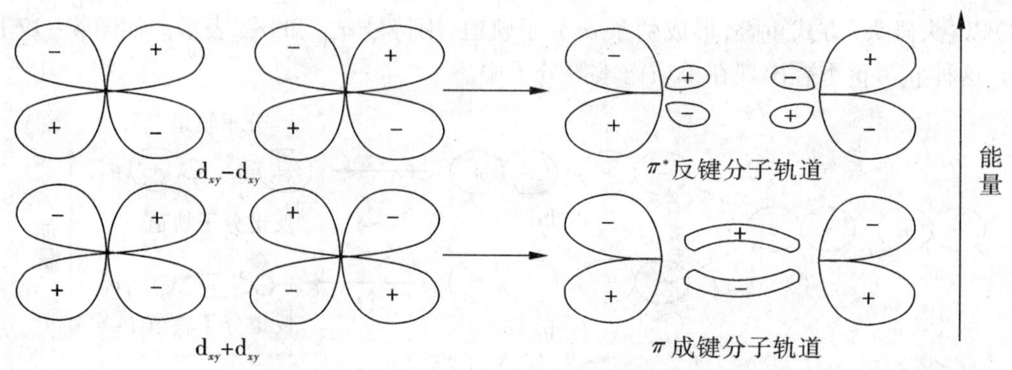

图 4－20　d－d 轨道重叠形成的 π_{dd} 分子轨道

3. 同核双原子分子的分子轨道能级图

每个分子轨道都有相应的能量，把分子中各分子轨道按能级高低顺序排列起来，可得到分子轨道能级图。现以第二周期元素形成的同核双原子分子为例予以说明。

在第二周期元素中，因它们各自的 2s、2p 轨道能量之差不同，所形成的同核双原子分子的分子轨道能级顺序有两种：一种是组成原子的 2s 和 2p 轨道的能量相差较大，在组合成分子轨道时，不会发生 2s 和 2p 轨道的相互作用，只是两原子的 ss 和 pp 轨道的线性组合[图 4－21(a)]，因此，由这些原子组成的同核双原子分子的分子轨道能级顺序为

$$s_{1s} < s_{1s}^* < s_{2s} < s_{2s}^* < s_{2p_x} < p_{2p_y} = p_{2p_z} < p_{2p_y}^* = p_{2p_z}^* < s_{2p_x}^*$$

O_2、F_2分子的分子轨道能级排列符合此顺序。另一种是组成原子的 2s 和 2p 轨道的能量相差较小，在组合成分子轨道时，一个原子的 2s 轨道除能和另一个原子的 2s 轨道发生重叠外，还可与其 2p 轨道重叠，其结果是使 σ_{2p_x} 分子轨道的能量超过 π_{2p_y} 和 π_{2p_z} 分子轨道。由这些原子组成的同核双原子分子的分子轨道能级顺序为图 4－21(b)即是此能级顺序的分子轨道能级图。第二周期元素组成的同核双原子分子中，除 O_2、F_2外，其余 Li_2、Be_2、B_2、C_2、N_2等分子的分子轨道能级排列均符合此顺序。

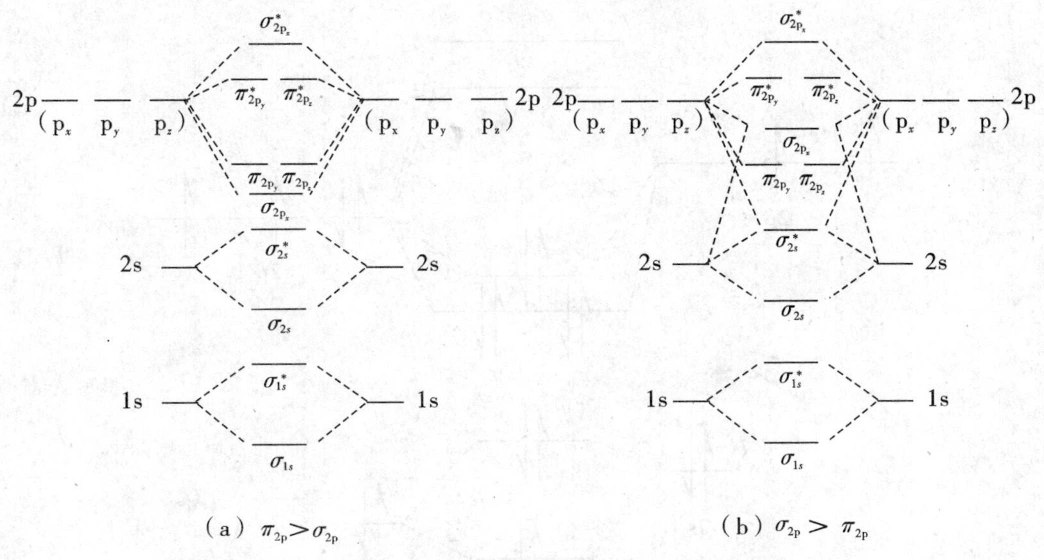

图 4－21　同核双原子分子的分子轨道的两种能级顺序

例题 4－3　试分析氢分子离子 H_2^+ 和 He_2 分子能否存在。

解　氢分子离子是由 1 个 H 原子和 1 个 H 原子核组成的。因为 H_2^+ 中只有 1 个 1s 电子,所以它的分子轨道式为$(\sigma_{1s})^1$。这表明 1 个 H 原子和 1 个 H^+ 是通过 1 个单电子 σ 键结合在一起的,其键级为$\frac{1}{2}$。故 H_2^+ 可以存在,但不很稳定。

He 原子的电子组态为 $1s^2$。2 个 He 原子共有 4 个电子,若它们可以结合,则 He_2 分子的分子轨道式应为$(\sigma_{1s})^2(\sigma_{1s}^*)^2$,键级为零,这表明 He_2 分子不能存在。在这里,成键分子轨道 σ_{1s} 和反键分子轨道 σ_{1s}^* 各填满 2 个电子,使成键轨道降低的能量与反键轨道升高的能量相互抵消,因而净成键作用为零,或者说对成键没有贡献。

4. 异核双原子分子的分子轨道能级图

若两种不同元素的原子结合形成双原子分子,则为异核双原子分子。用分子轨道方法处理这类分子,原则上与同核双原子分子相同,不同的是组成分子轨道的原子轨道能级高低不同。若只考虑价层原子轨道的相互组合;则一般来说,电负性较大的元素价层原子轨道的能级低于电负性较小的元素相应价层原子轨道的能级,以 CO 分子为例,其分子轨道的能级图如图 4－22 所示。

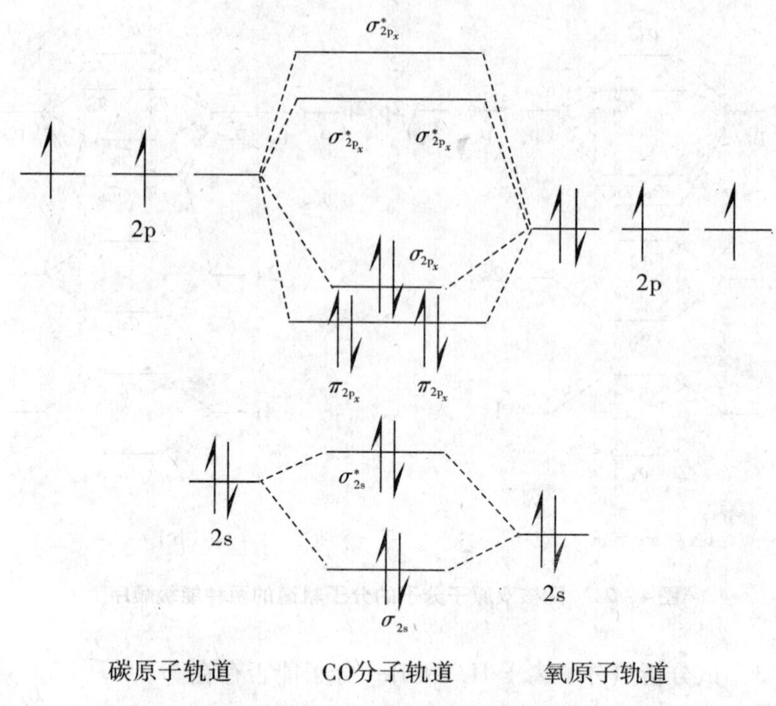

图 4－22 CO 的分子轨道能级图

第三节 分子间力和氢键

一、分子间力

分子间力就是分子与分子之间的相互作用力，最早是由荷兰物理学家范德华提出的，因此称之为范德华力，它的强度弱于化学键，一般只有几至几十千焦每摩尔，但分子间力与化学键不同，化学键是分子中相邻原子间的强的相互作用力，主要决定物质的化学性质的主要因素；分子间力是决定物质的聚集状态，主要影响物质的物理性质，如熔点、沸点、汽化热、熔化热、溶解度、黏度、表面张力，等等。

为了说明分子间力，先介绍分子的极性和偶极距。

1. 分子的极性

分子是由包含有带正电荷的原子核和带负电荷的电子的原子构成，由于正、负电荷的数目相等，所以分子是电中性的。但正、负电荷在分子中的分布对于不同的分子会有所不同。设想分子中有一个“正电荷中心”和一个“负电荷中心”，有些分子的正、负电荷中心是重合的，这类分子就是非极性分子；有些分子的正、负电荷中心是不重合的，这类分子就是极性分子。

在极性分子中，始终存在着正、负两极。分子的极性大小，可用偶极矩(μ)来衡量，如果正、负电荷中心的电量为 q，两电荷的中心的距离为 l，则偶极矩定义为：

$$\mu = ql$$

偶极距是分子中各键距的矢量之和,它是一个矢量,它的方向是由正到负,单位是库伦·米(c·m)。非极性的分子的偶极距为零,极性分子的偶极距则大于零,偶极距越大,分子的极性越大。对于双原子分子来说,分子的偶极矩就等于键矩,化学键有极性,分子就有极性;反之,化学键没有极性,分子就没有极性。而对多原子分子来说,分子的偶极矩除与键矩的大小有关外,还与键矩的方向有关,键有极性,分子不一定就有极性,还要看分子的几何构型。例如,HF 是双原子分子,H—F 键是极性键,所以 HF 是极性分子,表示为

$$\mathrm{H} \xrightarrow{\mu} \mathrm{F} \qquad \mu \neq 0$$

CO_2分子中 C ═ O 键是极性键,但分子是直线形结构,分子内两个 C ═O 键的键矩大小相等,方向相反,矢量和为零,$\mu=0$。所以 CO_2是非极性分子。

$$\overset{-}{\mathrm{O}}{=}\overset{+}{\mathrm{C}}{=}\mathrm{O} \qquad \mathrm{O} \xleftarrow{\mu_B} \mathrm{C} \xrightarrow{\mu_B} \mathrm{O} \qquad \mu(CO_2)=0$$

表 4 - 10 中列出了一些分子的偶极矩和几何构型。

表 4 - 10 一些分子的偶极矩与分子几何构型

分子	偶极矩 (10^{-30}C·m)	分子几何构型	分子	偶极矩 (10^{-30}C·m)	分子几何构型
H_2	0	直线	SO_2	5.28	V 形
N_2	0	直线	$CHCl_3$	3.63	四面体
CO_2	0	直线	CO	0.33	直线
CS_2	0	直线	O_3	1.67	V 形
CCl_4	0	正四面体	HF	6.47	直线
CH_4	0	正四面体	HCl	3.60	直线
H_2S	3.63	V 形	HBr	2.60	直线
H_2O	6.17	V 形	HI	1.27	直线
NH_3	4.29	三角锥	BF_3	0	平面三角形

从表 4 - 10 可以看出,几何构型为直线形、平面正三角形、正四面体形等结构对称的多原子分子的偶极矩为零,为非极性分子;几何构型 V 形、四面体、三角锥形而结构不对称的多原子分子的偶极矩不为零,为极性分子。

2. 分子的极化和变形性

在讨论分子的极性时,只是考虑了孤立分子电荷分布的情况,没有考虑外加电场会对分子电荷分布的影响。

如果把非极性分子置于外加电场中,非极性分子受到外电场正、负极的作用,原来重合的正、负电荷中心就会发生位移。由于正、负电荷的吸引力的作用,正电荷中心偏向电场的负极,负电荷中心偏向电场的正极,分子发生了变形,产生了极性。这种在外加电场

的作用下产生的偶极称为诱导偶极，其过程称为分子的极化，如图 4－23 所示。电场越强，分子变形越严重，诱导偶极越大。当外加电场消失时，偶极也消失，分子又变为非极性分子。若外加电场的强度相同，由于不同分子的变形性不同，产生的诱导偶极也不相同。分子的变形性与分子的结构、分子的大小有关：当分子结构相似，变形性就主要取决于分子的大小。分子越大，其变形性就越大。

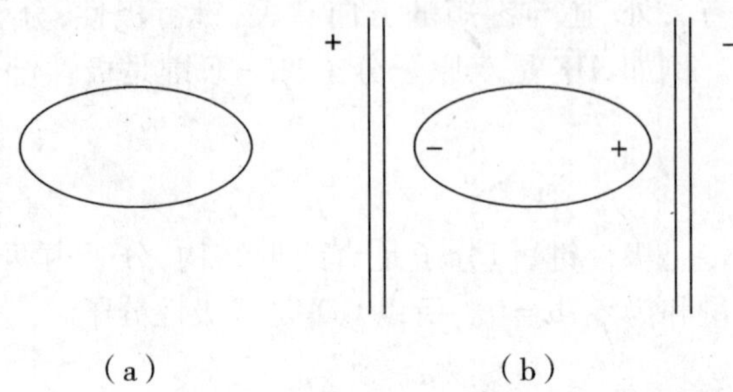

图 4－23　非极性分子在电场中的极化

极性分子自身存在着偶极称为固有偶极或永久偶极。如果将极性分子置于外加电场中，气态的极性分子在空间无规律地运动着，分子的正极偏向电场的负极，负极偏向电场的正级（图 4－24）。所有的极性分子都依电场的方向而取向，该过程叫做分子的定向极化。同时在外电场的作用下，分子也会发生变形，产生诱导偶极。所以，极性分子在外电场中的偶极是固有偶极与诱导偶极之矢量和。

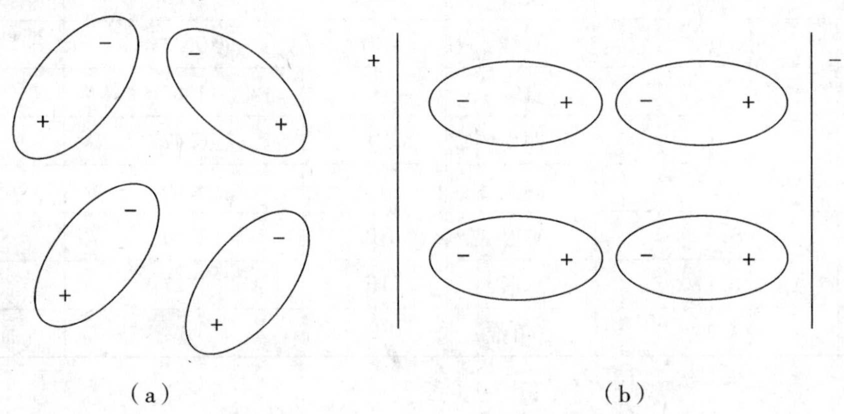

图 4－24　极性分子在电场中的极化

分子的取向、极性和变形，不仅仅在电场中发生，而且会受到相邻分子的影响。每个极性分子的固有偶极都可以看做是一个电场，它可以影响相邻的分子的极化和变形，这种极化作用对分子间力的产生有很大的影响。

3. 分子间力

（1）诱导力　在极性分子与非极性分子相互作用时，极性分子的偶极产生的电场的作用使得非极性分子的正、负电荷中心发生相对位移，非极性分子产生了诱导偶极。非极性分子产生的诱导偶极又可以使得极性分子的偶极间的距离进一步加大，增强了极性分子的极性。这种由极性分子的固有偶极与诱导偶极产生的相互作用,称为诱导力。如图 4 – 25 所示。

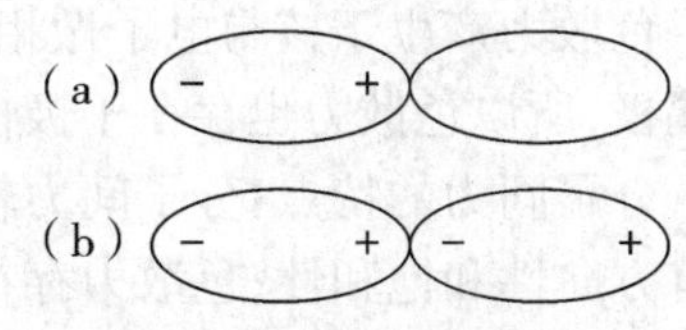

图 4 – 25　极性分子与非极性分子之间产生诱导偶极示意图

诱导力是随着分子的极性增大而增大,也随着分子的变形性增大而增大。当分子间的距离增大时,诱导力会迅速减弱。

诱导力不仅仅存在于极性分子和非极性分子之间,还存在于极性分子之间。因为极性分子与极性分子相互靠近,在发生取向的同时,也会相互极化,使双方变形,从而产生诱导偶极,并使得分子的偶极矩增大。

(2) 取向力　由于极性分子存在着固有偶极,当极性分子相互靠拢时,同极相斥,异极相吸,使得分子发生相对位移,并尽可能位于异极相邻的位置,这种由于极性分子固有偶极的取向而产生的分子间相互作用力,叫做取向力。如图 4 – 26 所示。

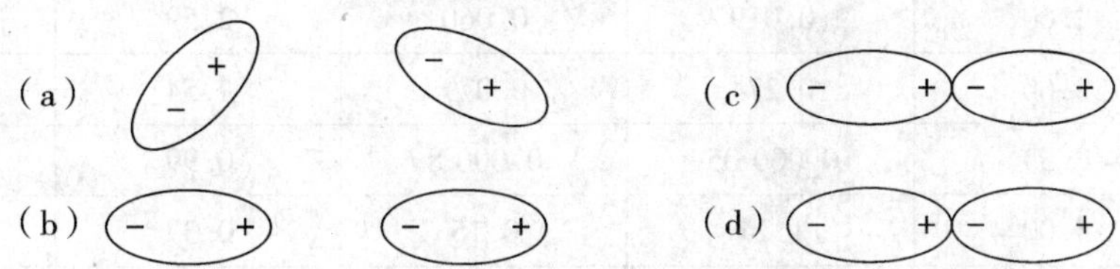

图 4 – 26　极性分子之间产生取向作用和诱导作用示意图

取向力的大小与极性分子的偶极矩及分子间的距离有关,分子的极性越大,取向力越大;分子间的距离越大,取向力将减弱。此外,取向力还与温度有关,当温度升高时,取向力会减小。因为温度升高时,分子的热运动加剧,破坏了分子的有序排列,减少了取向的趋势。取向力只存在于极性分子与极性分子之间。

(3) 色散力　非极性分子没有偶极矩,它们之间似乎不会有相互作用存在。但由于分子中的电子是在不停地运动着的,原子核也在不停地振动着,在某一瞬间,正电荷中心和负电荷中心会发生瞬时的不重合,从而产生了瞬时偶极,且这瞬时偶极必然处于异极相邻的状态。瞬时偶极存在的时间很短,但由于电子和原子核的运动,使瞬时偶极不断地产生,异极相邻的状态不断地重现着,使得分子间始终存在这种电性相互作用。这种由于瞬时偶极的作用而产生的分子间作用力称为色散力,如图 4 – 27 所示。

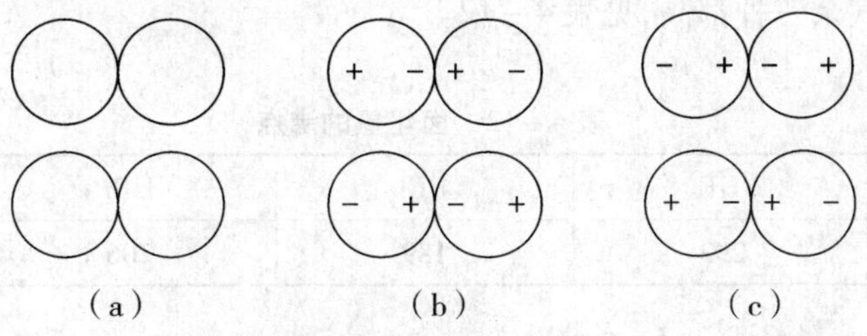

图 4 – 27　非极性分子之间产生瞬时偶极示意图

色散力主要与分子的变形性有关。分子的变形性越大,色散力越强。

色散力产生于核与电子做相对位移时产生的瞬时偶极,而在极性分子中也存在着瞬时偶极,所以色散力也存在于极性分子之间,以及极性分子与非极性分子之间。

分子间力的特点:分子间力较弱,比化学键小 1~2 个数量级;分子间力是静电引力,没有方向性和饱和性;色散力存在于各种分子之间,一般也是最主要的一种分子间力,色散力 > 取向力 > 诱导力。

分子间力的作用范围不大,一般在 300~500 pm 之间,小于 300 pm 作用力迅速增大,大于 500 pm 作用力显著减弱,表 4-11 列出了一些共价分子间作用能。

表 4-11 一些共价分子间作用能的分配(293 K,分子间距离为 400 pm)

分子	偶极矩 (10^{-30} C·m)	取向力 (kJ·mol^{-1})	诱导力 (kJ·mol^{-1})	色散力 (kJ·mol^{-1})	总计 (kJ·mol^{-1})
HI	1.27	0.005	0.025	5.62	5.58
HBr	2.60	0.019	0.060	2.59	2.74
HCl	3.60	0.274	0.079	1.54	1.89
CO	0.33	0.000 05	0.000 8	0.99	0.991
NH_3	5.00	1.24	0.15	0.37	2.76
H_2O	6.17	2.79	0.15	0.69	3.63

分子间作用力对物质的物理性质影响较大。分子间作用力越大,物质的熔、沸点越高,硬度越大。一些结构相似的同系列物质,相对分子质量越大,分子的变形性越大,色散力越强,其熔、沸点就越高。例如,F_2、Cl_2、Br_2、I_2分子的熔、沸点依次升高,是因为它们的相对分子质量依次增大,分子的变形性依次增加,因而色散力也依次增强的缘故。

分子间力对液体的互溶以及固、气态非电解质溶解在液体中的溶解度也有一定的影响,溶质和溶剂间的分子间力越大,溶解度也越大。

二、氢 键

1. 氢键的形成

卤化氢的沸点应随着相对分子质量的增大而升高。但相对分子质量最小的 HF 却反常,HF 的沸点比其余三种都高,见表 4-12。

表 4-12 卤化氢的沸点

卤化氢	HF	HCl	HBr	HI
沸点(K)	293	189	206	238

从卤化氢沸点的这种反常现象可以看出:HF 分子之间除分子间力外,还存在较大的其他作用力。在 HF 分子中,F 原子的电负性很大,可以强烈地吸引共用电子对,使得 H 原子核外电子向 F 原子偏移很大,氢原子几乎变成周围无电子的光质子状态。这个半径

很小、无内层电子的带部分正电荷的氢原子，使附近的另一个 HF 分子中含有孤对电子对并带有部分负电荷的 F 原子有可能靠近它，这样就产生了较强的静电吸引作用，即为氢键。它的定义是：已经和电负性大的原子形成共价键的氢原子，还能和另一个电负性大的原子靠近产生静电吸引，这个静电吸引作用称为氢键。示意结构如图 4－28。

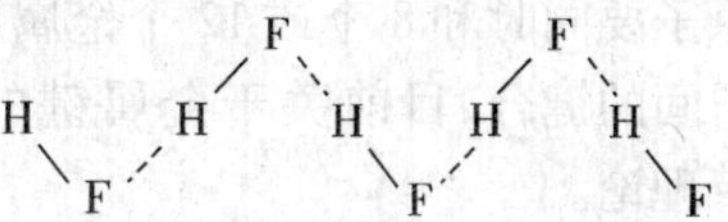

图 4－28　HF 分子间氢键示意图

氢键不但能发生在同种分子之间，还能发生在不同分子之间，如在 NH_3 和 H_2O 分子之间。氢键可以用通式 X—H…Y 表示；式中 X、Y 代表 F、O、N 等电负性大、半径小的原子；X、Y 可以相同，也可以不同。

2. 氢键形成的条件

氢键的通式 X—H…Y，氢键的形成要满足下列两个条件，一是 X 原子的半径要小，电负性要大；二是 Y 原子的半径要小，电负性要大，还要有孤电子对，并带有部分负电荷。

3. 氢键的特征

(1) 氢键的键能一般在 42 $kJ \cdot mol^{-1}$ 以下，比共价键小得多，而与分子间力较接近，常归于分子间力的范畴。

(2) 氢键的方向性是指 Y 原子与 X—H 形成氢键时，将尽可能与 X—H 键轴在同一方向上，即 X—H…Y 三个原子在同一直线上。原因是这样的方向成键 X 与 Y 之间相隔的距离最远，两原子的电子之间排斥力最小，所形成的氢键最强，体系最稳定。

(3) 氢键称为有方向性和饱和性的分子间力。氢键的饱和性是指每一个 X—H 只能与一个 Y 原子形成氢键。原因是氢原子半径比 X、Y 的原子半径小得多。当 X—H 与一个 Y 原子形成 X—H…Y 后，如果再有一个极性分子的 Y 原子靠近它们，则这个原子的电子受到 X—H…Y 上 X 和 Y 原子电子的排斥力比受到 H 原子的吸引力大得多，使 X—H…Y 上的这个 H 原子不容易与第二个原子形成第二个氢键。

4. 氢键对物质性质的影响

氢键的存在较广泛，许多化合物如水、氨、氨基酸、蛋白质中都存在，氢键在多方面影响物质的性质。

(1) 氢键对物质熔点和沸点的影响　当分子间存在氢键时，分子间的结合力增大，熔点和沸点都升高。因为固体的液化和液体的汽化都需要能量破坏分子间氢键。

(2) 氢键对溶解度的影响　在极性溶剂中，如果溶质分子与溶剂分子之间形成氢键，则溶质的溶解度增大。

(3) 氢键对溶液黏度的影响　分子间有氢键存在的液体，一般黏度较大，如甘油、浓硫酸等多羟基化合物。

第四节　金　属　键

大多数金属元素具有较大的硬度和较高的熔点，说明金属原子之间具有较强的结合力。显然，金属原子之间不可能形成离子键，因为同种元素原子的电负性相同；金属原子间的键也不可能与共价键相同。X 射线衍射结构分析结果表明：在金属晶体中，1 个金属原子要同时和8个或12个金属原子直接相结合。显然不能用共价键理论来说明金属原子间的键合,目前关于金属键的理论主要有两种:一种为自由电子理论,另一种为能带理论。

一、自由电子理论

自由电子理论的基本思想是:在金属晶体中有能够流动的自由电子存在,由于电子能自由流动,出现许多金属原子共用许多电子的状态,这些自由电子把金属原子黏结在一起形成金属晶体。如图4-29所示。这种通过自由电子把金属晶体中金属离子连接起来的作用力称为金属键。金属晶体中自由电子的存在和金属晶体的紧密堆集结构,使金属具有许多共同的性质。

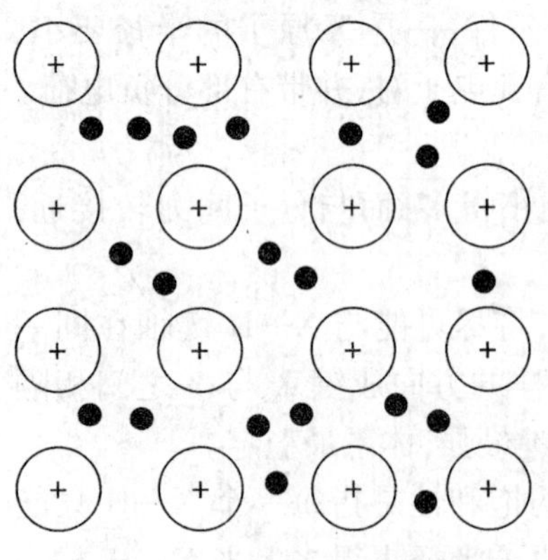

图4-29 金属晶体示意图

用自由电子理论可以解释金属的光泽,传热和导电性,具有一定电阻和良好的机械加工性能。

金属光泽是因为金属的自由电子能吸收可见光并随即把各种不同波长的光大部分发射出来的缘故。因而,金属多呈银白色。

传热和导电性是因为金属的自由电子可在金属晶体中自由流动,在外加电场的作用下,自由电子便定向流动,形成电流。金属的某一部分受热时,热量可通过自由电子传递给邻近的原子和离子,很快使金属整体的温度均一化。

金属具有一定的电阻是因为在金属晶格内的金属原子和离子不是静止的,它们在晶格内结点上不断地振动,对电子的流动起着阻碍作用,加上金属阳离子对电子的吸引,使金属产生电阻。温度越高,金属原子和金属离子的振动越显著,电子的运动将受到更大的阻力,因而,一般温度升高会使金属的电阻增大。金属具有良好的机械加工性能是因为金属晶体为紧密堆积结构,这种结构决定了在外力作用下,相邻层原子做相对滑动时,金属键并不遭到破坏。

二、金属能带理论

能带理论是在分子轨道理论基础上建立起来的,其基本思想是:在金属晶体中,许多分子轨道能形成能带,通过能带把金属原子结合在一起。

能带理论和自由电子理论一样也能很好地说明金属的一些重要性质。能带中的电子可吸收光能,但又迅速将吸收的光能释放出来,这便是金属具有金属光泽的原因。在外加电场的作用下,能带中的电子可在能带中向较高的能级跃迁,并沿外加电场方向通过晶体产生电流,电子在能带中的运动还可传输热能,这便是金属能够传热和导电的原因。由于在金属晶体中的电子是离域的,一个地方的金属键遭到破坏,在另一地方又会形成新的金属键,所以,在机械加工时,金属结构并不被破坏这是金属具有延展性的原因。

第五节　晶体结构

一般来说,根据组成物质的粒子在不同温度和压力下的能量大小不同和粒子排列有无规则,物质可以呈现气态、液态和固态三种聚集状态。固体物质可以分为晶体和非晶体两大类,并以晶体为多数。我们首先介绍一下晶体的基本特征。

一、晶体的特征

1. 晶体的外部特征

晶体具有整齐规则的几何外形,如生活中人们食用的食盐,就是立方体结构;明矾是八面体结构,如图 4-30 所示。

2. 晶体具有各向异性

晶体的物理性质,在不同方向上是不同的,这称为各向异性。

晶体的光学性质、导热性、解离性等,从不同的方向测定时是不一样的。如云母片可以层层剥离,但在其垂直方向上撕开时,就困难得多;又如食盐只能沿一定方向才能劈裂成小立方体。

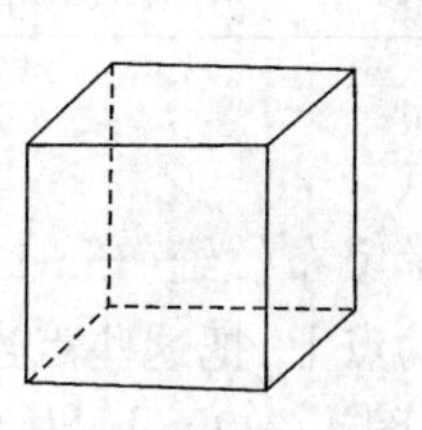
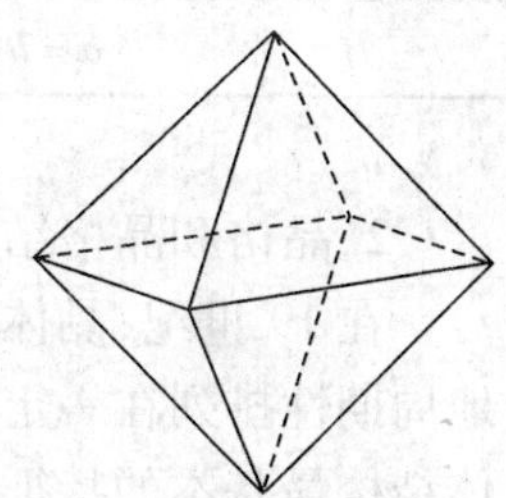

图 4-30　食盐和明矾的晶体

非晶体各向是同性的,例如打碎一块玻璃时,它不会沿着一定方向破裂,而是得到不同形状的碎片。

3. 晶体具有一定的熔点

晶体有一定的熔点可以通过实验得到。把晶体加热到某一温度时,它开始熔化,继续加热,温度却保持不变,只有当晶体全部熔化后,温度才继续升高,这个实验说明晶体具有固定的熔点。不同的晶体熔点不同,利用这一点可以分辨不同的晶体。

二、晶体的基本概念

1. 晶体

把物质质点(分子、离子、原子)在空间有规则地排列,并具有整齐外形的多面体固体叫晶体。

根据多面体的对称特征,将晶体分为七大晶系,如图 4-31 所示。

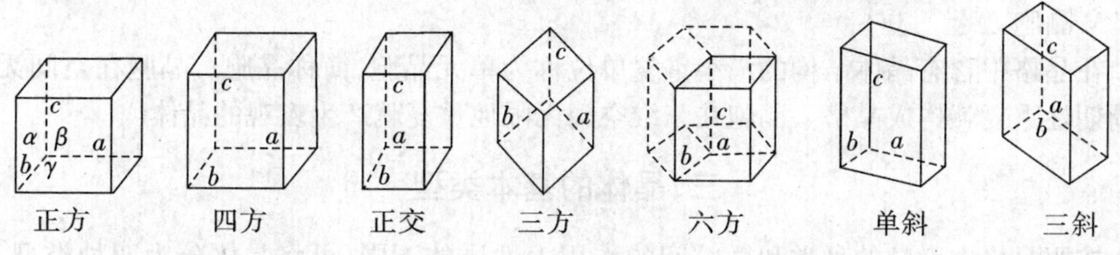

图 4-31　七大晶系

七大晶系的有关参数见表4－13。

表4－13 七大晶系的晶轴及晶面夹角

晶系	晶轴长度关系	晶面夹角	实例	点阵形式种类
立方	$a=b=c$	$\alpha=\beta=\gamma=90°$	Cu, NaCl	3种
四方	$a=b\neq c$	$\alpha=\beta=\gamma=90°$	Sn, SnO_2	2种
正交	$a\neq b\neq c$	$\alpha=\beta=\gamma=90°$	I_2, $HgCl_2$	4种
单斜	$a\neq b\neq c$	$\alpha=\gamma=90°,\beta\neq 90°$	S, $KClO_3$	2种
三斜	$a\neq b\neq c$	$\alpha\neq\beta\neq\gamma\neq 90°$	$CuSO_4\cdot 5H_2O$	1种
六方	$a=b\neq c$	$\alpha=\beta=90°,\gamma=120°$	Mg, AgI	1种
三方	$a=b=c$	$\alpha=\beta=\gamma\neq 90°$	Bi, Al_2O_2	1种

2. 晶格和晶格结点

在19世纪，晶体学家布拉维（Eravias）等人提出，在晶体内部构成晶体的质点有规则地周期性排列在一定的点上，把这些点连接而形成的空间格子称为晶格。空间点阵是晶体结构最基本的特征（图4－32）。晶体的外形则是晶体内部结构的反映。空间点阵中的每一个点叫做晶格结点。

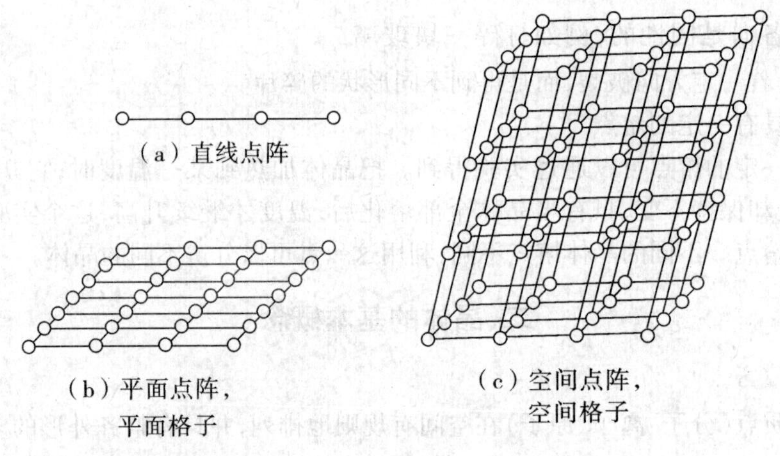

图4－32 点阵

3. 晶胞

在晶格中含有晶体结构的最小重复单位称为单元晶胞，简称晶胞。晶胞在空间无限地周期性重复就构成晶格。晶胞在三维空间无限地重复就产生宏观的晶体。

三、晶体的基本类型

按照晶格中微粒的种类和微粒间的作用力性质的不同，可将晶体分为四种类型，分别是离子晶体、分子晶体、原子晶体和金属晶体。

1. 离子晶体

由离子键结合而形成的晶体,称为离子晶体。在离子晶格结点上是正、负离子,离子之间的作用力是静电作用力。由于正、负离子的静电作用较强,所以离子晶体具有较高的熔点、沸点和硬度。离子的电荷愈高,离子半径愈小,静电引力愈强,晶体的熔点、沸点愈高,硬度也愈大。在离子晶体中不存在单个分子,而是一个巨大的分子,如 NaCl 只表示晶体的最简式。

离子晶体中,正、负离子在空间的排布情况不同,离子晶体的空间结构也不同。对于最简单的 AB 型离子晶体,有如下几种典型的结构类型。

(1)CsCl 型晶体　如图 4-33(a)所示,它的晶胞形状是正立方体,属于简单立方体心晶格。晶胞的大小完全由一个边长来确定,组成晶体的质点(离子)被分布在正方体的 8 个顶点和中心上。在这种结构中,每个正离子被 8 个负离子包围,同时每个负离子也被 8 个正离子包围。每个离子周围包围的异号离子数,称为该离子的配位数,所以 CsCl 型晶体的配位数为 8。此外 CsBr、CsI 等晶体属 CsCl 型晶体。

(2)NaCl 型晶体　如图 4-33(b)所示,它的晶胞形状也是立方体,属立方面心晶格。每个离子被 6 个异号电荷离子包围,配位数为 6。此外 LiF、CsF 等晶体都属立方 NaCl 型晶体。

(3)立方 ZnS 型(闪锌矿型)　如图 4-33(c)所示。它的晶胞也是立方体,属面心立方,但质点的分布更复杂。负离子是按面心立方密堆积排布,而 Zn^{2+} 均匀地填充在一半四面体的空隙中,正、负离子的配位数都是 4。此外 ZnO、HgS 等晶体也都属立方 ZnS 型晶体。

离子晶体的类型较多,如 AB 型晶体还有六方 ZnS,AB_2 型晶体有 CaF_2 型和金红石(TiO_2)型等。

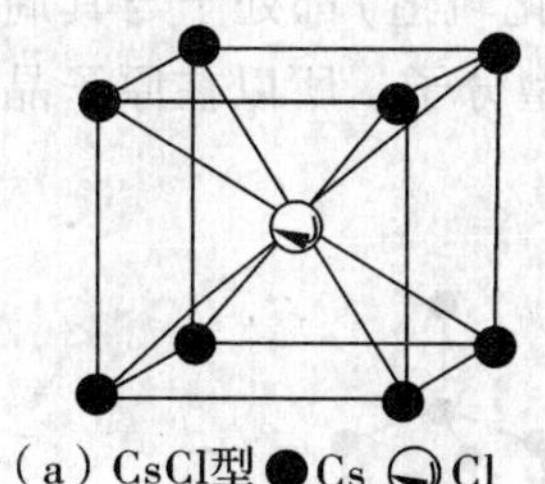
(a)CsCl型 ● Cs ◐ Cl

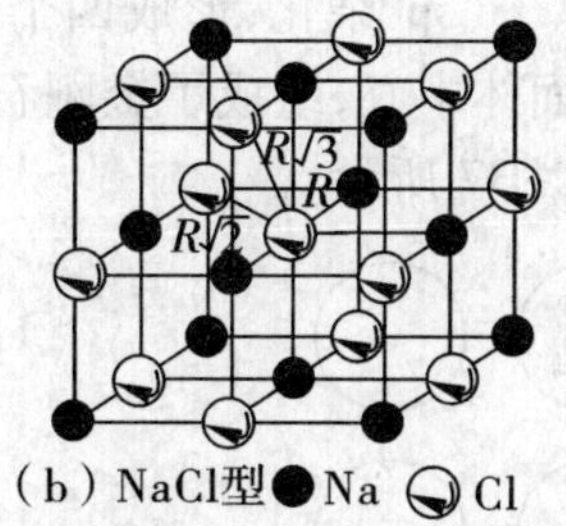

(b)NaCl型 ● Na ◐ Cl

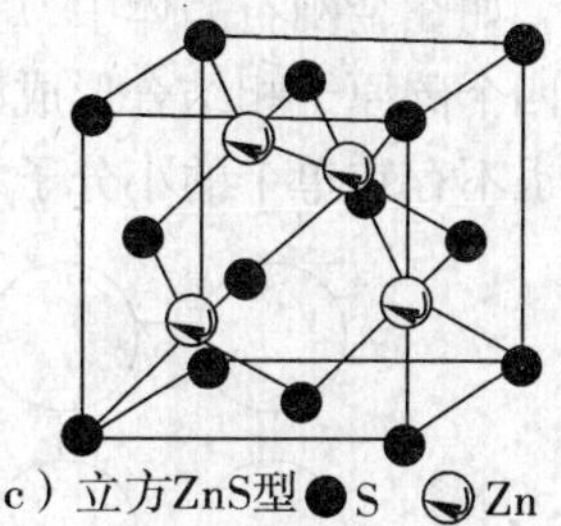
(c)立方ZnS型 ● S ◐ Zn

图 4-33　AB 型离子化合物的三种晶体结构类型示意图

在离子晶体中根本无法辨认出一个个独立的小分子,因为在离子型晶体中每个离子均被若干个异号电荷的离子所包围。通常写出的化学式如 NaCl、CaO、Na_2SO_4 等只反映了在晶体中正、负离子的比例。若正、负离子比为 1∶1(如 NaCl,CaO 等),则称它们为 1∶1 型离子晶体;若正、负离子比为 2∶1(如 Na_2SO_4),则称它们为 2∶1 型晶体,其余类推。

在这种晶体中,阴阳离子之间有很强的静电作用,所以属于离子型晶体的化合物具有较高的熔点和沸点。它们在熔融状态或水溶液中都是电的良导体,大多数离子型化合物易溶于极性溶剂,特别是水,但基本不溶于非极性溶剂。

2. 分子晶体

分子型晶体的特点是构成晶体的质点是分子，在晶体的质点间只有微弱的范德华力，图 4－34 给出了这种晶体的示意图。

在晶格结点上排列着分子，质点间的作用力是分子间力，这样的晶体叫做分子晶体，由于分子间力很弱，所以分子晶体的硬度小，熔、沸点低。在室温下的气体物质，或在室温下易挥发的液体，易熔化、易升华的固体物质都是分子晶体。如氢气（沸点 40.15 K）、甲烷（沸点 111.15 K）、水、二氧化碳等。图 4－35 为二氧化碳的晶体结构。

分子是电中性的，所以分子晶体无论是固态还是液态都不导电。

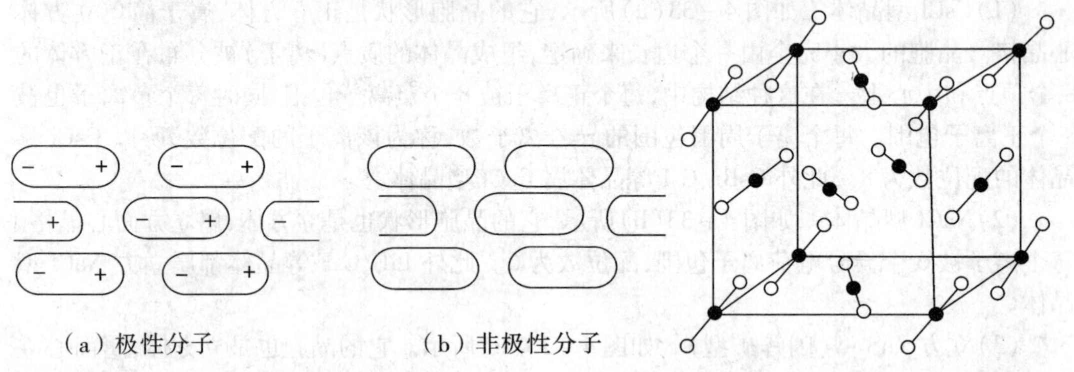

图 4－34 分子型晶体示意图　　图 4－35 二氧化碳的晶体结构图

3. 原子晶体

若在晶格结点上排列着原子，原子和原子之间靠共价键结合成的晶体，叫做原子晶体。整个晶体是一个巨大的分子，如图 4－36 所示。

如在金刚石晶体中，每个碳原子（sp^3 杂化，形成四个 sp^3 杂化轨道）都处于与其周围的四个碳原子相结合形成的正四面体中心，组成了金刚石的巨型分子。所以在原子晶体中也不存在单个的小分子，如图 4－37 所示。

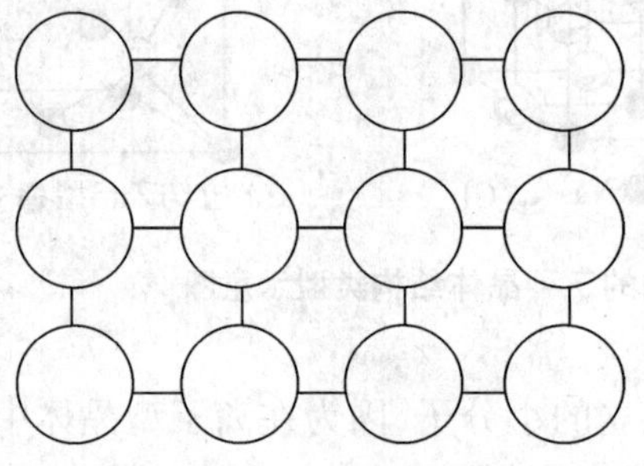

图 4－36 原子型晶体示意图

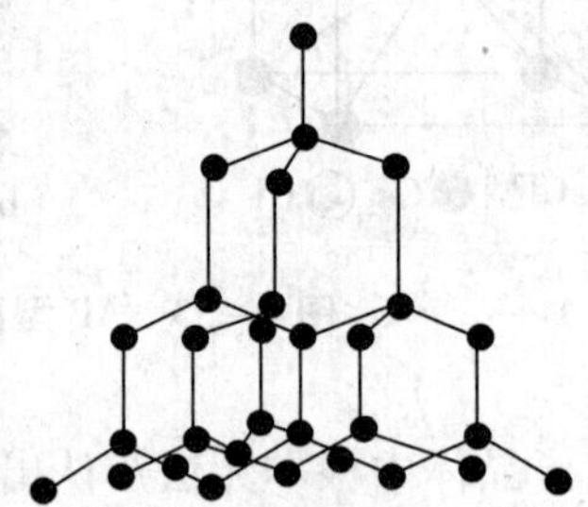

图 4－37 金刚石的结构图

原子晶体是由原子以共价键相结合而形成的，破坏原子晶体内的共价键，需要很多能量。因此，原子晶体的特点是硬度大（金刚石是所有物质中最硬的），熔、沸点比离子晶体高（金刚石的熔点高达 3 843.15 K，沸点为 5 100.15 K），在一般溶剂中不溶解，固态和液态时均不导电。但是有些原子晶体如硅、锗等却是优良的半导体。

4. 金属晶体

金属原子中只有少数价电子能用于成键，且不能在金属原子间形成离子键或共价键。在金属晶体中金属原子的排列取紧密堆积的方式，使每个原子拥有尽可能多的相邻原子，这样，电子的能级便可以尽可能多地重叠，形成金属原子间特有的化学键形式，即少电子多中心键。金属键的这种结构形式已为金属晶体的 X 射线衍射的研究所证实。

若在晶格结点上排列着金属原子和金属离子，质点之间的结合靠共用化的自由电子与金属离子的相互吸引，这种晶体叫做金属晶体。金属晶体中最常见的 3 种晶格是：配位数为 8 的体心立方晶格，配位数为 12 的面心立方紧密堆积晶格和配位数为 12 的六方紧密堆积晶格，其相应的堆积方式如图 4－38 所示。这三种类型紧密堆积的晶胞如图 4－39。

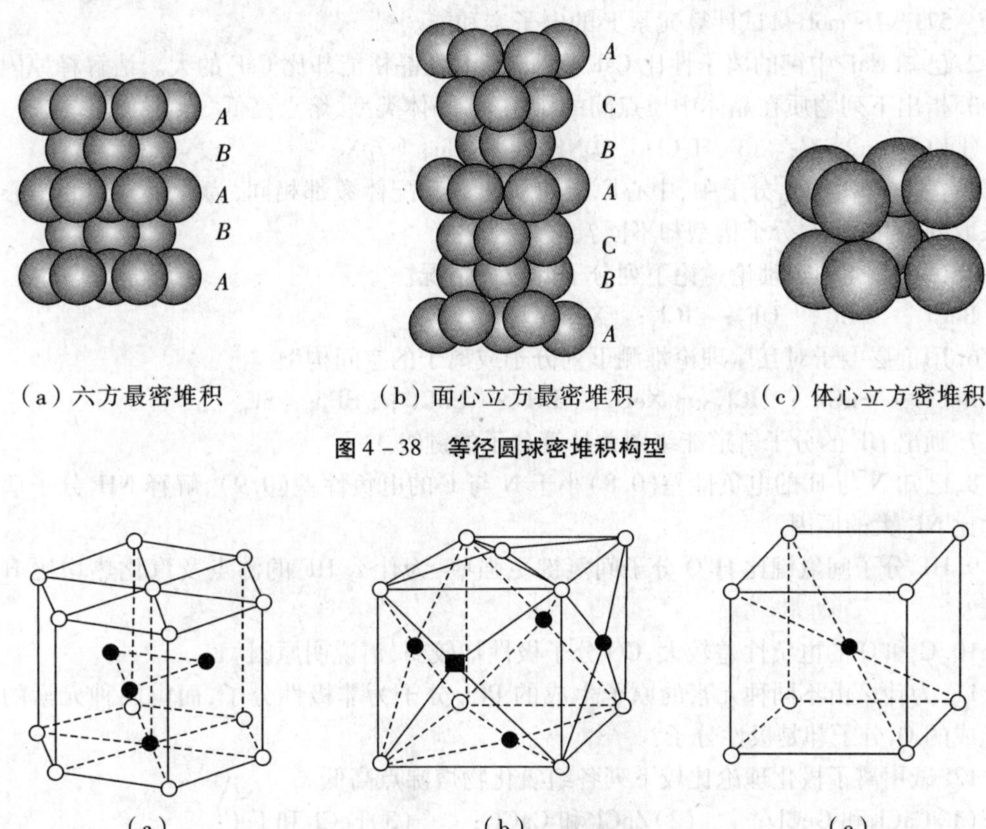

（a）六方最密堆积　（b）面心立方最密堆积　（c）体心立方密堆积

图 4－38　等径圆球密堆积构型

（a）　（b）　（c）

图 4－39　三种类型密堆积的晶胞

不同金属单质，可能具有不同的晶格类型；同种金属在不同的温度下，也可以发生晶格类型的转变。例如，纯铁在室温下为体心立方结构，称为 $\alpha-Fe$；在 910～1 390 ℃温度下为面心立方结构，称为 $\gamma-Fe$。表 4－14 列出了一些金属单质所属的晶格类型。

表4-14 一些金属单质的晶格类型

晶格类型	配位数	金属单质
六方	12	Mg,Ca,Co,Ni,Zn,Cd及部分镧系元素等
面心立方	12	Ca,Al,Cu,Au,Ag,$\gamma-$Fe等
体心立方	8	Ba,Ti,Cr,Mo,W,$\alpha-$Fe及碱金属等

习 题

1. 已知NaF晶体的晶格能为894 $kJ\cdot mol^{-1}$,Na原子的电离能为494 $kJ\cdot mol^{-1}$,金属钠的升华热为101 $kJ\cdot mol^{-1}$,F_2分子的离解能为160 $kJ\cdot mol^{-1}$,NaF的标准摩尔生成热为-571 $kJ\cdot mol^{-1}$,试计算元素F的电子亲和能。

2. 已知NaF中键的离子性比CsF小,但NaF的晶格能却比CsF的大。请解释原因。

3. 指出下列物质在晶体中质点间的作用力、晶体类型、熔点高低。

①KCl; ②SiC; ③CH_3Cl; ④NH_3; ⑤Cu; ⑥Xe

4. 在BCl_3和NCl_3分子中,中心原子的氧化数和配体数都相同,为什么二者的中心原子采取的杂化类型、分子构型却不同?

5. 试用杂化轨道理论讨论下列分子的成键情况。

$BeCl_2$; PCl_5; OF_2; ICl_3; XeF_4

6. 用价层电子对互斥理论推测下列分子或离子的空间构型。

$BeCl_2$; $SnCl_3^-$; ICl_2^+; XeO_4; BrF_3; $SnCl_2$; SF_4; SF_6

7. 画出HF的分子轨道能级图并计算分子的键级。

8. 已知N与H的电负性差(0.8)小于N与F的电负性差(0.9),解释NH_3分子偶极矩远比NF_3大的原因。

9. HF分子间氢键比H_2O分子间氢键更强些,为什么HF的沸点及汽化热均比H_2O的低?

10. C和O的电负性差较大,CO分子极性却较弱,请说明原因。

11. 为什么由不同种元素的原子生成的PCl_5分子为非极性分子,而由同种元素的原子形成的O_3分子却是极性分子?

12. 试用离子极化理论比较下列各组氯化物熔沸点高低。

(1)$CaCl_2$和$GeCl_4$; (2)$ZnCl_2$和$CaCl_2$; (3)$FeCl_3$和$FeCl_2$

13. 请指出下列分子中哪些是极性分子,哪些是非极性分子?

NO_2; $CHCl_3$; NCl_3; SO_3; SCl_2; $COCl_2$; BCl_3

14. 判断下列化合物的分子间能否形成氢键,哪些分子能形成分子内氢键?

NH_3; H_2CO_3; HNO_3; CH_3COOH; $C_2H_5OC_2H_5$; HCl

HO-⟨苯环⟩-CHO; 邻羟基苯甲醛(OH, CHO); 邻硝基苯酚(OH, NO_2)

15. 判断下列各组分子之间存在何种形式的分子间作用力。

(1) CS_2 和 CCl_4；　(2) H_2O 与 N_2；　(3) H_2O 与 NH_3

16. 解释下列实验现象：

(1)沸点 HF > HI > HCl；$BiH_3 > NH_3 > PH_3$；　(2)熔点 BeO > LiF；

(3) $SiCl_4$ 比 CCl_4 易水解；　(4)金刚石比石墨硬度大。

17. 试用离子极化观点排出下列化合物的熔点及溶解度由大到小的顺序。

(1) $BeCl_2$, $CaCl_2$, $HgCl_2$；　(2) CaS, FeS, HgS；　(3) LiCl, KCl, CuCl

18. 已知

$$H_2O(g) \longrightarrow HO(g) + H(g) \quad \Delta H_1$$

$$HO(g) \longrightarrow O(g) + H(g) \quad \Delta H_2$$

请判断 ΔH_1 和 ΔH_2 哪个大并说明原因。

19. C 和 Si 在同一族，为什么 CO_2 形成分子晶体而 SiO_2 却形成原子晶体？

20. 元素 Si 和 Sn 的电负性相差不大，为什么常温下 SiF_4 为气态而 SnF_4 却为固态？

21. 已知 CH_4 的生成热为 $-74.9\ kJ \cdot mol^{-1}$，H 的生成热为 $218\ kJ \cdot mol^{-1}$，碳的升华热为 $718\ kJ \cdot mol^{-1}$，试求甲烷分子中 C—H 键的键能。

22. 已知 NO(g) 的生成热为 $90.25\ kJ \cdot mol^{-1}$，N_2 分子中叁键的键能为 $941.69\ kJ \cdot mol^{-1}$，$O_2$ 分子中双键的键能为 $493.59\ kJ \cdot mol^{-1}$，求 NO(g) 中 N—O 键的键能。

第五章　化学热力学初步

能量控制着自然界所有事物的运动及人类的一切活动。而人类所需要的能量主要是由化学反应提供的,因此,我们应该知道化学反应过程中能量的变化规律。热力学是研究能量相互转换过程中所应遵循的规律的科学,它的一切结论主要是建立在两个经验定律基础之上的,这两个定律就是热力学第一定律和热力学第二定律。它们是人们经验的总结,不能从逻辑上或用其他理论方法来加以证明,但它的正确性已由无数次的实验事实所证实。

第一节　热力学的几个基本概念

一、体系和环境

用热力学研究问题时,首先要确定研究对象的范围和界限。将一部分物质从其他部分中划分出来作为研究对象,这一部分物质被称为"体系"。而与体系有关的其余部分称为"环境"。在体系和环境之间,一定有一个边界,这个边界可以是实在的物理界面,也可以是虚构的界面。

根据体系和环境间交换物质和能量的不同情况,热力学体系可分为三种类型:①敞开体系(open system):这种体系与环境间既有物质交换,又有能量交换;②封闭体系(closed system):这种体系与环境间没有物质交换,只有能量交换;③孤立体系(isolated system):这种体系与环境间既没有物质交换,也没有能量交换。例如,在一敞口杯中盛满热水,以热水为体系则是一敞开体系。降温过程中体系向环境放出热能,又不断的有水分子变为水蒸气逸出。若在杯上加一个不让水蒸发出去的盖子,则避免了与环境间的物质交换,于是得到一个封闭体系。若将杯子换成一个理想的保温瓶,杜绝了能量交换,于是得到一个孤立体系。三个体系的分类简单地用表 5-1 来表示。

热力学主要研究封闭体系。通常认为环境的温度和压力是恒定不变的,并规定 298.15 K为环境温度,标准大气压($1.013\,25 \times 10^5$Pa)为环境压力。在热力学上还有热力学标准压力,符号 $p^\ominus$ 表示,并规定:$p^\ominus = 100$ kPa,环境压力与热力学标准压力在压力不大时,可近似认为相等。

表 5－1　系统的分类

系　统	敞开系统	密闭系统	孤立(隔离)系统
物质交换	有	无	无
能量交换	有	有	无
实　例	水为系统	水＋水蒸气	所有物质

二、状态和状态性质

1. 状态和状态性质的概念

某一热力学体系的状态(state)是体系的物理性质和化学性质的综合表现，体系状态的函数称为状态函数。这些状态函数都是宏观物理量，如质量、温度、压力、体积、浓度、密度、黏度和折光率等。当这些性质有确定值时，体系就处于一定的状态；例如，气体的压力、体积、热力学温度、物质的量等都是状态函数，它们的数值确定了，体系的状态也就确定了。因此，也可以说状态是体系的物理性质和化学性质的总和。状态函数具有以下重要性质：

(1)体系的所有状态函数之间是相互联系的，因此只要测出某些易测的性质，就可以通过相互联系的数学式，计算出难以测量的性质的数值。这是在热力学中引进状态函数概念的一个方便之处。例如：若把气体看成是理想气体，只要测出压力、体积、热力学温度、物质的量中的任何三个数值，就可以通过理想气体方程算出第四个状态函数值。

(2) 任何状态函数的变化值，只与体系的起始状态和最终状态有关，而与变化的过程和途径无关。例如，将一杯水初始状态 10 ℃到最终状态 30 ℃，无论是直接从 10 ℃加热到 30 ℃或者先从 10 ℃加热到 50 ℃，然后再降温到 30 ℃，或采用其他不同的途径，温度的变化值都是：

$$\Delta T = T_{终} - T_{始} = 30\ ℃ - 10\ ℃ = 20\ ℃$$

亦即温度是状态函数。不管变化的途径如何，只要体系的始态和终态温度是相同的，其变化值一定是一样的。状态函数的这一特性可以使研究的问题大大简化，因为可以避免研究许多复杂的中间过程，只要知道始态和终态就可以计算出变化前后某些状态函数的变化值，进而有可能判断变化的方向和限度。

状态函数又叫状态性质，一个状态函数就是体系的一种性质。

2. 状态性质的分类

状态性质可以分为两类：

(1)容量性质(extensive properties)　其数值与系统中物质的量成正比，且此种性质在一定条件下有加和性。容量性质亦称广度性质，如体积、质量、物质的量等就是容量性质。

(2)强度性质(intensive properties)　这种性质取决于体系自身的特性，和体系中物质的数量无关，没有加和性。如温度、压力、密度、溶液的浓度等就是强度性质。

例如下面容器，将中间的隔板抽去后，n、V 有加和性，$n_1 = 2$ mol，$V_1 = 2$ L。而 T、p 没

有加和性，$T = 273\ K$，$p = p^{\Theta}$。

$n = 1\ mol$	$n = 1\ mol$
$T = 273\ K$	$T = 273\ K$
$V = 1\ L$	$V = 1\ L$
$p = p^{\Theta}$	$p = p^{\Theta}$
O_2	N_2

一般来讲，两个容量性质之比称为系统的强度性质。如密度 $\rho = \dfrac{M}{V}$，物质的量的浓度，等等。

3. 状态函数的特征

状态函数确定时，状态也就确定了。当状态发生变化时，状态函数的变化量只决定于体系的始态和终态，与变化的途径无关。如：一定量的理想气体的状态变化，它由始态 $p_1 = 1.01 \times 10^5\ Pa$，$T_1 = 298\ K$ 变为 $p_2 = 2.02 \times 10^5\ Pa$，$T_2 = 398\ K$。此过程可以设计为若干不同的途径，如图 5－1 设计为两种途径，均可由始态到终态。可见函数状态与途径无关。

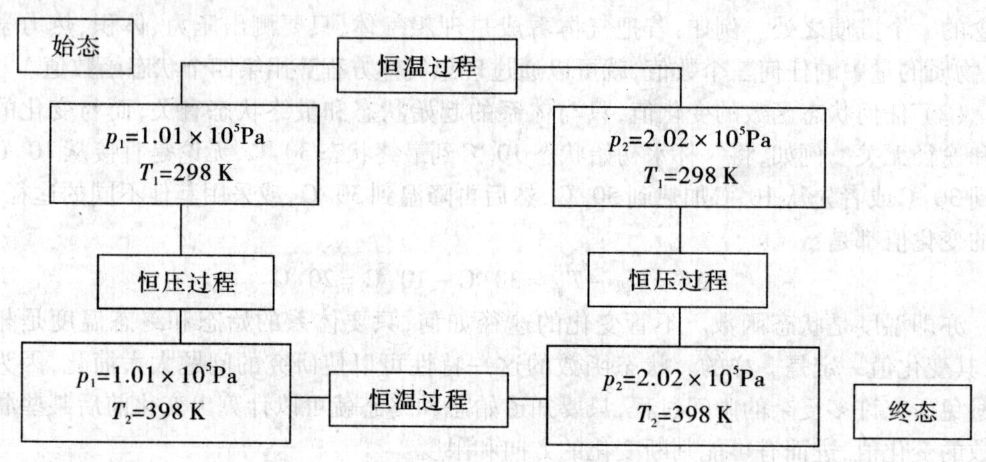

图 5－1　状态变化示意图

体系的热力学状态函数只说明体系当时所处的状态，而不能说明体系以前的状态。例如，标准状态下，50 ℃的水只说明此时体系的温度为 50 ℃，但不能知道 50 ℃的水是由 100 ℃冷却而来的，还是由 0 ℃加热而来的。

三、过程和途径

当一个体系从状态 A 变为状态 B 时，它发生了一定的变化 $A \rightarrow B$，定义一个变化只需规定始态（状态 A）和终态（状态 B）。此时体系的状态发生变化，则体系经历了一个热力学过程，简称过程(process)。按照体系状态变化的条件不同可分为不同的变化过程，如恒温、恒压、恒容条件下发生变化，则分别称为恒温、恒压、恒容过程；若状态发生变化时，体系和环境之间没有热交换，称为绝热过程；若体系从某一个状态出发，经过一系列的变化后，又回到原来状态的过程称为循环过程等。

常见的特定过程如下：

(1)定温过程　体系的始态温度 T_1，终态温度 T_2，环境温度 T_e 均相等的过程。

$$T_1 = T_2 = T_e$$

(2)定容过程　体系的体积始终保持不变的过程。

(3)定压过程　体系的始态压力 p_1，终态压力 p_2，环境压力 p_e 均相等的过程。

$$p_1 = p_2 = p_e$$

(4)绝热过程　体系与环境间无热交换的过程。即

$$Q = 0$$

(5)循环过程　体系从一状态出发经一系列的变化后又回到原来状态的过程。

完成一个过程的具体方式称为途径(path)。应该指出，体系在一定的始态和终态之间完成状态变化的具体途径可能有无数条。但其状态函数的变化量则总是相等的，与所经历的途径无关。

如 1 mol 空气(理想气体)从温度 25 ℃、压力 101 325 Pa 变化至温度 50 ℃、压力 202 650 Pa，经历了两条不同的途径，但是体系的体积变化值 $\Delta V = V_2 - V_1$，不论哪一条途径，ΔV 的值均为 -11.20 L，如图 5-2。

过程的着眼点是始、终态，而途径则是具体方式。在为数众多的途径中，可逆途径是极为重要的一种，在后面我们将详细讨论。

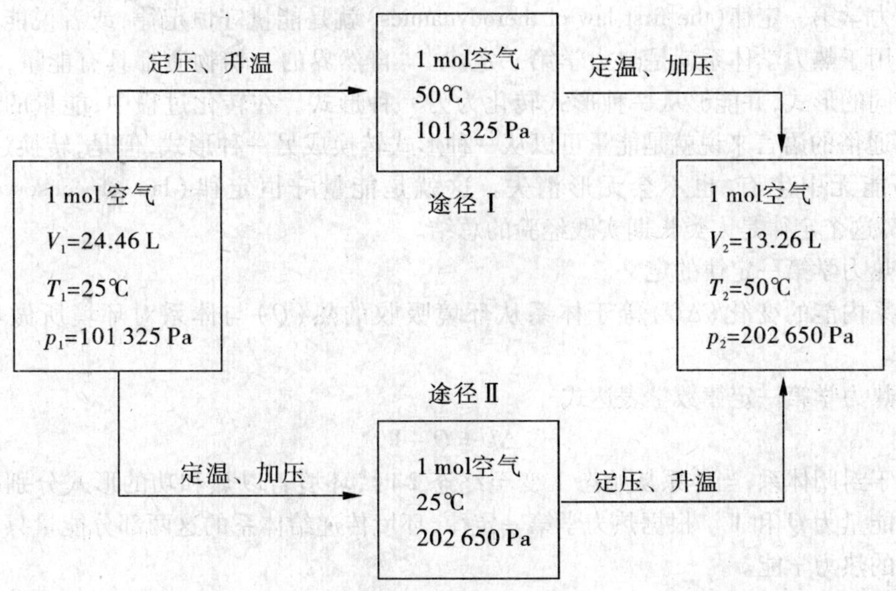

图 5-2　状态与途径

四、热力学能

体系内一切能量的总和叫做体系的热力学能(internal energy),通常用“U”表示,它包括体系内各种物质的分子或原子的位能、振动能、转动能、平动能、电子的动能以及核能,等等。虽然热力学能的数值现在尚无法求得,但热力学能却是体系的状态函数。体系的状态一定,则有一个确定的热力学能值,体系发生变化时,只要过程的始、终态确定,则热力学能的改变量 ΔU 一定,$\Delta U = U_{终} - U_{始}$。热力学能是体系的量度性质,有加和性。其绝对值是不能测定的,但对热力学来说,重要的是 ΔU。

五、热和功

热(heat)和功(work)是在体系发生状态改变过程中,体系与环境之间的能量传递(孤立体系除外)。

Q 代表热,是由于温差而造成的体系与环境间能量的传递形式,热不是状态函数,其数值大小与变化途径有关。其符号规定:体系从环境吸热为“$+Q$”;体系向环境放热为“$-Q$”。

W 代表功,是除热之外,体系与环境间存在的其他能量的传递形式,它和热一样也不是状态函数,它的量值与过程紧密相关。其符号规定:体系对环境做功为“$+W$”;环境对体系做功为“$-W$”。

第二节 热力学第一定律

热力学第一定律(the first law of therodynamics)就是能量守恒定律,或者说能量守恒定律应用于热力学体系就是热力学第一定律。“自然界的一切物质都具有能量,能量有各种不同的形式,并能够从一种形式转化为另一种形式。在转化过程中,能量的总值不变。”用通俗的语言来说就是能量可以从一种形式转换成另一种形式,但是,转换过程中,能量不能无中生有,也不会无形消失。这就是能量守恒定律(law of conservation of energy)。这个定律是人类长期实践经验的总结。

1. 热力学第一定律的定义

体系内能的变化(ΔU)等于体系从环境吸收的热(Q)与体系对环境所做功(W)之差值。

2. 热力学第一定律数学表达式

$$\Delta U = Q - W$$

对于封闭体系,当体系从始态 1 变至终态 2 时,环境若以热和功的形式分别向体系提供的能量为 Q 和 W。根据热力学第一定律,环境传递给体系的这两部分能量只能转变为体系的热力学能。

对于孤立体系来说,由于孤立体系与环境之间既无物质交换又无能量交换,所以孤立体系进行任何过程时,Q、W 均为零,故孤立体系中的热力学能 U 不变,即孤立体系中热力学能守恒。这是热力学第一定律的又一种说法。

例题 5－1　某体系在一定的变化中从环境吸收 50 kJ 的能量，对环境做了 30 kJ 的功，求体系和环境的热力学能变化各是多少？

解　体系吸热 50 kJ，所以 $Q=50$ kJ，体系对环境做了 30 kJ 的功，故 $W_{体}=30$ kJ

根据热力学第一定律　$\Delta U=Q-W=50\ \text{kJ}-30\ \text{kJ}=20\ \text{kJ}$

对于环境而言，体系吸热，环境放热，故 $\Delta U=-20$ kJ

计算结果表明：变化过程中，体系增加了 20 kJ 的能量，环境减少了 20 kJ 的能量，若将体系和环境组成一个孤立体系，则体系和环境总能量保持不变。

第三节　热　化　学

化学反应总是伴有热量的吸收和放出，这种能量的变化对于化学反应来讲是极为重要的，对这些热效应作出相应的描述和精确的计算，构成了热化学的内容。

一、化学反应的热效应

1. 概念

当产物与反应物的温度相同，并且反应过程中体系只对抗外压做体积功即非体积功 $W'=0$ 时，化学反应体系所吸收或放出的热称之为化学反应热效应。通常把化学反应热效应简称为反应热（heat of reaction）。

在化学反应过程中，反应物的化学键要断裂，生成一些新的化学键，例如在反应

$$H_2(g)+\frac{1}{2}O_2 \longrightarrow H_2O(g)$$

中 H—H 键和 O—O 键断裂，要吸收热量，而 H—O 键的形成，要放出热量，这样就产生了化学反应的热效应。

2. 化学反应的热效应的分类

(1) 恒容反应热（Q_V）　在恒容过程中完成的化学反应称为恒容反应，其热效应我们称之为恒容反应热。由热力学第一定律可以知道：

$$\Delta U = Q_V - W = Q_V - \left(\int p_{外} \cdot \Delta V + W'\right)$$

当 $W'=0$ 时，$\Delta U = Q_V - \int p_{外} \cdot \Delta V$；

当 $V_1=V_2$ 时，$\Delta U = Q_V$。

也就是说，恒容反应热 Q_V 在数值上等于反应体系内能的改变 ΔU。

当 $\Delta U>0$ 时，则 $Q_V>0$，表示反应是吸热反应；当 $\Delta U<0$ 时，则 $Q_V<0$，表示反应是放热反应。

(2) 恒压反应热（Q_p）及焓（enthalpy）　在恒压过程中完成的化学反应称为恒压反应，其热效应为恒压反应热。在没有非体积功存在时（$W'=0$）

$$\Delta U = Q_p - p_{外}\Delta V = Q_p - p_{外}V_2 + p_{外}V_1$$

当 $p_1=p_2=p_{外}$

$$\Delta U = Q_p - p_2 V_2 + p_1 V_1$$

所以 $Q_p=(U_2-U_1)+p_2V_2-p_1V_1=(U_2+p_2V_2)-(U_1+p_1V_1)$

由于 U、p、V 都是状态函数，所以 $U+pV$ 也是体系的状态函数，这个状态函数用 H 来表示，我们把这个状态函数称为焓，单位为 J，是一个具有加和性质的物理量。

所以
$$Q_p=H_2-H_1$$
即
$$Q_p=\Delta H$$
即恒压反应热在数值上等于反应体系的焓变。

（3）恒压反应热和恒容反应热的关系　对于同样的反应物经由不同的过程，生成产物，其反应热是不相同的。对于同一反应的 Q_p 和 Q_V，二者也是不相同的，但是二者有什么关系呢?

由于 $Q_p=(U_2-U_1)+p_2V_2-p_1V_1=(U_2+p_2V_2)-(U_1+p_1V_1)=\Delta H$

若有 n_1 mol、体积为 V_1 的气体反应物，n_2 mol、体积为 V_2 的气体产物，反应物和产物均为理想气体。且反应是等温条件时

$$Q_p=Q_V+n_2RT-n_1RT=Q_V+(n_2-n_1)RT$$
所以
$$Q_p=Q_V+\Delta nRT$$

其中，$R=8.314\ \mathrm{J\cdot K^{-1}\cdot mol^{-1}}$，$\Delta n$ 等于气体产物的总物质量数（反应中以计量数表示）减去气体反应物的总物质量的数的差值。

对于纯固相、液相的反应

$$Q_p=Q_V+p_{外}\Delta V\xrightarrow{\Delta V\to 0}=Q_V$$

对于 $\Delta n=0$ 的气体参与的反应：$Q_p=Q_V$

二者的关系还可以按照下面的例子推导。

从反应物的始态出发，在等温的条件下，经恒压反应（Ⅰ）和恒容反应（Ⅱ）所得生成物的终态是不同的，通过过程（Ⅲ），恒容反应的生成物（Ⅱ）变成恒压反应的生成物（Ⅰ），反应步骤如下：

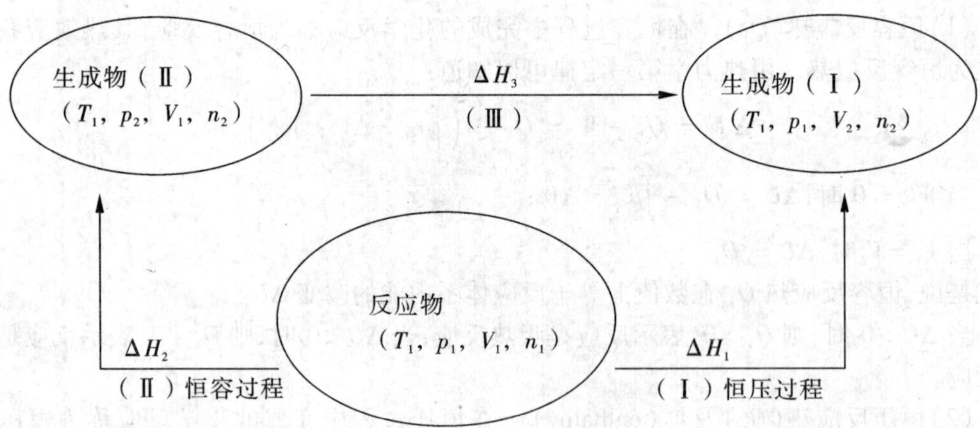

由于焓 H 是状态函数，故有

$$\begin{aligned}\Delta H_1&=\Delta H_2+\Delta H_3\\&=\Delta U_2+\Delta(pV)_2+\Delta H_3\end{aligned}$$

对于理想气体,其热力学能 U 只是温度的函数,进而 H 也只是随温度的改变而改变。在途径(Ⅲ)中,只是同一生成物发生单纯的压强和体积的变化,故 ΔH_3 和 ΔU_3 均为零。故有

$$\Delta H_1 = \Delta U_2 + \Delta(pV)_2$$

反应体系中的固体和液体,其 $\Delta(pV)$ 可以忽略不计,若假定体系中的气体为理想气体,则

$$\Delta H_1 = \Delta U_2 + \Delta nRT$$

二、反应热的计算

1. 热化学方程式

热化学方程式是表示化学反应和热效应的方程式。在书写时应该注意以下几个问题:

当用 ΔH 和 ΔU 分别表示恒压反应热和恒容反应热时,反应吸热时,ΔH 和 ΔU 取"+",反应放热时,ΔH 和 ΔU 取"-"。

热化学方程式应该标明参与化学反应的物态、温度、熔点等。若不标明,习惯上将 p 和 T 的数值认为是 1.013×10^5 Pa 和 298 K。

书写热化学方程式时,同一反应的系数不同,反应热的数值也不相同。

ΔH 和 ΔU 均为状态函数的改变量,当体系的始态和终态倒置时,反应的 ΔH 和 ΔU 数值不变,但是符号相反。

2. 反应热的计算

(1)Hess 定律计算　约在 1840 年,俄国的科学家赫斯(Hess)指出,一个化学反应若能分解成几步来完成,总反应的焓变等于各步分反应焓变之和。为了纪念这个科学家在计算反应热这方面作出的贡献,用科学家赫斯名字命名了这个定律。

利用 Hess 定律,可以利用一些反应的已知反应热 ΔH,可方便地求出另外一个难用实验方法直接求出反应热的反应的未知反应热。

例题 5-2　已知反应(1)　$C_{石墨} + O_2(g) \longrightarrow CO_2(g)$　$\Delta H_1 = -393.5$ kJ

反应(2)　$CO(g) + \frac{1}{2}O_2(g) \longrightarrow CO_2(g)$　$\Delta H_2 = -283.0$ kJ

求反应(3)　$C_{石墨} + \frac{1}{2}O_2(g) \longrightarrow CO(g)$ 的 ΔH_3。

解　反应(2)的逆反应[反应(4)]为

$$CO_2(g) \longrightarrow CO(g) + \frac{1}{2}O_2(g) \quad \Delta H_4 = 283.0 \text{ kJ}$$

当反应(1)和反应(4)相加时

$$C_{石墨} + O_2(g) \longrightarrow CO_2(g) \qquad \Delta H_1 = -393.5 \text{ kJ}$$

$$+ \quad CO_2(g) \longrightarrow CO(g) + \frac{1}{2}O_2(g) \qquad \Delta H_4 = 283.0 \text{ kJ}$$

$$C_{石墨} + \frac{1}{2}O_2(g) \longrightarrow CO(g) \qquad \Delta H_3 = \Delta H_1 + \Delta H_4 = -110.5 \text{ kJ}$$

利用Hess 定律时应该注意以下三个方面的问题：

①反应热计算与方程式计算相对应；

②反应条件必须相同:温度,压力；

③合并项物态必须相同。

(2)由标准生成热求标准反应热　标准摩尔生成热($\Delta_f H_m^\ominus$)——标准状态下,由稳定单质反应生成1 mol 化合物的反应热,定义为该化合物的标准摩尔生成热。当 $T=298$ K时,$\Delta_f H_m^\ominus$ 的单位为 $kJ \cdot mol^{-1}$,标准单质的 $\Delta_f H_m^\ominus=0$。所谓的标准状态是指在指定温度 T 和压力 $p^\ominus$(100 kPa)下该物质的状态。

标准反应热——标准状态下,某反应的反应热,记为 $\Delta_r H_m^\ominus$。

由 $\Delta_f H_m^\ominus$ 求 $\Delta_r H_m^\ominus$ 的步骤如下：

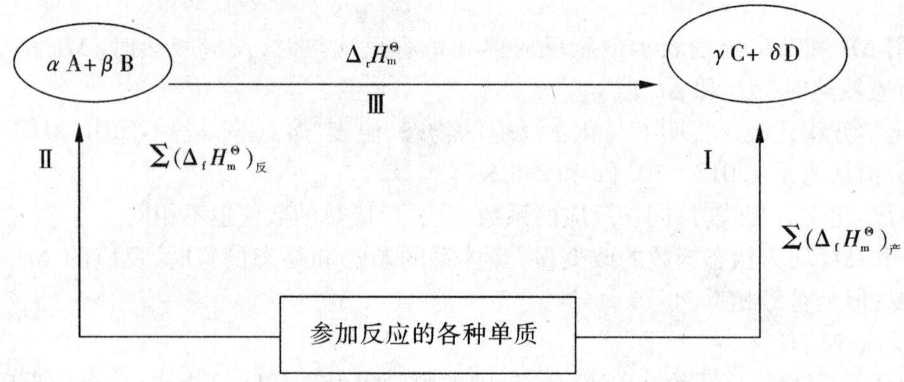

方程
$$\alpha A+\beta B \longrightarrow \gamma C+\delta D$$
$$\Delta H_{Ⅲ}=\Delta H_{Ⅰ}-\Delta H_{Ⅱ}$$

即
$$\Delta_f H_m^\ominus=\sum(\Delta_f H_m^\ominus)_{产}-\sum(\Delta_f H_m^\ominus)_{反}$$
$$=(\gamma\Delta_f H_{m,C}^\ominus+\delta\Delta_f H_{m,D}^\ominus)-(\alpha\Delta_f H_{m,A}^\ominus+\beta\Delta_f H_{m,B}^\ominus)$$

例题5－3　求下列反应的摩尔生成热 $\Delta_f H_m^\ominus$。

$$2Na_2O_2(s)+2H_2O(l) \longrightarrow 4NaOH(s)+O_2(s)$$

解
$$\Delta_f H_m^\ominus=\sum(\Delta_f H_m^\ominus)_{产}-\sum(\Delta_f H_m^\ominus)_{反}$$
$$=[4\Delta_f H_m^\ominus(NaOH,s)+\Delta_f H_m^\ominus(O_2,g)]-$$
$$[2\Delta_f H_m^\ominus(Na_2O_2,s)+2\Delta_f H_m^\ominus(H_2O,l)]$$

查表得:$\Delta_r H_m^\ominus(NaOH,s)=-426.73\ kJ \cdot mol^{-1}$

$\Delta_r H_m^\ominus(Na_2O_2,s)=-513.2\ kJ \cdot mol^{-1}$

$\Delta_r H_m^\ominus(H_2O,l)=-285.83\ kJ \cdot mol^{-1}$

O_2是最稳定的单质,$\Delta_r H_m^\ominus$ O_2,g=0

$$\Delta_r H_m^\ominus=[4\times(-426.73)+0]-[2\times(-513.2)+2\times(-285.83)]$$
$$=-108.9\ kJ \cdot mol^{-1}$$

(3)由标准燃烧热计算标准反应热　标准摩尔燃烧热($\Delta_c H_m^\ominus$):1 mol 物质在标准状态下完全燃烧生成指定的稳定产物时的反应热。定义为该物质的标准燃烧热(表5－2)。

一般指定的稳定产物为 C $\longrightarrow$ $CO_2(g)$，H $\longrightarrow$ $H_2O(l)$，N $\longrightarrow$ $N_2(g)$，Cl $\longrightarrow$ HCl(aq)。

表 5－2　部分有机化合物的标准摩尔燃烧热

物质	$\Delta_c H_m^\ominus$	物质	$\Delta_c H_m^\ominus$
甲烷	－890.31	醋酸	－874.54
乙烷	－1 559.84	苯	－3 267.54
丙烷	－2 219.90	甲苯	－3 908.69
甲醛	－563.58	苯甲酸	－3 226.87
甲醇	－726.64	苯酚	－3 053.48
乙醇	－1 366.95	蔗糖	－5 640.87

由 $\Delta_c H_m^\ominus$ 求 $\Delta_f H_m^\ominus$

即 $\Delta_f H_m^\ominus = \sum(\Delta_c H_m^\ominus)_{反} - \sum(\Delta_c H_m^\ominus)_{产}$

$= (\alpha\Delta_f H_{m,A}^\ominus + \beta\Delta_f H_{m,B}^\ominus) - (\gamma\Delta_f H_{m,C}^\ominus + \delta\Delta_f H_{m,D}^\ominus)$

(4)由键能估算反应热　键能(焓)：在标准状态下，将 1 mol 气体分子(AB)拆开，成为气体原子 A 和气体原子 B 所需要的能量为双原子分子的键能($\Delta H_b^\ominus$)。对于多原子分子，键能就是键的平均解离能。

化学反应的实质是反应物分子中的化学键的断裂和生成物中的化学键的形成。断开化学键要吸热，形成化学键要放热，通过分析反应过程中的化学键的生成和断裂可以计算出反应的生成热。

与燃烧热类似，

$$\Delta_r H_m^\ominus = \sum(\Delta H_b^\ominus)_{反} - \sum(\Delta H_b^\ominus)_{产}$$

例题 5－4　计算乙烯与水作用生成乙醇的反应热。

解　反应为

$$H_2C{=}CH_2 + H{-}O{-}H \longrightarrow H{-}CH_2{-}CH_2{-}OH$$

反应过程中断裂的键：4 个 C—H 键；1 个 C═C 键；2 个 O—H 键；

生成的键：5 个 C—H 键；1 个 C—C 键，1 个 C—O 键，1 个 O—H 键。

化学键的键能数据

$$\Delta H_b^\ominus(C{=}C) = 602.0\ kJ \cdot mol^{-1}$$

$$\Delta H_b^\Theta(\text{O—H}) = 458.8\ \text{kJ} \cdot \text{mol}^{-1}$$

$$\Delta H_b^\Theta(\text{C—H}) = 411\ \text{kJ} \cdot \text{mol}^{-1}$$

$$\Delta H_b^\Theta(\text{C—C}) = 345.6\ \text{kJ} \cdot \text{mol}^{-1}$$

$$\Delta H_b^\Theta(\text{C—O}) = 357.7\ \text{kJ} \cdot \text{mol}^{-1}$$

$$\begin{aligned}\Delta H_m^\Theta &= [4 \times \Delta H_b^\Theta(\text{C—H}) + \Delta H_b^\Theta(\text{C=C}) + 2 \times \Delta H_b^\Theta(\text{O—H})] \\ &\quad - [5 \times \Delta H_b^\Theta(\text{C—H}) + \Delta H_b^\Theta(\text{C—C}) + \Delta H_b^\Theta(\text{O—H}) + \Delta H_b^\Theta(\text{C—O})] \\ &= (4 \times 411 + 602 + 2 \times 458.8) - (5 \times 411 + 345.6 + 458.8 + 357.7) \\ &= -53.5\ \text{kJ} \cdot \text{mol}^{-1}\end{aligned}$$

第四节 热力学第二定律

热力学第一定律是用于研究化学反应的热效应,通过定义了内能(U)和焓(H)两个热力学函数,解决了反应热的计算问题,并为化学反应方向和限度问题的解决打下了基础。

19 世纪发现了热力学第一定律(能量守恒定律)以后又发现了热力学第二定律。它也笼统地称为熵原理或者熵增加原理。

热力学第二定律就是一个系统自发进行的过程仅能使其熵(物理学只谈热力学熵)加大。要认识热力学第二定律,首先应该了解自发过程和熵这些基本概念。

一、自发过程

1. 定义

不受外界干扰($-W'=0$)而能自动发生且进行下去的过程叫自发过程(spontaneous processes)。如:①热传导:热量由高温物体自发传递给低温物体;②气体由高压流向低压;③水由高处自动流向低处,均为自发过程。

2. 特点

自发过程都具有确定的方向和限度。如水由高处自动流向低处,热量由高温物体自发传递给低温物体,均说明自发过程具有确定的方向,而限度则隐含于确定的方向之中,限度即达到平衡状态。如高温物体的温度和低温物体的温度一致时就达到了平衡状态。

许多反应属于自发反应,也具有确定的方向和限度。如 $H_2 + \frac{1}{2}O_2$,在常温常压下,一经引发,就会立即自动化合生成 $H_2O(l)$,从没有发生过 $H_2O(l)$ 在常温常压下自动分解成 H_2 和 O_2 的现象。

热力学第二定律提供了一个判定自然界中发生的一切物理过程和化学过程的方向和限度的依据。

二、状态函数——熵和热力学第二定律

1. 熵和混乱度

1856 年德国的物理学家克劳休斯(Clauius)引进了一个表示系统内部粒子运动的混

乱程度的物理量——熵(entropy)。从微观上讲,熵与体系的微观状态有关,在一定条件下能作为自发过程判断的依据。若以 Ω 表示微观状态数,则有

$$S = k\ln\Omega$$

式中:$k = 1.38 \times 10^{-23}\ \mathrm{J \cdot K^{-1}}$,名字为玻尔兹曼(Boltzmann)常量。

(1)熵的性质　熵和内能(U)和焓(H)一样是状态函数,具有容量性质。

(2)熵的物理意义　是体系混乱度的量度。S 越大,混乱度越高;S 越小,构成物质的微粒排列整齐有序。

(3)熵的绝对值　和内能(U)和焓(H)不同,它的绝对值是可以得到的。

2. 熵变

宏观上的熵的变化 ΔS 的定义为:可逆过程中体系吸收的热量除以热传递时的温度,若是可逆恒温过程,熵变 ΔS 表示为

$$\Delta S = \frac{Q}{T}$$

该式把体系微观状态有关的变量 ΔS 和宏观物理量 Q_r 联系起来。

3. 热力学第二定律和熵判据

热力学第二定律表述:热不可能自发地从低温物体传给高温物体;功可以全部变成热,而热不可能全部变成功。

体系自发的倾向是混乱度增大,即向熵增加的方向进行,这就是自发过程的熵判据,也是热力学定律的另外一个表述,同时亦称熵增原理。用熵增原理来判断过程的自发性应有一个前提条件,即体系是个孤立体系。因此,熵判据可以表述为:在孤立体系中,一切自发过程是向增加体系的混乱度的方向进行。

4. 热力学第三定律

(1)热力学第三定律的描述　在绝对零度(0 K)时任何排列整齐的理想晶体其熵值绝对为零,即 $S_{0K} = 0$。

(2)绝对熵值　在温度 T 时的绝对熵应该等于熵变减去 S_{0K}

$$\begin{array}{ccc} 0\ \mathrm{K} & \xrightarrow{\Delta S} & T \\ \text{状态 I} & & \text{状态 II} \\ S_{0K} & & S_T \end{array}$$

$$\Delta S = S_T - S_{0K} = S_T$$

其中 S_T 为绝对熵。

(3)标准熵(S_m^Θ)　1 摩尔物质在标准状态下的绝对熵,定义为该物质的标准熵。一些单质和化合物的标准熵(S_m^Θ)列于表 5-3。

表 5-3 一些物质的标准熵($J \cdot mol^{-1} \cdot K^{-1}$, <298.15 K)

物质	$S^{\ominus}$	物质	$S^{\ominus}$
$H_2(g)$	130.67	HCl(g)	186.92
$H_2O(g)$	188.84	HBr(g)	198.72
$H_2O(l)$	69.96	HI(g)	206.62
$F_2(g)$	203.39	$H_2S(g)$	205.82
$Cl_2(g)$	223.10	$NH_3(g)$	192.47
$Br_2(l)$	152.33	$SO_2(g)$	248.28
$I_2(s)$	116.21	CO(g)	197.70
$O_2(g)$	205.17	$CO_2(g)$	213.78
S(斜方)	31.82	NO(g)	210.79
$N_2(g)$	191.62	$NO_2(g)$	240.11
$C_{石墨}$	5.74	$CuSO_4(s)$	108.86
Na(s)	51.25	NaCl(s)	72.18
Ca(s)	41.66	$CaCO_3(s)$	92.95
Ag(s)	42.71	ZnO(s)	43.67
Fe(s)	27.18	$Al_2O_3(s)$	50.95
Zn(s)	41.66	$Fe_2O_3(s)$	87.46
HF(g)	173.79		

由标准熵可以求化学反应的标准熵变

$$\Delta_r S_m^{\ominus} = \sum \upsilon_i S_m^{\ominus}(生成物) - \sum \upsilon_j S_m^{\ominus}(反应物)$$

$S_m^{\ominus}$ 大小的经验判定有以下几个方面：

①同一物质的聚集态不同时，如 H_2O，$S_m^{\ominus}(g) > S_m^{\ominus}(l) > S_m^{\ominus}(s)$；

②聚集态相同，物质的摩尔质量 M 越大，则 $S_m^{\ominus}$ 越大，如 $S_m^{\ominus}$：$F_2(g) < Cl_2(g) < Br_2(g) < I_2(g)$；$CH_4(g) < C_2H_6(g) < C_3H_8(g) < C_4H_{10}(g)$；

③气态多原子分子的 $S_m^{\ominus}$ 值比单原子的大，如 $S_m^{\ominus}$：$O < O_2 < O_3$，$N < NO < NO_2$；

④摩尔质量相同的不同物质，结构越复杂，$S_m^{\ominus}$ 值越大，如乙醇和二甲醚，因为二甲醚分子的对称性高于前者，故 $S_m^{\ominus}$ 前者大于后者；

⑤同一物质的熵值随着温度的升高而增大。如 $CS_2(l)$ 在 161 K 和 298 K 时，$S_m^{\ominus}$ 分别为 103 $J \cdot mol^{-1} \cdot K^{-1}$ 和 150 $J \cdot mol^{-1} \cdot K^{-1}$。

⑥压力对固态和液态物质的熵值影响较小，而对气态物质的熵值影响较大，压力越大，微粒运动的自由度越小，熵越小。

(4)对过程熵变的情况估计　从混乱度、微观状态数和熵的学习中我们知道，在化学反应中，如果物质从固态或液态转变为气态时，体系的混乱度增大；如果从少数的气态物质生成多数的气态物质，这时体系的熵值增加，根据这些现象可以判断 $\Delta S_m^\Theta > 0$。

反之，若是物质从气态转化为固态和液态时，或气体的物质的量减少的反应，可以判断出过程的 $\Delta S_m^\Theta < 0$。

对于一个能自发进行的过程，必有 $\Delta S > \frac{Q}{T}$，若给定过程在孤立体系中进行，即 $Q = 0$，则有 $\Delta S > 0$。即在孤立体系中，自发进行的过程必为熵增过程，或者说，体系自发变化，其混乱度必增加（熵增）。

值得注意的是，在我们作出判断过程的自发性的同时，反应的体系必须是孤立体系，或者考虑的是体系和环境的总的熵变。

三、化学反应方向和限度的 ΔG 判据

1. 吉布斯自由能

1876 年，美国的物理和化学家吉布斯（J. W. Gibbs）提出一个新的状态函数 G，并将其定义为

$$G = H - TS$$

G 称为吉布斯自由能或吉布斯函数。由于 H、T 和 S 都是状态函数，所以它们的组合 G 也是状态函数，具有加和性。

当一个系统从始态转化到终态时，系统的吉布斯自由能变化值为

$$\Delta G = G_{终} - G_{始}$$

热力学研究证明：对等温定压且系统不做非体积功时发生的过程，若

$\Delta G < 0$，过程自发进行；

$\Delta G = 0$，系统处于平衡状态；

$\Delta G > 0$，过程不可能自发进行。

由此可知，等温定压下的自发过程，系统总是向着吉布斯自由能减少的方向进行。化学反应大多数在等温定压且系统不做非体积功的条件下进行，我们可以利用过程的 ΔG 来判断化学反应能否自发进行：

$\Delta G < 0$，化学反应正向自发进行；

$\Delta G = 0$，系统处于平衡状态；

$\Delta G > 0$，化学反应正向非自发，其逆反应自发。

2. ΔG 的计算

（1）由标准生成自由能（$\Delta_f G_m^\Theta$）计算化学反应的标准自由能变（ΔG_{298}^Θ）

$\Delta_f G_m^\Theta$——标准状态下，由稳定单质生成 1 mol 化合物所发生反应的自由能改变，定义为该化合物的标准生成自由能。规定：标准状态下，指定温度（通常 $T = 298$ K）$\Delta_f G_m^\Theta = 0$

$\Delta_f G_m^\Theta$ 的计算如下

$$\alpha A + \beta B \longrightarrow \gamma C + \delta D$$

$$\begin{aligned}\Delta_f G_m^\Theta &= \sum(\Delta_f G_m^\Theta)_{产} - \sum(\Delta_f G_m^\Theta)_{反} \\ &= (\gamma \Delta_f G_C^\Theta + \delta \Delta_f G_D^\Theta) - (\alpha \Delta_f G_A^\Theta + \beta \Delta_f G_B^\Theta)\end{aligned}$$

（2）由吉布斯方程计算

由于 $G = H - TS$

当状态发生改变时：由 G_1 变成 G_2 时

$$G_1 = H_1 - T_1S_1$$

$$G_2 = H_2 - T_2S_2$$

$$\Delta G = G_2 - G_1 = (H_2 - T_2S_2) - (H_1 - T_1S_1)$$

$$= (H_2 - H_1) - (T_2S_2 - T_1S_1)$$

当 $T_2 = T_1 = T$ 时

$$\Delta G = \Delta H - T(S_2 - S_1) = \Delta H - T \cdot \Delta S$$

则 $\Delta G = \Delta H - T \cdot \Delta S$ 就是吉布斯方程。

在标准状态下，$\Delta_r G_m^\ominus = \Delta H_m^\ominus - T \cdot \Delta S_m^\ominus$

(3)根据吉布斯方程判断反应进行的方向　在恒定压力下，给定反应随选定温度不同，其反应方向也不同，根据吉布斯方程，通过 T 对 $\Delta_f G_m^\ominus$ 的影响来讨论反应方向随 T 的改变问题，如表 5-4 所示。

表 5-4　不同温度下的反应方向

ΔH	ΔS	$\Delta G_T = \Delta H - T \cdot \Delta S$	反应自发性随温度的变化	举　例
−	+	−	任意温度下正向自发	$2H_2O_2(l) \longrightarrow 2H_2O(l) + O_2(g)$
−	−	（高温）+ （低温）−	高温正向不能自发进行 低温正向能自发进行	$HCl(g) + NH_3(g) \longrightarrow NH_4Cl(s)$
+	+	（高温）− （低温）+	高温正向自发进行 低温不能正向自发进行	$CaCO_3(s) \longrightarrow CaO(s) + CO_2(g)$
+	−	+	任意温度均不正向自发进行	$CO(g) \longrightarrow C(s) + \frac{1}{2}O_2(g)$

另外根据吉布斯方程还可以确定化学反应在标准状态下的自发进行的温度范围。

$\Delta_r G_m^\ominus = \Delta H_m^\ominus - T \cdot \Delta S_m^\ominus$，若 $\Delta_r G_m^\ominus \leqslant 0$，反应可以自发进行，也就是说

$$\Delta H_m^\ominus - T \cdot \Delta S_m^\ominus \leqslant 0$$

$$\Delta H_m^\ominus \leqslant T \cdot \Delta S_m^\ominus$$

$$T \leqslant \Delta H_m^\ominus / \Delta S_m^\ominus$$

例题 5-5　$H_2(g) + F_2(g) \xlongequal{\quad} 2HF(g)$ $(\Delta G = \Delta H - T\Delta S)$

$\Delta H^\ominus = -271\ kJ \cdot mol^{-1}$，$\Delta S^\ominus = +8\ J \cdot mol^{-1} \cdot K^{-1}$，$\Delta G^\ominus = -273\ kJ \cdot mol^{-1}$

正反应恒自发，焓、熵双驱动。

例题 5-6　$2CO(g) \xlongequal{\quad} 2C$（石墨）$+ O_2(g)$

$\Delta H^\ominus = +221\ kJ \cdot mol^{-1}$，$\Delta S^\ominus = -179.7\ J \cdot mol^{-1} \cdot K^{-1}$，$\Delta G^\ominus \xlongequal{\quad} +274.4\ kJ \cdot mol^{-1}$

正反应恒非自发，无反应动力。

例题 5-7　$CaCO_3(s) \xlongequal{\quad} CaO(s) + CO_2(g)$

$\Delta H^\ominus(298\ K) = +178.3\ kJ \cdot mol^{-1}$

$\Delta S^\ominus(298\ K) = +160.4\ J \cdot mol^{-1} \cdot K^{-1}$

$\Delta G^{\ominus}(298\ \mathrm{K}) = +130.2\ \mathrm{kJ \cdot mol^{-1}}$　　298 K，正反应非自发

$\Delta G_T^{\ominus} \approx \Delta H^{\ominus}(298\ \mathrm{K}) - T\Delta S^{\ominus}(298\ \mathrm{K})$

当 $\Delta G_T^{\ominus} < 0$，即 $\Delta H^{\ominus}(298\ \mathrm{K}) - T\Delta S^{\ominus}(298\ \mathrm{K}) < 0$ 时，$T > 1\ 112\ \mathrm{K}$，正反应自发。

习　题

1. 在 373 K 时,水的蒸发热为 $40.58\ \mathrm{kJ \cdot mol^{-1}}$。计算在 $1.013\times10^5\ \mathrm{Pa}$,373 K 下,1 mol 水汽化过程的 ΔU 和 ΔS(假定水蒸气为理想气体,液态水的体积可忽略不计)。

2. 制水煤气是将水蒸气自红热的煤中通过,有下列反应发生

$$C(s) + H_2O(g) \longrightarrow CO(g) + H_2(g)$$

$$CO(g) + H_2O(g) \longrightarrow CO_2(g) + H_2(g)$$

将此混合气体冷至室温即得水煤气,其中含有 CO,H_2及少量 CO_2(水蒸气可忽略不计)。若 C 有 95% 转化为 CO,5% 转化为 CO_2,则 1 L 此种水煤气燃烧产生的热量是多少(燃烧产物都是气体)?

已知

	CO(g)	CO_2(g)	H_2O(g)
$\Delta_f H_m^{\ominus}/(\mathrm{kJ \cdot mol^{-1}})$	-110.5	-393.5	-241.8

3. 在一密闭的量热计中将 2.456 g 正癸烷($C_{10}H_{12}$,l)完全燃烧,使量热计中的水温由 296.32 K 升至 303.51 K。已知量热计的热容为 $16.24\ \mathrm{kJ \cdot K^{-1}}$,求正癸烷的燃烧热。

4. 阿波罗登月火箭用联氨(N_2H_4,l)作燃料,用 N_2O_4(g)作氧化剂,燃烧产物为N_2(g)和 H_2O(l)。计算燃烧 1.0 kg 联氨所放出的热量,反应在 300 K,101.3 kPa 下进行,需要多少升 N_2O_4(g)?

已知

	N_2H_4(l)	N_2O_4(g)	H_2O(l)
$\Delta_f H_m^{\ominus}/(\mathrm{kJ \cdot mol^{-1}})$	50.6	9.16	-285.8

5. 已知下列数据

(1) $Zn(s) + \frac{1}{2}O_2(g) \longrightarrow ZnO(s)$　　$\Delta_r H_m^{\ominus}(1) = -348.0\ \mathrm{kJ \cdot mol^{-1}}$

(2) S(斜方) $+ O_2(g) \longrightarrow SO_2(g)$　　$\Delta_r H_m^{\ominus}(2) = -296.9\ \mathrm{kJ \cdot mol^{-1}}$

(3) $SO_2(g) + \frac{1}{2}O_2(g) \longrightarrow SO_3(g)$　　$\Delta_f H_m^{\ominus}(3) = -98.3\ \mathrm{kJ \cdot mol^{-1}}$

(4) $ZnSO_4(s) \longrightarrow ZnO(s) + SO_3(g)$　$\Delta_r H_m^{\ominus}(4) = 235.4\ \mathrm{kJ \cdot mol^{-1}}$

求 $ZnSO_4$(s)的标准生成热。

6. 已知 CS_2(l)在 101.3 kPa 和沸点温度(319.3 K)汽化时吸热 $352\ \mathrm{J \cdot g^{-1}}$,求 1 mol CS_2(l)在沸点温度汽化过程的 ΔH 和 ΔU,ΔS。

7. 常温常压下 B_2H_6(g)燃烧放出大量的热

$$B_2H_6(g) + 3O_2(g) \longrightarrow B_2O_3(s) + 3H_2O(l)\quad \Delta_f H_m^{\ominus} = -2165\ \mathrm{kJ \cdot mol^{-1}}$$

相同条件下 1 mol 单质硼燃烧生成 B_2O_3(s)时放热 636 kJ,H_2O(l)的标准生成热为 $-285.8\ \mathrm{kJ \cdot mol^{-1}}$,求 B_2H_6(g)的标准生成热。

8. 已知

	$CaSO_4(s)$	$CaO(s)$	$SO_3(g)$
$\Delta_f H_m^\ominus/(kJ \cdot mol^{-1})$	-1 432.7	-635.1	-395.72
$S_m^\ominus/(J \cdot mol^{-1} \cdot K^{-1})$	107.0	39.75	256.65

通过计算说明能否用 CaO（s）吸收高炉废中的 SO_3 气体以防止 SO_3 污染环境。

9. 已知下列键能数据

键	N≡N	N—Cl	N—N	Cl—Cl	Cl—H	H—H
$E/(kJ \cdot mol^{-1})$	945	201	389	243	431	436

(1) 求反应 $2NH_3(g) + 3Cl_2(g) \longrightarrow N_2(g) + 6HCl(g)$ 的 $\Delta_r H_m^\ominus$；

(2) 由标准生成热判断 $NCl_3(g)$ 和 $NH_3(g)$ 的相对稳定性。

10. 已知 $S_m^\ominus$(石墨) = 5.740 $J \cdot mol^{-1} \cdot K^{-1}$，$\Delta_f H_m^\ominus$(金刚石) = 1.897 $kJ \cdot mol^{-1}$，$\Delta_f G_m^\ominus$(金刚石) = 2.900 $kJ \cdot mol^{-1}$。根据计算结果说明石墨和金刚石的相对有序程度。

11. 已知

	$SbCl_5(g)$	$SbCl_3(g)$
$\Delta_f H_m^\ominus/(kJ \cdot mol^{-1})$	-394.3	-313.8
$\Delta_f G_m^\ominus/(kJ \cdot mol^{-1})$	-334.3	-301.2

通过计算回答反应 $SbCl_5(g) \longrightarrow SbCl_3(g) + Cl_2(g)$

(1) 在常温下能否自发进行？

(2) 在 500 ℃时能否自发进行？

第六章 化学平衡

在研究物质的化学变化时,人们十分关心化学反应进行的程度,即在指定的条件下,反应物可以转变成产物的最大限度,这就属于化学平衡的问题。

第一节 化学平衡与平衡常数

一、化学反应的可逆性

在一定条件下,一个化学反应既可以按照方程式从左到右进行,也可以从右到左进行,这就是化学反应的可逆性。例如,高温下的反应

$$CO(g) + H_2O(g) \rightleftharpoons CO_2(g) + H_2(g)$$

在 CO 与水蒸气作用生成 CO_2 与氢气的同时,也进行着 CO_2 与氢气反应生成 CO 与水蒸气的过程。向右进行的反应叫正反应,向左进行的反应叫逆反应。化学反应的这种性质叫反应的可逆性。再如密闭容器中无色的 N_2O_4 会分解为红棕色的 NO_2,同时,NO_2 也会相互结合为 N_2O_4。

$$N_2O_4(g) \rightleftharpoons 2NO_2(g)$$

从原则上讲,几乎所有的化学反应都是可逆的,但是各个反应的可逆程度有很大的差别。可逆反应的进行必定导致化学平衡的实现。

二、化学平衡

1. 化学平衡(chemical equilibrium)的含义

几乎所有的化学反应都有可逆反应,都存在一个化学平衡的状态,这个平衡状态可以从动力学和热力学两个角度来定义。

(1)化学平衡的热力学含义　在等温等压条件下,$\Delta G = 0$ 时即达化学平衡状态。由前述热力学原理可知,在等温等压条件下,$\Delta G < 0$ 的反应均可正向自发进行,其最大限度为相应条件下的平衡状态,即 $\Delta G = 0$。所以,给定的反应由不平衡达到化学平衡态的过程可由图 6－1 描述。

(2)化学平衡的动力学含义　化学动力学是研究化学反应实际的进行过程与过程快慢的学科,它给化学平衡的定义是:在可逆反应中,正逆反应的速度相等,即 $v_+ = v_-$。图 6－2给出了平衡到达的动力学过程。

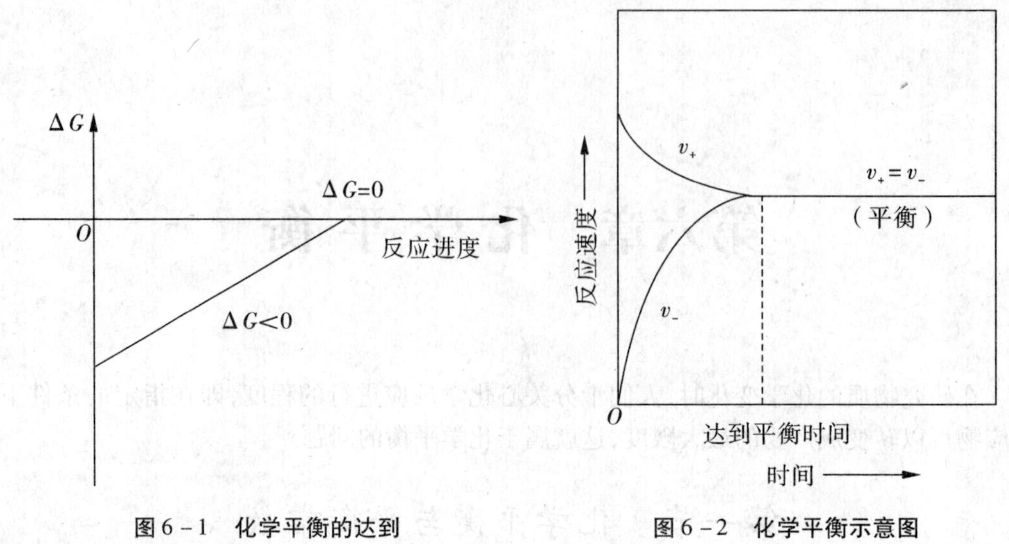

图 6-1 化学平衡的达到　　图 6-2 化学平衡示意图

2. 化学平衡的特征

化学平衡有如下几个特征：

(1) 等温等压条件下，处于化学平衡状态时，$\Delta G = 0$。

(2) 化学平衡是一种动态平衡。在反应体系达平衡后，反应似乎是没有发生了，实际上正、逆反应都在进行着，只是由于 $v_+ = v_-$，单位时间内各物质（生成物和反应物）的生成量和消耗量相等。即达到了化学平衡态，各组分物质的量不再随时间而改变。

(3) 化学平衡只能在一定条件下才能达成和维持。当外界条件改变时，原平衡就会被破坏，需要在新的条件下建立新的平衡。

3. 化学平衡常数（equilibrium constant）

(1) 平衡常数的概念　正、逆反应速率相等而达到动态平衡，如果不改变外界条件，这时各物质浓度都保持不变。此时，生成物浓度幂的乘积与反应物浓度幂的乘积之比是一个常数（各物质浓度的幂次等于反应式中各物质的化学计量数），这个常数叫平衡常数 K。

对于可逆反应

$$\alpha A + \beta B \rightleftharpoons \gamma C + \delta D$$

$$K = \frac{[C]^{\gamma}[D]^{\delta}}{[A]^{\alpha}[B]^{\beta}}$$

(2) 常数平衡意义　对于同类型反应，在给定条件下，K 越大，表示正向反应进行得越完全，平衡常数是衡量化学反应限度的特征常数；平衡常数只是温度的函数，不随浓度、压力、催化剂而改变。即在一定温度下的不同反应，各有其特定的 K 值。

如果化学反应是气相反应，平衡常数既可以用平衡时各物质的浓度之间的关系来表示，也可以用平衡时的各种物质的分压之间的关系来表示。

如反应

$$\alpha A(g) + \beta B(g) \rightleftharpoons \gamma C(g) + \delta D(g)$$

在一定的温度下达到平衡，其平衡常数 K 可以表示为

$$K_p = \frac{(p_C)^\gamma (p_D)^\delta}{(p_A)^\alpha (p_B)^\beta}$$

式中的平衡常数是用 K_p 表示的，为了与物质的浓度的平衡常数相区别，通常将其表示为 K_c，对于同一个反应来讲，用浓度表示的 K_c 和用压力表示的 K_p 的数值是不相等的，但是它们表示的是同一个平衡状态。

另外，在书写平衡常数时，反应中的纯固体和纯液体以及稀溶液中的水的浓度写进平衡常数中，例如反应

$$[NH_4]Cl(s) \rightleftharpoons NH_3(g) + HCl(g)$$

$$K = [NH_3][HCl] \text{ 或者 } K = (p_{NH_3})(p_{HCl})$$

再如反应　$CaCO_3(s) \rightleftharpoons CaO(s) + CO_2$

$$K = [CO_2] \text{ 或者 } K = p_{CO_2}$$

平衡常数的表达式及其数值与化学反应方程式的书写有密切的关系，如

$$N_2(g) + 3H_2(g) \rightleftharpoons 2NH_3(g) \quad K_c = \frac{[NH_3]^2}{[N_2][H_2]^3}$$

$$\frac{1}{2}N_2(g) + \frac{3}{2}H_2(g) \rightleftharpoons NH_3(g) \quad K'_c = \frac{[NH_3]}{[N_2]^{1/2}[H_2]^{3/2}}$$

$$2NH_3(g) \rightleftharpoons 2N_2(g) + 3H_2(g) \quad K''_c = \frac{[N_2][H_2]^3}{[NH_3]^2}$$

这三个平衡常数的关系为

$$K_c = K'^2_c = \frac{1}{K''_c}$$

由此我们可以得出：当方程式的配平系数扩大 n 倍时，反应的平衡常数 K 将变成 K^n，且逆反应的平衡常数与正反应的平衡常数互为倒数。

当两个反应方程式相加（或者相减）时，所得反应方程式的平衡常数，可由原来两个反应的平衡常数相乘（或者相除）而得到。如

例题 6-1

$$2NO(g) + O_2(g) \rightleftharpoons 2NO_2(g) \qquad K_1$$

$$+)\quad 2NO_2(g) \rightleftharpoons N_2O_4(g) \qquad K_2$$

$$2NO(g) + O_2(g) \rightleftharpoons N_2O_4(g) \qquad K_3 = K_1 \cdot K_2$$

例题 6-2　$C(s) + \frac{1}{2}O_2(g) \rightleftharpoons CO(g) \qquad K_1^\ominus = \frac{p_{CO}/p^\ominus}{(p_{O_2}/p^\ominus)^{1/2}}$

$$+)\quad CO(g) + \frac{1}{2}O_2(g) \rightleftharpoons CO_2(g) \qquad K_2^\ominus = \frac{p_{CO_2}/p^\ominus}{(p_{CO}/p^\ominus)(p_{O_2}/p^\ominus)^{1/2}}$$

$$C(s) + O_2(g) \rightleftharpoons CO_2(g) \qquad K_3^\ominus = \frac{(p_{CO_2}/p^\ominus)}{(p_{O_2}/p^\ominus)} = K_1^\ominus \cdot K_2^\ominus$$

（3）平衡常数的类型

①经验平衡常数。对于可逆反应 $\alpha A + \beta B \rightleftharpoons \gamma C + \delta D$

$$K = \frac{[C]^{\gamma}[D]^{\delta}}{[A]^{\alpha}[B]^{\beta}}$$

或者是对于气相反应 $\alpha A(g) + \beta B(g) \rightleftharpoons \gamma C(g) + \delta D(g)$

在一定的温度下

$$K_p = \frac{(p_C)^{\gamma}(p_D)^{\delta}}{(p_A)^{\alpha}(p_B)^{\beta}}$$

这些常数表示在一定温度下,可逆反应达到平衡时,体系中生成物的浓度幂的乘积与反应物浓度幂的乘积之比是一个常数,表示为

$$\frac{(p_C)^{\gamma}(p_D)^{\delta}}{(p_A)^{\alpha}(p_B)^{\beta}} = K$$

式中:K——我们称之为经验平衡常数。经验平衡常数一般是有量纲的,只有当反应物的计量之和与生成物的计量之和相等时,K 才是量纲为 1 的量。

②标准平衡常数。标准平衡常数又称热力学平衡常数,简称平衡常数,以符号 K^{Θ}表示。

对于气相反应

$$\alpha A(g) + \beta B(g) \rightleftharpoons \gamma C(g) + \delta D(g)$$

标准平衡常数

$$K^{\Theta} = \frac{(p_C/p^{\Theta})^{\gamma}(p_D/p^{\Theta})^{\delta}}{(p_A/p^{\Theta})^{\alpha}(p_B/p^{\Theta})^{\beta}}$$

式中:p_i——均为平衡分压,单位为 Pa,标准压力为 $p^{\Theta} = 101\ 325$ Pa。标准平衡常数 K^{Θ}与经验平衡常数的区别在于标准平衡常数 K^{Θ}无量纲。

对于溶液反应

$$\alpha A(aq) + \beta B(aq) \rightleftharpoons \gamma C(aq) + \delta D(aq)$$

标准平衡常数

$$K^{\Theta} = \frac{([C]/C^{\Theta})^{\gamma}([D]/C^{\Theta})^{\delta}}{([A]/C^{\Theta})^{\alpha}([B]/C^{\Theta})^{\beta}}$$

式中:[C]、[D]、[A]、[B]——均为平衡浓度,单位为 $mol \cdot L^{-1}$,式中 $C^{\Theta} = 1\ mol \cdot L^{-1}$,在数值上 $K = K^{\Theta}$。

对于多相反应,如

$$Fe(s) + 2H^{+}(aq) \rightleftharpoons Fe^{2+}(aq) + H^{2}(g)$$

$$K^{\Theta} = \frac{(p_{H_2}/p^{\Theta})(Fe^{2+}/C^{\Theta})}{([H^{+}]/C^{\Theta})^{2}}$$

再如:$2MnO_4^{-}(aq) + 10Cl^{-}(aq) + 10H^{+}(aq) \rightleftharpoons 2Mn^{2+}(aq) + 5Cl_2(g) + 8H_2O$

其平衡常数为 $$K^{\Theta} = \frac{([Mn^{2+}]/C^{\Theta})(p_{Cl}/p^{\Theta})^{5}}{([MnO_4^{-}]/C^{\Theta})^{2}([Cl^{-}]/C^{\Theta})^{10}([H^{+}]/C^{\Theta})^{16}}$$

例题 6-3 在 1 133 K 于某恒容容器中,CO 和 H_2混合并发生如下反应

$$CO(g) + 3H_2(g) \rightleftharpoons CH_4(g) + H_2O(g)$$

已知开始时，$p_{CO}=101.0\ kPa$，$p_{H_2}=203.2\ kPa$，平衡时，$p_{CH_4}=13.2\ kPa$。假定没有其他反应发生，求该反应在1 133 K时的实验平衡常数和平衡常数。

解　因为在恒温恒容的条件下，气体的分压比等于各自的物质的量的比，所以，各气体的分压变化关系也是由计量方程式中的计量系数决定。

	$CO(g)$ +	$3H_2(g)$ ⇌	$CH_4(g)$ +	$H_2O(g)$
起始分压(kPa)	100	200	0	0
分压变化(kPa)	$-x$	$-3x$	x	x
平衡分压(kPa)	$101.0-x$	$203.2-3x$	13.2	13.2

反应达到平衡状态时　$p_{CH_4}=13.2\ kPa$

$$p_{H_2O}=p_{CH_4}=13.2\ kPa$$

$$p_{CO}=101.0\ kPa-13.2\ kPa=86.8\ kPa$$

$$p_{H_2}=203.2\ kPa-13.2\times3\ kPa=160.4\ kPa$$

$$K_p=\frac{p_{CH_4}\cdot p_{H_2O}}{p_{CO}\cdot p_{H_2}^3}=\frac{13.2\ kPa\times13.2\ kPa}{86.8\ kPa\times160.4\ kPa^3}=4.86\times10^{-7}(kPa)^{-2}$$

$$K^{\ominus}=\frac{(13.2\ kPa/100\ kPa)\times(13.2\ kPa/100\ kPa)}{(86.8\ kPa/100\ kPa)\times(160.4\ kPa/100\ kPa)^3}=4.86\times10^{-3}$$

通过此实验可以看出，实验平衡常数有时有量纲，而标准平衡常数则没有量纲。

例题6-4　已知反应 $NO(g)+\frac{1}{2}Br_2(l)\rightleftharpoons NOBr(s)$（溴化亚酰）在25 ℃时的平衡常数 $K_1^{\ominus}=3.6\times10^{-15}$，液态溴在25 ℃的饱和蒸气压为28.4 kPa。求25 ℃时下列反应的平衡常数。$NO(g)+\frac{1}{2}Br_2(g)\rightleftharpoons NOBr(s)$

解　已知25 ℃时

$$NO(g)+\frac{1}{2}Br_2(l)\rightleftharpoons NOBr(s)\qquad K_1^{\ominus}=3.6\times10^{-15}\qquad(1)$$

溴的饱和蒸气压为28.4 kPa

$$Br_2(l)\rightleftharpoons Br_2(g)\qquad K_2^{\ominus}=\frac{p_{Br_2}}{p^{\ominus}}=\frac{28.4\ kPa}{101.325\ kPa}=0.280$$

$$\frac{1}{2}Br_2(l)\rightleftharpoons\frac{1}{2}Br_2(g)\qquad K_3^{\ominus}=\sqrt{K_2^{\ominus}}=\left[\frac{p(Br_2)}{p^{\ominus}}\right]^{\frac{1}{2}}=0.529\qquad(2)$$

由式(1)-(2)得

$$NO(g)+\frac{1}{2}Br_2(l)\rightleftharpoons NOBr(s)$$

$$K^{\ominus}=\frac{p[NOBr]/p^{\ominus}}{[p_{(NO)}/p^{\ominus}][p_{(Br_2)}/p^{\ominus}]^{\frac{1}{2}}}=\frac{K_1^{\ominus}}{K_2^{\ominus}}=\frac{3.6\times10^{-15}}{0.529}=6.81\times10^{-15}$$

答：25 ℃时 $NO(g)+\frac{1}{2}Br_2(g)\rightleftharpoons NOBr(s)$ 反应的平衡常数为 6.81×10^{-15}。

第二节 标准平衡常数 $K^{\ominus}$ 与化学反应的标准自由能变($\Delta_r G_m^{\ominus}$)的关系

一、标准平衡常数与化学反应方向

对于反应 $\alpha A + \beta B \rightleftharpoons \gamma C + \delta D$,我们定义某时刻的反应熵为 Q。

$$Q = \frac{\left(\frac{[C]}{C^{\ominus}}\right)^{\gamma}\left(\frac{[D]}{C^{\ominus}}\right)^{\delta}}{\left(\frac{[A]}{C^{\ominus}}\right)^{\alpha}\left(\frac{[B]}{C^{\ominus}}\right)^{\beta}}$$

式中:[A]、[B]、[C]、[D]——均表示反应进行到某一时刻的溶液的浓度,即非平衡状态。当反应达到平衡状态时

$$K^{\ominus} = Q_{平} = \frac{\left(\frac{[C]_{平}}{C^{\ominus}}\right)^{\gamma}\left(\frac{[D]_{平}}{C^{\ominus}}\right)^{\delta}}{\left(\frac{[A]_{平}}{C^{\ominus}}\right)^{\alpha}\left(\frac{[B]_{平}}{C^{\ominus}}\right)^{\beta}}$$

对于气态反应 $\alpha A(g) + \beta B(g) \rightleftharpoons \gamma C(g) + \delta D(g)$

$$Q_p = \frac{p_C^{\gamma} \cdot p_D^{\delta}}{p_A^{\alpha} \cdot p_B^{\beta}}$$

我们可以通过比较 $K^{\ominus}$ 和 Q 来判断该时刻反应进行的方向。

若 $Q < K^{\ominus}$ 时,产物的浓度会继续增大,反应物的浓度继续减小,反应向正方向进行。

$Q = K^{\ominus}$ 时,体系处于动态平衡状态。

$Q > K^{\ominus}$,逆反应的速率会大于正反应的速度,反应向逆反应方向进行。

二、化学反应等温方程

1. 气相反应的等温方程

对反应 $\alpha A(g) + \beta B(g) \rightleftharpoons \gamma C(g) + \delta D(g)$

在恒温恒压下

$$\begin{aligned}\Delta G &= \sum G_{产} - \sum G_{反} \\ &= (\gamma \cdot G_C + \delta \cdot G_D) - (\alpha \cdot G_A + \beta \cdot G_B)\end{aligned}$$

依照热力学原理,1 mol 理想气体在任何压力和温度下的吉布斯自由能

$$G = G^{\ominus} + RT\ln\frac{p_i'}{p^{\ominus}} = G^{\ominus} + RT\ln p \qquad \left(设\frac{p_i'}{p^{\ominus}} = p_i\right)$$

所以

$$\alpha \cdot G_A = \alpha(G_A^{\ominus} + RT\ln p_A) = \alpha G_A^{\ominus} + \alpha RT\ln p_A$$

$$\beta \cdot G_B = \beta(G_B^{\ominus} + RT\ln p_B) = \beta G_B^{\ominus} + \beta RT\ln p_B$$

$$\gamma \cdot G_C = \gamma(G_C^{\ominus} + RT\ln p_C) = \gamma G_C^{\ominus} + \gamma RT\ln p_C$$

$$\delta \cdot G_D = \delta(G_D^{\ominus} + RT\ln p_D) = \delta G_D^{\ominus} + \delta RT\ln p_D$$

$$\Delta G = (\gamma \cdot G_C + \delta \cdot G_D) - (\alpha \cdot G_A + \beta \cdot G_B)$$

$$= (\gamma G_C^\Theta + \gamma RT\ln p_C + \delta G_D^\Theta + \delta RT\ln p_D) - (\alpha G_A^\Theta + \alpha RT\ln p_A + \beta G_B^\Theta + \beta RT\ln p_B)$$

$$= [(\gamma \cdot G_C^\Theta + \delta \cdot G_D^\Theta) - (\alpha \cdot G_A^\Theta + \beta \cdot G_B^\Theta)] + [(\gamma RT\ln p_C + \delta RT\ln p_D) - (\alpha RT\ln p_A + \beta RT\ln p_B)]$$

$$= \Delta G^\Theta + [RT\ln p_C^\gamma \cdot p_D^\delta - RT\ln p_A^\alpha \cdot p_B^\beta]$$

$$= \Delta G^\Theta + RT\ln \frac{p_C^\gamma \cdot p_D^\delta}{p_A^\alpha \cdot p_B^\beta}$$

$\Delta G = \Delta G^\Theta + RT\ln \frac{p_C^\gamma \cdot p_D^\delta}{p_A^\alpha \cdot p_B^\beta}$ 就是气相反应的等温方程式。

根据熵的定义,我们可以得到

$$\Delta_f G_m^\Theta = \Delta G^\Theta + RT\ln Q_P^\Theta$$

2.溶液中反应的等温方程

在恒定外压和恒定温度下,溶液中反应

$$\alpha A(aq) + \beta B(aq) \rightleftharpoons \gamma C(aq) + \delta D(aq)$$

经和气相反应等温方程的推导相似得到溶液中反应的等温方程式为

$$\Delta G = \Delta G^\Theta + RT\ln \frac{C_C^\gamma \cdot C_D^\delta}{C_A^\alpha \cdot C_B^\beta} \quad \left(C_i = \frac{C}{C^\Theta}\right)$$

根据熵的定义

$$\Delta G = \Delta G^\Theta + RT\ln Q_C^\Theta$$

式中:ΔG——给定反应在任意温度 T 任意浓度或任意压力下的 Gibbs 自由能改变量;

ΔG^Θ——给定的反应在标准状态下(p^Θ,给定温度)的 Gibbs 自由能改变量。可由 Gibbs 方程求得

$$\Delta G_T^\Theta = \Delta H_{298}^\Theta - T\Delta S_{298}^\Theta$$

3.化学反应等温方程的初步应用

(1)计算任意压力、任意浓度和温度下化学反应的 ΔG,并由此判定相应条件下反应方向。

(2)确定化学反应自发进行的温度范围　对于化学反应,当已知其能自发进行反应时,则

$$0 \leqslant \Delta G = \Delta G^\Theta + RT\ln Q^\Theta$$

$$\Delta G_T^\Theta = \Delta H_{298}^\Theta - T\Delta S_{298}^\Theta$$

$$T\Delta S_{298}^\Theta - RT\ln Q^\Theta \geqslant \Delta H_{298}^\Theta$$

$$T \geqslant \frac{\Delta H_{298}^\Theta}{\Delta S_{298}^\Theta - R\ln Q^\Theta}$$

$$T \leqslant \frac{\Delta H_{298}^\Theta}{\Delta S_{298}^\Theta - R\ln Q^\Theta}$$

前者为最低温度,后者为最高温度。

(3)当 $\Delta G = 0$ 时,给定反应达到平衡状态,$Q^\Theta \to K^\Theta$

$$\Delta G^\Theta = -RT\ln K^\Theta$$

该式称为化学反应的平衡常数等温式。它给出了重要的热力学参数 $\Delta G^{\ominus}$ 和平衡常数之间的关系，为求得化学平衡常数提供了另外一个可行的方法。

例题 6-5 求反应 $2SO_2(g)+O_2(g)\rightleftharpoons 2SO_3(g)$ 在 298 K 时的标准平衡常数。

解 查标准生成 Gibbs 自由能表，得到 298 K 时

$$\Delta G_m^{\ominus}(SO_2,g)=-300.37\ kJ\cdot mol^{-1}$$
$$\Delta G_m^{\ominus}(SO_3,g)=370.37\ kJ\cdot mol^{-1}$$

故该反应的 $\Delta G_m^{\ominus}$ 可由下式求出

$$\begin{aligned}\Delta G_m^{\ominus}&=\sum(v_i\Delta_f G_m^{\ominus})_{产}-\sum(v_i\Delta_f G_m^{\ominus})_{反}\\&=(-370.37)\times 2-(-300.37)\times 2\\&=-140\ kJ\cdot mol^{-1}\end{aligned}$$

由 $\Delta G^{\ominus}=-RT\ln K^{\ominus}$

$$\ln K^{\ominus}=-\frac{\Delta G_m^{\ominus}}{RT}=\frac{-140\times 10^3}{8.314\times 298}=56.5$$
$$K^{\ominus}=3.4\times 10^{24}$$

例题 6-6 求 298 K 时，反应 $H_2(g)+\frac{1}{2}O_2(g)=H_2O(l)$ 的 $K^{\ominus}$。

已知 298 K 时，$H_2O(g)$ 的 $\Delta_f H_m^{\ominus}=-241.8\ kJ\cdot mol^{-1}$；$H_2(g)$、$O_2(g)$、$H_2O(g)$ 的标准熵值 $S_m^{\ominus}$ 分别为 130.6，205.0，188.7 $J\cdot K^{-1}\cdot mol^{-1}$；水的蒸气压为 3.17 kPa

解 先求反应 $H_2(g)+\frac{1}{2}O_2(g)=H_2O(g)$

$$\Delta_r H_m^{\ominus}=\Delta_f H_m^{\ominus}(H_2O,g)=-241.8\ kJ\cdot mol^{-1};$$
$$\begin{aligned}\Delta_r S_m^{\ominus}&=\sum v_i S_{m,i}^{\ominus}\\&=S_{m,i}^{\ominus}(H_2O,g)-S_{m,i}^{\ominus}(H_2,g)-\frac{1}{2}S_{m,i}^{\ominus}(O_2,g)\\&=-44.4\ J\cdot K^{-1}\cdot mol^{-1};\end{aligned}$$
$$\Delta_r G_m^{\ominus}=\Delta_r H_m^{\ominus}-T\Delta_r S_m^{\ominus}=-228.6\ kJ\cdot mol^{-1}$$

再求反应

$$H_2(g)+\frac{1}{2}O_2(g)=\!=\!=H_2O(l)$$
$$H_2(g)+\frac{1}{2}O_2(g)=\!=\!=H_2O(g)\qquad \Delta_r G_m^{\ominus}(1)$$
$$H_2O(g,p^{\ominus})=\!=\!=H_2O(g,3.17\ kPa)\qquad \Delta_r G_m(2)$$
$$H_2O(g,3.17\ kPa)=\!=\!=H_2O(l,3.17\ kPa)\qquad \Delta_r G_m(3)=0$$
$$H_2O(l,3.17\ kPa)=\!=\!=H_2O(l,p^{\ominus})\qquad \Delta_r G_m(4)\approx 0$$

(1)+(2)+(3)+(4)得：$H_2(g)+\frac{1}{2}O_2(g)=\!=\!=H_2O(l)$

所以 $$\begin{aligned}\Delta_r G_m^{\ominus}&=\Delta_r G_m^{\ominus}(1)+\Delta_r G_m(2)+\Delta_r G_m(3)+\Delta_r G_m(4)\\&=\Delta_r G_m^{\ominus}(1)+\Delta_r G_m(2)+0+0\end{aligned}$$

其中 $$\Delta_r G_m(2)=RT\ln(p/p^{\ominus})=-8.584\ kJ\cdot mol^{-1};$$

$\Delta_r G_m^{\ominus}(1) = -228.6\ kJ \cdot mol^{-1}$;

$\Delta_r G_m^{\ominus} = -237.2\ kJ \cdot mol^{-1}$;

$K^{\ominus} = 3.79 \times 10^{41}$

第三节 化学平衡的移动

化学平衡是可逆反应的正反应方向的反应速率和逆反应方向的速率相等时的动态平衡。当反应处于化学平衡状态时,改变反应的反应物的浓度、反应温度和外界压力时,可以打破反应的平衡状态,各种物质浓度(或者分压)也随着发生相应的变化,可逆反应也会建立新的平衡状态。这种因为外界因素使得可逆反应从原来的平衡状态转变到新的平衡状态的过程称为化学平衡的移动。下面讨论各因素对化学平衡的影响。

一、浓度对化学平衡的影响

在稀溶液中进行的反应

$$\alpha A(aq) + \beta B(aq) \rightleftharpoons \gamma C(aq) + \delta D(aq)$$

当温度一定时

$$K = \frac{\left(\frac{[C]_{平}}{C^{\ominus}}\right)^{\gamma}\left(\frac{[D]_{平}}{C^{\ominus}}\right)^{\delta}}{\left(\frac{[A]_{平}}{C^{\ominus}}\right)^{\alpha}\left(\frac{[B]_{平}}{C^{\ominus}}\right)^{\beta}} = Q_{平} \quad (式子)$$

在已经达到平衡状态下,改变系统中任何一种物质的浓度,将会使得 $Q \neq K$,平衡将会移动,移动的方向主要由浓度如何改变来决定。如果增加反应物 A 和 B 的浓度或者减少产物 C 和 D 的浓度,此时 $Q < K$,平衡被破坏,反应向正方向进行;随着反应的进行,反应物 A 和 B 的浓度逐渐减小,产物 C 和 D 的浓度逐渐增大,直到 $Q = K$ 时,系统达到新的平衡状态。此时 A、B、C、D 的浓度和原来平衡状态的浓度均不同。同理,如果减小反应物 A 和 B 的浓度或者增加产物 C 和 D 的浓度,那么 $Q > K$,原来的化学平衡被破坏,可逆反应向逆方向进行,直到 $Q = K$ 时,系统建立了新的平衡。

浓度对化学平衡的影响可以总结为:$Q < K$,可逆反应的化学平衡向正方向移动;

$Q = K$,反应处于平衡状态;

$Q > K$,可逆反应的化学平衡向逆方向移动。

例题 6-7 (ⅰ)计算反应 $CO(g) + H_2O(g) \rightleftharpoons CO_2(g) + H_2(g)$ 在 673 K 时的平衡常数。

(ⅱ)若 CO 和 H_2O 的起始浓度分别为 2 $mol \cdot L^{-1}$,计算 CO(g) 在 673 K 时的最大转化率。

(ⅲ)H_2O 的起始浓度变为 4 $mol \cdot L^{-1}$,CO 的最大转化率为多少?

解 （ⅰ）

	$CO(g)$	+ $H_2O(g)$ ══	$H_2(g)$ +	$CO_2(g)$
$\Delta_f H_m^{\ominus}/(kJ \cdot mol^{-1})$	−110.52	−241.82	0	−393.5
$S_m^{\ominus}/(J \cdot mol^{-1}K^{-1})$	197.56	188.72	130.57	213.64

$\Delta_f H_m^{\ominus} = 41.16\ kJ \cdot mol^{-1}$，

$\Delta S_m^{\ominus} = -42.07\ J \cdot mol^{-1} \cdot K^{-1}$

$\Delta_r G_m^{\ominus} = \Delta H_m^{\ominus} - T \cdot \Delta S_m^{\ominus}$

$= 41.16 - \frac{673 \times (-42.07)}{1\ 000} = -12.85\ kJ \cdot mol^{-1}$

$\Delta_r G_m^{\ominus} = -RT\ln K^{\ominus}$

$$\ln K^{\ominus} = \frac{12.85 \times 1\ 000}{8.314 \times 673} = 2.297$$

$$K^{\ominus} = 9.94$$

（ⅱ）

	$CO(g)$ +	$H_2O(g)$ ══	$H_2(g)$ +	$CO_2(g)$
起始浓度/$(mol \cdot L^{-1})$	2.0	2.0	0	0
平衡浓度/$(mol \cdot L^{-1})$	$2.0-x$	$2.0-x$	x	x

$$K^{\ominus} = \frac{x^2}{(2-x)^2} = 9.94 \approx 10$$

$$x = 1.52\ mol \cdot L^{-1}$$

CO 的最大转化率为$\frac{1.52}{2.0} \times 100\% = 76\%$

（ⅲ）

	$CO(g)$ +	$H_2O(g)$ ══	$H_2(g)$ +	$CO_2(g)$
起始浓度/$(mol \cdot L^{-1})$	2.0	4.0	0	0
平衡浓度/$(mol \cdot L^{-1})$	$2.0-y$	$4.0-y$	y	y

$$K^{\ominus} = \frac{y^2}{(2.0-y)(4.0-y)} = 9.94 \approx 10$$

$$y = 1.84\ mol \cdot L^{-1}$$

CO 的最大转化率为$\frac{1.84}{2.0} \times 100\% = 92\%$

二、压力对化学平衡的影响

对气态反应 $\alpha A(g) + \beta B(g) \rightleftharpoons \gamma C(g) + \delta D(g)$

$$K_p = \frac{\left(\frac{p_C}{p^{\ominus}}\right)^{\gamma}\left(\frac{p_D}{p^{\ominus}}\right)^{\delta}}{\left(\frac{p_A}{p^{\ominus}}\right)^{\alpha}\left(\frac{p_B}{p^{\ominus}}\right)^{\beta}} = Q_p$$

压力对化学平衡的影响分为两类：一是改变反应体系中气体总压力对化学平衡的影响，另外是改变某气体物质的分压对化学平衡的影响。气体物质的分压的影响效果与浓度对化学平衡的影响相同。即在其他条件不变的情况下，增加反应物的分压或者减少生成物的分压,化学平衡向正反应移动,增加生成物的分压或者减少反应物的分压,化学平衡向逆反应方向进行。

如果系统的总压增加到原来的 n 倍,($n>1$),那么,各物质气体的分压也自然增加到原来分压的 n 倍,此时

$$Q_{平}=\frac{\left(\frac{np_{C}}{p^{\ominus}}\right)^{\gamma}\left(\frac{np_{D}}{p^{\ominus}}\right)^{\delta}}{\left(\frac{np_{A}}{p^{\ominus}}\right)^{\alpha}\left(\frac{np_{B}}{p^{\ominus}}\right)^{\beta}}=n^{(\gamma+\delta)-(\alpha+\beta)}\cdot K^{\ominus}=n^{\Delta x}\cdot K^{\ominus}\quad (式子)$$

若上式中 $\Delta x=0$,即产物气体分子总数和反应物气体分子总数相等,则 $Q=K$,化学平衡不移动;若 $\Delta x<0$,即产物气体分子总数小于反应物气体分子总数,$Q<K$,化学平衡向正向反应方向移动。因为正方向反应是气体分子总数减少的反应,所以增大总压,化学平衡向气体分子总数减少的方向移动。若 $\Delta x>0$,即生成物气体分子总数大于反应物气体分子总数,化学平衡向逆向反应方向移动。由于逆向反应是气体分子总数减少反应,所以,增大总压,化学平衡向气体分子总数减少的反应方向移动,直至达到新的平衡。同理可知,减小系统总压,化学平衡向气体分子总数增加的反应方向移动。

例题6-8 $N_2(g)+3H_2(g)\rightleftharpoons 2NH_3(g)$

当以计量系数相同的摩尔比组成平衡体系时,若在给定温度下的总压为 $p^{\ominus}$,则各组分的平衡分压

$$p_{N_2}=\frac{1}{6}p^{\ominus},\quad p_{H_2}=\frac{1}{2}p^{\ominus},\quad p_{NH_3}=\frac{1}{3}p^{\ominus}$$

平衡常数为

$$K^{\ominus}=\frac{(p_{NH_3}/p^{\ominus})^2}{(p_{N_2}/p^{\ominus})(p_{H_2}/p^{\ominus})^3}=\frac{\left(\frac{1}{3}p^{\ominus}/p^{\ominus}\right)^2}{\left(\frac{1}{6}p^{\ominus}/p^{\ominus}\right)\left(\frac{1}{2}p^{\ominus}/p^{\ominus}\right)^3}=\frac{1}{9}\times\frac{48}{1}=\frac{16}{3}$$

当总压由 $p^{\ominus}$ 增加到 $2p^{\ominus}$ 的瞬间,假设体系的各组分摩尔比不变,此刻各组分的非平衡分压为

$$p'_{N_2}=\frac{1}{6}\times 2p^{\ominus}=\frac{1}{3}p^{\ominus}$$

$$p'_{H_2}=\frac{1}{2}\times 2p^{\ominus}=p^{\ominus}$$

$$p_{NH_3}=\frac{1}{3}\times 2p^{\ominus}=\frac{2}{3}p^{\ominus}$$

$$Q^{\ominus}=\frac{(p'_{NH_3}/p^{\ominus})^2}{(p'_{N_2}/p^{\ominus})(p'_{H_2}/p^{\ominus})^3}=\frac{\left(\frac{2}{3}p^{\ominus}/p^{\ominus}\right)^2}{\left(\frac{1}{3}p^{\ominus}/p^{\ominus}\right)(p^{\ominus}/p^{\ominus})^3}=\frac{4}{9}\times\frac{3}{1}=\frac{4}{3}$$

$Q^{\ominus}>K^{\ominus}$,则反应向正反应方向移动。当 $\Delta x<0$,增大压力,化学平衡向总分子数减少的方向移动。

例题6-9 已知在 325 K 和 100 kPa 条件下,

反应 $N_2O_4(g) \rightleftharpoons 2NO_2(g)$

N_2O_4的摩尔分解率为50.2%，若保持温度不变，而压力增加到1 000 kPa，则N_2O_4的分解率是多少？

解 设1 mol 的N_2O_4的分解率为α

	$N_2O_4(g) \rightleftharpoons$	$2NO_2(g)$
开始浓度/($mol \cdot L^{-1}$)	1.0	0
变化浓度/($mol \cdot L^{-1}$)	$-\alpha$	$+2\alpha$
平衡浓度/($mol \cdot L^{-1}$)	$1-\alpha$	2α

达平衡时，体系的总摩尔数 $n=(1-\alpha)+2\alpha=1+\alpha$

平衡时总压力为p，那么N_2O_4的分压为 $p_{N_2O_4}=\dfrac{1-\alpha}{1+\alpha}\cdot p$

$$NO_2\text{的分压为 } p_{NO_2}=\frac{2\alpha}{1+\alpha}\cdot p$$

$$K=\frac{(p_{NO_2}/p^\ominus)^2}{(p_{N_2O_4}/p^\ominus)}=\frac{\left(\dfrac{2\alpha}{1+\alpha}\right)^2\cdot p^2/p^\ominus}{\dfrac{1-\alpha}{1+\alpha}\cdot p/p^\ominus}$$

$$=\frac{4\alpha^2}{(1+\alpha)^2}\cdot\frac{(1+\alpha)}{(1-\alpha)}\cdot p/p^\ominus=\frac{4\alpha^2}{1-\alpha^2}\cdot p/p^\ominus$$

已知在325 K，$p=100$ kPa，$p/p^\ominus=1.00$，$\alpha=0.502$

$$K^\ominus=\frac{4\times(0.502)^2}{1-(0.502)^2}\times 1.00=1.35$$

因为$K^\ominus$不随压力变化，固当$p=1\ 000$ kPa时，$p/p^\ominus=10.0$，α即可由$K^\ominus$，即

$$10.00\times\frac{4\alpha^2}{1-\alpha^2}=1.35$$

解得$\alpha=0.181$，即在1 000 kPa时，N_2O_4的分解率为18.1%，比100 kPa小得多，表明气相反应增大总压时，平衡向着气体分子数减少的方向移动。

三、温度对化学平衡的影响

温度对化学平衡的影响，主要在影响标准平衡常数$K^\ominus$，且与化学反应的反应热有密切关系（图6-3）。

$$\Delta_f G_m^\ominus=-RT\ln K_T^\ominus=\Delta_r H_m^\ominus-T\times\Delta_r S_m^\ominus$$

$$\lg K_T^\ominus=-\frac{\Delta_r H_m^\ominus}{2.303RT}+\frac{\Delta S^\ominus}{2.303R}$$

$\Delta H^\ominus$，$\Delta S^\ominus$在ΔT不大，可认为是常数，可以写成如下形式

$$\lg K_T^\ominus=-\alpha\frac{1}{T}+B$$

其斜率为$\left(\dfrac{-\Delta H^\ominus}{2.303R}\right)$，截距为$\left(\dfrac{\Delta S^\ominus}{2.303\ R}\right)$。

当温度升高时，吸热反应（$\Delta H>0$）的标准平衡常数数值增大，对于已经达到平衡状

态的可逆化学反应，化学平衡向正反应方向移动，对于放热反应（$\Delta H<0$），其标准平衡常数数值减小，对于已经达到平衡状态的可逆化学反应，化学平衡向逆反应方向移动。

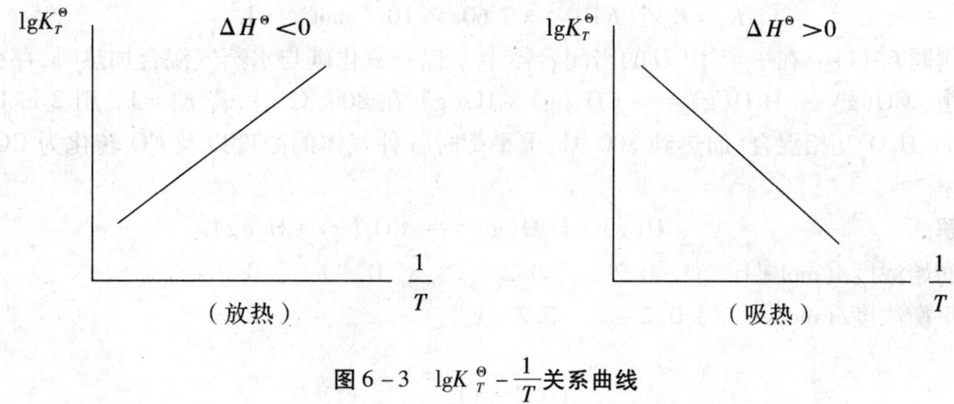

图 6-3 $\lg K_T^\ominus - \frac{1}{T}$ 关系曲线

第四节 化学平衡计算

一、基本概念

$$平衡转化率（理论转化率）=\frac{某反应在达平衡后转化为产物的摩尔数(n_0-n_平)}{该反应物初始摩尔数(n_0)}\times 100\%$$

$$平衡产率（最大产率）=\frac{平衡时某产物的摩尔数}{反应物按化学反应式全部变为产物所得产物的摩尔数}\times 100\%$$

转化率与平衡常数都是代表给定反应进行的程度，它们的值越大，反应进行的越彻底。

二、计 算

利用平衡常数求物质或产物的浓度，求反应物的转化率。

例题 6-10 合成氨反应在 500 ℃ 建立平衡 $p(NH_3)=3.53\times10^6$ Pa，$p(N_2)=4.13\times10^6$ Pa，$p(H_2)=12.36\times10^6$ Pa，求该反应 $N_2(g)+3H_2(g)=2NH_3(g)$ 的热力学平衡常数 $K_T^\ominus$ 与经验平衡常数 K_p，K_c。

解 $N_2(g)+3H_2(g)=\!=\!=2NH_3(g)$

平衡压力/$\times10^6$ Pa 4.13 12.36 3.53

$$K_T^\ominus=\frac{(p_{NH_3}/p^\ominus)^2}{[(p_{N_2}/p^\ominus)(p_{H_2}/p^\ominus)^3]}$$

$$=1.63\times10^{-5}$$

$$K_p=\frac{(p_{NH_3})^2}{[(p_{N_2})(p_{H_2})^3]}$$

$$=1.598\times10^{-15}(Pa)^{-2}$$

$$K_p=K_c\times(RT)^{\Delta n}\quad \Delta n=-2$$

$$K_c=K_p/(RT)^{-2}=6.60\times10^{-8}\ mol^{-2}\cdot L^2$$

例题 6-11 在一个 10 L 的密闭容器中，以一氧化碳与水蒸气混合加热时,存在以下平衡，$CO(g)+H_2O(g)=\!=\!=CO_2(g)+H_2(g)$ 在 800 ℃ 时,若 $K_c=1$，用 2 mol CO 及2 mol H_2O 互相混合,加热到 800 ℃,求平衡时各种气体的浓度以及 CO 转化为 CO_2 的百分率。

解 $CO(g)+H_2O(g)=\!=\!=CO_2(g)+H_2(g)$

初始浓度/($mol\cdot L^{-1}$) 0.2 0.2 0 0

平衡浓度/($mol\cdot L^{-1}$) $0.2-x$ $0.2-x$ x x

$$\frac{x^2}{(0.2-x)^2}=1$$

解得:$[CO_2]=0.1\ mol\cdot L^{-1}=[H_2]=[CO]=[H_2O]$

转化率 $\alpha=\frac{0.1}{0.2}\times100\%=50\%$

例题 6-12 $C_2H_5OH+CH_3COOH \rightleftharpoons CH_3COOC_2H_5+H_2O$ 若起始浓度 $c(C_2H_5OH)=2.0\ mol\cdot L^{-1}$,$c(CH_3COOH)=1.0\ mol\cdot L^{-1}$,室温测得经验平衡常数 $K_c=4.0$,求平衡时 C_2H_5OH 的转化率 α。

解 反应物的平衡转化率

$$\alpha\ \%=\frac{反应物起始浓度-反应物平衡浓度}{反应物起始浓度}\times100$$

$$C_2H_5OH+CH_3COOH \rightleftharpoons CH_3COOC_2H_5+H_2O$$

起始浓度/($mol\cdot L^{-1}$) 2.0 1.0 0 0

平衡浓度/($mol\cdot L^{-1}$) $2.0-c$ $1.0-c$ c c

$$K_c=\frac{x^2}{[(2.0-x)\cdot(1.0-x)]}=4.0$$

解方程，得 $c=0.845\ mol\cdot L^{-1}$

C_2H_5OH 平衡转化率 $\alpha\%=(0.845/2.0)\times100=42$

或

$$\alpha=(0.845/2.0)\times100\ \%=42\ \%$$

若起始浓度改为:$c(C_2H_5OH)=2.0\ mol\cdot L^{-1}$,$c(CH_3COOH)=1.0\ mol\cdot L^{-1}$ 求同一温度下,C_2H_5OH 的平衡转化率。

同法,$\alpha\%=67$

三、利用实验数据求经验平衡常数（K_c）及相对平衡常数（K_r）

例题 6-13 计算 298 K 时,反应 $H_2(g)+CO_2(g)=\!=\!=H_2O(g)+CO(g)$ 在(ⅰ)标准状态下;(ⅱ)起始压力为 $p_{H_2}=4\times10^5$ Pa,$p_{CO_2}=5\times10^4$ Pa,$p_{H_2O}=2\times10^2$ Pa,$p_{CO}=5\times10^2$ Pa 时的反应方向及该反应的 $K_T^{\ominus}$。

解

（ⅰ）　　$H_2(g) + CO_2(g) \rightleftharpoons H_2O(g) + CO(g)$

$\Delta_f G_m^\Theta/(kJ \cdot mol^{-1})$　　0　　-394.4　　-228.6　　-137.2

$\Delta_r G_m^\Theta = 28.6\ kJ \cdot mol^{-1} > 0$，标态下非自发，逆向自发。

（ⅱ）

$$\Delta_r G^\Theta = -RT\ln K_T^\Theta$$

$$28\,600 = -8.314 \times 298 \ln K_T^\Theta$$

$$K_T^\Theta = 9.698 \times 10^{-6}$$

（ⅲ）

$$Q_T^\Theta = \frac{\dfrac{5\times10^2}{1\times10^5} \times \dfrac{2\times10^2}{1\times10^5}}{\dfrac{4\times10^5}{1\times10^5} \times \dfrac{5\times10^4}{1\times10^5}} = 5\times10^{-6} < K_T^\Theta$$

因此该反应正向自发进行。

例题 6－14　在高温时$2HI(g) \rightleftharpoons H_2(g) + I_2(g)$分解，在密闭容器中 2 mol HI，在 440 ℃时达到化学平衡，其 $K_c = 2\times10^{-2}$，求 HI 的分解率。

解　　$2HI(g) \rightleftharpoons H_2(g) + I_2(g)$

初始浓度/$(mol \cdot L^{-1})$　　2　　0　　0

平衡浓度/$(mol \cdot L^{-1})$　　$2-2x$　　x　　x

$$K_c = \frac{x^2}{(2-2x)^2} = 2\times10^{-2} \qquad x = 0.220\,4\ mol \cdot L^{-1}$$

$$分解率 = \frac{2\times0.220\,4}{2}\times100\% = 22.4\%$$

例题 6－15　由热力学数据表求 $HF(aq) \rightleftharpoons H^+(aq) + F^-(aq)$反应的 K_{298}^Θ，讨论该电离平衡的方向性，并求出体系平衡时各物种的浓度。

解　　$HF(aq) \rightleftharpoons H^+(aq) + F^-(aq)$

$\Delta_f G^\Theta/(kJ \cdot mol^{-1})$　　-269.9　　　　-278.8

$$\Delta_f G^\Theta = (-278.8) - (-296.9) = 18.1\ kJ \cdot mol^{-1} > 0$$

标准状态下，应该非自发。

实际上纯水中，

$$c(H^+) = 10^{-7}\ mol \cdot L^{-1}, c(F^-) = 0\ mol \cdot L^{-1},\ c(HF) = 1\ mol \cdot L^{-1}$$

$$\Delta G^\Theta = -RT\ln K_T^\Theta$$

$$K_T^\Theta = 6.72\times10^{-4}$$

$HF(aq) \rightleftharpoons H^+(aq) + F^-(aq)$

初始浓度/$(mol \cdot L^{-1})$　　1　　10^{-7}　　0

平衡浓度/$(mol \cdot L^{-1})$　　$1-x$　　$x+10^{-7} \approx x$　　0

$$\frac{x^2}{1-x} = 6.72\times10^{-4} \qquad x = 0.026\ mol \cdot L^{-1}$$

平衡时：$[HF] = 1 - 0.026 = 0.974\ mol \cdot L^{-1}$

$[H^+] = [F^-] = 0.026 \text{ mol} \cdot L^{-1}$

习　题

1. 已知下列反应的平衡常数：

(1) $HCN \rightleftharpoons H^+ + CN^-$　　$K_1^\ominus = 4.9 \times 10^{-10}$

(2) $NH_3 + H_2O \rightleftharpoons NH_4^+ + OH^-$　　$K_2^\ominus = 1.8 \times 10^{-5}$

(3) $H_2O \rightleftharpoons H^+ + OH^-$　　$K_w^\ominus = 1.0 \times 10^{-14}$

试计算下面反应的平衡常数：

$NH_3 + HCN \rightleftharpoons NH_4^+ + CN^-$　　$K^\ominus = ?$

2. 已知反应 $CO + H_2O \rightleftharpoons CO_2 + H_2$ 在密闭容器中建立平衡，在 749 K 时该反应的平衡常数 $K^\ominus = 2.6$。

(1) 求 $n(H_2O) / n(CO)$ 为 1 时，CO 的平衡转化率；

(2) 求 $n(H_2O) / n(CO)$ 为 3 时，CO 的平衡转化率；

(3) 从计算结果说明浓度对平衡移动的影响。

3. HI 分解反应为 $2\,HI(g) \rightleftharpoons H_2(g) + I_2(g)$，若开始时有 1 mol HI，平衡时有 24.4% 的 HI 发生了分解。今欲将 HI 的分解数降低到 10%，应往此平衡体系中加入多少摩 I_2？

4. 在 900 K 和 1.013×10^5 Pa 时，若反应

$$SO_3(g) \rightleftharpoons SO_2(g) + \frac{1}{2}O_2(g)$$

的平衡混合物的密度为 $0.925 \text{ g} \cdot L^{-1}$，求 SO_3 的解离度。

5. 在 308 K 和总压 1.013×10^5 Pa 时，N_2O_4 有 27.2% 分解。

(1) 计算 $N_2O_4(g) \rightleftharpoons 2\,NO_2(g)$ 反应的 $K^\ominus$；

(2) 计算 308 K 时的总压为 2.026×10^5 Pa 时，N_2O_4 的解离分数；

(3) 从计算结果说明压强对平衡移动的影响。

6. $PCl_5(g)$ 在 523 K 达分解平衡。

$$PCl_5(g) \rightleftharpoons PCl_3(g) + Cl_2(g)$$

平衡浓度：$[PCl_5] = 1 \text{ mol} \cdot L^{-1}$，$[PCl_3] = [Cl_2] = 0.204 \text{ mol} \cdot L^{-1}$。若温度不变而压强减小一半，在新的平衡体系中各物质的浓度为多少？

7. 反应 $SO_2Cl_2(g) \rightleftharpoons SO_2(g) + Cl_2(g)$ 在 375 K 时平衡常数 $K^\ominus = 2.4$。以 7.6 g SO_2Cl_2 和 1.013×10^5 Pa 的 Cl_2 作用于 1.0 L 的烧瓶中。试计算平衡时 SO_2Cl_2，SO_2 和 Cl_2 的分压。

8. 在 523 K 时，将 0.110 mol $PCl_5(g)$ 引入 1 L 容器中，建立下列平衡：

$$PCl_5(g) \rightleftharpoons PCl_3(g) + Cl_2(g)$$

平衡时 $PCl_3(g)$ 的浓度是 $0.050 \text{ mol} \cdot L^{-1}$。求在 523 K 时反应的 K_c 和 $K^\ominus$。

9. 反应 $HgO(s) \rightleftharpoons Hg(g) + \frac{1}{2}O_2(g)$，于 693 K 达平衡时总压为 5.16×10^4 Pa，于 723 K 达平衡时总压为 1.08×10^5 Pa，求 HgO 分解反应的 $\Delta_r H_m^\ominus$。

10. 在一定温度和压强下，某一定量的 PCl_5 气体的体积为 1 L，此时 PCl_5 气体已有 50% 解离为 PCl_3 和 Cl_2 气体。试判断下列条件下，PCl_5 的解离度是增大还是减小。

(1) 减压使 PCl_5 的体积变为 2 L；

(2) 保持压强不变，加入氮气使体积增至 2 L；

(3) 保持体积不变，加入氮气使压强增加 1 倍；

(4) 保持压强不变，加入氯气体积变为 2 L；

(5) 保持体积不变，加入氯气使压强增加 1 倍。

11. 对于反应 $2C(s) + O_2(g) = 2CO(g)$，反应的自由能变化（$\Delta_r G_m^\ominus$）与温度（T）的关系为

$$\Delta_r G_m^\ominus / \text{J} \cdot \text{mol}^{-1} = -232\,600 - 168T/K$$

由此可以说，随反应温度的升高，$\Delta_r G_m^\ominus$ 更负，反应会更彻底。这种说法是否正确？为什么？

第七章　化学反应动力学基础

化学热力学研究的是化学反应中能量的交换(ΔH)、化学反应的自发性(ΔG)以及进行的程度(K),即反应的可能性,具有客观性,不涉及化学反应时间。因此,化学热力学不能告诉人们化学反应进行的快慢,即反应速度的快慢,反应时间的长短以及反应的机理。

第一节　化学反应速率

热力学能够解决化学反应的可能性问题。我们已经知道,反应的自由能 $\Delta_r G_m^\Theta$ 可以判断热力学标准状态下,反应进行的方向,$\Delta_r G_m^\Theta$ 可以判断任意状态下,反应自发进行的方向。从化学平衡角度看,一个可逆反应,只要反应时间足够长,它总能达到平衡状态。但一个化学反应究竟需要多长时间才能达到平衡状态,即反应速率的大小仍是十分重要的。有些反应在常温、常压下正向进行倾向很大,转化率很高,但耗时太长,反应速率太低,以致毫无工业价值。如

$$N_2(g) + 3H_2(g) = 2NH_3(g)$$
$$\Delta_r G_m^\Theta = -33\ \text{kJ} \cdot \text{mol}^{-1}$$

实际上,反应速率非常缓慢,常温常压下,观察不到反应。

$$2NO_2(g) \longrightarrow N_2O_4(g)$$
$$\Delta_r G_m^\Theta = -4.78\ \text{kJ} \cdot \text{mol}^{-1}$$

实际上,反应速率快。

$$CO(g) + NO(g) = CO_2(g) + \frac{1}{2}N_2(g)$$
$$\Delta_r G_m^\Theta = -334\ \text{kJ} \cdot \text{mol}^{-1}$$

实际上,反应速率缓慢。

不同的化学反应进行的快慢程度不一样,有些反应进行得很快,瞬间就能完成,如炸药爆炸,照相底片感光,酸碱中和等;而有些反应进行得很慢,如食物的腐败、钢铁生锈、氢和氧在室温下混合几十年都不会生成一滴水等。为了比较各种化学反应进行的快慢,需要建立化学反应速率的概念。化学反应的速率,是以单位时间内浓度的改变量为基础来研究的。如此,化学反应速率的单位为:$\text{mol} \cdot \text{L}^{-1} \cdot \text{s}^{-1}$;$\text{mol} \cdot \text{L}^{-1} \cdot \text{min}^{-1}$。反应速率的大小,主要取决于反应物的性质,但也受浓度、温度、压力和催化剂等因素的影响,本章将分别讨论。

一、反应速率概念

化学反应的速率(rate of chemical reaction):单位时间内反应物或产物浓度改变的量

的绝对值。化学反应速率的具体表示可分为平均速率与瞬时速率。

设有反应 $\alpha A+\beta B \rightleftharpoons \gamma C+\delta D$,当用反应物 A 的浓度改变表示该反应的速率,因为反应物的浓度随着反应的进行而逐渐减小,所以速率表示中应加上“-”号。其平均速率为

$$\bar{v}=-\frac{c_{A_2}-c_{A_1}}{t_2-t_1}=-\frac{\Delta c_A}{\Delta t}$$

即通常表示为

$$\bar{v}=-\frac{\Delta c_i}{r_i \Delta t}$$

若将观察的时间间隔无限缩小,平均速率的极限值即为化学反应在时刻 t 的瞬时速率即

$$v_i=\lim_{\Delta t \to 0}\frac{-\Delta c_A}{\Delta t}=-\frac{dc_A}{dt}$$

平均速率对于慢反应具有实际意义,对于快反应则失去其价值,快反应只能用瞬时速率表示。

例如测定反应 $H_2O_2(aq) \rightleftharpoons H_2O(l)+\frac{1}{2}O_2(g)$ 中,根据 O_2 的放出量,可计算出 H_2O_2 浓度变化,并按下式计算出反应的平均速率

$$\bar{v}=-\frac{\Delta(H_2O_2)}{\Delta t}=-\frac{c_{2(H_2O_2)}-c_{1(H_2O_2)}}{\Delta t}$$

平均速率及计算结果列于表 7-1。

表 7-1　平均速率及计算结果

min	$mol \cdot L^{-1}$		$mol \cdot L^{-1} \cdot min^{-1}$		
t	H_2O_2	O_2	$-\Delta H_2O_2/\Delta t$	$\Delta O_2/\Delta t$	$\bar{v}$
0	0.80	-	-	-	-
20	0.40	0.20	0.020	0.01	0.020
40	0.20	0.30	0.015	0.005	0.015
60	0.10	0.35	0.005	0.002 5	0.005

在研究影响反应速率的因素时,经常要用到某一时刻的反应速率。这时,用平均速率就不能准确地表达。因为这段时间里,速率在变化,影响因素也在变化。令 $\Delta t \to 0$(无限小),得瞬时速率 $v=\lim_{\Delta t \to 0}\frac{-\Delta c_{H_2O_2}}{\Delta t}=-\frac{dc_{H_2O_2}}{dt}$。显然,$v$ 的单位是 $mol \cdot L^{-1} \cdot s^{-1}$ 或 $mol \cdot L^{-1} \cdot min^{-1}$。作出 H_2O_2 的 $c-t$ 的曲线,如图 7-1 所示,得到 0～40 min 的平均速率

$$\bar{v}=\frac{0.20-0.80}{\Delta t}=-\frac{0.20-0.80}{40}=0.015\ mol \cdot L^{-1} \cdot mm^{-1}$$

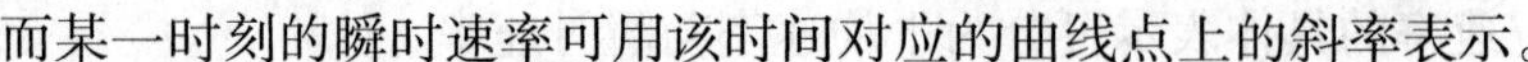
而某一时刻的瞬时速率可用该时间对应的曲线点上的斜率表示。

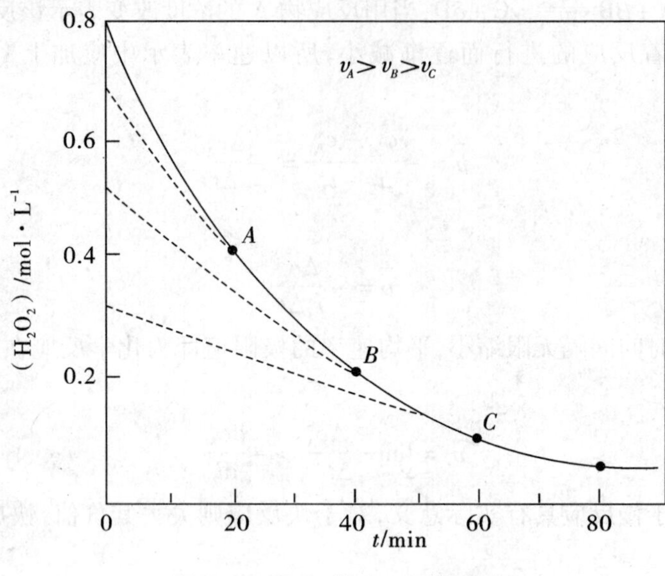

图 7-1 H_2O_2 浓度-时间曲线

例题 7-1 在分解反应 $H_2O_2(aq) \rightleftharpoons H_2O(l) + \frac{1}{2}O_2(g)$ 中，数据列于表 7-1 中，0~20 min 的平均速率为

$$\bar{v}_{H_2O_2} = -\frac{\Delta c_{H_2O_2}}{\Delta t} = \frac{0.4-0.8}{(-1)(20-0)} = 0.020\ \text{mol} \cdot \text{L}^{-1} \cdot \text{min}^{-1}$$

$$\bar{v}_{O_2} = -\frac{\Delta c_{O_2}}{\Delta t} = \frac{0.20-0}{\frac{1}{2}(20-0)}, = 0.020\ \text{mol} \cdot \text{L}^{-1} \cdot \text{min}^{-1} = v_{H_2O_2}$$

例题 7-2 在一定温度和体积下，由 N_2 和 H_2 合成 NH_3

	$N_2(g)$	$+3H_2(g) \longrightarrow$	$2NH_3(g)$
起始浓度/$(\text{mol} \cdot \text{L}^{-1})$	1.0	3.0	0
2s 末浓度/$(\text{mol} \cdot \text{L}^{-1})$	0.8	2.4	0.4

计算反应开始后 2 s 内的平均速率

解 由 N_2 和 H_2 的浓度变化来表示反应速率

$$\bar{v}_{N_2} = -\frac{\Delta c_{N_2}}{\Delta t} = -\frac{0.8-1.0}{2-0} = 0.1\ \text{mol} \cdot \text{L}^{-1} \cdot \text{s}^{-1}$$

$$\bar{v}_{H_2} = -\frac{\Delta c_{H_2}}{\Delta t} = -\frac{2.4-3.0}{2-0} = 0.3\ \text{mol} \cdot \text{L}^{-1} \cdot \text{s}^{-1}$$

$$\bar{v}_{NH_3} = -\frac{\Delta c_{NH_3}}{\Delta t} = -\frac{0.4-0}{2-0} = 0.2\ \text{mol} \cdot \text{L}^{-1} \cdot \text{s}^{-1}$$

从上面两个例题可以看出，当以不同物质的浓度变化来表示反应速率时，同一反应的速率数值可能不同，但它们之间的比值恰好等于反应方程式中各物质化学式前面的计

量系数之比，即 $\bar{\upsilon}_{N_2}:\bar{\upsilon}_{H_2}:\bar{\upsilon}_{NH_3}=1:3:2$。

因此在表示某一反应速率时应标明是哪种物质的浓度变化，虽然数值可能不同，但是意义都一样，若都除以反应物前相应的系数，则得到一个反应速率值，即

对于反应
$$\alpha A+\beta B \rightleftharpoons \gamma C+\delta D$$

$$\upsilon=-\frac{1}{\alpha}\cdot\frac{dc_A}{t}=-\frac{1}{\beta}\cdot\frac{dc_B}{dt}=\frac{1}{\gamma}\cdot\frac{dc_C}{dt}=\frac{1}{\delta}\cdot\frac{dc_D}{dt}$$

c_A、c_B、c_C、c_D分别为反应体系中物质 A、B、C、D 的物质的量的浓度，则平均速率为：$\bar{\upsilon}=\frac{\Delta c_i}{\upsilon_i\Delta t}$，定义瞬时速率为：$\upsilon=\frac{dc_i}{\upsilon_i dt}$式中 υ_i 为计量系数 α、β、γ、δ，且对反应物取负值，对产物取正值，以保证 υ 和$\bar{\upsilon}$为正值。这样，对于一个反应，在某一瞬间其 υ 有确定值（不论以哪一种反应物或产物的浓度变化表示），在某一时间间隔内，$\bar{\upsilon}$也是定值。

二、反应速率的基本理论

为说明浓度、温度等对反应速率造成影响的内在原因，先后建立了基元反应速率理论——碰撞理论和过渡态理论。

1. 碰撞理论（collision theory）

1918 年，路易斯（Lewis）提出碰撞理论，是一最早的反应速率理论，碰撞理论适用于气体分子运动论。该理论认为，反应物分子间的相互碰撞是反应进行的先决条件，反应物碰撞的频率越高，反应速率越大。也就是说，当气体 A 与 B 反应时，A 和 B 的分子以极大的速度发生碰撞，才有可能发生旧键的断裂和新键的形成，发生化学反应。一般的碰撞，由于不具有极大的动能，则不会发生化学反应。为了弄清楚活化能的基本概念，对气体能量分布曲线（见图 7－2）。从图中我们可以看出，具有高能量的分子占有较少的数目。

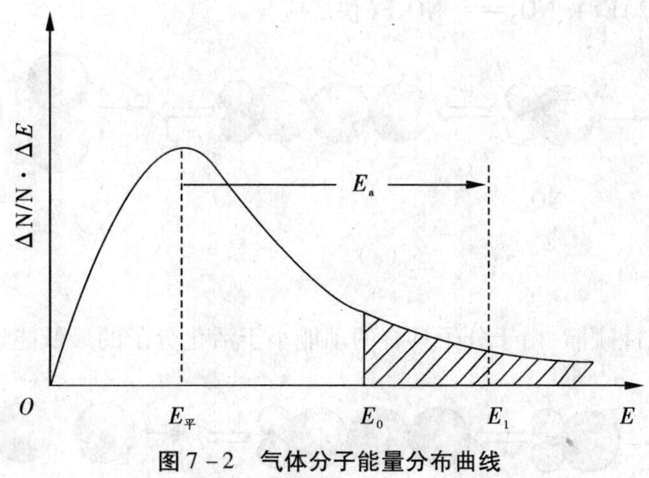

图 7－2　气体分子能量分布曲线

学习碰撞理论必须了解几个基本概念：

有效碰撞：可以发生反应的分子间碰撞称为有效碰撞；

活化分子:可以发生反应的分子称为活化分子;

活化能(E_a):具有最低能量的活化分子与具有气体分子平均能量的分子间的能量差值。也就是 1 mol 具有平均能量的分子变成活化分子所需要的最低能量,单位为$kJ \cdot mol^{-1}$。

$E_平$代表气体分子平均动能,E_1为活化分子最低能量,则 $E_a = E_1 - E_平$。

碰撞理论的基本要点如下:

(1)反应物分子必须相互碰撞才有可能发生反应,反应速率的大小与单位时间内碰撞次数 Z(即碰撞频率)成正比。

化学反应是旧键断裂、新键生成的过程。相互碰撞即指两个分子以很大的速度相互靠近,落入彼此电场作用力的范围之内,发生化学键的重新组合。在常温常压下,气体分子间相互碰撞的机会很大,数量级高达 $10^{29}\ cm^{-3} \cdot s^{-1}$,碰撞频率与浓度成正比,因为浓度越大,分子数量越多,碰撞的几率就增大。此外,温度越高,布朗运动加速,碰撞次数也越多。

(2)分子间发生反应碰撞是必要的条件,当 A 和 B 两个分子(一对分子)趋近到一定距离时,只有那些平均动能足够大,达到临界值 E_a时,"分子对"相撞才是能发生反应的有效碰撞。有效碰撞在总碰撞次数中所占的份额 f 为

$$f = \frac{\text{有效碰撞频率}}{\text{总碰撞频率}} = e^{-E_a/RT}$$

式中:E_a——是指能发生有效碰撞的"分子对"所具有的最低动能。在碰撞理论中 $e^{E_a/RT}$ 叫做能量因子。

(3)分子必须处于有利的方位上才能发生有效碰撞。

下面举例来说明:

例如:反应 $2NO_2(g) + F_2(g) \xlongequal{} 2NO_2F$

反应机理为:1)$NO_2(g) + F_2(g) \xlongequal{} NO_2F + F$(慢反应)

2)$F + NO_2 \xlongequal{} NO_2F$(快反应)

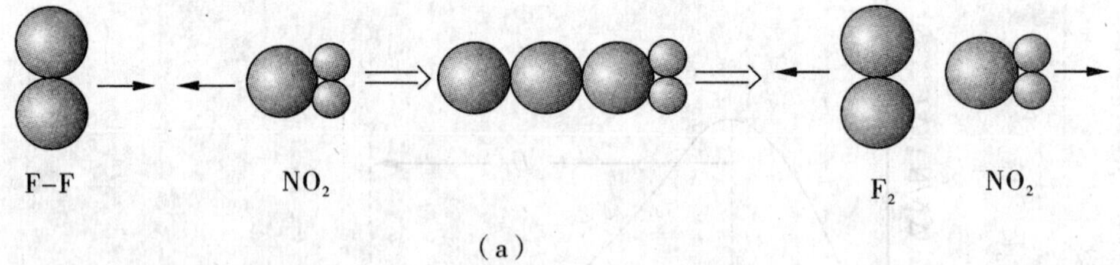

F–F　NO$_2$　F$_2$　NO$_2$

(a)

(a)是非反应性碰撞,由于分子具有的动能小于活化分子的最低能量。

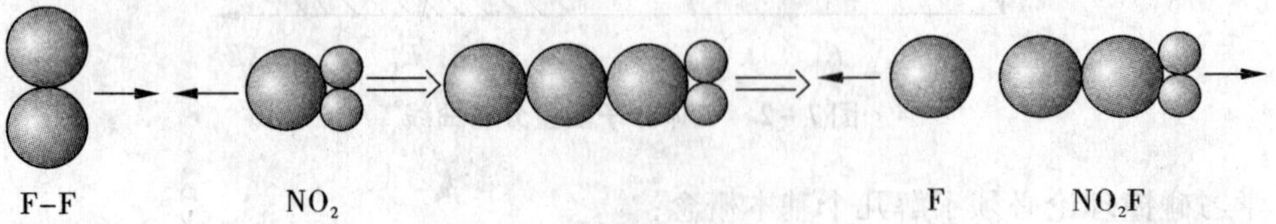

F–F　NO$_2$　F　NO$_2$F

(b)

(b)是反应性碰撞,由于碰撞分子具有足够大的动能(活化分子),而且碰撞的相对方向正确。

F-F　　NO_2　　F_2　　NO_2

(c)

(c)是非反应碰撞,虽然分子具有足够大的能量,但由于碰撞的方位不对,不会发生反应。

由上面的推导我们可知:反应速率是由碰撞频率 Z,分子有效碰撞分数 f,以及方位因子 p 三个因素决定的

$$v = Z \times f \times p = Z \times p \times e^{-E_a/RT}$$

可见,速率常数与 Z、p、$e^{-E_a/RT}$ 有关,即与分子的大小、分子量、活化能、温度、碰撞方位等因素有关。且可以看出,E_a 越高,对分子的能量要求越高,活化分子所占的比例越少,有效碰撞所占的比例就小,故反应速率就小。

碰撞理论非常直观,但仅限于处理气体双分子反应,且把分子当作刚性球,忽略了分子结构。

2. 过渡状态理论

过渡状态理论是在量子力学和统计力学的基础上,由 Eyring 和 Polanyi 提出来的,从分子结构与运动来研究反应速率问题。过渡状态理论的基本内容为:

①反应物首先形成一个中间产物——活化配合物(过渡状态)。化学反应的实质是反应物分子中旧键断裂,原子重组,形成新物质的分子,在旧键断裂形成新键的过程中,生成一种中间产物,称为活化配合物。

②活化配合物(过渡状态)具有较高的位势能,极不稳定,易分解,寿命短促,在10 ~ 100 fs① 之间。原因是由于反应过程中分子的碰撞,分子的动能大部分转化为势能。

③活化配合物分解生成产物较重新转变为反应物的趋势大。活化配合物既可以分解生成产物,也可以分解重新生成反应物。但是生成产物的趋势大于生成反应物。

④E_a 为活化配合物具有的最低能量与反应物分子具有的最低能量之差值,实际为正向反应的活化能 E_{a+},同时还定义了 E_{a-},即逆向反应的活化能。反应热 ΔH 为 E_{a+} 与 E_{a-} 之差值,即

$$\Delta H = E_{a+} - E_{a-} > 0 \quad (吸热)$$
$$\Delta H = E_{a+} - E_{a-} < 0 \quad (放热)$$

过渡状态理论在计算若干典型简单反应的活化能与阿氏实验的活化能时是一致的,

① 飞秒,$1\ fs = 10^{-15} s$。

从而支持了过渡状态理论的成立。

如图 7－3 所示：反应 $A+B-C \underset{}{\overset{快}{\rightleftharpoons}} A\cdots B\cdots C \underset{}{\overset{慢}{\rightleftharpoons}} A-B+C$

始态　　过渡状态　　终态

正反应的活化能　$E_{a+}=\overline{E}_{活化配合物}-\overline{E}_{反应物}$

逆反应的活化能　$E_{a-}=\overline{E}_{活化配合物}-\overline{E}_{生成物}$

正反应的热效应　$\Delta H=E_{a+}-E_{a-}$

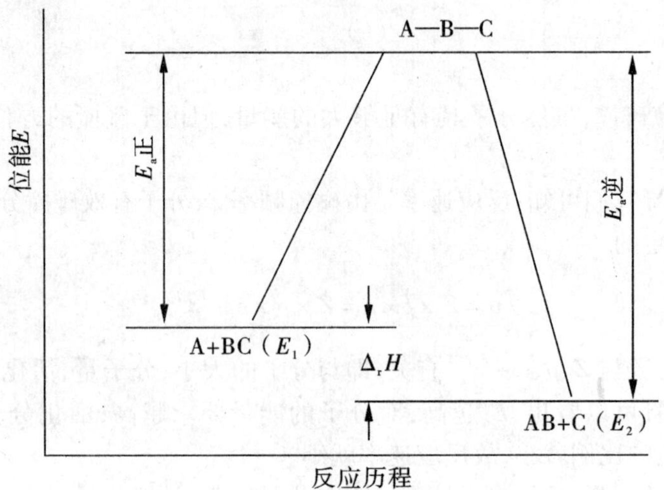

图 7－3　过渡状态位能示意图

第二节　影响反应速率的因素

化学反应千差万别，决定反应速度不同的主要原因是分子的内部结构的不同，其次浓度、温度、压力和催化剂等等皆为影响反应速度的外部因素。

一、浓度对反应速率的影响

1. 反应类型

（1）基元反应　对于简单反应，反应物分子在有效碰撞中经过一次化学变化就能转化为产物的反应，简单地说就是反应物分子只经一步就直接形成产物分子的反应是基元反应。

反应

$$CO(g)+NO_2(g) \longrightarrow CO_2(g)+NO(g)$$

$$2NO_2 \longrightarrow 2NO+O_2$$

$$NO_2+CO \longrightarrow NO+CO_2$$

均属于基元反应，但是此类反应是很少的。

（2）复杂反应　反应物分子经过几步碰撞才能完成的反应，也就是经若干基元步骤才能由反应物分子转化为产物分子的反应称复杂反应或非基元反应。复杂反应是由若干基元反应或简单反应组成的。

例如　$H_2 + I_2 = 2HI$，不是基元反应，它的反应机理为

①$I_2 = 2I$　　（快）

②$I + I + H_2 = 2HI$　　（慢）

所以，$H_2 + I_2 = 2HI$ 称为复杂反应，其中①和②两步都是基元反应，称为复杂反应的基元步骤。

复杂反应所包含的各基元反应中，速率最小的反应为定速反应。定速反应通常是慢反应，可近似认为它的速率影响或决定着整个反应的速率。

一个反应是基元反应还是复杂反应需借助实验，通过反应机制的研究才能确定，由反应方程式不能认定。

2. 基元反应的速率方程

早在 1863 年，挪威化学家古得堡（Guldburg）和瓦格（Waage）从实验中总结出一条规律：在一定温度下，基元反应的反应速率同反应物浓度的计量系数次方的乘积成正比。这就是质量作用定律。即在基元反应中，或在非基元反应的基元步骤中，反应速率和反应物浓度之间，有严格的数量关系，即遵循质量作用定律。

对于符合质量作用定律的任意化学反应

$$\alpha A + \beta B \rightleftharpoons \gamma C + \delta D$$

其质量作用定律的表达式为

$$v = -\frac{1}{\alpha} \cdot \frac{dc_A}{dt} = -\frac{1}{\beta} \cdot \frac{dc_B}{dt} = \frac{1}{\gamma} \cdot \frac{dc_C}{dt} = \frac{1}{\delta} \cdot \frac{dc_D}{dt} = k(A)^{\alpha} \cdot (B)^{\beta}$$

质量作用定律又称为速率方程式，式中比例系数 k 称为反应速率常数，或者速率常数，它在数值上等于单位浓度（如 $1\ mol \cdot L^{-1}$）时的反应速率，k 值的大小决定于反应的本质和温度，与反应的浓度无关。在一定温度下，k 值越大，反应速率越大。

在应用速率常数时应该注意：速率常数的意义是速率方程式中各种浓度均为 $1\ mol \cdot L^{-1}$时的反应速率；速率常数 k 的单位由速率方程确定，作为比例系数，不仅要使等式两侧数值相等，而且物理学单位也要一致。

应该注意的是质量作用定律只适合基元反应和均相反应。因为在多相反应中，反应只在界面上进行，固体和纯液体反应物的浓度可看作常数并入到速率常数 k 中，质量作用定律表示式只包括剩余反应物的浓度幂。

如：反应　$C(s) + O_2(g) \longrightarrow CO_2(g)$

其反应速率与氧的浓度和固体碳与氧的接触面的界面面积(A)的大小成正比，因此，其速率方程式可表示为

$$v = k \cdot c_{O_2} \cdot A = K' \cdot c_{O_2}$$

3. 复杂反应的速率方程

复杂反应的速率方程比较复杂，浓度项的幂次和反应物的计量系数不一定一致。如过二硫酸铵[$(NH_4)_2S_2O_8$]和碘化钾（KI）在水溶液中发生氧化还原反应为：

$$S_2O_8^{2-} + 3I^- \longrightarrow 2SO_4^{2-} + I_3^-$$

其反应速率与初始浓度的关系实验数据见表 7－2，从表中我们可以看出：反应速率

既与 $S_2O_8^{2-}$ 的浓度成正比,也与 I^- 浓度成正比。

即
$$-\frac{dc_{S_2O_8^{2-}}}{dt}=k[S_2O_8^{2-}]\cdot[I^-]$$

而不是
$$-\frac{dc_{S_2O_8^{2-}}}{dt}=k[S_2O_8^{2-}]\cdot[I^-]^3$$

表 7-2 反应速率与初始浓度间的关系(室温)

$[S_2O_8^{2-}]_0$/mol·L^{-1}	$[I^-]_0$/mol·L^{-1}	$-\frac{dc_{S_2O_8^{2-}}}{dt}$/mol·L^{-1}·s^{-1}
0.038	0.060	1.4×10^{-5}
0.076	0.060	2.8×10^{-5}
0.076	0.030	1.4×10^{-5}

这种通过实验来确定反应速率方程的方法叫更换浓度法,是常采用的实验方法。

化学平衡常数表达式通常也称为化学平衡质量作用定律。其中各平衡浓度的幂次与化学方程式中的计量系数总是一致的。按照配平的化学反应方程式,就可以写出平衡常数表达式,这是因为化学平衡只和反应的始态和终态有关,而与反应的路径无关。但化学反应速率与路径密切相关,化学反应速率式中浓度的幂次要根据实验而确定,不能直接按化学反应方程式的计量系数写出,这是一个很重要的原则。

4. 反应级数

速率方程中浓度的幂次叫做反应级数。

如化学反应

$$\alpha A+\beta B \rightleftharpoons \gamma C+\delta D$$

速率方程为

$$v=-k(A)^{\alpha}\cdot(B)^{\beta}$$

若实验测定 $\alpha=1,\beta=2$,则对反应物 A 是一级,对反应物 B 是二级,总反应为:$1+2=3$ 级。

化学反应按反应级数可分为零级、一级、二级和三级,四级则极少见。

(1) 零级反应

凡是反应速率与浓度无关的反应均为零级反应。在零级反应中,最常见的是在表面上发生的多相反应,如 N_2O 在金粉表面的热分解反应

$$2N_2O \xrightarrow{Au} 2N_2+O_2$$

金粉表面能吸附 N_2O,但能促使 N_2O 分解的表面位置是有限的。当金粉表面已被 N_2O 饱和时,被吸附的 N_2O 不断分解,气相的 N_2O 就不断补充到金的表面,因此,再增加气相 N_2O 浓度对反应速率没有影响,呈零级反应。酶催化反应、光敏反应也多为零级反应。

速率方程
$$v=-\frac{dc_A}{dt}=k[A]^0$$

如
$$2\ Na(s)+2\ H_2O\ (l) = 2\ NaOH\ (aq)+H_2(g)$$
$$v=k[A]^0=k[Na]=k$$
为零级反应——反应速率与反应物浓度无关。

(2)一级反应

$$H_2O_2 \longrightarrow H_2O+\frac{1}{2}O_2$$
$$N_2O_5 \longrightarrow 2NO_2+\frac{1}{2}O_2$$
$$C_{12}H_{22}O_{11}+H_2O \longrightarrow C_6H_{12}O_6(\text{葡萄糖})+C_6H_{12}O_6(\text{果糖})$$

其速率方程为 $$v=-\frac{dc_A}{dt}=k[A]^1$$

例:核裂变 ${}^{226}_{88}Ra \longrightarrow {}^{222}_{86}Rn+{}^{4}_{2}He$ 是一级反应

一级反应 k 的量纲: $mol^{-1}\cdot L^{-1}\cdot s^{-1}$。

(3)二级反应

$$S_2O_8^{2-}+3I^- \longrightarrow 2SO_4^{2-}+I_3^-$$
$$NO_2+CO \longrightarrow CO_2+NO$$
$$2HI \longrightarrow H_2+I_2$$
$$CH_3COOC_2H_5+OH^- \longrightarrow CH_3COO^-+C_2H_5OH$$

其速率方程为 $$v=-\frac{dc_A}{dt}=k[A][B]$$

或者 $$v=-\frac{dc_A}{dt}=k[A]^2$$

如 :非基元反应 $S_2O_8^{2-}+3I^- \longrightarrow 2SO_4^{2-}+I_3^-$

有 $$v=k[S_2O_8^{2-}]\cdot[I^-]$$

对 $S_2O_8^{2-}$ 是一级反应, I^- 是一级反应,反应为二级反应。

例如:基元反应 $CO\ (g)+NO_2(g) \longrightarrow CO_2(g)+NO\ (g)$

有 $$v=k[CO][NO_2]$$

故对 CO 是一级反应;对 NO_2 是一级反应,但是反应为二级反应。

(4)三级反应

$$2NO+Br_2 \longrightarrow 2NOBr$$
$$2NO+H_2 \longrightarrow N_2O+H_2O$$
$$2NO+O_2 \longrightarrow 2NO_2$$

其速率方程为 $$v=-\frac{dc_A}{dt}=k[A]^3$$

或者 $$v=-\frac{dc_A}{dt}=k[A]^2[B]$$

另外还有比较复杂的,如反应

$H_2(g)+Cl_2(g) \longrightarrow 2\ HCl(g)$　$v=k(H_2)(Cl_2)^{1/2}$　(链式反应机理)

对 H_2 是一级反应,对 Cl_2 是 1/2 级反应,反应为 3/2 级反应。

我们不再一一介绍。

二、温度对反应速率的影响

温度是影响反应速率的主要因素之一。各种化学反应的速率与温度间的关系比较复杂。一般地说，温度升高往往会加快反应速率。例如，H_2和O_2化合成H_2O的反应，常温下几乎不能觉察，但当温度升至873 K以上，它们立即迅速反应并发生猛烈爆炸。

1. 范特霍夫规则

范特霍夫（Van't Hoff）研究了各种反应的反应速率与温度的关系，提出一个近似经验的规律：对一般反应来说，在反应物浓度相同的情况下，温度每升高10 K，反应速率增加2～4倍，相应的速率常数亦按相同的倍数增加。如图7－4粗略地表示了反应温度和反应速率的关系。

假设用k_1和k_{10}表示温度在T K和（$T+10$）K时的反应速率，则有

$$\frac{k_{T+10}}{k}=\upsilon$$

式中：υ——称为化学反应的温度因子，在较小的温度范围内，各种反应υ的数值变化不大，一般等于2～4。

温度升高使得反应速率加快的原因是活化分子增多。从图7－5中我们可以看出，温度升高时，气体能量分布曲线的高峰降低，但在能量E右方的阴影面积（代表活化分子的相对数目）却增大，因而有效碰撞增多，反应速率增大。

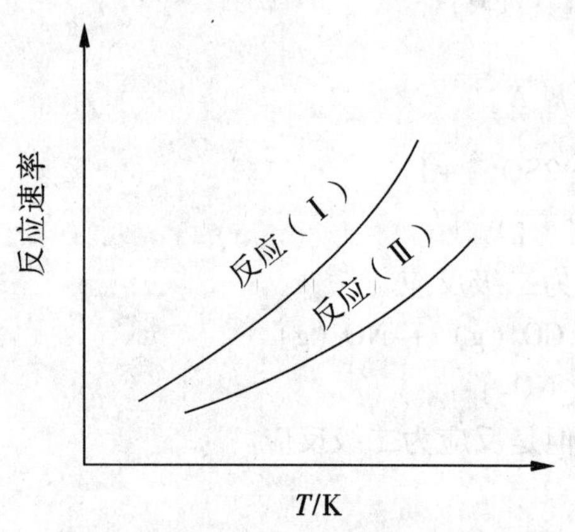

图7－4　温度与反应速率的关系

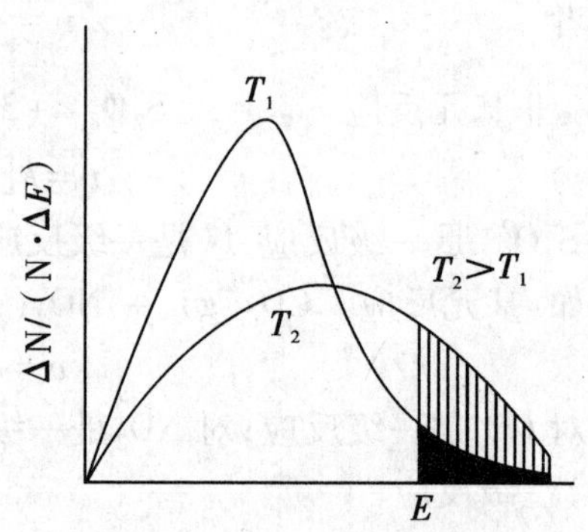

图7－5　温度升高，活化分子增多

2. 阿仑尼乌斯公式及其应用

（1）阿仑尼乌斯公式（Arrhenius）　1889年，瑞典化学家阿仑尼乌斯提出了一个较为精确的描述反应速率与温度的关系的公式

$$k=Ae^{-E_a/RT}$$

公式两边取对数

$$\ln k=-E_a/RT+\ln A$$

如果是取常用对数，则为　$\lg k=-\dfrac{E_a}{2.303RT}+\lg A$

这三个式子均为阿仑尼乌斯公式，式中 k 为反应速率常数；E_a 为反应的活化能；R 为气体常数，T 为热力学温度，A 为一常数，称为“频率因子”或“指数因子”。

由公式 $\lg k=-\frac{E_a}{2.303RT}+\lg A$ 作 $\lg k$ 与 $\frac{1}{T}$ 图。得一直线，其斜率为：$-\frac{E_a}{2.303R}$，截距为：$\lg A$。因此我们利用作图法可求 E_a 和 A 值。

对 E_a 不相等的两个反应，作两个 $\lg k$ 与 $\frac{1}{T}$ 图曲线，直线Ⅱ的斜率绝对值大，故反应Ⅱ的 E_a 大（如图 7-6 所示）。可见，活化能 E_a 大的反应，其速率随温度变化显著。根据作图法，肯定可求出 E_a 和 A。

由于图为直线，故要知道线上的两个点，即两组 $\lg k$ 与 $\frac{1}{T}$ 的值，亦即两组 k 和 T 的值，即可求出 E_a 和 A。

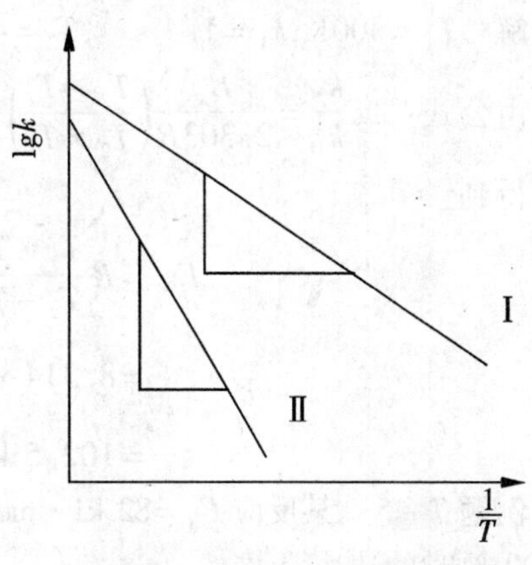

图 7-6　曲线斜率与反应活化能的关系

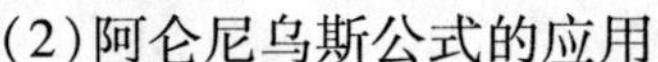
（2）阿仑尼乌斯公式的应用

①作图法求 E_a

依据 $\lg k=-\frac{E_a}{2.303RT}+\lg A$，

以 $\lg k$ 对 $\frac{1}{T}$ 作图，其斜率为 $-\frac{E_a}{2.303R}$。

②直接计算法

$$\lg\frac{k_2}{k_1}=\frac{E_a}{2.303R}\left(\frac{T_2-T_1}{T_2\times T_1}\right)$$

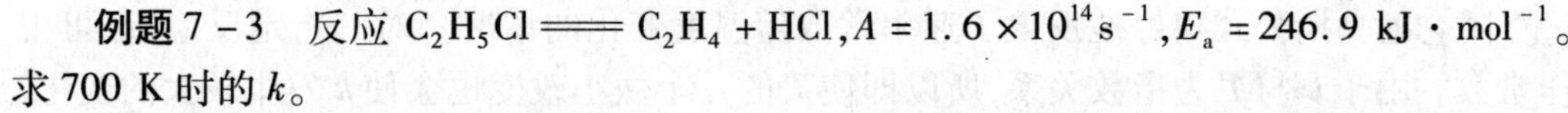
例题 7-3　反应 $C_2H_5Cl \xlongequal{} C_2H_4+HCl$，$A=1.6\times10^{14}\ s^{-1}$，$E_a=246.9\ kJ\cdot mol^{-1}$。求 700 K 时的 k。

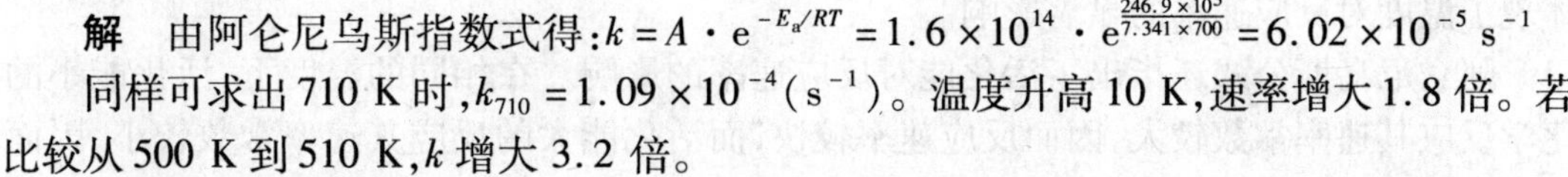
解　由阿仑尼乌斯指数式得：$k=A\cdot e^{-E_a/RT}=1.6\times10^{14}\cdot e^{\frac{246.9\times10^3}{7.341\times700}}=6.02\times10^{-5}\ s^{-1}$

同样可求出 710 K 时，$k_{710}=1.09\times10^{-4}(s^{-1})$。温度升高 10 K，速率增大 1.8 倍。若比较从 500 K 到 510 K，k 增大 3.2 倍。

根据阿仑尼乌斯公式，已知反应的 E_a、A 和某温度 T_1 时的 k_1，即可求出任意温度 T_2 时的 k_2。

由对数式

$$\lg k_1=-\frac{E_a}{2.303\ RT_1}+\lg A$$

$$\lg k_2=-\frac{E_a}{2.303RT_2}+\lg A$$

两式相减得到

$$\lg\frac{k_2}{k_1}=\frac{E_a}{2.303R}\left(\frac{T_2-T_1}{T_2\times T_1}\right)$$

那么$\frac{k_2}{k_1}=e^{\frac{E}{R}\left(\frac{T_2-T_1}{T_2\times T_1}\right)}$

把 T_1,k_1和 T_2,k_2分别代入式中,也可以求出 E_a。

例题7-4 N_2O_5分解反应,400 K 时,$k_1=1.4s^{-1}$,450 K 时,$k_2=43\ s^{-1}$,求该反应的活化能。

解 $T_1=400K, k_1=1.4\ s^{-1}, T_2=450\ K, k_2=43\ s^{-1}$

由公式 $\lg\frac{k_2}{k_1}=\frac{E_a}{2.303R}\left(\frac{T_2-T_1}{T_2\times T_1}\right)$

得到

$$\begin{aligned}E_a &= R\frac{T_1\cdot T_2}{T_2-T_1}\ln\frac{k_2}{k_1}\\ &=8.314\times10^{-3}\times\frac{400\times450}{450-400}\ln\frac{43}{1.4}\\ &=102.5\ kJ\cdot mol^{-1}\end{aligned}$$

例题7-5 某反应$E_a=82\ kJ\cdot mol^{-1}$,300 K时速率常数$k_1=1.2\times10^{-2}\ L\cdot mol^{-1}\cdot s^{-1}$,求400 K时的速率常数。

解 $T_1=300\ K, k_1=1.2\times10^{-2}\ L\cdot mol^{-1}\cdot s^{-1}, E_a=82\ kJ\cdot mol^{-1}$

$$\begin{aligned}\ln k_2 &= \ln k_1+\frac{E_a}{R}\left(\frac{1}{T_1}-\frac{1}{T_2}\right)\\ &=\ln(1.2\times10^{-2})+\frac{82\times10^3}{8.314}\left(\frac{1}{300}-\frac{1}{400}\right)\\ &=3.8\end{aligned}$$

$$k_2=44.5\ L\cdot mol^{-1}\cdot s^{-1}$$

阿仑尼乌斯公式很好地反映了速率常数随温度变化的情况。对一指定反应E_a可视作常数。由于k与T为指数关系,所以即使T的一个微小改变也会使k发生较大的变化,体现了温度对反应速率的显著影响。

阿仑尼乌斯公式还指出了活化能对反应速率的影响。在相同的温度下,活化能小的化学反应其速率常数较大,因而反应速率较快,而活化能大的反应其速率常数较小,因而反应速率较慢。

3. 催化剂对反应速率的影响

催化剂是能够改变其他物质的化学反应速度,而本身的质量和化学性质在化学反应前后没有发生变化的物质。催化剂能改变化学反应速率的作用称催化作用。而其本身在反应前后组成、数量和化学性质均保持不变的一类物质。例如加热氯酸钾制备氧气时,加入少量的二氧化锰,反应速度大大增加,这里的二氧化锰就是催化剂。

能加快反应速率的催化剂称为正催化剂。能减慢反应速率的催化剂称为负催化剂,如减缓金属腐蚀的缓蚀剂,防止橡胶、塑料老化的防老剂等等。通常所说的一般均指正催化剂。

催化剂能够显著地改变反应速率,一般认为是催化剂改变了原来反应的历程,降低了反应活化能。

例如,反应 $A + B \longrightarrow AB$,没有催化剂存在时是按照途径Ⅰ进行的,活化能为 E_a。当催化剂 K 存在时,其反应历程发生改变,反应按途径Ⅱ分两步进行,如图 7-7 所示。

$A + K \longrightarrow AK$　　活化能为 E_1

$AK + B \longrightarrow AB + K$　　活化能为 E_2

由于 E_1 和 E_2 均小于 E_a,所以反应速率大大加快了。

可见,当催化剂存在时,由于改变了反应途径,反应沿着活化能较低的捷径进行,因而反应速度加快了。

通过以上的分析可知,催化剂对反应速率的影响与浓度、温度的影响是不同的。温度、浓度改变时,一般不改变反应的历程,活化能不变。它们只是通过活化分子总数的变化来改变化学反应速率,而催化剂则不同。它是通过改变反应历程而改变化学反应速率。

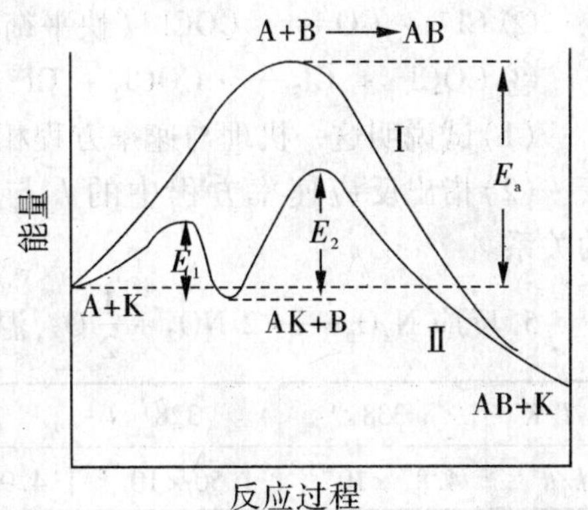

图 7-7　催化剂改变反应途径示意图

习　题

1. 反应 $C_2H_6 \longrightarrow C_2H_4 + H_2$,开始阶段反应级数近似为 3/2 级,910 K 时速率常数为 $1.13\ L^{\frac{1}{2}} \cdot mol^{\frac{1}{2}} \cdot s^{-1}$。试计算 $C_2H_6(g)$ 的压强为 1.33×10^4 Pa 时的起始分解速率 v_0。

2. 295 K 时,反应 $2NO + Cl_2 \longrightarrow 2NOCl$,反应物浓度与反应速率关系的数据如下:

$[NO] / mol \cdot L^{-1}$	$[Cl_2] / mol \cdot L^{-1}$	$v(Cl_2) / mol \cdot L^{-1} \cdot s^{-1}$
0.100	0.100	8.0×10^{-3}
0.500	0.100	2.0×10^{-1}
0.100	0.500	4.0×10^{-2}

问:(1) 对不同反应物,反应级数各为多少?

(2) 写出反应的速率方程。

(3) 反应速率常数 $k(Cl_2)$ 为多少?

3. 反应 $2\ NO(g) + 2\ H_2(g) \longrightarrow N_2(g) + 2\ H_2O(g)$,其速率方程式中对 [NO] 是二次幂,对 $[H_2]$ 是一次幂。

(1) 写出 N_2 生成的速率方程;

(2) 求出反应速率常数 k 的单位;

(3) 写出 NO 浓度减小的速率方程及 $k(NO)$ 与 $k(N_2)$ 的关系。

4. 一氧化碳与氯气在高温下作用得到光气:$CO(g) + Cl_2(g) = COCl_2(g)$,实验测得反应的速率方程为

$$d[COCl_2]/dt = k[CO][Cl_2]^{3/2}$$

有人提出其反应机理为：

① $Cl_2 \rightleftharpoons 2\ Cl^-$（快平衡）

② $Cl^- + CO \rightleftharpoons COCl^-$（快平衡）

③ $COCl^- + Cl_2 \longrightarrow COCl_2 + Cl^-$（慢反应）

(1)试说明这一机理与速率方程相符合；

(2)指出反应速率方程中的 k 与反应机理中的速率常数（$k_1, k_{-1}, k_2, k_{-2}, k_3$）间的关系。

5. 反应 $N_2O_5 \longrightarrow 2\ NO_2 + \frac{1}{2}O_2$，温度与速率常数的关系列于下表，求反应的活化能。

T/K	338	328	318	308	298	273
k/s^{-1}	4.87×10^{-3}	1.50×10^{-3}	4.98×10^{-4}	1.35×10^{-4}	3.46×10^{-5}	7.87×10^{-7}

6. $CO(CH_2COOH)_2$在水溶液中分解成丙酮和二氧化碳。在 283 K 时分解反应速率常数为 1.08×10^{-4} mol·L^{-1}·s^{-1}，333 K 时为 5.48×10^{-2} mol·L^{-1}·s^{-1}。求 303 K 时分解反应的速率常数。

7. 已知水解反应 $HOOCCH_2CBr_2COOH + H_2O \rightleftharpoons HOOCCH_2COCOOH + 2\ HBr$ 为一级反应，实验测得数据如下：

t/min	0	10	20	30
反应物质量 m/g	3.40	2.50	1.82	1.34

试计算水解反应的平均速率常数。

第八章 定量分析概论

第一节 定量分析概述

1. 定量分析的任务、作用

分析化学是化学学科的一个重要分支。它是一门获取物质化学组成和结构信息的科学。分析化学的任务包括:确定物质由哪些元素、离子、官能团或化合物所组成(定性分析);测定有关组分的含量(定量分析);确定物质的存在形态(氧化—还原态、配位态、结晶态等)和结构(化学结构、晶体结构、空间分布等)等等,以获得物质及其变化的全面信息。

分析化学不仅对化学各学科的发展起着重要的作用,而且在国民经济、国防建设、资源开发等方面都有广泛的应用。在化学领域里,只要涉及物质及其变化的研究,都需要由分析化学的结果加以验证和确定。许多学科,如在材料学、环境科学、生命科学以及空间科学的研究中,分析技术都是必不可少的手段。在农业方面,分析化学在水土成分的调查,化肥、农药的组成及其残留物和农产品质量检验中占据重要地位。分析化学在工业生产中的重要性主要表现在原料分析、工艺流程的控制和产品质量的检验。产品质量的控制是企业在市场竞争中永葆活力的基础。在生物科学技术和生物工程学科中,分析化学在细胞工程、基因工程、发酵工程、蛋白质工程以及基因药物的研究中发挥重要的作用。在国防建设中,分析化学在制备武器材料、航天材料、核武器的燃料及环境气氛的研究中都有着广泛而重要的作用。在天然气以及矿藏的探测、石油和矿藏开采和冶炼过程中,更是离不开分析测试。所以分析化学在实现我国工业、农业、国防和科学技术现代化的进程中有着不可缺少的重要作用。

2. 定量分析方法的分类

根据分析任务、分析对象、测定原理、操作方法可将定量分析方法分为两大类,一类是化学分析法,一类是仪器分析法。

(1) 化学分析法　以物质的化学反应为基础的分析方法,主要有重量分析法和滴定分析法等,其中滴定分析法包括酸碱滴定法、络合滴定法、氧化还原滴定法和沉淀滴定法。滴定的方式有直接滴定法、返滴定法、置换滴定法、间接滴定法等。

重量分析法和滴定分析法适用于常量分析。滴定分析法操作简便、快速,使用的仪器简单,测定结果的准确度也较高,因此,应用比较广泛。重量分析法准确度高,常用它作标准分析法。有时用它来测定标准物质,或检验一种新的分析方法。但重量分析操作烦琐,耗时较长,目前较少采用。

(2)仪器分析法　仪器分析法是以物质的物理性质或物理化学性质为基础的分析方法,由于这类分析方法需要专用的仪器,故称为仪器分析法。如光学分析法、电学分析法、电化学分析法、色谱分析法、质谱分析法和放射化学法。

仪器分析法的优点是快速、灵敏度高,操作比较简便,但一般不适用于常量组分的测定。有些仪器比较昂贵,影响了仪器分析的普遍推广。

仪器分析法的优点较多,发展十分迅速,化学分析法已较多地被仪器分析法所代替。但是,化学分析法在近代分析中仍是不可缺少的。对于大部分元素,只要组分的含量不是很小,化学分析法的准确度是其他分析方法所不及的。此外,化学分析法中除滴定分析法需要纯物质用于标定外,无需其他标准物质。而许多仪器分析法需要与试样组成相似的标准物质作校正,有时要合成标准或用化学分析法先分析的标准;有时在用仪器分析法测定前,试样要经过化学处理,如试样的溶解,干扰物质的分离等,这些分子都是在化学分析法的基础上进行的。所以,化学分析法是仪器分析法分析的基础。

总之,在具体分析中,根据分析实验的不同条件和不同要求,应选择不同的分析方法,一个复杂物质的分析常常要选用几种方法配合进行;有时同一种元素要用几种不同方法测定,进行比较。所以化学分析法和仪器分析法是互相配合、互相补充的。

第二节　定量分析的误差

在定量分析中,分析的结果应具有一定的准确度,因为准确测定组分在试样中的含量是定量分析的目的。但是在分析过程中,即使操作很熟练的分析工作者,用同一方法对同一样品进行多次分析,也不能得到完全一致的分析结果,而只能得到在一定范围内波动的结果。也就是说,分析过程的误差是客观存在的。

一、真值、平均值和总体平均值

1.真值

某一物理量本身具有的客观存在的真实数值,即为该量的真值,用 T 来表示。一般来说,真值是客观存在的,但又是未知的。

实际工作中往往将理论值、约定值或标准值当作真值来检验分析结果的准确度。下列情况的真值就是如此。

(1)理论真值　如某化合物的理论组成、物质的组成常数等。

(2)计量学约定值　如国际计量大会确定的长度、质量、物质的量单位等等。

(3)相对真值　认定精密度高一个数量级的测量值作为低一级的测量值的真值,这种真值是相比较而言的。如科学实验中使用的标准样品及管理样品中组分的含量、国际相对原子质量等。

2.算术平均值和总体平均值

设某一组测量数据为 $x_1,x_2,x_3,\cdots,x_n$ 其算术平均值 $\bar{x}$ 为(n 为测定次数)

$$\bar{x}=\frac{x_1+x_2+\cdots+x_n}{n}=\frac{1}{n}\sum_{i=1}^{n}x_i$$

当测量次数无限增多时，所得平均值即为总体平均值μ

$$\mu = \lim_{x\to\infty}\left(\frac{\sum x_i}{n}\right)$$

平均值虽然不是真值，但它反映了平行测定结果的集中特征，比单次测量结果更接近真值。在日常工作中，总是重复测定数次，然后求其平均值。

二、准确度和精密度

1. 准确度与误差(error)

准确度是指测定值与真实值的符合程度，常用误差表示。误差越小，表示测定的准确度越高。反之，误差越大，分析结果的准确度愈低。所以，误差的大小是衡量准确度高低的标尺。

误差通常分为绝对误差和相对误差(有正负之分)。绝对误差(E)表示测定值(χ)与真实值(μ)之差。相对误差(E_r)是表示误差在真实值中所占的百分率。

即

$$E = \chi - \mu$$

$$E_r = \frac{\chi - \mu}{\mu}\times 100\%$$

例如：分析天平称量两物体的质量各为1.638 0 g和0.163 7 g，假定两者的真实质量分别为1.638 1 g和0.163 7 g，则两者称量的绝对误差和相对误差分别是多少？

两者的绝对误差分别为

$$1.638\,0 - 1.638\,1 = -0.000\,1$$

$$0.163\,7 - 0.163\,8 = -0.000\,1$$

两者称量的相对误差分别为

$$\frac{-0.000\,1}{1.638\,1}\times 100\% = -0.006\%$$

$$\frac{-0.000\,1}{0.163\,8}\times 100\% = -0.06\%$$

由此可知：绝对误差相同的，相对误差并不一定相同。也就是说：同样的绝对误差，当被测定的质量较大时，相对误差就比较小，测定的准确度也就比较高。因此，用相对误差来表示各种情况下的测定结果的准确度更为准确些。

绝对误差和相对误差都有正值和负值，正值表示实验结果偏高，负值表示实验结果偏低。

2. 精密度和偏差(deviation)

(1)偏差　精密度是表示在相同条件下多次重复测定(称为平行测定)结果之间的符合程度。精密度高，表示分析结果的再现性好，它决定于偶然误差的大小。精密度常用分析结果的偏差、平均偏差、相对平均偏差、标准偏差或变动系数来衡量。

偏差通常分为绝对偏差(absolute error)和相对偏差(relative error)。

绝对偏差(d)是个别测定值(x)与各次测定结果的算术平均值($\bar{x}$)之差，即

$$d = x - \bar{x}$$

任意一次测定数据的绝对偏差为

$$d_i = x_i - \bar{x}$$

相对偏差是绝对偏差占算术平均值的百分数,即

$$相对偏差 = \frac{d}{\bar{x}} \times 100\%$$

平均偏差($\bar{d}$)是指各次偏差的绝对值的平均值

$$\bar{d} = \frac{|d_1| + |d_2| + \cdots + |d_n|}{n} = \frac{\sum |d_i|}{n}$$

其中 $d_1 = x_1 - \bar{x}, d_2 = x_2 - \bar{x}, \cdots, d_n = x_n - \bar{x}$

相对平均偏差是指平均偏差占算术平均值($\bar{x}$)的百分数

$$相对平均偏差 = \frac{\bar{d}}{\bar{x}} \times 100\%$$

(2)标准偏差　标准偏差又叫均方根偏差,是用数理统计的方法处理数据时,衡量精密度的一种表示方法,其符号为 S。当测定次数不多时($n<20$),则

$$S = \sqrt{\frac{d_1^2 + d_2^2 + \cdots + d_n^2}{n-1}} = \sqrt{\frac{\sum (x_i - \bar{x})^2}{n-1}} = \sqrt{\frac{\sum d_i^2}{n-1}}$$

式中:$n-1$——自由度,以 f 表示,自由度通常是指独立变数的个数。

为了计算方便,可用标准偏差的等效式来计算其数值。

$$\begin{aligned}\sum (x_i - \bar{x})^2 &= \sum (x_i^2 - 2x_i\bar{x} + \bar{x}^2) \\ &= \sum x_i^2 - 2\bar{x}\sum x_i + n\left(\frac{\sum x_i}{n}\right)^2 \\ &= \sum x_i^2 - \frac{(\sum x_i)^2}{n}\end{aligned}$$

$$\begin{aligned}S &= \sqrt{\frac{\sum (x_i - \bar{x})^2}{n-1}} \\ &= \sqrt{\frac{\sum x_i^2 - \frac{(\sum x_i)^2}{n}}{n-1}}\end{aligned}$$

相对标准偏差又称为变异系数,是标准偏差占算术平均值的百分数

$$相对标准偏差 = \frac{S}{\bar{x}} \times 100\%$$

用标准偏差表示精密度比平均偏差好,因为将单次测定的偏差平方之后,较大的偏差才能更好地反映出来,能更清楚地说明数据的分散程度。

平均值的标准偏差 $S_{\bar{x}}$

用数理统计方法处理数据时,经常用到平均值的标准偏差。它的定义是指 n 组平行测定的测定结果的平均值,对于有限次数测定值而言,平均值的标准偏差与测定次数的平方根成反比。

$$S_{\bar{x}} = \frac{S}{\sqrt{n}}$$

由上式可知:①平均值的标准偏差可由一组个别测定结果的标准偏差求得,而不必

测定几组平均值。当测定次数趋于无穷大时,总体标准偏差 σ 表达如下

$$\sigma = \sqrt{\frac{\sum (x-\mu)}{n}}$$

②平均值的标准偏差与测定次数的平方根成反比,两者的关系见图 8－1。

这就是说,平均值的标准偏差与测定次数的平方根成反比。4 次测量值的平均值的标准偏差,是单次测量标准偏差的 1/2;9 次测量值的平均值的标准偏差是单次测量标准偏差的 1/3。可见增加测定次数,可使平均值的标准偏差减少,但过多增加测定次数是很不合算的。由图 8－1 可见,当 $n<5$ 时平均值的标准差变化较大,而 $n>10$ 时变化已很小。所以,在分析化学实际工作中,一般测定 3～4 次就够了;对较高要求的分析,可测定 5～9 次。

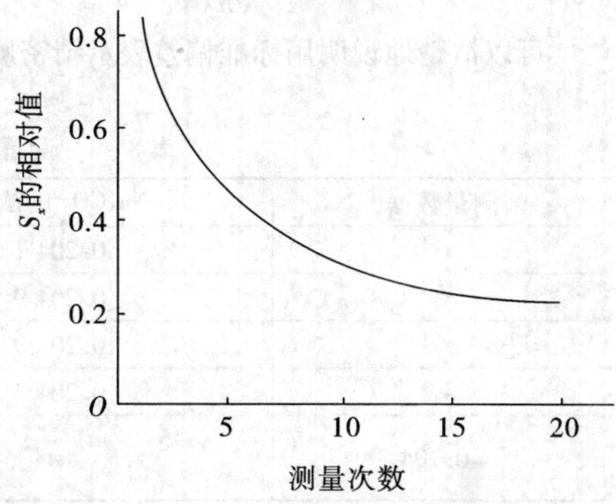

图 8－1　平均值的标准偏差与测定次数的关系

分析结果只要计算出 $\bar{x}$, S, n,即可表示出数据的集中趋势与分散程度,就可进一步对总体平均值可能存在的区间进行估计。

例题 8－1　用基准 Na_2CO_3 标定 HCl 溶液的准确浓度($mol \cdot L^{-1}$)所得数据为:0.204 1,0.204 9,0.203 9,0.204 3,计算分析结果的平均值($\bar{x}$)、平均偏差、相对平均偏差、标准偏差、变异系数和平均值的标准偏差。

$$\bar{x} = \frac{\sum_{i=1}^{n} x_i}{n} = \frac{x_1 + x_2 + \cdots + x_n}{n}$$

$$= \frac{0.204\ 1 + 0.204\ 9 + 0.203\ 9 + 0.204\ 3}{4}$$

$$= 0.204\ 3$$

因为:$d_1 = -0.000\ 2$, $d_2 = +0.000\ 6$, $d_3 = -0.000\ 4$, $d_4 = 0.000\ 0$

$$\bar{d} = \frac{|d_1| + |d_2| + |d_3| + |d_4|}{n}$$

$$= \frac{0.000\ 2 + 0.000\ 6 + 0.000\ 4 + 0.000\ 0}{4}$$

$$= 0.000\ 3$$

$$相对平均偏差 = \frac{d}{x} \times 100\% = \frac{0.000\ 3}{0.204\ 3} \times 100\% = 0.15\%$$

$$标准偏差\quad S = \sqrt{\frac{d_1^2 + d_2^2 + \cdots + d_n^2}{n-1}} = \sqrt{\frac{\sum (x_i - x)^2}{n-1}}$$

$$= \sqrt{\frac{0.000\ 2^2 + 0.000\ 6^2 + 0.000\ 4^2 + 0.000\ 0^2}{4-1}}$$

$=0.0004$

变异系数 $=\frac{S}{x}\times 100\% =\frac{0.0004}{0.2043}\times 100\% =0.2\%$

平均值的标准偏差 $=\frac{S}{\sqrt{n}}=\frac{0.0004}{\sqrt{4}}=0.0002$

可以清楚地说明用标准偏差表示精密度比用平均偏差好。处理结果列于表 8-1。

表 8-1 测量结果的表示方法

测量数据	Na_2CO_3 的浓度	$\lvert d_i \rvert$
x_1	0.2041	0.0002
x_2	0.2049	0.0006
x_3	0.2039	0.0004
x_4	0.2043	0.0000
$\bar{x}=0.2043$	—	$\sum \lvert d_i \rvert =0.0012$

(3)相差　对于一般只做两次的平行测定实验,可以用相差表示精密度。

$$相差=\lvert x_1-x_2\rvert$$

$$相对相差=\left\lvert\frac{x_1-x_2}{x}\right\rvert$$

(4)极差　极差是一组数据中最大值和最小值之差。

$$R=m_{max}-m_{min}$$

极差越大,显示数据间分散程度越大,精密度越低。

3. 准确度与精密度

准确度:表示测定结果与真值的接近程度,用误差表示。(用相对误差较好)

精密度:各次分析结果相互接近的程度,用偏差表示。重复性,再现性。

将精确度与精密度用图形象地表示,见图 8-2。

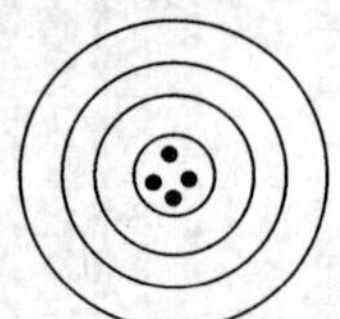

(a)准确且精密

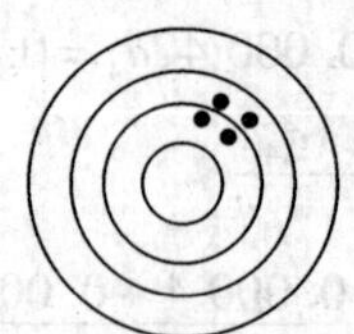

(b)不准确但精密

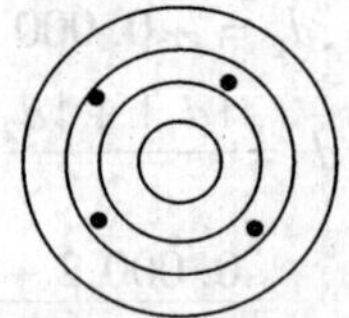

(c)准确但不精密

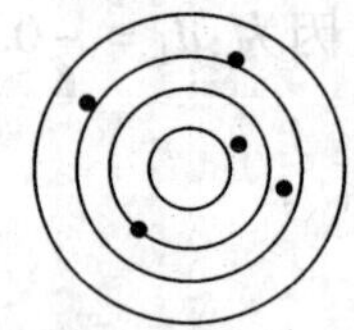

(d)不准确且不精密

图 8-2 准确度与精密度

结论:精密度是保证准确度的前提。

精密度好,准确度不一定好,可能有系统误差存在。

精密度不好,衡量准确度无意义。

在确定消除了系统误差的前提下,精密度可表达准确度。

常量分析要求误差小于 0.1% ~0.2%。

三、误差的分类

1. 系统误差

系统误差又称为可测误差，它是由于分析过程中某些固定的原因造成的，使分析结果系统偏低或偏高。当在同一条件下测定时，系统误差会重复出现，且方向（偏低或偏高）一致，所以系统误差有重复性和单向性等特点。

系统误差按照其产生的原因可以分为以下三种：

(1) 方法误差　这是由于实验方法本身所造成的误差。它对实验结果的影响比较恒定，会在同一条件下的重复测定中重复显示出来。利用标样进行对照试验或采用“加入回收法”进行试验，可以有效地检验分析方法的系统误差，然后采取适当办法加以消除或校正。

(2) 仪器和试剂误差　是由仪器本身的缺陷和试剂纯度不够而形成的误差，一般可通过校正仪器和通过空白试验来消除。

(3) 操作误差　在指定的条件下，由于操作人员主观原因造成的误差。

2. 偶然误差

偶然误差又称为随机误差或不可测误差，它是一些随机的或偶然的原因引起的。偶然误差具有随机性和偶然性等特点。例如，在测定时，环境的温度、湿度、压力的微小的变化，或者测定时，仪器性能的微小波动，操作人员操作的微小误差，这些原因都能引起偶然误差。这些误差时大时小、时正时负，难以察觉、难以控制。偶然误差虽然不固定，但是在同样条件下，重复测定，其分布符合正态分布规律。正态分布就是通常所谓的高斯分布。正态分布曲线呈对称钟形，两头小，中间大。如图 8－3 所示。这种正态分布曲线清楚地反映出偶然误差的规律性：

(1) 正误差和负误差出现的概率相等，呈对称形式；

(2) 小误差出现的概率大，大误差出现的概率小，出现很大误差的概率极小。

(3) 抵偿性。当平行测定次数无限增多时，误差的平均值的极限为零，即

$$\lim_{x \to \infty}\left(\frac{\sum \sigma_i}{n}\right) = 0$$

此性质可证明平均值比单个测量值更为可靠，因为它的一部分偶然误差相互抵消了。

图 8－3 即为随机误差的正态分布曲线，图中横坐标以误差值表示，即 $x_i = (x - \mu)$，纵坐标以误差出现的几率表示。

正态分布曲线的数学表达式为

$$y = f(x) = \frac{1}{\sigma\sqrt{2\pi}} e^{-\frac{(x-\mu)^2}{2\sigma^2}}$$

式中：y——概率密度；

x——各测量值；

μ——总体平均值（无限测定次数的平均值），相应于曲线最高点的横坐标值，在没有系统误差时，它就是真值；

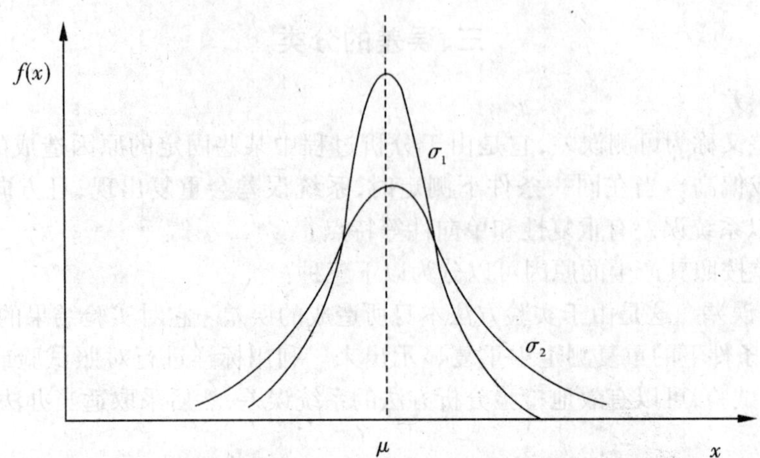

图 8－3　两组精密度不同的测量值的正态分布曲线

σ——标准偏差，在统计学中总是用标准偏差来衡量精密度；

$x-\mu$——随机误差。

若以 $x-\mu$ 作为横坐标，误差出现的频率为纵坐标作图，所得曲线最高点对应的横坐标为零，这时正态分布曲线即为随机误差的正态分布曲线。

由正态分布曲线的表达式和图 8－3 可见：

①$x=\mu$ 时，y 值最大，此即分布曲线的最高点。这就体现了测量值的集中趋势，也就是说，大多数测量值集中在算术平均值的附近；或者说，算术平均值是最可信赖值或最佳值，它能很好地反映测量值的集中趋势。

②曲线以 $x=\mu$ 这一直线为其对称轴。这种情况表明正误差和负误差出现的概率相等。

③当 x 趋于 $+\infty$ 或 $-\infty$ 时，曲线以 x 轴为渐近线。这表明小误差出现的机会很大，大误差出现的机会较小，很大误差出现的机会极小，趋近于零。

④根据正态分布曲线，可得 $x=\mu$ 时的出现误差出现的频率的概率密度为

$$y_{x=\mu}=\frac{1}{\sigma\sqrt{2\pi}}$$

概率密度乘上 dx，就可以得到测量值落在该 dx 范围内的概率。由上式可知，σ 值越大，测量值落在真值 μ 附近的机会越小。这就是说测量的精密度越差时，测量值的分布就越分散，正态分布曲线就越平坦。反之，σ 越小，测量值的分散程度就越小，正态分布曲线就越尖。

偶然误差的大小决定分析结果的精密度。在消除系统误差的前提下，如果严格操作，增加测定次数，取分析结果的算术平均值，就越趋近于真实值。也就是说，采用“多次测定，取平均值”的方法可以减小偶然误差。

μ 和 σ 是正态分布的两个参数，μ 反映测量值（数据）的集中趋势，σ 反映测量值的分散程度，一旦 μ 和 σ 确定，正态分布就完全确定了。

3. 过失误差

由于分析工作者的粗心大意或错误而引起的误差，是完全应该避免的。

第三节　有效数字及其计算规则

为了得到准确的分析结果，不仅仅要选择适当的分析方法和合适的精密仪器，进行仔细的分析测量，而且还要正确地记录所测量的数据。这些数据反映了测量的数据的准确程度，所以在记录实验数据时，保留几位有效数字不是任意的，要根据具体情况进行选择。

一、有效数字

在测定中，有效数字是指实际上能测到的数字，最后位数字是估计的，不够准确。有效数字的位数与量器的准确程度直接相关。通常是量器能准确读到的位数再加上最后一位估读出来的数，构成有效数字的位数。最后这位估读出来的数字称为可疑数字。可疑数字在每次读取时，可能产生上、下一个单位的误差。如天平称量某物体为 0.500 0 g，该物体实际质量是 0.500 0 ±0.000 1 g 范围内某一数值。其绝对误差为 ±0.000 1 g，相对误差为

$$\frac{\pm 0.000\,1}{0.500\,0} \times 100\% = \pm 0.02\%$$

相对误差也反映了天平的精度。有效数字的位数见表 8－2。

表 8－2　有效数字的位数

有效数字	位数	有效数字	位数
1.246 0	5	39.23%	4
2.000 0	5	2.83×10^{-9}	3
0.028 16	4	2.830×10^{-9}	4
1.8	2	0.002 0	2
120 0	位数含糊	0.000 002 0	2

确定有效数字的位数应该注意以下几个问题：

(1)非零数字都是有效数字。

(2)数字中的"0"有两种功能。作为普通数字使用，它是有效数字；如果用于数字开头，它只起定位作用，就不是有效数字了。

(3)像 160 0，385 2 等数字位数不明确，如果写成 1.6×10^3（2 位），3.825×10^3（4 位），其位数就一目了然了。

(4)分析化学中经常遇到倍数和分数关系，非测量所得。因此不计其位数，可视为足够有效。又如 pH、lg*K* 等数值的有效数字位数取决于尾数部分的位数（首数仅代表方次），如 pH = 11.20，换算成 H^+ 浓度为 6.3×10^{-12}，有效数字是两位而不是四位。

二、有效数字的修约规则

在数据处理过程中,涉及到的有效数字的位数可能不同,计算时需要舍弃某些有效数字的位数。这种舍弃多余数字的过程称为数字修约。

对分析数据进行处理时,应按有关运算规则,合理保留有效数字位数。一般采用“4舍6入5留双”的规则修约(如表8-3)。

表8-3 有效数字的修约规则举例

有效数字	修约后的有效数字	原因
5.249	5.2	四舍
8.361	8.4	六入
8.55	8.6	五留双
6.250	6.25	五留双
5.549 1	5.5	四舍

修约数据时应注意:在修约过程中,只允许对原测量值一次修约到所需的位数。如将5.549 1修约成两位有效数字,不能先修约到5.55,然后再修约为5.6,而是应该直接修约为5.5。

三、有效数字的运算

在测定结果计算中,每个数据的误差都会引入到结果里面,因此必须按照有关运算规则进行合理取舍。既无原则过多保留位数,使计算复杂化,也不能舍弃过多尾数增大结果误差。运算过程应是先修约再运算。

1. 加减法

运用加减法运算时,将产生各数据间的绝对误差引入到结果,结果的误差应与各数中绝对误差最大的那个数据相一致。也就是说,几个数据相加减,它们的和或它们的差的有效数字的保留,应以各数中小数点后位数最少的那个数据为依据。

如 $0.035\,\dot{2}+18.4\dot{1}+5.344\,\dot{6}$(可疑数字用黑点表示)。出于第二个数小数点后第二位已不准确.尽管其他两数小数点后第二位仍准确,但三个数据之和的小数点后第二位数也是不准确的。因此,在计算前,应以18.41为依据,对其他两个数据进行修约,保留小数点后两位,再进行加和。为

$$\begin{array}{r} 0.04 \\ 18.41 \\ +\quad 5.34 \\ \hline 23.79 \end{array}$$

如果不管各数准确度如何统统相加，得出 $23.7\underset{\cdot}{8}\underset{\cdot}{9}\underset{\cdot}{8}$，是不正确的。

2. 乘除法

乘除法运算和加减法相同，也是将产生各数据间相对误差引入到结果中。结果的相对误差应与各数中相对误差最大的那个数据相一致。即几个数据相乘除，结果的有效数字保留，应以各数中有效数字最少的那个为依据。如 $\dfrac{0.032\,\underset{\cdot}{5}\times 5.10\,\underset{\cdot}{3}\times 50.0\,\underset{\cdot}{6}}{159.\underset{\cdot}{8}}$（可疑数字用黑点表示），先计算 $0.032\,\underset{\cdot}{5}\times 5.10\,\underset{\cdot}{3}$，看看可疑数字的位数

$$
\begin{array}{rr}
 & 5.10\,\underset{\cdot}{3} \\
\times & 0.032\,\underset{\cdot}{5} \\
\hline
 & \underset{\cdot}{2}\underset{\cdot}{5}\underset{\cdot}{5}\,\underset{\cdot}{1}\underset{\cdot}{5} \\
 & 102\,0\,\underset{\cdot}{6} \\
 & 153\,0\,\underset{\cdot}{9} \\
\hline
 & 0.16\,\underset{\cdot}{5}\,\underset{\cdot}{8}\underset{\cdot}{4}\underset{\cdot}{7}\,\underset{\cdot}{5}
\end{array}
$$

可见，结果误差是按照相对误差传递的，0.032 5 的相对误差最大，是千分之几（其他数的相对误差都是万分之几），结果的相对误差也是千分之几。因此，在运算前，以有效数字最少的那个数为准，即以 0.032 5 为准，修约其他数为 3 位有效数字，然后再作乘除运算，结果也只保留三位有效数字。即

$$\frac{0.032\,5\times 5.10\times 50.1}{160}=0.051\,9$$

如果数据中某一个数据的首数大于或等于 8，则其位数可多一位。上面的0.032 5 若改为 0.082 5，则可视其为四位有效数字，其相对误差接近万分之几。

第四节　分析数据的统计处理

一、随机误差的正态分布

在分析化学中，在条件相同的情况下，对某一试样用同样的方法，进行 n 次重复测定。当 n 值很大时，由于不可控制的某些因素的影响，每次测定值并非完全相等，而是在一定范围内波动，这种测定值的波动情况符合正态分布，也称为高斯分布（Gaussian distfibution），图 8－4 为 μ 相同而 σ 不同的两条正态分布曲线。它的数学表达式即正态分布概率密度函数式（又称高斯分布）。

$$y=f(x)=\frac{1}{\sigma\sqrt{2\pi}}e^{-\frac{(x-\mu)^2}{2\sigma^2}}$$

正态分布曲线与横坐标所组成的图形的总面积代表所有测定值出现的概率的总和，其值为 1（或 100%）。在某一个范围（如 $x_1\sim x_2$）内测定值出现的概率以阴影部分面积与总面积的比值表示。

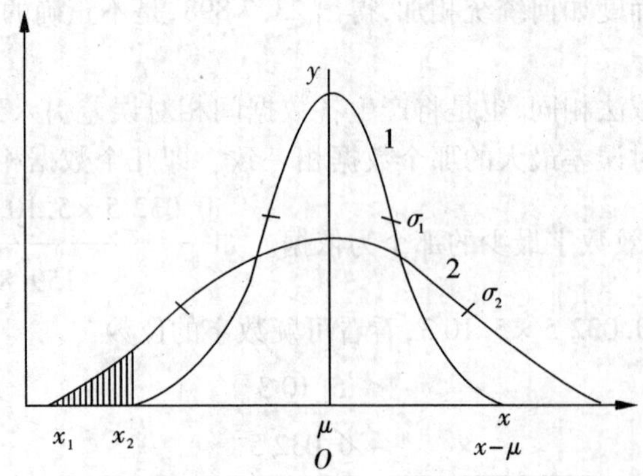

图 8-4　正态分布曲线（μ 相同，$\sigma_2>\sigma_1$）

图 8-4 为一图两用，既是测定值（x）也是随机误差（$x-\mu$）的概率密度曲线，μ 和 σ 是正态分布的两个基本参数，这种正态分布用 $N(\mu,\sigma^2)$ 表示。来自同一总体的测定值和随机误差具有相同的分布规律。

正态分布的特征：

（1）正态曲线（normal curve）在横轴上方均数处最高。

（2）正态分布以均数为中心，左右对称。

（3）正态分布有两个参数，即均数 μ 和标准差 σ。μ 是位置参数，当 σ 固定不变时，μ 越大，曲线沿横轴越向右移动；反之，μ 越小，则曲线沿横轴越向左移动。σ 是形状参数，当 μ 固定不变时，σ 越大，曲线越平阔；σ 越小，曲线越尖峭。通常用 $N(\mu、\sigma^2)$ 表示均数为 μ，方差为 σ^2 的正态分布。

（4）正态分布在 μ 处各 $\pm\sigma$ 有一个拐点。

（5）正态曲线下面积的分布有一定规律。

二、随机误差的区间概率

1. 标准正态分布

考虑到 μ 和 σ 不同即有不同的正态分布，曲线的形状亦不同，为方便计，将正态分布曲线的横坐标改用 μ 来表示，即以 σ 为单位表示随机误差，并定义

$$u=\frac{x-\mu}{\sigma}$$

则

$$y=f(x)=\frac{1}{\sigma\sqrt{2\pi}}e^{-\frac{(x-\mu)^2}{2\sigma^2}}$$

$$=\frac{1}{\sigma\sqrt{2\pi}}e^{-\frac{\mu^2}{2}}$$

由于

$$dx=\sigma du$$

故

$$f(x)dx=\frac{1}{\sqrt{2\pi}}e^{-\frac{\mu^2}{2}}du=\varphi(u)du$$

u 称为标准正态变量，此时高斯分布的表达式就转化为只含有 u 这个变量的函数表达式。

$$y=\varphi(u)=\frac{1}{\sqrt{2\pi}}e^{-\frac{u^2}{2}}$$

这样，总体平均值为 μ、总体标准偏差为 σ 的任一正态分布均可以 $\mu=0,\sigma^2=1$ 的标准正态分布 $N(0,1)$ 表示。图 8－5 即为标准正态分布曲线，其形状与 μ 和 σ 的大小无关了。

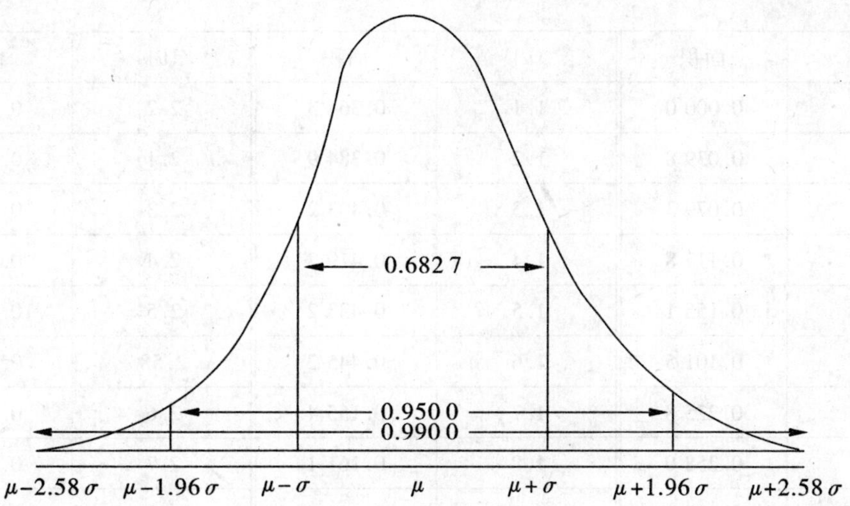

图 8－5　正态曲线及面积分布示意

2. 随机误差的区间概率

我们实际工作中，常常需要了解正态曲线下横轴上某一区间的面积占总面积的百分数，以便估计该区间的例数占总例数的百分数（频数分布）或观察值落在该区间的概率。因此，可以通过积分求得标准正态变量 u 的累积分布函数 $\varphi(u)$，反映了标准正态曲线下横轴自 $-\infty$ 到 u 的面积。统计学家按 $\varphi(u)$ 编制了标准正态分布曲线下的面积表，由此表可查出曲线下某区间的面积。对于正态或近似正态分布的资料，只要得出均数和标准差，就可对其频数分布做出概率估计。即想求得测定值或随机误差在某区间出现的概率 P，可以取不同的 u 值带入方程 $y=\varphi(u)=\frac{1}{\sqrt{2\pi}}e^{-\frac{u^2}{2}}$ 后，求积分。如当 $u=\pm1$ 时，

$$P(-1\leqslant u\leqslant +1)=\frac{1}{\sqrt{2\pi}}e^{-\frac{u^2}{2}}\qquad du=0.683$$

按此法求出不同 u 值时积分面积，制成相应的概率积分表可供直接查用。由于积分的上下限不同，表的形式有多种，使用时应注意 u 的取值区间。表 8－4 就是其中的一种。

表 8-4 正态分布概率积分表

概率 = 面积 = $\frac{1}{\sqrt{2\pi}}\int_0^u e^{-\frac{\mu^2}{2}du}$

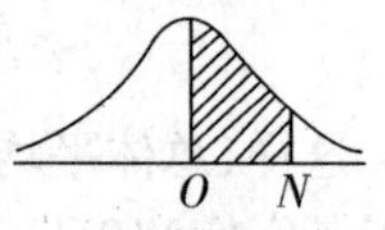

$|u| = \frac{|x-\mu|}{\sigma}$

$\|u\|$	面积	$\|u\|$	面积	$\|u\|$	面积
0.0	0.000 0	1.1	0.364 3	2.2	0.482 1
0.1	0.039 8	1.2	0.384 9	2.1	0.486 1
0.2	0.079 3	1.3	0.403 2	2.3	0.489 3
0.3	0.117 8	1.4	0.419 2	2.4	0.491 8
0.1	0.155 1	1.5	0.433 2	2.5	0.493 8
0.5	0.101 5	1.6	0.445 2	2.58	0.495 1
0.6	0.225 8	1.7	0.155 4	2.6	0.495 3
0.7	0.258 0	1.8	0.161 1	2.7	0.496 5
0.8	0.288 1	1.9	0.471 3	2.8	0.497 1
0.9	0.315 9	1.96	0.475 0	3.0	0.498 7
1.0	0.341 3	2.0	0.477 3	∞	0.500 0

注:表中列出的面积对应于图中的阴影部分。若区间为 ± $|\mu|$ 值,则应将所查得的值乘以 2。

随机误差出现的区间	测定值出现的区间	概率
$u = \pm 1$	$x = \mu \pm \sigma$	0.341 3 × 2 = 0.682 6
$u = \pm 2$	$x = \mu \pm 2\sigma$	0.477 3 × 2 = 0.954 6
$u = \pm 3$	$x = \mu \pm 3\sigma$	0.498 7 × 2 = 0.997 4

以上概率值表明,对于测定值总体而言,随机误差在 $\pm 2\sigma$ 范围以外的测定值出现的概率小于 0.05,即平均 20 次测定中只有 1 次机会;随机误差超出 $\pm 3\sigma$ 的测定值出现的概率更小,平均 1 000 次测定中仅有 3 次机会。通常在定量分析中仅有几次重复测定,不可能出现具有这样大误差的测定位。一旦发现,从统计学的观点就有理由认为它不是由随机误差所引起的,而应当将其舍去,以保证分析结果准确可靠。

随机误差出现的区间,测定值出现的区间以及相应的概率是一一对应相关联的。例如,可由概率确定误差界限,要保证测定值出现的概率为 0.95(双侧,即 0.475 0 × 2),对应的随机误差界限为 $\pm 1.96\sigma$。

例题 8-2 经过无数次测定并在消除了系统误差的情况下,测得某钢样中磷的质量分数为 0.099%。已知 $\sigma = 0.002\%$,问测定值落在区间 0.095% ~ 0.103% 的概率是多少?

解　由
$$u=\frac{x-\mu}{\sigma}$$
得到
$$u_1=\frac{0.103-0.099}{0.002}=2$$
$$u_2=\frac{0.095-0.099}{0.002}=-2$$
$|u|=2$,由表8-4查得相应的概率为0.477 3,则
$$P(0.095\leqslant x\leqslant 0.103)=0.477\ 3\times 2=0.995$$
计算表明,测定值落在0.095%～0.103%之间的概率为0.955。

例题8-3　对含铁的试样进行100次分析,已知结果符合正态分布$N(55.20,0.20^2)$,求分析结果大于55.60%的最可能出现的次数。

解
$$u=\frac{x-u}{\sigma}=\frac{55.60-55.20}{0.2}=2$$
查表8-4,$P=0.477\ 3$,故在100次测定中大于0.477 3的测定值出现的概率为
$$0.500\ 0-0.477\ 3=0.022\ 7$$
因此可能出现的次数为　　$100\times 0.022\ 7\approx 2$(次)

三、t分布与平均值的置信区间

1. t分布曲线

在定量分析测量时,通常只做少数数据的测定。在进行分析数据处理时,往往σ是不知道的,只好用样本标准偏差S来估计测量数据的分散情况。用S代替σ时必然引起误差,英国统计学家兼化学家W. S. Gosst研究了这个课题,提出用t值代替u值,以补偿这一误差。这时随机误差不是正态分布而是t分布,见图8-6。

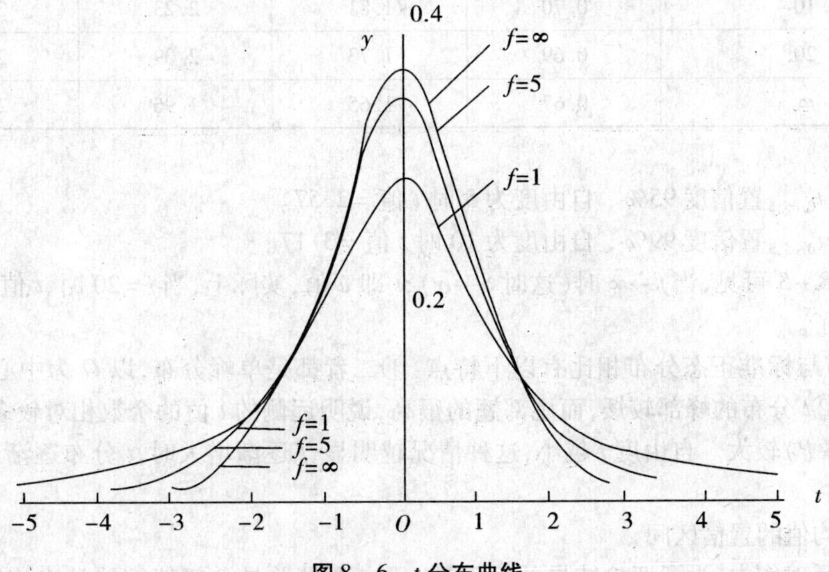

图8-6　t分布曲线

$$t\text{ 定义为 } t=\frac{x-\mu}{S_{\bar{x}}}=\frac{x-\mu}{S}\sqrt{n}$$

t 分布曲线的纵坐标是概率密度,横坐标则表示 t。t 分布曲线随自由度 $f(f=n-1)$ 变化,当 $n\to\infty$ 时,t 分布曲线即为正态分布曲线。t 值不仅随着概率的改变而变化,还随 f 值的变化而不同,相应的 t 值已由数学家计算出。表 8-5 列出常用的部分 t 值。表中置信度(P,指测定值在一定范围内出现的频率)表示的是平均值落在 $\mu\pm tS_{\bar{x}}$ 区间内的概率。显然,落在此范围之外的概率为 $1-P$ 称为显著性水准,用 α 表示,引用 t 值表时,常加注脚说明,一般表示为 $t_{\alpha,f}$。

表 8-5 $t_{\alpha,f}$ 值表(双边)

自由度 f \ 置信度 P	0.50	0.90	0.95	0.99
1	1.00	6.31	12.71	63.66
2	0.82	2.92	4.30	9.93
3	0.76	2.35	3.18	5.84
4	0.74	2.13	2.78	4.60
5	0.73	2.02	2.57	4.03
6	0.72	1.94	2.45	3.71
7	0.71	1.90	2.37	3.50
8	0.71	1.86	2.31	3.36
9	0.70	1.83	2.26	3.25
10	0.70	1.81	2.23	3.17
20	0.69	1.73	2.09	2.85
∞	0.67	1.65	1.96	2.58

例如,$t_{0.05,5}$ 置信度 95%,自由度为 5 时 t 值 =2.57。

$t_{0.05,5}$ 置信度 99%,自由度为 10 时 t 值 =3.17。

由表 8-5 可见,当 $f\to\infty$ 时(这时 $S\to\sigma$),t 即 u 值,实际上,当 $f=20$ 时,t 值与 u 值已经很接近了。

t 分布与标准正态分布相比有以下特点:①二者都是单峰分布,以 O 为中心,左右两侧对称。②t 分布的峰部较矮,而尾部翘的很高,说明远侧的 t 值的个数相对较多,即尾部面积(概率 P)较大。自由度 f 越小,这种情况越明显,f 逐渐增大时,t 分布逐渐逼近标准正态分布。

2. 平均值的置信区间

在实际工作中,为了评价结果的可靠性,研究人员总是希望能够估计出实际测定值和真实值的接近程度,即在测量值附近估计出真值可能存在的范围以及测定值在此范围内的概率，从而说明结果的可靠程度。

将 t 公式
$$t=\frac{\bar{x}-\mu}{S_{\bar{x}}}$$

改写为
$$u=\bar{x}\pm tS_{\bar{x}}=\bar{x}\pm\frac{t\cdot S}{\sqrt{n}}$$

这表示在一定置信度下，以平均值 $\bar{x}$ 为中心，包括总体平均值 μ 的置信区间。当分析工作者由一组少量实验数据中求得 $\bar{x}$，S 和 n 值后，再根据选定的置信度及自由度，由表中查得 $t_{\alpha,f}$ 值，就可计算出平均值的置信区间。分析化学中通常把置信度选在 95% 或 90%。

例题 8－4　某市 2001 年随即抽取了 7 岁正常女童 400 名，测量其身高，并计算得算术平均数为 114 cm，标准差为 4.0 cm。

问：（ⅰ）今有一名 7 岁女童身高为 102 cm，则该女童身高发育是否正常？

（ⅱ）估计该市 7 岁正常女童身高均数。

解　（ⅰ）该市 7 岁正常女童身高的 95% 正常值范围为

$$(\bar{x}-uS,\bar{x}+uS)$$
$$=(114-1.96\times4,114+1.96\times4)$$
$$=(106.2,121.8)$$

故身高为 102 cm 的 7 岁女童不在此区间内，所以身高发育不正常。

（ⅱ）该市 7 岁正常女童身高均数的 95% 可信区间为：

$$(\bar{x}-u_{\frac{\alpha}{2}}S_{\bar{x}},\bar{x}+u_{\frac{\alpha}{2}}S_{\bar{x}})$$
$$=(114-1.96\times4/\sqrt{400},114+1.96\times4/\sqrt{400})$$
$$=(113.6,114.4)$$

例题 8－5　测定某硅铁试样中硅的百分含量，五次平行分析结果为 37.40%，37.20%，37.32%，37.52%，37.34%，求置信度为 95% 时平均值的置信区间。

解　$\bar{x}=37.36\%$，$S=0.12\%$，$n=5$

当 $P=0.95$，$f=5-1=4$ 时，查 t 值表 $t_{0.05,4}=2.78$ 平均值的置信区间为

$$u=\bar{x}\pm\frac{t\cdot S}{\sqrt{n}}=37.36\pm\frac{2.78\times0.12}{\sqrt{5}}=37.36\pm0.15(\%)$$

四、显著性检验

在定量分析中，经常遇到这样的问题，不同的分析人员对标准试样进行分析，得到的平均值（$\bar{x}$）不同，并且和标准值（μ）也不相同。这个问题是由偶然误差还是由系统误差引起的呢？这类问题在统计学上属于“假设检验”，如果分析结果之间存在明显的系统误差，就认为它们之间有“显著性差异”；否则就认为没有显著性差异，这就是说，分析结果之间的差异纯属偶然误差引起的，是正常的，不可避免的。

显著性差异的检验方法有好几种，在分析化学中最常用的是 t 检验法和 F 检验法。

1. 平均值和标准值之间的显著性检验

t 检验：t 检验的理论基础为 1908 年 W. S. Gosset 以笔名“student”发表的分布，故 t 检验亦称 student 检验（student test）。

作 t 检验时，先将标准值 μ 与测定的平均值 $\bar{x}$ 代入下式计算 t 值

$$t_{计算}=\frac{|\bar{x}-\mu|}{S}\sqrt{n}$$

再根据置信度(通常按95%)和自由度 f 在 t 值表中查出相对应的 $t_{\alpha,f}$，如果 $t_{计算}>t_{\alpha,f}$，说明测定平均值 $\bar{x}$ 与标准值 μ 有显著差异，存在系统误差；若 $t_{计算}<t_{\alpha,f}$，则说明测定平均值 $\bar{x}$ 与标准值 μ 之间无显著性差异，不存在系统误差，而只有偶然误差存在。

例题8-6 已知健康成年男子的脉搏均数为72次/分。某医生在一山区抽样调查了25名健康成年男子，求得其脉搏均数为74.2次/分，标准差为6.5次/分。问该山区健康成年男子的脉搏均数是否高于一般健康成年男子的脉搏均数。

解 令 $\mu_0=72$ 次/分，$n=25$，$\bar{x}=74.2$ 次/分

$$t_{计算}=\frac{|\bar{x}-\mu|}{S}\sqrt{n}=\left|\frac{74.2-72}{6.5}\right|\times\sqrt{25}=1.692$$

$$f=25-1=24$$

查 t 值表 $t_{\alpha,f}=2.064$

$$t_{计算}<t_{\alpha,f}$$

得到两地健康成年男子的脉搏无显著性差异。

2. 两组平均值的显著性检验

不同分析人员或同一分析者采用不同方法分析同一试样，所得到的平均值一般是不相等的。要判断这两组数据之间是否存在系统误差可以采用 F 检验和 t 检验两种方法。

用 F 检验法检验

设两组数据分别是 $n_1,\bar{x}_1,S_1;n_2,\bar{x}_2,S_2$

按照下式计算 F 值

$$F_{计算}=\frac{S_{大}^2}{S_{小}^2}>1$$

由给定的 F 值表查得 F 值，置信度为95%，若 $F_{计算}<F_{表}$ 说明 S_1 与 S_2 没有显著性差异，若 $F_{计算}>F_{表}$，说明 S_1 与 S_2 有显著性差异。进而用 t 检验法检验两组平均值，$\bar{x}_1$ 与 $\bar{x}_2$ 有无显著性差异。

用 t 检验法检验两组平均值

$$t_{计算}=\frac{|\bar{x}_1-\bar{x}_2|}{S}\sqrt{\frac{n_1n_2}{n_1+n_2}}$$

其中 S 为两组的 S_1,S_2 中较小的数值，$f=n_1+n_2-2$

查 t 值表，当 $t_{计算}>t_{\alpha,f}$ 时，说明两组的平均值有显著性差异。

例题8-7 某一 Na_2CO_3 试样采用两种方法测定，得到两组结果：

方法1 $n_1=5,\bar{x}_1=42.34,S_1=0.10$

方法2 $n_2=4,\bar{x}_2=42.44,S_2=0.12$

试比较在置信度为95%时两组结果有无显著差异。

解 F 检验法

$$F_{计算}=\frac{S_{大}^2}{S_{小}^2}=\frac{0.12^2}{0.10^2}=1.44$$

$$f_1=5-1=4,f_2=4-1=3$$

查表得 $F_{表}=6.59$，$F_{计算}<F_{表}$，S_1 与 S_2 无显著性差异。

$$t_{计算}=\frac{|\bar{x}_1-\bar{x}_2|}{S}\sqrt{\frac{n_1n_2}{n_1+n_2}}$$

$$=\frac{|42.34-42.44|}{0.10}\times\sqrt{\frac{4\times5}{4+5}}$$

$$=1.49$$

$$f=4+5-2=7$$

查 t 值表 得到 $t_{\alpha,f}=2.37$，$t_{计算}<t_{\alpha,f}$ 说明两组结果无显著性差异。

五、数据的评价

在定量分析中平行测定的数据总是有一定的离散性，这是由随机误差所引起的，但是，有时出现个别的偏离其他数据较远的值称为离群值或可疑值。

离群值的取舍会影响结果的平均值，尤其当数据少时则更甚，宜作慎重处理。若离群值是过失错误所造成，保留这样的离群值，势必影响所得平均值的可靠性，这是不对的。若离群值是随机误差所引起的，舍去这样的值，表面上虽得到了精密度高的结果，但这是不科学、不严肃的。对于前一种情况的离群值必须舍去，这称为技术剔除。对后者就要根据数理统计方法进行处理。统计学处理离群值的方法有好几种，下面重点介绍四种。

1. Q 检验法

Q 检验法属于统计方法。当测定次数为 3～10 时，根据所要求的置信度，可用 Q 检验法检验可疑数据是否可以舍去。设有一组平行测定数据为 $x_1,x_2,\cdots,x_n$，设 x' 为离群值，可根据统计量 $Q_{计算}$ 进行判断，以确定其取舍。

$$Q_{计算}=\frac{|x'-x_{最临近}|}{x_{max}-x_{min}}$$

从上式可以判断出离群值离群的远近，当离群值离群越来越远，远到一定程度就可以删除，这个界限 $Q_{表}$ 称为舍去商，$Q_{表}$ 见表 8－6。

表 8－6　舍去商 Q 值表（置信概率 90%，95%）

测定次数 n	3	4	5	6	7	8	9	10
$Q_{0.90}$	0.94	0.76	0.64	0.56	0.51	0.47	0.44	0.41
$Q_{0.95}$	1.53	1.05	0.86	0.76	0.69	0.64	0.60	0.58

统计学家已计算出不同置信度时舍去商 $Q_{表}$ 值，当 $Q_{计算}>Q_{表}$ 时，该离群值应舍去，否则应保留。

例题 8-8 在一组平行实验中,测定某试样中的 CaO 的含量,得到 6 个数据:40.02,40.12,40.16,40.18,40.18,40.20。问 40.02 是否舍去?

解

$$Q_{计算} = \frac{|x' - x_{最临近}|}{x_{max} - x_{min}} = \frac{|40.02 - 40.12|}{40.20 - 40.02} = 0.56$$

查表 8-6,$n = 6$ 时,$Q_{0.95} = 0.76 > Q_{计算}$

所以 40.02 应保留。

2. Grubbs 检验法

设有一组平行测定数据为 $x_1, x_2, x_3, \cdots, x_n$,设 x' 为离群值,计算出包括离群值在内该组数据的平均值和标准偏差,可根据统计量 $G_{计算}$ 进行判断,以确定其取舍。

统计量 $$G_{计算} = = \frac{|x' - \bar{x}|}{S}$$

这个界限 $G_{计算}$ 自称为临界值,参见表 8-7。当 $G_{计算} > G_{表}$ 时,该离群值舍去,否则应保留。

表 8-7 Grubbs 检验法的临界值(置信概率 95%,99%)

测定次数 n	3	4	5	6	7	8	9	10
$G_{0.95}$	1.15	1.48	1.71	1.89	2.02	2.13	2.21	2.23
$G_{0.99}$	1.15	1.50	1.76	1.97	2.14	2.27	2.39	2.48
测定次数 n	11	12	13	14	15	16	17	18
$G_{0.95}$	2.36	2.41	2.46	2.51	2.55	2.59	2.62	2.65
$G_{0.99}$	2.56	2.54	2.70	2.76	2.81	2.85	2.89	2.98
测定次数 n	19	20	21	22	23	24	25	–
$G_{0.95}$	2.68	2.71	2.78	2.76	2.78	2.80	2.80	–
$G_{0.99}$	2.97	3.00	3.03	3.06	3.09	3.11	3.14	–

检验法的优点是在判断离群值时将正态分布的两个最重要的样本参数平均值和标准偏差引入,故方法的准确度较高。

用此方法来处理例题 8-8。

解 包括可疑值 $x' = 40.02$ 在内,可求得数据的平均值为

$$\bar{x} = \frac{40.02 + 40.12 + 40.16 + 40.18 + 40.18 + 40.20}{6}$$

$$= 40.14$$

同理可以得到 $S = 0.066$

$$G_{计算} = \frac{|x' - \bar{x}|}{S} = \frac{|40.02 - 40.14|}{0.066}$$

$$= 1.82$$

查表 8-7 得到 $G_{0.95} = 1.89 > G_{计算}$

所以 40.02 应该保留。

3. 4 $\bar{d}$法

当测定次数通常少于4次时,对于偏差大于4 $\bar{d}$的个别测定值可以舍去。这种方法的优点是简单,不必查表,缺点是这样处理问题误差较大。显然这种方法只能用于一些要求不高的数据。4 $\bar{d}$法的操作步骤如下:

①将离群值除外,求其余数据的平均值$\bar{x}$;

②将离群值除外,求其余数据的平均偏差$\bar{d}$;

③求离群值 x'与平均值的差值的绝对值$|x'-\bar{x}|$;

④将$|x'-\bar{x}|$与4 $\bar{d}$比较,如果$|x'-\bar{x}|>4\bar{d}$,则离群值舍去,否则保留。

还是利用例题8-8,我们用4 $\bar{d}$法判断40.02是否可以舍去。

解　除去可疑值 $x'=40.02$ 外,可求得其他数据的平均值为

$$\bar{x}=\frac{40.12+40.16+40.18+40.18+40.20}{5}=40.17$$

$$\bar{d}=0.022$$

$$|x'-\bar{x}|=0.15>0.022\times 4$$

所以40.02应该保留。

4. 置信区间检验法

①设有一组平行测定数据为$x_1,x_2,x_3,\cdots,x_n$,设x'为离群值,计算出包括离群值在内该组数据的平均值和标准偏差;

②查 t 值表;

③求得平均值的置信区间,如果并将各个测定位与置信区间比较,若可疑值落在该区间外,可能是由于某种过失造成的,应该舍去,否则应保留。

还是例题8-8,用置信区间检验法来检测40.02是否应该舍去。

解　包括可疑值 $x'=40.02$ 在内,可求得数据的平均值为

$$\bar{x}=\frac{40.02+40.12+40.16+40.18+40.18+40.20}{6}$$

$$=40.14$$

$$S=0.066$$

$f=n-1=6-1=5$,置信度为0.95,查得$t_{0.05,5}=2.57$,可以求得置信区间为(40.14±0.07)即(40.07~40.21)

所以40.02应该保留。

第五节　滴定分析

滴定分析法又称容量分析法。滴定分析法是一种将已知准确浓度的溶液滴加到被测物质溶液中,直到所加的试剂与被测物质定量反应完全为止,根据所使用的试剂的体积及浓度计算被测物质含量的分析方法。这种分析方法适用于多种化学反应类型的测定。与仪器分析相比,主要用于常量组分分析。

在化学计量点时,反应往往没有任何可觉察的外部特征,常借助指示剂的变色来确

定,有时用适当的仪器检测待测溶液的电或光的性质,当指示剂的颜色发生突变或某些物理性质(如电位、电导或吸光度等)发生突变时终止滴定,此时滴定到达滴定终点。滴定终点与化学计量点往往不一致,两者之差叫终点误差。终点误差是滴定分析误差的主要来源之一。

一、几个基本概念

(1)标准溶液:所用已知准确浓度的试剂溶液叫标准溶液,也叫滴定剂。

(2)滴定(titration):将滴定剂从滴定管逐滴加入到被测物质溶液中的操作过程称为滴定。

(3)滴定剂(titrant):已知准确浓度的试剂。

(4)化学计量点(stoichometric point):当滴入的标准溶液与被测物质按化学计量关系反应完全时,即达到化学计量点。

(5)滴定终点(titration end point):许多滴定反应到计量点时并无外观变化,通常是在被测溶液中加入某种指示剂,由颜色的变化来指示停止滴定。指示剂发生颜色变化的转变点称为滴定终点。

(6)终点误差(titration end point error):滴定终点与化学计量点往往不一致,两者之差叫终点误差。终点误差是滴定分析误差的主要来源之一。

二、滴定分析法的特点和分类

1. 滴定分析法的特点

滴定分析主要用来测定组分含量在1%以上的物质,控制一定的条件,相对误差可在±0.1%~0.2%。滴定分析的特点是准确度高(误差<0.1%);适用于常量分析;操作简单、快速,费用较低,应用广泛。

2. 滴定分析法的分类

根据常用的化学反应,滴定分析法分为四类。

(1)酸碱滴定法(中和法) 以酸碱反应为基础的滴定分析法。一般酸、碱以及能和酸、碱直接或间接发生质子转移的物质可用酸碱滴定法测定。例如

$$H_3O^+ + OH^- \Longrightarrow 2H_2O$$

$$HA + OH^- \Longrightarrow A^- + H_2O$$

$$A^- + H_3O^+ \Longrightarrow HA + H_2O$$

(2)配位滴定法 这种滴定法是以配位反应为基础的一种滴定分析法,可以对金属离子进行测定,如

$$Ag^+ + 2CN^- \Longrightarrow Ag(CN)_2^-$$

若用 $AgNO_3$ 标准溶液滴定 CN^-,到达化学计量点后,由于下式反应,溶液变浑,指示终点到达。

$$Ag^+(\text{稍过量}) + Ag(CN)_2^- \Longrightarrow 2AgCN\downarrow$$

又如用有机配位剂乙二胺四乙酸(EDTA,以 H_4Y 表示)作滴定剂,滴定金属离子。例如

$$Mg^{2+} + H_2Y^{2-} \xlongequal{} MgY^{2-} + 2H^+$$

$$Fe^{3+} + H_2Y^{2-} \xlongequal{} FeY^{2-} + 2H^+$$

(3)沉淀滴定法(又称容量沉淀法) 这是以沉淀反应为基础的一种滴定分析法,可用以对 Ag^+,CN^-,SCN^- 及卤素等进行测定。目前应用最广的是生成难溶银盐的反应,称为银量法。

如

$$Ag^+ + X^- \xlongequal{} AgX\downarrow$$

$$Ag^+ + SCN^- \xlongequal{} AgSCN\downarrow$$

用银量法可测定 Cl^-,Br^-,I^-,SCN^-,Ag^+ 等。

(4)氧化还原滴定法 这是以氧化还原反应为基础的一类滴定分析法。可用于对具有氧化还原性质的物质进行测定,如高锰酸钾法,其反应如下

$$MnO_4^- + 5Fe^{2+} + 8H^+ \xlongequal{} Mn^{2+} + 5Fe^{3+} + 4H_2O$$

氧化还原滴定法应用最为广泛。按照滴定用氧化剂或还原剂的不同,可分为 $KMnO_4$ 法、$K_2Cr_2O_7$ 法、碘量法和铈量法、溴酸钾法等。

三、滴定分析法对化学反应的要求和滴定方式

1. 适合滴定分析法的化学反应,应具备以下几个条件:

(1)有确定的化学计量关系;

(2)反应必须按反应式的计量关系定量地完成,反应要完全(99.9%以上),没有副反应,这是定量计算的基础;

(3)反应速度要快,要求瞬间完成。有些速度较慢的反应,可适当加热,或用加入催化剂等方法加快反应速度;

(4)应有适当的方法确定滴定终点。

2. 滴定方式

滴定分析法中常用的滴定方式有三种:

(1)直接滴定法 符合滴定要求的反应。

$$2H^+ + Na_2CO_3 \xlongequal{} H_2O + CO_2 + 2Na^+;$$

$$Zn^{2+} + H_2Y \xlongequal{} ZnY + 2H^+; \quad Ag^+ + Cl^- \xlongequal{} AgCl;$$

$$Cr_2O_7^{2-} + 6Fe^{2+} + 14H^+ \xlongequal{} 2Cr^{3+} + 6Fe^{3+} + 7H_2O$$

(2)返滴定法 反应速度慢或样品是固体、气体,或缺乏合适的指示剂。

$$2NH_3 + H_2SO_4(\text{过量}) \xlongequal{} 2NH_4^+ + SO_4^{2-}$$

$$H_2SO_4 + NaOH \xlongequal{} Na_2SO_4 + H_2O$$

$$Al^{3+}(l) + H_2Y^{2-}(\text{过量}) \xlongequal{} AlY^- + 2H^+(\text{反应慢})$$

$$H_2Y^{2-} + Cu^{2+} \xlongequal{} CuY + 2H^+$$

$$CaCO_3(s) + 2HCl(\text{过量}) \xlongequal{} CaCl_2 + CO_2 + H_2O$$

$$HCl + NaOH \xlongequal{} NaCl + H_2O$$

(3)置换滴定法 有些氧化还原反应不是定量进行或没有合适的指示剂。

$$Cr_2O_7^{2-} + 6I^- + 14H^+ \xlongequal{} 2Cr^{3+} + 3I_2 + 7H_2O$$

$$I_2 + 2S_2O_3^{2-} \xlongequal{} 2I^- + S_4O_6^{2-}$$

$Na_2S_2O_3$不能直接滴定 $K_2Cr_2O_7$(氧化性强)

(4)间接滴定法　不能与滴定剂发生反应的物质,可以用间接法滴定。如 Ca^{2+} 与 MnO_4^- 不反应,但是可用$(NH_4)_2C_2O_4$ 将 Ca^{2+} 沉淀位 CaC_2O_4,沉淀经过滤、洗涤后用 H_2SO_4 溶解,再用 $KMnO_4$ 标准溶液滴定与 Ca^{2+} 结合的 $C_2O_4^{2-}$,从而间接测定 Ca^{2+} 含量。

四、标准溶液与基准物质

1. 基准物质

滴定分析,无论采取何种方法,都离不开标准溶液,否则无法计算分析结果。用于直接配制或标定标准溶液的浓度的物质称为基准物质或标准物质。作为基准物质必须符合以下条件:

(1)作为基准物质的试剂纯度应该足够高, 一般要求纯度达到99.9%以上;

(2)物质的组成与其化学式相符(包括结晶水);

(3)试剂在称量、使用过程中应该很稳定。不易吸潮、不挥发、不易氧化和还原、不和空气中的 CO_2 反应;

(4)试剂尽可能有较大的摩尔质量,以减小称量的相对误差;

(5)试剂按严格的化学计算关系参与滴定反应。

2. 标准溶液的配制方法

满足上述条件的基准物质,可在准确称量后,溶解,转移到容量瓶内准确稀释至一定体积,再计算出所得的标准溶液的准确浓度。此即直接配制标准溶液的方法。根据所称基准物质的质量和溶解的体积计算出溶液的准确浓度。

但大多数物质不能用于直接配制标准溶液,此时,可先粗略称取一定量物质,或量取一定体积的溶液,配制成近似于所需浓度的溶液。然后,再标定其准确浓度,即用基准物质或另一种物质的标准溶液测定其浓度。这种方法又称标定法。

在滴定分析中,标准溶液的浓度常用物质的量浓度和滴定度表示。

滴定度(T)是指 1 毫升滴定剂溶液相当于被测物质的质量。例如用 $K_2Cr_2O_7$ 标准溶液滴定 Fe^{2+}时,1 mL $K_2Cr_2O_7$ 相当于 5.585 g 的铁,则此溶液对铁的滴定度为 $T_{Fe/K_2Cr_2O_7}=5.85\ mg\cdot mL^{-1}$。在生产单位的例行分析中,由于分析对象一般比较固定,为了简化计算,常用滴定度来表示标准溶液的浓度。

习　题

1. 若将 $H_2C_2O_4\cdot 2H_2O$ 基准物质长期保存于保干器中,用以标定 NaOH 溶液的浓度时,结果是偏高还是偏离?分析纯的 NaCl 试剂若不作任何处理用以标定 $AgNO_3$ 溶液的浓度,结果会偏离,试解释之。

2. 用于滴定分析的化学反应为什么必须有确定的化学计量关系?什么是化学计量点?什么是滴定终点?

3. 已知浓硫酸的相对密度为 1.84($g\cdot mL^{-1}$),其中含 H_2SO_4 约为 96%($g\cdot g^{-1}$),求其浓度为多少?若配制 H_2SO_4溶液 1 L,应取浓硫酸多少毫升?

4. 试计算 $K_2Cr_2O_7$标准溶液(0.020 00 $mol\cdot L^{-1}$)对 Fe、FeO、Fe_2O_3 和 Fe_3O_4 的滴

定度。

提示：将各含铁样品预处理成 Fe^{2+} 溶液，按下式反应

$$Cr_2O_7^{2-} + 6Fe^{2+} + 14H^+ = 2Cr^{3+} + 6Fe^{3+} + 7H_2O$$

5. 欲配制 NaC_2O_4 溶液用于标定 0.02 mol · L^{-1} 的 $KMnO_4$ 溶液（在酸性介质中），若要使标定时两种溶液消耗的体积相近，问应配制多少浓度（mol · L^{-1}）的 NaC_2O_4 溶液？要配制 100 mL 溶液，应该称取 NaC_2O_4 多少克？

6. 称取铁矿试样 0.314 3 g，溶于酸并还原为 Fe^{2+}，用 0.200 0 mol · L^{-1} $K_2Cr_2O_7$ 溶液滴定消耗了 21.30 mL。计算试样中 Fe_2O_3 的百分含量。

7. 某铁矿石中含铁 39.16%，若甲分析结果为 39.12%，39.15%，39.18%；乙分析结果为 39.19%，39.24%，39.28%。试比较甲、乙两人分析结果的准确度和精密度。

8. 甲、乙二人同时分析一样品中的蛋白质含量，每次称取 2.6 g，进行两次平行测定，分析结果分别报告为

甲：5.654%　　5.646%

乙：5.7%　　5.6%

试问哪一份报告合理？为什么？

9. 计算 0.201 5 mol · L^{-1}HCl 溶液对 $Ca(OH)_2$ 和 NaOH 的滴定度。

10. 分析不纯 $CaCO_3$（其中不含干扰物质）。称取试样 0.300 0 g，加入浓度为 0.250 0 mol · L^{-1}HCl 溶液 25.00 mL，煮沸除去 CO_2，用浓度为 0.201 2 mol · L^{-1} 的 NaOH 溶液返滴定过量的酸，消耗 5.84 mL，试计算试样中 $CaCO_3$ 的质量分数。

11. 用开氏法测定蛋白质的含氮量，称取粗蛋白试样 1.658 g，将试样中的氮转变为 NH_3 并以 25.00 mL，0.201 8 mol · L^{-1} 的 HCl 标准溶液吸收，剩余的 HCl 以 0.160 0 mol · L^{-1}NaOH 标准溶液返滴定，用去 NaOH 溶液 9.15 mL，计算此粗蛋白试样中氮的质量分数。

12. 常量滴定管的读数误差为 ±0.01 mL，如果要求滴定的相对误差分别小于 0.5% 和 0.05%，问滴定时至少消耗标准溶液的量是多少毫升？这些结果说明了什么问题？

13. 万分之一分析天平，可准确称至 ±0.000 1 g，如果分别称取试样 30.0 mg 和 10.0 mg，相对误差是多少？滴定时消耗标准溶液的量至少多少毫升？

14. 测定某废水中的 COD，十次测定结果分别为 50.0，49.2，51.2，48.9，50.5，49.7，51.2，48.8，49.7 和 49.5 mgO_2 · L^{-1}，问测定结果的相对平均偏差和相对标准偏差各多少？

15. 为标定硫酸亚铁铵 $(NH_4)_2Fe(SO_4)_2$ 溶液的准确浓度，准确取 5.00 mol · L^{-1} 重铬酸钾标准溶液（$1/6K_2Cr_2O_7$ = 0.250 0 mol · L^{-1}），用 $(NH_4)_2Fe(SO_4)_2$ 溶液滴定消耗 12.50 mL，问该溶液的量浓度[$(NH_4)_2Fe(SO_4)_2$，mol · L^{-1}]是多少？

第九章　酸碱平衡与酸碱滴定法

酸碱滴定法(acid－base titration)是一类以质子传递反应为基础的滴定分析方法。一般的酸碱以及能与酸碱直接或间接进行质子传递的物质,基本上都可以用酸碱滴定法进行测定。因此,酸碱滴定法的应用比较广泛。酸碱滴定法的研究内容是在酸碱滴定中pH变化规律、化学计量点的确定、指示剂的选择以及终点误差的计算等方面。要解决这些问题,就必须了解酸碱平衡理论知识。在实际工作中,溶液的酸度是影响溶液中各类化学反应的重要因素。

第一节　电解质的电离

一、弱电解质的电离平衡

在水溶液中或熔融状态下,能导电的物质称为电解质,不能导电的物质称为非电解质。根据电解质在水溶液中导电能力的强弱,可分为强电解质和弱电解质,强电解质包括离子型化合物,如强碱NaOH、KOH等和大部分盐类,如$NaNO_3$、K_2SO_4、KCl等,还包括强极性共价化合物,如强酸HCl、HNO_3、$HClO_4$等;弱电解质则是那些弱极性共价化合物,如弱酸HAc、HCN、HF及弱碱$NH_3 \cdot H_2O$和少数盐类,如$HgCl_2$、Hg_2Cl_2、$Pb(Ac)_2$等。

1.电离常数

定义:在一定温度下,弱电解质在水溶液中达到电离平衡时,电离所生成的各种离子浓度的乘积与溶液中未电离的分子浓度之比,称为电离平衡常数,简称电离常数(K_i)。

弱电解质在溶液中只部分电离,其电离过程和其他可逆化学过程一样,在一定条件下达到平衡状态,这个平衡状态叫电离平衡状态。以HA表示一元弱酸,则存在分子和离子之间的电离平衡。

$$HA \rightleftharpoons H^+ + A^-$$

根据平衡原理,其平衡常数表达式为

$$K_a^\ominus = \frac{\left(\frac{c_{H^+}}{c^\ominus}\right)\left(\frac{c_{A^-}}{c^\ominus}\right)}{\frac{c_{HA}}{c^\ominus}} = \frac{c'_{H^+} c'_{A^-}}{c'_{HA}}$$

以BOH代表弱碱,在一定温度下达到平衡时,存在下列电离平衡

$$BOH \rightleftharpoons B^+ + OH^-$$

$$K_b^\ominus = \frac{\left(\frac{c_{B^+}}{c^\ominus}\right)\left(\frac{c_{OH^-}}{c^\ominus}\right)}{\frac{c_{BOH}}{c^\ominus}} = \frac{c'_{B^+}c'_{OH^-}}{c'_{BOH}}$$

$K_a^\ominus$,$K_b^\ominus$ 分别表示弱酸、弱碱的标准电离常数。一般情况下为了指明具体的弱电解质,在表示弱电解质的电离常数时应注明其化学式。例如 K_a(HAC)、K_b($NH_3 \cdot H_2O$)分别表示醋酸和氨水的电离常数。

电离常数的大小表示弱电解质电离的难易程度。$K_i^\ominus$ 值越大,表示电离程度越大,弱电解质越强;$K_i^\ominus$ 值越小,表示电离程度越小,弱电解质越弱。例如在 298 K 时,甲酸的电离常数为 1.77×10^{-4},醋酸的电离常数为 1.8×10^{-5},当浓度相同时,甲酸的酸性比醋酸的酸性强。通常认为 $K_i^\ominus < 10^{-4}$的电解质为弱电解质;$K_i^\ominus$ 在 $10^{-3} \sim 10^{-2}$之间的电解质为中强电解质;$K_i^\ominus < 10^{-7}$的电解质为极弱电解质。

与其他平衡常数一样,电离常数与温度有关,与浓度无关。但温度对其影响不大,在室温下可以忽略温度对 $K_i^\ominus$ 值的影响。

2. 电离度

电离度可以用来衡量弱电解质的电离程度,它表示弱电解质达到电离平衡时的电离百分率,用 α 表示

$$\alpha = \frac{\text{已电离的电解质分子数}}{\text{溶液中原有电解质的分子总数}} \times 100\%$$

或者

$$\alpha = \frac{\text{已电离弱电解质的浓度}}{\text{弱电解质的起始浓度}} \times 100\%$$

注:电离度的大小,主要取决于电解质的本性,同时又与溶液的浓度、温度等因素有关。在一定温度下,同一弱电解质,浓度越小,其电离度越大。这是因为溶液浓度越小,离子间的平均距离越远,彼此结合成分子的机会就会越小,有更多的弱电解质分子电离。在实际应用中,电离常数比电离度更能方便地比较弱电解质的相对强弱。

3. 电离度和电离常数的关系

以一元弱酸 HA 为例讨论电离常数、电离度和浓度之间的关系:设 HA 的浓度为 c,电离度为 α,则

	$HA \rightleftharpoons$	H^+	$+ A^-$
起始浓度/($mol \cdot L^{-1}$)	c	0	0
平衡浓度/($mol \cdot L^{-1}$)	$c(1-\alpha)$	$c\alpha$	$c\alpha$

$$K_\alpha^\ominus = \frac{c'_{H^+} \cdot c'_{A^-}}{c'_{HA}} = \frac{(c\alpha)^2}{c(1-\alpha)} = \frac{c\alpha^2}{1-\alpha}$$

当$\frac{c}{K_\alpha^\ominus} \geqslant 500$,$\alpha$ 很小时,$1-\alpha \approx 1$,则

$$K_\alpha^\ominus = c\alpha^2 \quad \text{或者} \quad \alpha = \sqrt{\frac{K_\alpha^\ominus}{c}}$$

所以,一元弱酸的溶液中,c_{H^+}的近似计算通式为

$$c_{H^+} = \sqrt{K_\alpha^\ominus \cdot c}$$

以同样方法讨论一元弱碱的电离平衡，可以得到

$$K_b^\ominus = c\alpha^2 \quad 或者 \quad \alpha = \sqrt{\frac{K_b^\ominus}{c}}$$

所以，一元弱酸的溶液中，c_{OH^-} 的近似计算通式为

$$c_{OH^-} = \sqrt{K_b^\ominus \cdot c}$$

由以上推导我们可知，在一定温度下，弱电解质的电离度 α 与电离常数的平方根成正比，与溶液浓度的平方根成反比，即浓度越稀，电离度越大，这个关系称为稀释定律。

例题 9-1 已知在 298 K 时，$K_{HAC}^\ominus = 1.85 \times 10^{-5}$，计算在此温度下，0.1 mol·L^{-1}的 HAC 溶液的 c_{H^+}和 α。

解 在平衡时 $\qquad HAC \rightleftharpoons H^+ + AC^-$

起始浓度/(mol·L^{-1}) $\qquad$ 0.1 $\quad$ 0 $\quad$ 0

平衡浓度/(mol·L^{-1}) $\qquad$ $0.1-\alpha$ $\quad$ 0.1α $\quad$ 0.1α

$$K_\alpha^\ominus = \frac{c'_{H^+} \cdot c'_{A^-}}{c'_{HA}} = \frac{\alpha^2}{0.1-\alpha} = 1.8 \times 10^{-5}$$

当$\dfrac{c}{K_\alpha^\ominus} \geqslant 500$，$\alpha$ 很小时，$1-\alpha \approx 1$，则

$$c_{H^+} = \sqrt{K_\alpha^\ominus \cdot c} = \sqrt{1.8 \times 10^{-5} \times 0.1} = 1.3 \times 10^{-3}\,mol \cdot L^{-1}$$

$$\alpha = \frac{已电离弱电解质的浓度}{弱电解质的起始浓度} \times 100\%$$

$$= \frac{1.3 \times 10^{-3}}{0.1} \times 100\% = 1.3\%$$

例题 9-2 已知在 298 K 时，0.2 mol·L^{-1}氨水的电离度为 0.943%，计算溶液中 c_{OH^-}和氨水的电离常数。

解 达到平衡状态时

$$NH_3 \cdot H_2O \rightleftharpoons NH_4^+ + H_2O$$

起始浓度/(mol·L^{-1}) $\qquad$ 0.2 $\quad$ 0 $\quad$ 0

平衡浓度/(mol·L^{-1}) $\qquad$ $0.2-\alpha$ $\quad$ 0.2α $\quad$ 0.2α

由于 $\alpha = 0.943\%$

$$\alpha = \frac{已电离弱电解质的浓度}{弱电解质的起始浓度} \times 100\% = \frac{c_{OH^-}}{c}$$

$$c_{OH^-} = c \times \alpha = 0.2 \times 0.943\% = 1.9 \times 10^{-3}\,mol \cdot L^{-1}$$

$$K_b^\ominus = \frac{c'_{B^+} \cdot c'_{OH^-}}{c'_{BOH}} = \frac{(1.9 \times 10^{-3})^2}{0.2 - 1.9 \times 10^{-3}} = 1.8 \times 10^{-5}$$

4. 质子转移平衡的移动

质子转移平衡和其他平衡一样，都是暂时的，有条件的。如果改变平衡的某一条件，平衡即遭破坏，并发生移动，直到建立新的平衡。

(1)浓度对质子转移平衡的影响　以弱酸 HB 在水溶液中建立的质子转移平衡为例

$$HB + H_2O \rightleftharpoons H_3O^+ + B^-$$

平衡建立后,若向溶液中加入 HB 使其浓度增大,则平衡向右,但是需要注意,虽然平衡向右移动,但并不意味着 HB 的离解度增大,相反,HB 的电离度会减小。这是因为 HB 的电离度是一个比值 $\alpha = \frac{[H_3O^+]}{c_{HB}}$,也就是说,$\alpha$ 与氢离子及 HB 的浓度都有关系,α 与 HB 浓度的定量关系为

$$K_\alpha^\Theta = c\alpha^2 \quad 或者 \quad \alpha = \sqrt{\frac{K_b^\Theta}{c}}$$

(2)同离子效应和盐效应

①同离子效应。在弱酸或者弱碱的水溶液中,如 HAc 中,加入少量的 NaAc,因为 NaAc 是强电解质,在溶液中全部电离成 Na^+ 和 Ac^-,使溶液中 Ac^- 的浓度增大,HAc 的质子转移平衡将向生成 HAc 的方向移动,从而减小了 HAc 的离解度。这种弱酸或者弱碱的水溶液,加入含有相同离子的易溶的电解质,使得弱酸或者弱碱的电离度减小的现象称为同离子效应(common ioneffect)。现在通过例题来说明这个问题。

例题 9-3　分别计算下列溶液中$[H^+]$和电离度。

(ⅰ)0.1 $mol \cdot L^{-1}$ HAc 溶液;

(ⅱ)0.1 $mol \cdot L^{-1}$ HAc 溶液中加入固体 NaAc,使其成为浓度为 0.1 $mol \cdot L^{-1}$ 的溶液。

解　(ⅰ)根据

$$c_{H^+} = \sqrt{K_a^\Theta \cdot c} = \sqrt{0.1 \times 1.76 \times 10^{-5}} = 1.33 \times 10^{-3} mol \cdot L^{-1}$$

$$\alpha = \frac{已电离弱电解质的浓度}{弱电解质的起始浓度} \times 100\%$$

$$= \frac{1.33 \times 10^{-3}}{0.1} \times 100\%$$

$$= 1.33\%$$

(ⅱ)加入固体 NaAc 的 HAc 溶液中,由于同离子效应,溶液中 H^+ 的浓度更小,达到平衡后,Ac^- 的浓度约为 0.10 $mol \cdot L^-$,所以

$$K_a = \frac{[H^+][Ac^-]}{[HAc]}$$

$$[H^+] = K_a \frac{[HAc]}{[Ac^-]}$$

$$= 1.76 \times 10^{-5} \times \frac{0.10}{0.10}$$

$$= 1.76 \times 10^{-5} mol \cdot L^{-1}$$

$$\alpha = \frac{[H^+]}{c} \times 100\% = \frac{1.76 \times 10^{-5}}{0.10} \times 100\% = 0.017\,6\%$$

通过计算我们知道,由于同离子效应的存在,$[H^+]$和 HAc 的电离度减少了很多。

同离子效应的存在在工农业生产中有很重要的意义,利用同离子效应可以控制实际

生产中的pH。

②盐效应。如在弱酸或者弱碱中加入不含相同离子的强电解质,溶液的离子强度增大了。使弱酸或者弱碱的电离度增大的效应为盐效应(salt effect)。例如在0.1 $mol \cdot L^{-1}$ HAc溶液中加入NaCl使其浓度为0.1 $mol \cdot L^{-1}$,则溶液的$[H^+]$由$1.33 \times 10^{-3} mol \cdot L^{-1}$增加到$1.82 \times 10^{-3} mol \cdot L^{-1}$,即电离度略有增加。

产生同离子效应的同时,伴有盐效应的发生,但是同离子效应的影响较盐效应大许多,对于稀溶液,一般不予考虑盐效应的作用。

二、强电解质溶液理论简介

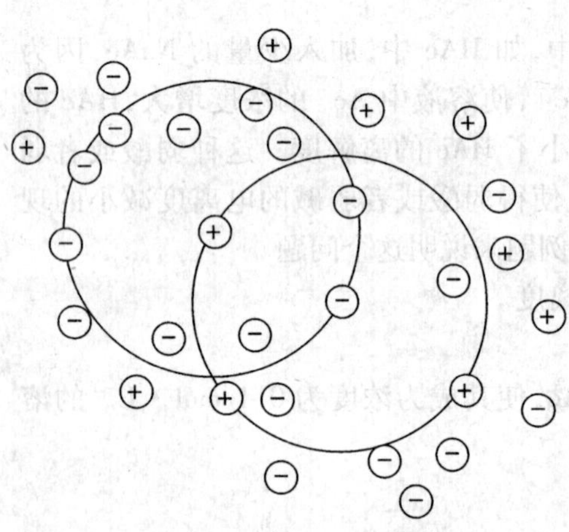

图9-1 离子氛示意图

1. 离子强度

强电解质在溶液中全部电离成离子,因此电离度应为100%。溶液中不存在电离平衡,但根据导电性实验测得的数据表明,强电解质在溶液中的电离度均小于100%。德拜(Debye)和休格尔(Hückel)提出了强电解质溶液理论,较好地解决了这个问题。强电解质溶液理论认为:强电解质在水溶液中都是100%电离,溶液中离子浓度较大,离子间相互静电作用比较显著。在正离子附近,负离子多一些,在负离子附近,正离子多一些,每一个离子都被异性电荷的离子所包围而形成离子氛(图9-1)。

当电解质溶液通电时,带正电荷的离子向负极移动,但它的离子氛向正极移动。离子氛的存在,使正、负离子的运动受到牵制,离子的运动显然比自由离子慢,因此溶液的导电性实际上比理论上要低一些。实验测得的强电解质的电离度,反映了溶液中正、负离子相互牵制作用的强弱,因此强电解质的电离度称为表观电离度。同理,在测量电解质的依数性时,由于离子和它的离子氛之间相互作用,使得发挥作用的离子数目少于电解质完全电离时应有的离子数目。这就解释了电解质稀溶液的凝固点下降且低于稀溶液的原因。几种强电解质溶液的表观电离度见表9-1。

表9-1 几种强电解质溶液的表观电离度(298 K,0.1 $mol \cdot L^{-1}$)

电解质	KCl	$ZnSO_4$	HCl	HNO_3	H_2SO_4	NaOH	$Ba(OH)_2$
表观电离度/%	86	40	92	92	61	91	81

显然离子的浓度越大,离子所带的电荷数越多,离子与它的离子氛之间的作用就越强。可以用离子强度(ionic strength)的概念来衡量溶液中离子和它的离子氛之间相互作用的强弱。离子强度的公式为

$$I = \frac{1}{2}(b_1z_1^2 + b_2z_2^2 + \cdots + b_iz_i^2) = \frac{1}{2}\sum_i b_iz_i^2$$

式中：I——离子强度；

$b_1, b_2, \cdots, b_i$——各离子的质量摩尔浓度（$mol \cdot kg^{-1}$）；

$z_1, z_2, \cdots, z_i$——各离子的电荷数。在稀溶液中，质量摩尔浓度 b_B 近似和物质的量浓度 c_B 相等。故在有关计算中，可直接用 c_B 代替 b_B。

离子强度表示当溶液中含有多种离子时，每一种离子受到的所有离子所产生的静电力影响的程度。由离子强度公式可知，离子强度仅与溶液中各离子的浓度及电荷数有关，而与离子种类无关。离子浓度越大，电荷数越多，则溶液的离子强度越大，离子间的相互牵制作用就越强。

2. 活度与活度系数

由于电解质不能100%电离，所以电解质溶液中离子实际发挥作用的浓度，我们称为有效浓度，即为活度（activity）。通常用 α 表示，它和离子的浓度 b_i 有如下关系

$$\alpha = \gamma \cdot b_i$$

式中：γ——活度系数（activity coofficience）。

一般来说，由于 $\alpha < b_i$，所以 $\gamma < 1$。显然，溶液的浓度越小，离子间距离越大，正、负离子间的牵制作用就越弱，活度与浓度相差得就越小。尤其是电解液的离子浓度很小，离子所带的电荷也很少时，离子之间的牵制作用就降低到极微弱的程度，这时活度就接近于浓度，活度系数 γ 接近于1。可见，活度系数表示了溶液中离子之间相互牵制作用的大小。

在电解质溶液中，由于正、负离子同时存在，至今我们还不能用实验的方法来测定其中某一种离子的活度系数，但可用实验方法（如凝固点降低法、电化学法等）来求得电解质溶液离子的平均活度系数 $\gamma_\pm$。我们把1－1价型电解质的离子平均活度系数定义为正离子和负离子的活度系数的几何平均值，即

$$\gamma_\pm = \sqrt{\gamma_+ \cdot \gamma_-}$$

式中：γ_+ 和 γ_-——正、负离子的活度系数。

而离子的平均活度等于正离子和负离子的活度的几何平均值，即

$$\alpha_\pm = \sqrt{\alpha_+ \cdot \alpha_-} = \sqrt{\gamma_+ \cdot c \cdot \gamma_- \cdot c} = \gamma_\pm \cdot c$$

当溶液中离子间的相互牵制作用越强，离子强度越大，活度系数就越小。当离子浓度很小，且电荷数也很少时，离子强度就很小，此时离子间的牵制作用就降低到极微弱的程度；当 $I < 10^{-4}$ 时，$\gamma \approx 1$，这时离子的活度就近似等于它的浓度。

第二节　酸碱理论

酸碱的经典理论为酸碱电离理论。它是19世纪末由阿仑尼乌斯（Arrbenus）提出的。酸碱电离理论认为：凡是在水中能离解出 H^+ 的物质是酸，而能离解出 OH^- 的物质是碱。酸碱反应的实质是 H^+ 与 OH^- 结合生成 H_2O 的反应。酸碱电离理论从物质的化学组成上揭示了酸碱的本质，这是人们对酸碱的认识从现象到本质的一次飞跃。直到现在这个

理论仍在普遍应用。近几十年来，在科学实验中，愈来愈多的反应是在非水溶液中进行的，而且许多不含 H^+ 和 OH^- 的物质也表现出酸碱的性质，这是电离理论无法解释的。此外，电离理论把碱限制为氢氧化物，因而，氨水呈现碱性这一事实也无法解释，这说明酸碱电离理论尚不完善，需要进一步补充和发展。1923 年，由丹麦物理化学家布朗斯特德(Brönsted)和英国的化学家劳莱(Lowry)分别提出了在酸碱理论中占据重要地位的酸碱质子理论，同年，美国的化学家提出了酸碱电子理论，这些理论都克服了经典理论的局限性。

1. 酸碱质子理论

酸碱质子理论认为：酸碱反应的实质是质子从一种物质向另一种物质的转移。据此提出，凡是能给出质子的物质为酸，凡是能接受质子的物质为碱。能给出多个质子的为多元酸。定义不涉及质子转移的环境，在气相和任何溶剂中均适用。

按照酸碱质子理论观点，酸碱不是孤立的，一种酸(如 HA)与其释放一个质子后产生的碱(A^-)称为共轭酸碱对，也可以说碱结合质子后形成其共轭酸，共轭酸碱对必定同时存在。容易给出质子的是强酸，容易接受质子的为强碱，酸给出质子的倾向越大，其共轭碱接受质子的倾向就越小。

酸碱关系可用下式来表示

$$\text{酸} \rightleftharpoons \text{碱} + \text{质子}$$

例如，下列等号左侧的各物质，在一定条件下均能给出质子，故它们都是酸；等号右侧的各物质均能接受质子，故它们皆为碱。

$$\text{酸} \rightleftharpoons \text{碱} + \text{质子}$$

$$HCl \rightleftharpoons Cl^- + H^+$$

$$NH_4^+ \rightleftharpoons NH_3 + H^+$$

$$HAc \rightleftharpoons Ac^- + H^+$$

$$H_2CO_3 \rightleftharpoons HCO_3^- + H^+$$

$$HCO_3^- \rightleftharpoons CO_3^{2-} + H^+$$

$$HNO_3 \rightleftharpoons NO_3^- + H^+$$

$$H_3O^+ \rightleftharpoons H_2O + H^+$$

$$H_2O \rightleftharpoons OH^- + H^+$$

$$(CH_2)_6N_4H^+ \rightleftharpoons (CH_2)_6N_4 + H^+$$

$$[Al(H_2O)_6]^{3+} \rightleftharpoons [Al(OH)(H_2O)_5]^{2+} + H^+$$

在酸碱质子理论中，酸和碱可以是中性分子，也可以是阳离子和阴离子。质子理论中，没有盐的概念，如$(NH_4)_2SO_4$ 中 NH_4^+ 是酸，SO_4^{2-} 是碱；另外，在上述表示酸碱共轭关系中，有些物质如 H_2O、HCO_3^- 等，在一定条件下能接受质子，可以作为碱参加反应，在一些条件下，可以释放质子，可以作为酸参加反应，此类物质，我们称之为两性物质。

酸碱质子理论摆脱了酸碱电离理论立论于水溶液的局限性，扩大了酸碱及酸碱反应的范围，解决了气相和非水溶剂中酸碱及酸碱反应的问题。但由于它只限于质子的给出和接受，故对无质子传递的反应无法解释。

2. 路易斯酸碱理论

1923 年,在质子理论提出的同年,美国化学家路易斯(Lewis)根据酸碱反应中化学键的变化,从原子的电子结构观点出发,提出了著名的路易斯酸碱电子理论。根据电子理论,在反应过程中,能接受电子对的任何分子、原子或离子称为酸;能给出电子对的任何物质称为碱。在酸碱反应过程中,电子发生转移,碱性物质提供电子对,酸性物质接受电子对,形成配位键,其生成的物质则称为酸碱加合物。

按照酸碱电子理论观点,酸碱反应可用公式表示为

$$酸(A)+碱(:B) \rightleftharpoons 酸碱加合物(A:B)$$

$$H^+ + H—\ddot{\underset{..}{O}}—H \longrightarrow [H—\overset{\overset{H}{\uparrow}}{O}—H]^+$$

$$Ag^+ + 2:NH_3 \longrightarrow [H_3N \longrightarrow Ag \leftarrow NH_3]^+$$

$$BF_3 + :F^- \longrightarrow \left[\begin{matrix} & F & \\ & | & \\ F— & B & \leftarrow F \\ & | & \\ & F & \end{matrix}\right]$$

由于配位键普遍存在于化合物中。因此,路易斯的酸碱范围极其广泛。按照电子理论,所有的阳离子都是酸,所有与阳离子结合的阴离子或中性分子都是碱。酸碱配合物无所不包,故有人称其为广义的酸碱理论。

关于酸碱理论的讨论还有许多,人们对酸碱的认识还在不断深入。

第三节　水溶液中的电离平衡

一、水的离子积和 pH

1. 水的离子积

水是一种既能释放质子又能接受质子的两性物质。纯水的离解实质上是一个水分子从另一个水分子夺取质子后,形成 H_3O^+ 和 OH^- 的质子转移反应。即

$$H_2O + H_2O \rightleftharpoons H_3O^+ + OH^-$$

为了简便,我们经常写成

$$H_2O \rightleftharpoons H^+ + OH^-$$

这种将质子从一个分子转移给另一个同类分子的作用叫做质子自递作用。这种反应叫做水的质子自递反应。其反应平衡常数表示为

$$K_1 = \frac{[H^+][OH^-]}{[H_2O]}$$

因为水是极弱的电解质,所以其质子自递反应也十分弱,故可把式中的 H_2O 看做常数,合并于 K_1 中,用 K_w 表示,因此上述平衡常数式可改写成

$$K_w = [H^+][OH^-]$$

K_w 称为水的质子自递常数(也称水的离子积)。由实验测出,纯水在 298 K 时,H^+(H_3O^+)和 OH^- 的浓度都是 10^{-7}mol·L^{-1}。代入上式得

$$K_w = [H^+][OH^-] = 10^{-7} \times 10^{-7} = 10^{-14}$$

因为水的质子自递作用是吸热过程,故 K_w 随温度升高而增大,但室温下改变不大均可按 10^{-14} 计算。

2. 水的 pH

$K_w = [H^+][OH^-]$ 这个公式不仅适用于纯水,还适用于一切的稀水溶液。在稀溶液中,只要知道 H^+ 的浓度,就可以计算出 OH^- 的浓度。

在纯水中加入一定量的盐酸,由于 H^+ 浓度的增加,使水的离解平衡向生成水的方向移动,OH^- 浓度将相应减小,平衡移动的结果,仍保持 $[H^+][OH^-] = K_w$。同样道理,在纯水中加入一定量的 NaOH,由于 OH^- 浓度增大,使溶液中 H^+ 浓度降低,但 K_w 值不变。

由此可知,不论是酸性的水溶液还是碱性的水溶液,都同时存在 H^+ 和 OH^-,仅仅是它们的含量不同而已。即

中性溶液 $[H^+] = [OH^-] = 1.0 \times 10^{-7}$ mol·L^{-1}

酸性溶液 $[H^+] > 1.0 \times 10^{-7}$ mol·L^{-1} $> [OH^-]$

碱性溶液 $[H^+] < 1.0 \times 10^{-7}$ mol·L^{-1} $< [OH^-]$

在很稀的溶液中,用 $[H^+]$ 表示溶液的酸碱度,其数值是幂指数形式,很不方便,为此,采用氢离子浓度的负对数——pH 来表示溶液的酸碱度。即

$$pH = -\lg[H^+]$$

同理 $pOH = -\lg[OH^-]$

根据 $[H^+][OH^-] = 10^{-14}$,等式两边取负对数得

$$(-\lg[H^+]) + (-\lg[OH^-]) = -\lg(1.0 \times 10^{-14})$$

$$pH + pOH = 14$$

当 pH = 7 时,溶液呈中性;

当 pH > 7 时,溶液呈碱性;

当 pH < 7 时,溶液呈酸性。

pH 的数值范围为 0~14,即溶液中的 H^+ 浓度范围为 1~10^{-14}mol·L^{-1},当溶液中的 c_{H^+} 或 c_{OH^-} 大于 1 mol·L^{-1} 时,溶液的酸碱度一般直接用 c_{H^+} 或 c_{OH^-} 表示。

需要指出的是,人们常说 pH 等于 7 的溶液呈中性,这里有一个前提条件:温度为 298.15 K,严格来说,中性溶液指的是 $c_{H^+} = c_{OH^-}$ 的溶液。

在实际工作中,pH 的测定有很重要的意义,测定 pH 常采用的方法有两种。较准确测定溶液 pH 时可用酸度计,一般情况下用 pH 试纸就可以了。

二、共轭酸碱对 K_a 和 K_b 的关系

HAc 与 Ac 为共轭酸碱对,在水溶液中

$$HAc \rightleftharpoons Ac^- + H^+$$

$$Ac^- + H_2O \rightleftharpoons HAc + OH^-$$

HAc 的酸常数表达式为

$$K_a = \frac{c_{H^+} \cdot c_{AC^-}}{c_{HAc}}$$

Ac^-的碱常数表达式为

$$K_b = \frac{c_{HAc} \cdot c_{OH^-}}{c_{Ac^-}}$$

水的离子积表达式为

$$K_w = c_{H^+} \cdot c_{OH^-}$$

所以

$$K_w = K_a \cdot K_b$$

从上式我们可以知道，只要知道酸常数，就能求出其共轭碱的碱常数，反之亦然。

例题 9-4　已知在 25 ℃时，HCN 的 $K_a = 4.93 \times 10^{-10}$，求其共轭碱的 K_b 值。

解　由共轭酸碱对 K_a 和 K_b 的关系式知道

$$K_w = K_a \cdot K_b$$

$$K_b = \frac{K_w}{K_a} = \frac{10^{-14}}{4.93 \times 10^{-10}} = 2.03 \times 10^{-5}$$

对于多元酸，要注意 K_a 和 K_b 的对应关系，如三元酸 H_3A 在水溶液中

$$H_3A + H_2O \xrightleftharpoons{K_{a_1}} H_3O^+ + H_2A^-$$

$$H_2A^- + H_2O \xrightleftharpoons{K_{a_2}} H_3O^+ + HA^{2-}$$

$$HA^- H_2O \xrightleftharpoons{K_{a_3}} H_3O^+ + A^{3-}$$

$$H_2A^- + H_2O \xrightleftharpoons{K_{b_3}} OH^- + H_3A^{2-}$$

$$HA^{2-} + H_2O \xrightleftharpoons{K_{b_2}} OH^- + H_2A^-$$

$$A^{3-} + H_2O \xrightleftharpoons{K_{b_1}} OH^- + HA^-$$

$$K_{a_1} \cdot K_{b_3} = K_{a_2} \cdot K_{b_2} = K_{a_3} \cdot K_{b_1} = [H^+] \cdot [OH^-] = K_w$$

第四节　酸碱溶液 pH 的计算

一、强酸强碱溶液

强酸、强碱在水中几乎全部离解，在一般情况下，酸度的计算比较简单，如 0.1 $mol \cdot L^{-1}$ HCl 溶液，其酸度（H^+浓度）是 0.1 $mol \cdot L^{-1}$，pH = 1.00，但如果强酸或强碱溶液的浓度小于 $10^{-6} mol \cdot L^{-1}$时，求算溶液的酸度还必须考虑水的质子传递作用所提供的 H^+ 或 OH^-。

二、一元弱酸弱碱溶液

对于一元弱酸 HA 溶液，有下列质子转移反应

$$HA \rightleftharpoons H^+ + A^-$$

$$H_2O + H_2O \rightleftharpoons H_3O^+ + OH^-$$

质子条件为

$$c_{H^+} = c_{A^-} + c_{OH^-}$$

将 $c_{A^-} = \frac{K_a c_{HA}}{c_{H^+}}$和 $K_w = [H^+][OH^-]$带入上式可得

$$[H^+] = \frac{K_a[HA]}{[H^+]} + \frac{K_w}{[H^+]}$$

$$[H^+] = \sqrt{K_a[HA] + K_w}$$

这是计算一元弱酸的精确式。

1. 如果酸性不太弱,水的电离小于5%,$K_a[HA] > 20K_w$,可以将 K_w 略去,所以

$$[H^+] \approx \sqrt{K_a(c - [H^+])}$$

这是计算一元弱酸的近似式。

2. 如果弱酸的电离小于5%,$\frac{K_b}{c} < 2.5 \times 10^{-3}$,此时,$[HA] \approx c$,则有

$$[H^+] \approx \sqrt{K_a c}$$

这是一元弱酸的最简式。对于一元弱碱来说

$$[OH^-] = \sqrt{K_b[A^-] + K_w}$$

$$[OH^-] \approx \sqrt{K_b[A^-]} = \sqrt{K_b(c - [OH^-])}$$

$$[OH^-] \approx \sqrt{K_b c}$$

所需满足的条件仍然是:$K_b c > 20K_w$,$\frac{K_b}{c} < 2.5 \times 10^{-3}$。

某些弱酸和弱碱的质子转移平衡常数见表9-2。

表9-2 某些弱酸和弱碱的质子转移平衡常数(298 K)

酸或碱	分子式	K_a 或 K_b	pK_a 或 pK_b
醋酸	$CH_3COOH(HAc)$	1.76×10^{-5}	4.75
硼酸	H_3BO_3	7.30×10^{-10}	9.14
甲酸	HCOOH	1.77×10^{-4}	3.75
氢氰酸	HCN	4.93×10^{-10}	9.31
氢氟酸	HF	3.53×10^{-4}	3.45
乙胺	$C_2H_5NH_2$	4.70×10^{-4}	3.33
氨	NH_3	1.79×10^{-5}	4.75

例题9-5 计算0.05 mol·L^{-1} NaAc 的 pH。(HAc 的 $K_a = 1.76 \times 10^{-5}$)

解 $K_b = K_w/K_a = 1.00 \times 10^{-14}/1.76 \times 10^{-5} = 5.68 \times 10^{-10}$

满足 $c_b K_b \geqslant 20K_w$ 和 $c_b/K_b \geqslant 500$

$$[OH^-] = \sqrt{0.05 \times 5.68 \times 10^{-10}} = 5.33 \times 10^{-6} \quad pOH = 5.27 \quad pH = 8.73$$

例题 9-6　计算 0.010 mol·L^{-1} HAc 溶液的 pH。

解　已知 $K_a = 1.76\times10^{-5}$，$c = 0.010$ mol·L^{-1}

则 $K_a c = 1.76\times10^{-5}\times0.010 = 1.76\times10^{-7} > 20K_w$

$$\frac{K_a}{c} = \frac{1.76\times10^{-5}}{10^{-2}} = 1.76\times10^{-3} < 2.5\times10^{-3}$$

所以，$[H^+] = \sqrt{K_a c} = \sqrt{1.76\times10^{-5}\times10^{-2}} = 4.2\times10^{-4}$ mol·L^{-1}

$$pH = 3.38$$

例题 9-7　乳酸（$CH_3CHOHCOOH$，存在于酸奶之中）大量用于毛纺工业（染色）和鞣革工业（中和石灰），其 $K_a^\Theta = 1.37\times10^{-4}$（25 ℃），试计算 0.10 mol·L^{-1} 乳酸水溶液的 pH。

解　将题给条件代入式

$$c(H_3O^+)/\text{mol}\cdot\text{L}^{-1} = \sqrt{K_a^\Theta[c_0(HB)/\text{mol}\cdot\text{L}^{-1}]}$$

$$c(H_3O^+) = \sqrt{0.10\times1.37\times10^{-4}} = 3.7\times10^{-3}\ \text{mol}\cdot\text{L}^{-1}$$

$$pH = -\lg c(H_3O^+) = -\lg(3.7\times10^{-3}) = 2.43$$

3. 多元弱酸弱碱溶液

以二元弱酸 H_2A 为例，设 H_2A 浓度为 c_a，其质子条件式是

$$[H^+] = 2[A^{2-}] + [HA^-] + [OH^-]$$

一般情况下，$[OH^-]$ 很小，可以略去，则有

$$[H^+] = [HA^-] + 2[A^{2-}] = \frac{K_{a_1}[H_2A]}{[H^+]} + 2\frac{K_{a_1}K_{a_2}[H_2A]}{[H^+]^2}$$

即

$$[H^+] = \frac{K_{a_1}[H_2A]}{[H^+]}\times\left(1+\frac{2K_{a_2}}{[H^+]}\right)$$

如果 $\frac{2K_{a_2}}{[H^+]} \ll 1$ 时，可以忽略 $\frac{2K_{a_2}}{[H^+]}$ 项，则有

$$[H^+] \approx \frac{K_{a_1}[H_2A]}{[H^+]}$$

$$[H^+] = \sqrt{K_a[HA] + K_w}$$

这实际上是将二元酸作为一元酸处理，忽略第二步电离，如果 $\frac{K_a}{c} < 2.5\times10^{-3}$

$$[H^+] = \sqrt{K_{a_1}c_a}$$

同理

$$[OH^-] = \sqrt{K_{b_1}c_b}$$

例题 9-8　计算 0.10 mol·L^{-1} $H_2C_2O_4$ 溶液的 pH。

解　已知 $K_{a_1} = 5.6\times10^{-2}$，$K_{a_2} = 5.1\times10^{-5}$，$c = 0.10$ mol·L^{-1}

因

$$\frac{K_{a_1}}{c} = 5.6\times10^{-1} > 2.5\times10^{-3}$$

不能用最简式$[H^+]=\sqrt{K_a c}$，只能用式$[H^+]\approx\sqrt{K_a(c-[H^+])}$试算。

即
$$[H]^+=\sqrt{K_{a_1}(c-[H^+])}$$

解二次方程后得$[H^+]=0.052$。

$$\frac{2K_{a_2}}{[H^+]}=\frac{2\times5.1\times10^{-3}}{0.052}\approx0.002\ll1$$

结果合理，所以

$$pH=1.28$$

一般的多元弱酸（碱），只要浓度不太稀，都可作为一元弱酸处理，结果均能满足上述条件。

例题 9－9 计算 0.10 mol·L^{-1} Na_2CO_3 溶液的 pH。

解 已知$K_{b_1}=1.8\times10^{-4}$，$K_{b_2}=2.3\times10^{-5}$

$$\frac{K_{b_1}}{c}=1.8\times10^{-3}<2.5\times10^{-3}$$

所以
$$[OH^-]=\sqrt{K_{b_1}c}=4.2\times10^{-3}$$

$$\frac{2K_{b_2}}{[OH^-]}=\frac{4.6\times10^{-5}}{4.2\times10^{-3}}\approx0.011\ll1$$

结果合理。所以

$$pH=14-pOH=14-2.38=11.62$$

4. 两性物质溶液 pH 的计算

以 HA^- 为例，设其浓度为 c_a，质子条件式为$[H^+]+[H_2A]=[A^{2-}]+[OH^-]$

$$[H^+]+\frac{[H^+][HA^-]}{K_a}=\frac{K_{a_2}[HA^-]}{[H^+]}+\frac{K_w}{[H^+]}$$

得到$[H^+]$的精确计算公式

$$[H^+]=\sqrt{\frac{K_{a_2}[HA^-]+K_w}{1+\frac{[HA^-]}{K_{a_1}}}}$$

通常将$[HA^-]=c_a$

$$[H^+]=\sqrt{\frac{K_{a_2}c_a}{1+\frac{c_a}{K_{a_1}}}}$$

若$\frac{c_a}{K_{a_1}}\geqslant20$

$$[H^+]=\sqrt{K_{a_1}K_{a_2}}$$

第五节　缓冲溶液

缓冲溶液(buffer solution)是一种能抵抗少量强酸、强碱和水的稀释而保持 pH 基本不变的溶液，它在分析化学中具有特殊意义。它能稳定溶液酸度，不致因为外加少量酸、碱或本身的稀释而使 pH 发生显著改变。常用的酸、碱缓冲溶液是弱酸及其共轭碱。在二者浓度较大的情况下，靠其相互平衡制约以控制体系中$[H^+]$。

另一类缓冲溶液是强酸强碱本身。当其酸、碱度较高，浓度较大时，外界条件一些小的改变不致引起 pH 较大改变，也可构成缓冲溶液体系。

一、缓冲作用原理

缓冲溶液一般是由两种物质组成的，这两种组成缓冲体系的物质称为缓冲对或者缓冲系，通常可分为以下四种类型：

(1)弱酸及其盐，如 HAc－NaAc

(2)弱碱及其盐，如 NH_3-NH_4Cl

(3)多元弱酸及其次级盐，$H_2CO_3-NaHCO_3$

(4)酸式盐及其次级盐，$NaH_2PO_4-Na_2HPO_4$

以 HAc－NaAc 缓冲溶液为例，简单阐述缓冲溶液的缓冲作用原理。

NaAc 是强电解质，在水中完全电离，以 Na^+ 和 Ac^- 状态存在。HAc 是弱电解质，在水溶液中只有少量的电离。在 HAc－NaAc 体系中，存在着大量的 Ac^-，由于同离子效应，使得 HAc 处于几乎完全不电离的状态，以分子形式存在，所以，在 HAc－NaAc 体系中，HAc 和 Ac^- 的浓度较大。

当向该溶液中加入少量强酸时，溶液中大量存在的 Ac^- 便发生如下反应

$$H^+ + Ac^- \longrightarrow HAc$$

这样外来的 H^+ 就被消耗而生成 HAc，使得溶液中的 H^+ 浓度没有明显升高，溶液的 pH 基本保持不变，可见此缓冲对中 Ac^- 发挥抵抗外来强酸的作用，故称之为缓冲溶液的抗酸成分。当溶液中加入少量的碱时，溶液中由于有大量的 HAc 分子存在，所以溶液中发生以下反应

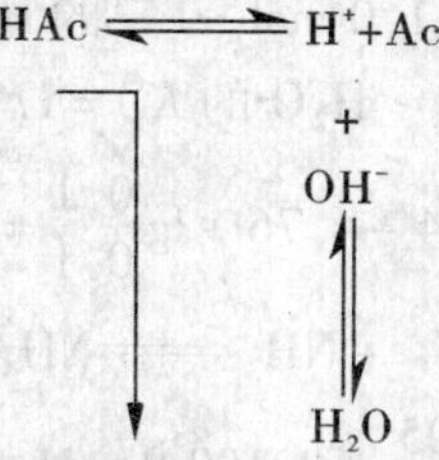

H^+ 消耗掉外来的少量 OH^-，而损失的 H^+ 由 HAc 电离来补充。溶液中的 H^+ 浓度没有明显降低，溶液的 pH 基本保持不变。此缓冲对中的 HAc 发挥了抵抗外来强碱的作用，故称之为缓冲溶液的抗碱成分。

总之，由于缓冲溶液中同时存在大量的抗酸和抗碱成分，利用弱酸的电离平衡可抵

抗并消耗掉外来的少量的酸和碱,使得溶液的 H^+ 和 OH^- 浓度没有出现明显变化,这就是缓冲溶液作用的原理。

还要指出一点,浓度较大的强酸、强碱溶液也有一定的缓冲能力。因为外加的少量酸或碱对强酸、强碱浓度的变化影响很小,所以 pH 基本稳定。

二、缓冲溶液 pH 的计算

现以 HA 代表弱酸,MA 代表其弱酸盐,以 HA - MA 组成的缓冲溶液为例,推导缓冲溶液的 pH 计算公式。设平衡时 $[H^+]=x$

$$HA \rightleftharpoons H^+ + A^-$$

起始相对浓度/(mol · L⁻¹) $c_{酸}$ 0 $c_{盐}$

平衡相对浓度/(mol · L⁻¹) $c_{酸}-x$ x $c_{盐}+x$

由于同离子效应的存在,平衡时 $[HA]=c_{酸}-x\approx c_{酸}$

平衡时 $[A^-]=c_{盐}+x$

平衡时 $$K_a=\frac{[H^+][A^-]}{[HA]}$$

$$[H^+]=K_a\frac{[HA]}{[A^-]}\approx K_a\frac{c_{酸}}{c_{盐}}$$

$$-\lg[H^+]=-\lg K_a-\lg\frac{c_{酸}}{c_{盐}}$$

$$pH=pK_a-\lg\frac{c_{酸}}{c_{盐}}$$

其中 $c_{酸}$ 和 $c_{盐}$ 为缓冲溶液中的弱酸和弱酸盐的起始浓度。

由弱碱及其盐组成的缓冲溶液,pH 计算公式可用类似的方法求得

$$pOH=pK_b-\lg\frac{c_{碱}}{c_{盐}}$$

其 pH 则为 $$pH=pK_w-pK_b-\lg\frac{c_{碱}}{c_{盐}}$$

例题 9 - 10 求含有 0.10 mol · L⁻¹ $NH_3 \cdot H_2O$ 和 0.10 mol · L⁻¹ NH_4Cl 混合液的 pH。若在 50 mL 此缓冲溶液中加入 1.0 mol · L⁻¹ 的 HCl 0.05 mL 或加入 1.0 mol · L⁻¹ 的 NaOH 0.05 mL 后溶液的 pH。($NH_3 \cdot H_2O$ 的 $K_b^\ominus=1.74\times10^{-5}$)

解 $$pH=pK_w^\ominus-pK_b^\ominus+\lg\frac{c_{碱}}{c_{盐}}=14-4.76+\lg\frac{0.1}{0.1}=9.24$$

加 HCl 后 $$H^+ + NH_3 \rightleftharpoons NH_4^+$$

$$c_{NH_4^+}=0.10\times\frac{50}{50.05}+1.0\times\frac{0.05}{50.05}=0.100\,9\ \text{mol}\cdot\text{L}^{-1}$$

$$c_{NH_3}=0.10\times\frac{50}{50.05}-1.0\times\frac{0.05}{50.05}=0.098\,9\ \text{mol}\cdot\text{L}^{-1}$$

$$pH=14-4.76+\lg\frac{0.098\,9}{0.100\,9}=9.23$$

加 NaOH 后　　$NH_4^+ + OH^- \rightleftharpoons NH_3 + H_2O$

$$c_{NH_4^+} = 0.10 \times \frac{50}{50.05} - 1.0 \times \frac{0.05}{50.05} = 0.0989 \text{ mol} \cdot L^{-1}$$

$$c_{NH_3} = 0.10 \times \frac{50}{50.05} + 1.0 \times \frac{0.05}{50.05} = 0.1009 \text{ mol} \cdot L^{-1}$$

$$pH = 14 - 4.76 + \lg \frac{0.1009}{0.0989} = 9.25$$

例题 9－11　计算 0.3 $mol \cdot L^{-1}$ HAc 与 0.1 $mol \cdot L^{-1}$ NaOH 等体积混合后的 pH。

解　$c_b = 0.05 \text{ mol} \cdot L^{-1}$　　$c_a = 0.1 \text{ mol} \cdot L^{-1}$

$$[H^+] = \frac{0.1}{0.05} \times 1.76 \times 10^{-5} = 3.52 \times 10^{-5} \quad pH = 4.45$$

以上计算说明，缓冲溶液确实能抵抗外加的少量强酸或强碱而保持溶液 pH 不变。

三、缓冲容量

缓冲溶液具有抗酸抗碱的作用，这种作用我们称为缓冲能力。实验证明，缓冲能力的强弱与抗碱和抗酸成分的浓度有关。当抗碱和抗酸成分被外加的强酸或强碱快耗尽时，一般认为缓冲溶液就不再具有缓冲能力了，也就是说缓冲能力是有一定限度的。

1. 缓冲容量的概念

1922 年，范斯莱克（Vanslyke）提出用缓冲容量（buffer capacity）作为衡量缓冲能力大小的尺度。

缓冲容量是指在单位体积（1 L 或 1 mL）缓冲溶液中，使 pH 改变一个单位时所需加一元强酸或一元强碱的物质的量（mol 或 mmol）。其公式为

$$\beta = \frac{\Delta n}{|\Delta pH| V}$$

式中：β——缓冲容量，单位为 $mol \cdot L^{-1} \cdot pH^{-1}$，$\Delta n$ 为加入的一元强酸或一元强碱的物质的量，单位为 mol 或 mmol；$|\Delta pH|$ 为缓冲溶液 pH 改变的绝对值。V 为缓冲溶液的体积，单位为 L 或 mL。由上式可知，β 值越大，缓冲溶液的缓冲能力越强；反之，β 值越小，缓冲溶液的缓冲能力越弱。必须指出，由上式计算出的缓冲容量，只是在各自 pH 变化范围内的平均值。若计算缓冲溶液在某一 pH 时的缓冲容量，上式则应该用微分比表示，即

$$\beta = \frac{dn}{|dpH| V}$$

此式表示要使缓冲溶液的 pH 改变一个微小单位时，所需加入的一元强酸或一元强碱的物质的量。

2. 影响缓冲容量的因素

缓冲容量的大小与缓冲溶液的总浓度、缓冲对的浓度之比有关。见表 9－3。

表 9－3 HAc－NaAc 缓冲溶液的缓冲容量与 $c_{总}$ 和 $\frac{c_{HAc}}{c_{NaAc}}$ 的关系

编号	c_{HAc}	c_{NaAc}	$c_{总}$	$\frac{c_{HAc}}{c_{NaAc}}$	β
1	0.100	0.100	0.200	1∶1	0.115
2	0.010 0	0.010 0	0.020 0	1∶1	0.011 5
3	0.020 0	0.180	0.200	1∶9	0.041 4
4	0.198	0.020 0	0.200	99∶1	4.56×10^{-3}

(1)当缓冲对的浓度之比为一定值时，缓冲溶液的总浓度越大，缓冲容量越大。

(2)当缓冲溶液的总浓度为一定值时，缓冲对的浓度之比愈接近1∶1，缓冲容量越大。

3. 缓冲范围

从上表中可以看出，当缓冲溶液的总浓度都为0.2时，缓冲对的浓度比相差越大，缓冲容量越小。当 c_{HAc}/c_{NaAc} 为99∶1时，β 仅为 4.56×10^{-3}，已经失去了缓冲作用，因此为了保持有效的缓冲作用，缓冲溶液中的缓冲对浓度比 $c_{酸}/c_{盐}$ 或者是 $c_{盐}/c_{酸}$ 应该是控制在0.1～10之间，相应pH或者pOH的变化范围是

$$pH = pK_a \pm 1$$

$$pOH = pK_b \pm 1$$

或者

$$pH = pK_w - (pK_a \pm 1)$$

以上两式就是缓冲溶液的缓冲作用有效pH范围，即为缓冲范围。

四、缓冲溶液的选择和配制

在选择缓冲溶液时应注意以下几点：

(1)所选用的缓冲溶液不能与反应物、生成物发生作用。如选择药用缓冲溶液时，要考虑到缓冲对物质不能与主药发生配伍禁忌，另外在加温灭菌和贮存期内要稳定，不能有毒性等。

(2)选择适当的缓冲对，当其中弱酸的 pK_a，或弱碱的 $pK_w - pK_b$ 与所要求的pH相等或相近时，使缓冲容量接近极大值。

(3)配制缓冲溶液要有适当的总浓度。若总浓度太低，则缓冲容量过小。在实际工作中总浓度太高也不必要，一般为0.05～0.5 $mol\cdot L^{-1}$。

(4)选好缓冲对后，按所要求的pH，利用公式进行计算，求得各缓冲成分所需的量。

(5)最后用pH计加以校准。

例题 9－12 如何配制1 L pH＝10.0具有中等缓冲能力的缓冲溶液？

解 (ⅰ)选择缓冲对 由于碳酸的 $pK_a = 10.25$，接近所配缓冲溶液的pH(10.0)，故选用 $NaHCO_3 - Na_2CO_3$ 缓冲对。

(ⅱ)确定总浓度 根据要求具有中等缓冲能力，为计算方便，选用0.1 $mol\cdot L^{-1}$ $NaHCO_3$ 和0.1 $mol\cdot L^{-1}$ Na_2CO_3 溶液来配制。

（ⅲ）计算所需 $NaHCO_3$ 和 Na_2CO_3 溶液的体积。

设加入 Na_2CO_3 溶液 x mL，则加入 $NaHCO_3$ 溶液（1 000 − x）mL。

$$c_{CO_3^{2-}} = 0.1 \times \frac{x}{1\ 000}, c_{HCO_3^-} = 0.1 \times \frac{1\ 000 - x}{1\ 000}$$

$$\frac{c_{酸}}{c_{盐}} = \frac{c_{HCO_3^-}}{c_{CO_3^{2-}}} = \frac{0.1 \times \frac{1\ 000 - x}{1\ 000}}{0.1 \times \frac{x}{1\ 000}} = \frac{1\ 000 - x}{x}$$

$$pH = pK_a - \lg \frac{c_{酸}}{c_{盐}}$$

$$10.0 = 10.25 - \lg \frac{1\ 000 - x}{x}$$

$$\frac{1\ 000 - x}{x} = 1.78$$

$$x = 360\ mL$$

$$1\ 000 - x = 640\ mL$$

即将 360 mL 0.1 mol · L^{-1} Na_2CO_3 和 640 mL 0.1 mol · L^{-1} $NaHCO_3$ 溶液混合，这样就可以得到 1 L pH = 10.0 具有中等缓冲能力的缓冲溶液，最后用 pH 计校准。

在实际工作中，配制缓冲溶液往往不需临时计算，可查有关手册，依照现成配方进行配制。

第六节　酸碱滴定法及其应用

一、酸碱指示剂

1. 酸碱指示剂的变色范围和变色原理

酸碱指示剂是一些有机弱碱或弱酸，其自身的酸型和碱型具有明显不同的颜色。当溶液 pH 改变时，因其型态改变而使溶液颜色随之改变。现以甲基橙和酚酞为例说明。

（1）甲基橙　甲基橙为一种黄色的碱（偶氮结构见图 9－2），在溶液中能结合质子变为红色的酸（醌式结构）。

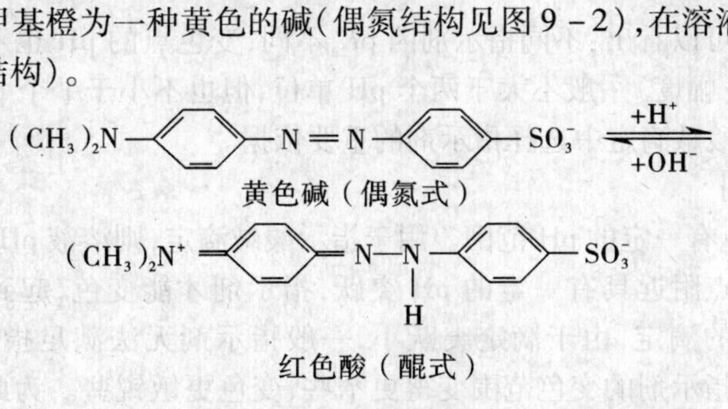

$$(CH_3)_2N-C_6H_4-N=N-C_6H_4-SO_3^- \underset{+OH^-}{\overset{+H^+}{\rightleftharpoons}}$$

黄色碱（偶氮式）

$$(CH_3)_2N^+=C_6H_4=N-NH-C_6H_4-SO_3^-$$

红色酸（醌式）

图 9－2　甲基橙的结构

根据溶液 pH 的大小不同，能显示不同颜色。酸性时，平衡向右移动，生成酸，显红色；碱性时，平衡向左移动，生成碱，显黄色。

（2）酚酞　酚酞为一种无色的酸，其结构见图9－3。在溶液中能结合OH^-后变成碱（显红色）。溶液为酸性时，指示剂为酸型（无色）；溶液为碱性时，指示剂生成碱型（红色）。

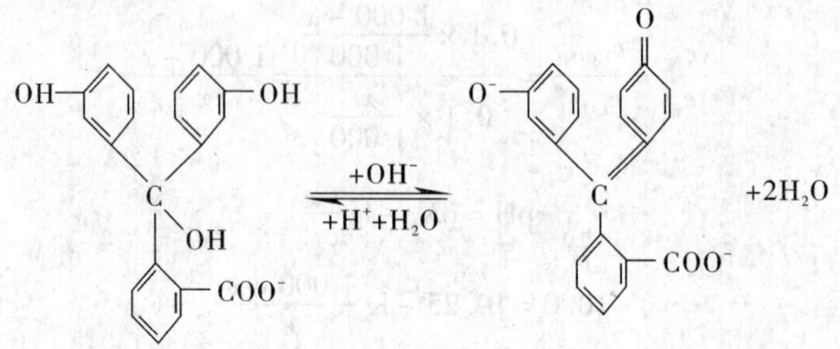

酸型（无色）　　$\underset{+H^+ + H_2O}{\overset{+OH^-}{\rightleftharpoons}}$　　碱型（红色）　$+2H_2O$

图9－3　酚酞的结构

对于指示剂的变色（pH）范围，需做进一步分析。我们用HI_n表示指示剂的酸型，其碱型为I_n。离解平衡式为

$$K_{HI_n}=\frac{[I_n][H^+]}{[HI_n]}$$

$$\frac{K_{HI_n}}{[H^+]}=\frac{[I_n]}{[HI_n]}$$

可见，$[H^+]$的大小，决定着两种形态平衡浓度的大小，从而也就决定着溶液显示何种颜色。

当$[H^+]=K_{HI_n}$时，$[HI_n]=[I_n]$，溶液为酸碱混合色。由于人眼的辨色力有一定限度，一般而言，当$\frac{[I_n]}{[HI_n]}\geqslant 10$，可辨明为明显碱色；当$\frac{[I_n]}{[HI_n]}\leqslant\frac{1}{10}$，可辨明为明显酸色；当$\frac{1}{10}\leqslant\frac{[I_n]}{[HI_n]}\leqslant 10$时，为过渡色。

从表9－4中可以看出：不同指示剂因pK_a不同，变色点的pH也不同，每一种指示剂的变色（pH）范围（幅度）一般不大于两个pH单位，但也不小于1个pH单位。指示剂的变色（pH）范围是酸碱滴定中选择指示剂的重要依据。

2. 混合指示剂

指示剂的变色有一定的pH范围。用于指示酸碱滴定，则溶液pH的改变必须超过一定数值，即在计量点附近具有一定的pH突跃，指示剂才能变色，起到指示终点的作用。但有些弱酸、弱碱的滴定，由于滴定突跃小，一般指示剂无法满足指示终点的要求。因此，有必要设法使指示剂的变色范围变得更窄些，变色更敏锐些。为此，又使用一类混合指示剂。表9－4为常用混合指示剂。

表 9-4　常用酸碱混合指示剂

指示剂溶液的组成	变色点 pH	颜色		备　注
		酸色	碱色	
1 份 0.1% 甲基黄乙醇溶液 1 份 0.1% 亚甲基蓝乙醇溶液	3.25	蓝色	绿色	pH = 3.2 蓝色 3.4 绿色
1 份 0.1% 甲基橙水溶液 1 份 0.25% 靛蓝二磺酸钠水溶液	4.1	紫色	黄绿色	pH = 4.1 灰色
3 份 0.1% 溴甲酚绿乙醇溶液 1 份 0.2% 甲基红乙醇溶液	5.1	酒红色	绿色	色变很显著
1 份 0.1% 溴甲酚绿钠盐水溶液 1 份 0.1% 氯酚红钠盐水溶液	6.1	黄绿色	蓝紫	pH = 5.4 蓝绿色 5.8 蓝 6.0 蓝微带紫 6.2 蓝紫
1 份 0.1% 中性红乙醇溶液 1 份 0.1% 亚甲基蓝乙酸溶液	7.0	蓝紫色	绿色	pH = 7.0 蓝紫
1 份 0.1% 酚酞乙醇溶液 1 份 0.1% 百里酚酞乙醇溶液	9.9	无色	紫色	pH = 9.6 玫瑰色 10.0 紫色

混合指示剂主要利用两种或更多种指示剂的颜色之间的互补作用，使终点时的变色更敏锐，变色范围更窄。

二、酸碱滴定曲线和指示剂的选择

酸碱滴定曲线是表示酸碱滴定过程中加入滴定剂的量与溶液 pH 之间的变化关系。研究酸碱滴定曲线，特别是在计量点附近 pH 突跃变化的研究的目的之一，就是为了确定滴定终点和选择合适的指示剂。下面讨论不同类型的滴定曲线及相应指示剂的选择。

1. 强碱滴定强酸或强酸滴定强碱

（1）滴定反应及其反应常数

$$H^+ + OH^- \rightleftharpoons H_2O$$

$$K_t = \frac{1}{[H^+][OH^-]} = \frac{1}{K_w}$$

这类滴定反应是酸碱滴定中反应完全程度最高的反应。以 NaOH 滴定 HCl 为例。随着滴定剂 NaOH 的加入，溶液中 HCl 逐渐减少，直至最终全部变成 NaCl 溶液。计量点时，$[H^+] = [OH^-] = 10^{-7}$，即 pH = 7.0。

（2）滴定过程中溶液 pH 的变化　以 0.100 0 $mol \cdot L^{-1}$ NaOH 滴定 20.00 mL 0.100 0 $mol \cdot L^{-1}$ HCl 为例进行讨论（HCl 滴定 NaOH 与此类似）。

① 滴定前：$[H^+]=0.1000\ mol\cdot L^{-1}$，pH = 1.00

② 滴定开始至化学计量点前

溶液的酸度取决于剩余 HCl 的浓度，如加入 19.98 mL（误差为 ±0.1%）NaOH 时，

$$[H^+]=0.1000\times\frac{0.02}{20.00+19.98}=5.0\times10^{-5}mol\cdot L^{-1}$$

$$pH=4.30$$

③ 化学计量点时

HCl 全部被中和，$[H^+]$由水的离解度决定

$$[H^+]=[OH^-]=\sqrt{K_w}=1.0\times10^{-7}mol\cdot L^{-1}$$

$$pH=7.00$$

④化学计量点后

溶液的碱度取决于过量 NaOH 的浓度，当加入 20.02 mL（误差为 ±0.1%）NaOH 时，

$$[OH^-]=0.1000\times\frac{0.02}{20.00+20.02}=5.0\times10^{-5}mol\cdot L^{-1}$$

$$pOH=4.30\qquad pH=9.70$$

用类似方法计算滴定过程中各点的 pH，结果见表 9－5。

表 9－5　0.1000 mol·L^{-1} NaOH 滴定 20.00 mL 0.1000 mol·L^{-1} HCl 的 pH 变化

加入 NaOH (mL)	HCl 被滴百分数	剩余 HCl (mL)	过量 NaOH (mL)	$[H^+]$	pH
0.00	0.00	20.00	–	1.00×10^{-1}	1.00
18.00	90.00	2.00	–	5.26×10^{-3}	2.28
19.80	99.00	0.20	–	5.02×10^{-4}	3.30
19.98	99.90	0.002	–	5.00×10^{-4}	4.30 突跃范围
20.00	100.00	0.00	–	1.00×10^{-7}	7.00 突跃范围
20.02	100.1	–	0.02	2.00×10^{-10}	9.70 突跃范围
20.20	101.0	–	0.20	2.01×10^{-11}	10.70
22.00	110.0	–	2.00	2.10×10^{-12}	11.68
40.00	200.0	–	20.00	5.00×10^{-13}	12.52

滴定曲线：以溶液的 pH 为纵坐标、滴定剂加入量（或滴定百分数）为横坐标绘制而成的曲线称为滴定曲线。见图 9－4。

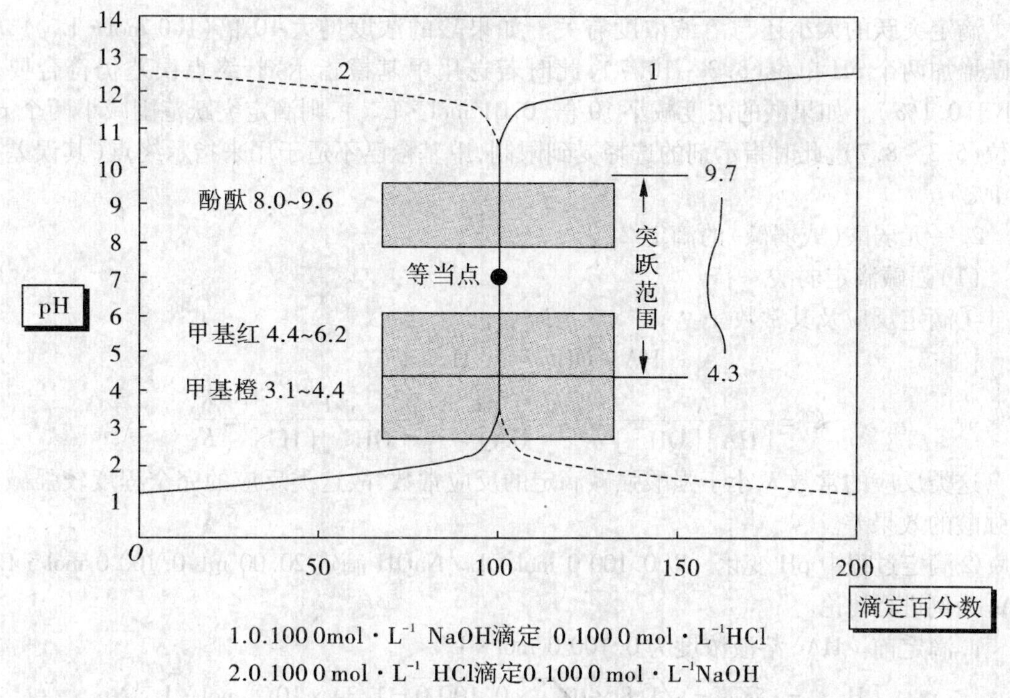

1.0.100 0 mol · L^{-1} NaOH滴定 0.100 0 mol · L^{-1}HCl

2.0.100 0 mol · L^{-1} HCl滴定0.100 0 mol · L^{-1}NaOH

图 9－4　滴定曲线

从图 9－4 和表 9－5 可以看出：滴定开始时，曲线比较平坦。随着滴定进行，曲线逐渐向上倾斜，在计量点附近，曲线近乎垂直，以后又逐渐转为平缓。这是因为滴定开始时，溶液中酸的含量大，加入 18.00 mL NaOH，pH 才改变 1.3 个单位，这正是强酸缓冲容量最大的区域，所以曲线比较平坦。随着 NaOH 滴入，HCl 含量逐渐减少，缓冲容量也逐渐下降。每改变 1 个 pH 单位所需 NaOH 量也逐渐下降。滴至溶液中只剩下 0.1% HCl（即半滴 0.02 mL）时，溶液 pH 为 4.30。这时再加 1 滴（0.01 mL）NaOH，不仅将剩下的半滴 HCl 中和，而且 NaOH 还过量半滴，溶液的 pH 急剧升高到 9.70。即 1 滴之差使溶液 pH 改变 5.40 个单位，溶液由酸性变为碱性。从图 9－4 可以看到，从 NaOH 量不足0.1% 到过量 0.1%，这一滴的加入，使曲线变化近乎垂直。我们把这种 pH 的急剧变化称为滴定突跃，突跃所在的 pH 范围称为滴定突跃范围。此后如果继续滴加 NaOH 溶液，则进入强碱缓冲区域，pH 变化逐渐减小，曲线趋于平坦。

滴定突跃：溶液 pH 的突然改变称为滴定突跃。滴定突跃范围：突跃所在的 pH 范围称为突跃范围，即等当点前后 ±0.1% 相对误差范围内溶液 pH 的变化。

研究滴定突跃的意义在于为选择指示剂提供依据。凡变色范围在滴定突跃范围内或占据部分的指示剂均可用于指示终点。这就是选择指示剂的原则。在上述滴定中，甲基橙、甲基红、酚酞等指示剂，符合上述原则，均可选用。如选甲基橙，其变色范围为 3.1～4.4，终点时，溶液由红色突变为黄色（pH＝4.1），此时未被中和的 HCl 小于 0.1%，即滴定误差小于 0.1%，满足滴定分析对误差的要求。如果选用酚酞为指示剂，溶液由无色突变为微红色，pH 为 9.0 左右，滴定误差也小于 0.1%。

滴定突跃的大小还与溶液浓度有关。如果酸的浓度增大10倍(1.0 mol·L^{-1}),则突跃增加两个pH单位(3.3～10.7),此时若选用甲基橙指示剂,终点误差仍符合要求(小于0.1%)。如果酸的浓度减小10倍(0.01 mol·L^{-1}),则滴定突跃范围减小两个pH单位(5.3～8.7),此时指示剂的选择受到限制,甲基橙已不适于用来指示终点(其误差高达1%)。

2. 一元弱酸(或弱碱)的滴定

(1)强碱滴定弱酸

①滴定反应及其常数

$$HA + OH^- \rightleftharpoons H_2O + A^-$$

$$K_t = \frac{[A^-]}{[HA][OH^-]} = \frac{[A^-][H^+]}{[HA]} \cdot \frac{1}{[OH^-][H^+]} = \frac{K_a}{K_w}$$

这类反应的常数K_t小于强酸强碱滴定的反应常数,故这类反应的完全程度较强碱滴定强酸的效果差。

②滴定过程中pH变化。以0.100 0 mol·L^{-1} NaOH滴定20.00 mL 0.100 0 mol·L^{-1} HAc为例进行讨论。

a. 滴定前。HAc溶液浓度为0.100 0 mol·L^{-1}

$$[H^+] = \sqrt{K_a c} = \sqrt{1.8 \times 10^{-5} \times 0.100\,0} = 1.34 \times 10^{-3}\ \text{mol} \cdot \text{L}^{-1}$$

$$pH = 2.87$$

b. 滴定开始时至化学计量点前。所滴加NaOH的数量与HCl反应生成NaAc,同时溶液中还剩余HAc,这时溶液属于HAc—Ac$^-$的缓冲体系。[H]的计算可采用缓冲溶液最简式。

$$pH = pK_a + \lg \frac{c_{Ac^-}}{c_{HAc}}$$

当加入19.98 mL NaOH溶液时

$$c_{HAc} = \frac{0.02 \times 0.100\,0}{20.00 + 19.98} \text{mol} \cdot \text{L}^{-1}$$

$$c_{Ac^-} = \frac{19.98 \times 0.100\,0}{20.00 + 19.98} \text{mol} \cdot \text{L}^{-1}$$

$$pH = pK_a + \lg \frac{\dfrac{19.98 \times 0.100\,0}{20.00 + 19.98}}{\dfrac{0.02 \times 0.100\,0}{20.00 + 19.98}} = pK_a + \lg \frac{19.98}{0.02} = 7.74$$

c. 化学计量点。HAc全部被中和生成NaAc, Ac$^-$溶液碱性不太强,按下式计算pH。

$$[OH^+] = \sqrt{K_b c} = \sqrt{\frac{10^{-14}}{1.8 \times 10^{-5}} \times \frac{0.100\,0}{2}} = 5.27 \times 10^{-6} \text{mol} \cdot \text{L}^{-1}$$

$$pOH = 5.28 \quad pH = 8.72 > 7 \quad (显碱性)$$

d. 化学计量点后。溶液的主要组成是Ac$^-$和NaOH, NaOH的碱性较Ac$^-$大得多,溶液的OH$^-$主要由过量0.02 mL 0.100 0 mol·L^{-1} NaOH提供。

$$[OH^-] = \frac{0.02}{20.00 + 20.02} \times 0.100\,0 = 5.0 \times 10^{-5} \text{mol} \cdot \text{L}^{-1}$$

$$pOH = 4.30 \qquad pH = 9.70$$

③滴定曲线及滴定过程的特点。用同样的方法，可计算滴定过程中的 pH，所得结果列于表 9－6。根据各点的 pH 绘出相应的滴定曲线（图 9－5）。

表 9－6　0.100 0 mol·L^{-1} NaOH 溶液滴定 20.00 mL HAc 溶液 pH 变化

加入 NaOH（mL）	剩余 HAc（mL）	过量 NaOH（mL）	pH
0.00	20.00	–	2.87
18.00	2.00	–	5.70
19.80	0.20	–	6.74
19.98	0.02	–	7.74（突跃范围）
20.00	0.00	–	8.72（突跃范围）
20.02	–	0.02	9.70（突跃范围）
20.20	–	0.20	10.70
22.00	–	2.00	11.70
40.00	–	20.00	12.50

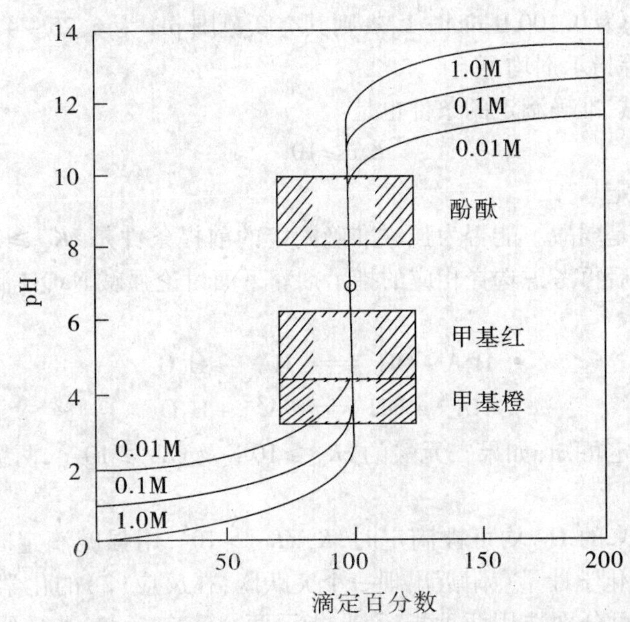

图 9－5　不同浓度 NaOH 溶液滴定不同浓度 HCl 溶液的滴定曲线

由图 9－5 可知：滴定前弱酸溶液 pH 比强酸高，曲线起点较高。滴定开始后，反应所产生的 Ac^-，抑制了 HAc 的离解，使溶液中［H^+］较快地降低了。pH 很快增加。随着 NaOH 滴入量增多，［Ac^-］逐渐增大和［HAc］逐渐减小，缓冲容量逐渐增大，pH 变化缓慢，曲线平缓。当［HAC］=［Ac^-］时，缓冲容量最大，曲线最平。接近计量点时，［HAc］

已很小,溶液的缓冲作用显著减弱,继续加入 NaOH 时,pH 急剧增加,产生突跃。计量点时全部生成碱 Ac^-,溶液已不呈中性。计量点后溶液的 pH 是由过量的 NaOH 浓度所决定,此段曲线应与 NaOH 滴定 HCl 的曲线基本相同。滴定突跃 pH 范围是 7.74~9.70,根据选择指示剂原则,甲基橙、甲基红均不适合,只能选择在碱性范围内变色的指示剂,如酚酞、百里酚蓝等。由此可见,突跃越小,可供选择的指示剂就越受限制。

影响 pH 突跃范围的因素有以下几个方面:酸越弱,突跃越小;浓度越小,突跃越小。弱酸能被准确滴定的判断依据是 $K_a c \geqslant 10^{-8}$ 时,滴定误差小于 ±0.1%,人眼能观测到颜色改变($\Delta pH > 0.3$ 个单位)。对于不能满足上述要求的弱酸,可通过下述方法进行滴定:a. 使弱酸强化;b. 使用非水滴定。

(2)强酸滴定弱碱 滴定反应及其反应常数(以 0.100 0 $mol \cdot L^{-1}$ HCl 滴定 20.00 mL 0.100 0 $mol \cdot L^{-1}$ NH_3 为例)

$$NH_3 + H^+ \rightleftharpoons NH_4^+$$

$$K_t = \frac{[NH_4^+]}{[NH_3][H^+]} = \frac{[NH_4^+][OH^-]}{[NH_3]} \cdot \frac{1}{[H^+][OH^-]} = \frac{K_b}{K_w}$$
$$= 1.8 \times 10^9 = 10^{9.25}$$

随着 HCl 的滴入,逐渐形成 $NH_3 - NH_4^+$ 缓冲体系,溶液 pH 由高到低逐渐变化。快到计量点时,缓冲体系逐渐减弱,产生突跃。计量点时全部生成弱酸 NH_4^+,溶液为酸性。如果 HCl 和 NH_3 均为 0.100 0 $mol \cdot L^{-1}$,则其突跃范围 pH 为 6.25~4.30,选择甲基红、溴甲酚绿、甲基橙等指示剂均可。

同样,对于弱碱,准确滴定的条件也是

$$K_b c \geqslant 10^{-8}$$

3. 多元酸的滴定

常见的多元酸是弱酸。能否为强碱准确滴定的前提条件是 $cK_{a_n} \geqslant 10^{-8}$,其次是考虑能否分步滴定。然后再考虑选择相应的指示剂。下面讨论强碱 NaOH 滴定二元弱酸 H_2A 分步滴定的条件。

$$H_2A + OH^- \rightleftharpoons HA^- + H_2O \quad (1)$$
$$HA^- + OH^- \rightleftharpoons A^{2-} + H_2O \quad (2)$$

由一元酸的滴定可知,如果二元酸的 $cK_{a_1} \geqslant 10^{-8}$ 及 $cK_{a_2} \geqslant 10^{-8}$,两级离解出来的 H^+ 均可被准确滴定。

当两级离解出来的 H^+ 均可被滴定时,$K_{a_1}/K_{a_2} > 10^5$,用强碱滴定时,出现两个突跃区,即在反应(1)的化学计量点附近出现一个突跃区,在反应(2)的化学计量点附近又出现一个突跃区。则可分别选用两种指示剂,指示两个滴定终点,进行分步滴定。K_{a_1}/K_{a_2} 值越大,第一突跃越敏锐。若准确度要求不很高,如要求误差小于 1%,$K_{a_1}/K_{a_2} > 10^4$,也可以分步滴定,误差小于 1%。例如,H_2SO_3 溶液的 $K_{a_1}/K_{a_2} = 10^{5.3}$($pK_{a_1} = 1.90$,$pK_{a_2} = 7.20$),可以分步滴定,因为当用强碱滴定 H_2SO_3 时,基本上是待全部 H_2SO_3 反应生成 HSO_3^- 后,HSO_3^- 才开始被中和并生成 SO_3^{2-}。若 $K_{a_1}/K_{a_2} < 10^4$,则只出现一个突跃。例如,对于 $H_2C_2O_4$($pK_{a_1} = 1.22$,$pK_{a_2} = 4.19$),由于 pK_{a_1} 与 pK_{a_2} 相差不够大,所以用强碱滴

定时，当尚有16%的$H_2C_2O_4$未被中和成为$HC_2O_4^-$时，已有0.5%的$HC_2O_4^-$进一步被滴定生成了$C_2O_4^{2-}$，两级离解出来的H^+已经同时被滴定，交叉严重，所以不会出现第一突跃。只有当两级离解出来的H^+被全部中和时，才会出现一个pH范围较大的突跃区。

当$c_1K_{a_1}>10^{-8}$，$c_2K_{a_2}<10^{-8}$时，若$K_{a_1}/K_{a_2}>10^5$，则第一级离解出来的H^+可被准确滴定，第二级离解出来的H^+不能被直接准确滴定，可根据第一个化学计量点pH突跃范围选择指示剂；若$K_{a_1}/K_{a_2}<10^5$，由第一级离解出来的H^+也不能被准确滴定。其他多元酸的滴定可依次类推。

例如，用0.1 mol·L^{-1}NaOH滴定0.1 mol·$L^{-1}$$H_3PO_4$，由$H_3PO_4$的电离常数$K_{a_1}=7.5\times10^{-3}$，$K_{a_2}=6.2\times10^{-8}$，$K_{a_3}=2.2\times10^{-13}$，有

$$cK_{a_1}=0.1\times7.5\times10^{-3}=7.5\times10^{-4}>10^{-8}$$

$$cK_{a_2}=(0.1/2)\times6.2\times10^{-8}=0.31\times10^{-8}\approx10^{-8}$$

$$cK_{a_3}=(0.1/3)\times2.2\times10^{-13}=7.3\times10^{-15}<10^{-8}$$

$$\frac{K_{a_1}}{K_{a_2}}=1.2\times10^5>10^5,\quad \frac{K_{a_2}}{K_{a_3}}=2.8\times10^6>10^4$$

所以，H_3PO_4的第一、第二级离解出来的H^+可被滴定，但第三级离解出来的H^+不能被滴定。滴定时，在第一、第二计量点都有突跃，可分步滴定。

在第一化学计量点，由于滴定突跃比较小，如果选用甲基橙作指示剂，终点变色不明显，滴定终点很难判断，滴定误差大；如果改用溴甲酚绿和甲基橙混合指示剂（变色时pH=4.3），则终点变色较明显。

在第二化学计量点，由于滴定突跃也比较小，如果选用酚酞作指示剂，滴定误差较大；如果改用酚酞和百里酚酞混合指示剂（变色点pH=9.9），则终点变色明显，滴定误差较小。

若再采用较浓的试液和滴定剂，可以获得符合分析要求的结果。滴定曲线如图9-6所示。

4. 混合酸滴定

滴定混合酸与滴定多元酸相似。当考虑能否分别滴定时，既要看两种酸HA、HB的强度比（K_{a_1}/K_{a_2}），又要看两种酸的浓度比（c_{HA}/c_{HB}）。$c_{HA}K_{HA}\geqslant10^{-8}$，$c_{HA}K_{HA}/(c_{HB}\cdot K_{HB})>10^5$，可以在较弱的酸的存在下，滴定较强的酸。若$c_{HHB}K_{HHB}\geqslant10^{-8}$，则可继续测出较弱酸的含量。如果$c_{HA}K_{HA}\geqslant10^{-8}$，若$c_{HHB}K_{HHB}\geqslant10^{-8}$，$c_{HA}K_{HA}/(c_{HB}\ K_{HB})<10^5$，滴定时只有一个pH突跃出现，即只能一步滴定出混合酸总量。

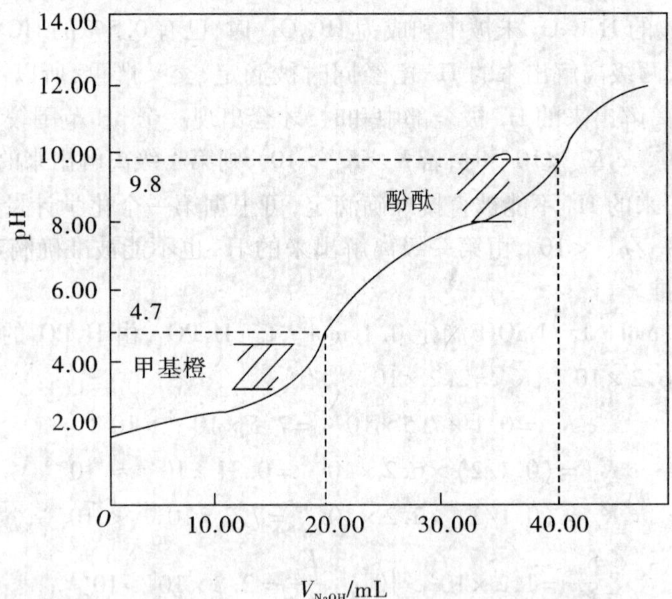

图 9－6　0.100 0 mol·L^{-1} NaOH 溶液滴定 20.00 mL 0.100 0 mol·L^{-1} H_3PO_4 溶液的滴定曲线

三、滴定分析法有关计算

滴定分析法中要涉及一系列的计算问题，如标准溶液的配制和标定，标准溶液和被测物质间的计算关系，以及测定结果的计算，等等。现分别讨论如下：

1. 滴定分析计算的根据和常用公式

滴定分析就是用标准溶液去滴定被测物质的溶液，根据反应物之间是按化学计量关系相互作用的原理，当滴定到计量点，化学方程式中各物质的系数比就是反应中各物质相互作用的物质的量之比。

$$aA + bB(\text{滴定剂}) \longrightarrow cC + dD$$

$$n_A : n_B = a : b \qquad n_A = n_B \times a/b$$

设体积为 V_A 的被滴定物质的溶液其浓度为 c_A，在化学计量点时用去浓度为 c_B 的滴定剂体积为 V_B。则

$$n_A = cT \times VT \times a/b$$

或

$$c_A \times V_A = c_B \times V_B \times a/b$$

如果已知 c_B、V_B、V_A，则可求出 c_A

$$c_A = (a/b)c_B \times V_B/V_A$$

$$m_A = (a/b)c_B \times V_B \times M_A$$

通常在滴定时，体积以 mL 为单位来计量，运算时要化为 L，即

$$m_A = (c_B \times V_B/1\ 000)(a/b) \times M_A$$

2. 滴定分析法有关计算

(1)标准溶液的配制(直接法)、稀释与增浓　基本公式

$$c_A \times V_A = c_B \times V_B;\quad m_B = M_B \times c_B \times V_B/1\ 000$$

例题9－13　已知浓盐酸的密度为1.19 g·mL^{-1}其中HCl含量约为37%。计算(ⅰ)每升浓盐酸中所含HCl的物质的量浓度;(ⅱ)欲配制浓度为0.10 mol·L^{-1}的稀盐酸500 mL,需量取上述浓盐酸多少毫升?

解　(ⅰ)$n_{HCl} = (m/M)_{HCl} = 1.19 \times 1\ 000 \times 0.37/36.46$

$= 12$ mol

$$c_{HCl} = n_{HCl}/V_{HCl} = (m/M)_{HCl}/V_{HCl}$$

$$= (1.19 \times 1\ 000 \times 0.37/36.46)/1.0 = 12\ \text{mol} \cdot \text{L}^{-1}$$

(ⅱ)由$(cV)_{HCl} = (c'V')_{HCl}$得

$$V_{HCl} = (c'V')_{HCl}/V_{HCl} = 0.10 \times 500/12 = 4.2\ \text{mL}$$

例题9－14　在稀硫酸溶液中,用0.020 12 mol·L^{-1} $KMnO_4$溶液滴定某草酸钠溶液,如欲使两者消耗的体积相等,则草酸钠溶液的浓度为多少?若需配制该溶液100.0 mL,应称取草酸钠多少克?

解　$5C_2O_4^{2-} + 2MnO_4^- + 16H^+ \longrightarrow 10CO_2\uparrow + 2Mn^{2+} + 8H_2O$

因此

$$n_{Na_2C_2O_4} = \frac{5}{2}n_{KMnO_4}$$

$$c_{Na_2C_2O_4}V_{Na_2C_2O_4} = \frac{5}{2}c_{KMnO_4}V_{KMnO_4}$$

根据题意,有$V_{Na_2C_2O_4} = V_{KMnO_4}$,则

$$c_{Na_2C_2O_4} = \frac{5}{2}c_{kMnO_4} = 2.5 \times 0.020\ 12 = 0.050\ 30\ \text{mol} \cdot \text{L}^{-1}$$

$$m_{Na_2C_2O_4} = c_{Na_2C_2O_4}VM_{Na_2C_2O_4} = 0.050\ 30 \times 100.0 \times 134.00/1\ 000$$

$$= 0.674\ 0\ \text{g}$$

(2)标定溶液浓度的有关计算

$$m_A/M_A = (a/b)c_BV_B$$

例题9－15　要求在标定时用去0.20 mol·L^{-1} NaOH溶液20～30 mL,问应称取基准试剂邻苯二甲酸氯钾(KHP)多少克?如果改用二水草酸作基准物质,又应称取多少克?

解　$n_{KHP} = n_{NaOH}$

$$n_{H_2C_2O_4 \cdot 2H_2O} = \frac{1}{2}n_{NaOH}$$

由此可计算得:需KHP称量范围为0.80～1.0 g,需二水草酸称量范围为0.26～0.32 g。

(3)物质的量浓度与滴定度间的换算　滴定度是指每毫升标准溶液所含溶质的质量,所以$T_A \times 1\ 000$为1 L标准溶液中所含某溶质的质量,此值再除以某溶质(A)的“摩尔质量(M_A)”即得物质的量浓度。即

$$T_A \times 1\ 000/M_A = c_A$$

或

$$T_A = c_A \times M_A/1\ 000$$

例题9－16　设HCl标准溶液的浓度为0.191 9 mol·L^{-1},试计算此标准溶液的滴

定度为多少？

解 $T_{HCl}=0.191\ 9\times 36.46/1\ 000=0.006\ 997\ g\cdot mL^{-1}$

例题 9－17 试计算 $0.020\ 00\ mol\cdot L^{-1}$ $K_2Cr_2O_7$ 溶液对 Fe 和 Fe_2O_3 的滴定度。

解 $$Cr_2O_7^{2-}+6Fe^{2+}+14\ H^+ \longrightarrow 2Cr^{3+}+6Fe^{3+}+7H_2O$$

$$c_{K_2Cr_2O_7}/1\ 000=(1/6)T_{K_2Cr_2O_7/Fe}/M_{Fe}$$

$$T_{K_2Cr_2O_7/Fe}=c_{K_2Cr_2O_7}\times M_{Fe}\times 6/1\ 000$$

$$=0.006\ 702\ g\cdot mL^{-1}$$

同理可得

$$c_{K_2Cr_2O_7}/1\ 000=(1/3)T_{K_2Cr_2O_7/Fe_2O_3}/M_{Fe_2O_3}$$

$$T_{K_2Cr_2O_7/Fe_2O_3}=c_{K_2Cr_2O_7}\times M_{Fe_2O_3}\times 3/1\ 000$$

$$=0.009\ 581\ g\cdot mL^{-1}$$

(4)被测物质的质量和质量分数的计算 基本公式

$$m_A=(a/b)c_BV_BM_B \qquad w_A=m_A/m_a$$

例题 9－18 $K_2Cr_2O_7$ 标准溶液的 $T_{K_2Cr_2O_7/Fe}=0.011\ 17\ g\cdot mL^{-1}$。测定 0.500 0 g 含铁试样时，用去该标准溶液 24.64 mL。计算 $T_{K_2Cr_2O_7/Fe_2O_3}$ 和试样中 Fe_2O_3 的质量分数。

解 $$T_{K_2Cr_2O_7/Fe_2O_3}=T_{K_2Cr_2O_7/Fe}\times M_{Fe_2O_3}/2M_{Fe}$$

$$=0.011\ 17\times 159.69/(2\times 55.85)=0.015\ 97\ g\cdot mL^{-1}$$

$$w_{Fe_2O_3}=m_{Fe_2O_3}/m_s$$

$$=0.015\ 97\times 24.64/0.500\ 0=0.787\ 0$$

例题 9－19 在 500.00 mL T_{HNO_3} 为 $0.006\ 302\ g\cdot mL^{-1}$ 的硝酸溶液中，含多少克硝酸？此硝酸当酸用时，其浓度为多少？对 CaO、$CaCO_3$ 的滴定度各为多少？

解 (ⅰ)在 500.00 mL HNO_3 溶液中含有 HNO_3 的量为

$$W=0.006\ 302\ g\cdot mL^{-1}\times 500.00\ mL=3.151\ g$$

(ⅱ)此 HNO_3 溶液当酸用时，其浓度可由下式求得

根据式 $T_{HNO_3}=c_{HNO_3}\times M_{HNO_3}/1\ 000$ 得

$$0.006\ 302\ g\cdot mL^{-1}=(c_{HNO_3}\times 63.02\ g\cdot mol^{-1})/1\ 000\ mL\cdot L^{-1}$$

故此溶液的浓度为

$$c_{HNO_3}=(0.006\ 302\ g\cdot mL^{-1}\times 1\ 000\ mL\cdot L^{-1})/\ 63.02\ g\cdot mol^{-1}$$

$$=0.100\ 0\ mol\cdot L^{-1}$$

(ⅲ)对 CaO 的滴定度

HNO_3 与 CaO 的反应为

$$2HNO_3+CaO \longrightarrow H_2O+Ca(NO_3)_2$$

由反应可知，HNO_3 与 CaO 反应时的摩尔比(物质的量之比)为 2∶1，即每毫升 HNO_3 标准溶液中 HNO_3 的物质的量相当于 CaO 的物质的量乘以 2。即

$$c_{HNO_3}\times(1/1\ 000\ mL\cdot L^{-1})=(T_{HNO_3/CaO}\times 2)/M_{CaO} \quad 故$$

$$T_{HNO_3/CaO}=M_{CaO}\times c_{HNO_3}\times(1/1\ 000\ mL\cdot L^{-1})\times 1/2$$

$$=56.08\ g\cdot mol^{-1}\times 0.100\ 0\ mol\cdot L^{-1}\times(1/1\ 000\ mL\cdot L^{-1})\times 1/2$$

$=0.002\ 804\ g \cdot mL^{-1}$

(ⅳ)同理可得对 $CaCO_3$ 的滴定度为

$$T_{HNO_3/CaCO_3}=M_{CaCO_3}\times c_{HNO_3}\times(1/1\ 000)\times 1/2$$
$$=100.09\ g\cdot mL^{-1}\times 0.100\ 0\ mol\cdot L^{-1}\times(1/1\ 000\ mL\cdot L^{-1})\times 1/2$$
$$=0.005\ 004\ g\cdot mL^{-1}$$

习　题

1. 含有 $c_{HCl}=0.10\ mol\cdot L^{-1}$，$c_{NaHSO_4}=2.0\times10^{-4} mol\cdot L^{-1}$，$c_{HAC}=2.0\times10^{-6}\ mol\cdot L^{-1}$的混合溶液。

(1)计算混合溶液的 pH；

(2)加入等体积 $0.10\ mol\cdot L^{-1}$ NaOH 后的 pH。

2. 将 $0.12\ mol\cdot L^{-1}$HCl 和 $0.10\ mol\cdot L^{-1}$ $CH_2ClCOONa$ 溶液等体积混合，求混合后溶液的 pH。

3. 欲将 $100\ mol\cdot L^{-1}$ HCl 溶液的 pH 从 1.00 增加到 4.44，需加入固体 NaAC 多少克(忽略溶液体积的变化)？今由某弱酸 HB 及其盐配制缓冲溶液，其中 HB 浓度为 $0.25\ mol\cdot L^{-1}$，于此 100 mL 缓冲溶液中加入 200 mg NaOH (忽略体积变化)，所得溶液 pH =5.60，问原缓冲溶液的 pH 为多少？(设 HB 的 $K_a=5.0\times10^{-6}$)

4. 欲配制 pH = 3.0 和 4.0 的 HCOOH – HCOONa 缓冲溶液，应分别往 200 mL $0.20\ mol\cdot L^{-1}$HCOOH 溶液中加入多少毫升 $1.0\ mol\cdot L^{-1}$NaOH 溶液。(HCOOH 的 $K_a=1.8\times10^{-4}$)

5. 某人称取 CCl_3COOH 16.34 g 和 NaOH 2.0 g 溶于 1 L 水中，欲以此溶液配制 pH = 0.64 缓冲溶液，问(1)实际所配溶液 pH 为多少？(2)配 pH =0.64 需加多少摩尔强酸？

6. 配制氨基总浓度 $0.10\ mol\cdot L^{-1}$缓冲溶液(pH =2.0)100 mL，需氨基乙酸多少克？还需加多少毫升 $1\ mol\cdot L^{-1}$酸或碱，为什么？

7. 滴定 0.630 0 g 某纯有机二元酸用去 NaOH 溶液($0.303\ 0\ mol\cdot L^{-1}$)38.00 mL，并又用了 HCl 溶液($0.225\ 0\ mol\cdot L^{-1}$)4.00 mL 回滴定(此时有机酸完全被中和)，计算有机酸的分子量。

8. 0.250 0 g $CaCO_3$ 结晶溶于 45.56 mL HCl 溶液中，煮沸除去 CO_2 后用去 NaOH 2.25 mL，中和过量的酸，在另一滴定中用 43.33 mL NaOH 溶液恰好中和 46.46 mL HCl 溶液，分别计算酸、碱溶液的浓度。

9. 现有一含磷样品。称取试样 1.000 g，经处理后，以钼酸铵沉淀磷为磷钼酸铵，用水洗去过量的钼酸铵后，用 $0.100\ 0\ mol\cdot L^{-1}$ NaOH 50.00 mL 溶解沉淀。过量的 NaOH 用 $0.200\ 0\ mol\cdot L^{-1}$ HNO_3滴定，以酚酞作指示剂，用去 HNO_3 10.27 mL，计算试样中的磷和五氧化二磷的质量分数。

10. 用 NaOH 溶液($0.100\ 0\ mol\cdot L^{-1}$)滴定 HCOOH 溶液($0.100\ 0\ mol\cdot L^{-1}$)时，(1)用中性红作指示剂，滴定到 pH =7.0 为终点；(2)用百里酚酞作指示剂，滴定到 pH =10.0 为终点，分别计算它们的滴定终点误差。

第十章　配位化合物和配位滴定法

配位化合物(原称络合物)简称配合物,在自然界中存在极为广泛,绝大多数无机化合物都以配合物的形式存在。1798年,Tasseart合成了公认的第一个配合物$[Co(NH_3)_6]Cl_3$,1891年,年仅25岁的瑞士科学家Werner提出了Werner配位理论,奠定了近代配位化学基础。生物体内的金属离子基本上以配合物的形式存在,如植物中起光合作用的叶绿素是Mg^{2+}的配合物;动物中起输氧作用的血红素是Fe^{2+}的配合物,等等。生物的某些病症常利用配合物及其原理进行治疗,如动植物缺铁症补柠檬酸铁,治疗糖尿病用的胰岛素是Zn的配合物,顺式$[PtCl_2(NH_3)_2]$是抗癌药物,用于重金属解毒用的是硫的配体,等等。如今,它已广泛渗透到分析化学、有机化学、物理化学、结构化学和生物化学等领域,并出现了交叉性边缘学科,如金属有机化学、生物无机化学等,并成为化学科学中一个重要的分支。

第一节　配合物的基本概念

一、配合物的定义

由中心原子(或离子)和几个配体分子(或离子)以配位键相结合而形成的复杂分子或离子,通常称为配位单元。凡是含有配位单元的化合物都称作配位化合物,简称配合物,也叫络合物(complex compound)。其中,中心原子(或离子)具有空的价轨道,可以接受电子,配体分子(或离子)可以提供电子对。如$[Cu(NH_3)_4]SO_4$、$Ag(NH_3)_2Cl$、$[Co(NH_3)_6]Cl_3$、$K_3[Cr(CN)_6]$等都属于配合物。

多数配离子既能存在于晶体中,也能存在于水溶液中,如$[Cu(NH_3)_4]^{2+}$等,但也有一些配离子只能以固态形式或在特殊溶剂中存在。例如$KCl \cdot CuCl_2$晶体中有配阴离子$[CuCl_3]^-$存在,但此配合物溶于水后,并没有配阴离子$[CuCl_3]^-$的存在,而是以简单的离子形式存在。

二、配合物的组成

配合物的组成可以划分为内界和外界两个部分,内界包括中心体(原子或离子),与配体组成,它们之间以配位键成键,外界是指与内界电荷平衡的相反离子。如配合物$[Cu(NH_3)_4]SO_4$的结构组成如图10-1所示。

1. 中心离子

中心离子（或中心原子）——又称“配合物形成体”。中心离子一般为具有空轨道的带正电荷的金属离子，常见的是过渡金属离子，如 Cu^{2+}、Cr^{3+}、Al^{3+}；也有电中性的原子如 $[Ni(CO)_4]$ 中的 Ni 原子，也有些高氧化态的非金属元素如 $[SiF_6]^{2-}$ 中的 Si^{4+}。

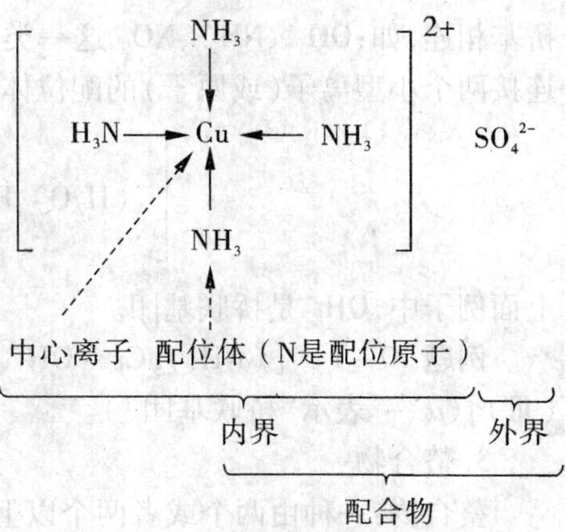

图 10－1 $[Cu(NH_3)_4]SO_4$ 的组成

2. 配位体(ligand)

配位体是指在配合物中与中心体结合的部分（离子或分子）。可以是简单阴离子，也可以是多原子的阴离子或电中性分子，配位体中直接与中心离子结合的原子为配位原子；配位原子：具有孤对电子的非金属原子（N、O、S、C、X^-），直接与中心离子（原子）结合的原子。配体中可能配位的原子数目可以用单齿、二齿、三齿等表示。通过两个或者两个以上的配位原子与一个中心离子结合的配体称为螯合配体或者螯合剂。

3. 配位数(coordination number，简称 C. N)

配位数：配合物中，直接与同一中心离子（原子）成键的配位原子的数目。部分配合物的配位数目见表 10－1。

表 10－1 部分配合物的配位数目

配合物	中心原子的 C. N	配合物	中心原子的 C. N
$[Ag(NH_3)_2]^+$	2	$[Ln(H_2O)_8]^{3+}$	8
$[CuCl_3]^{2-}$	3	$[Cu(en)_2]^{2+}$	4
$[CuCl_4]^{2-}$	4	$[Fe(o-phen)_3]^{2+}$	6
$[Fe(CN)_5]^{2-}$	5	$[Ca(EDTA)]^{2-}$	6
$[Fe(CN)_6]^{3-}$	6	–	–

三、配合物的种类

1. 单核配位配合物

单核配位配合物：配位化合物分子中只含有一个中心离子（或原子）的，叫单核配位化合物。如：$[Cu(NH_3)_4]SO_4$、$K_3[Fe(CN)_6]$ 等，这类配合物通常是配位体较多，在溶液中逐级离解成一系列配位数不同的配离子。

2. 多核配合物

多核配合物：指在一个配合物中有两个或两个以上中心离子的化合物。它们通常由桥基相连,如:OH^-、NH_2^-、NO_2^-这一类多电子(原子)都可以成桥。在这类配位化合物中,连接两个小型离子(或原子)的配位体,叫桥联基团或桥联配体。

$$\left[(H_2O)_4Fe \begin{matrix} OH \\ \rightleftarrows \\ OH \end{matrix} Fe(H_2O)_4 \right] SO_4$$

上面例子中,OH^-是桥联基团。

例题 10-1 $[(NH_3)_5Cr-OH^--Cr(NH_3)_5]Cl_5$,五氯化$\mu$-羟·二[五氨合铬(Ⅲ)]($\mu$-表示"桥联基团")。

3. 螯合物

螯合物:一种由两个或者两个以上的配位原子的配位体与一个中心离子结合。形成具有环状结构的配合物称为螯合物或者内配合物。如

$$[Cu(en)_2]^{2+}、[Fe(o-phen)_3]^{2+}、[Ca(EDTA)]^{2+}$$

这种多齿配位体又称为螯合剂。

例如:乙二胺 $H_2N-CH_2-CH_2-NH_2$(表示为 en),其中两个氮原子可以经常和同一中心原子(离子)配位。像这种有两个配位原子的配体通常称双基配体(或双齿配体)。而乙二胺四乙酸(EDTA),其中两个 N,4 个 -OH 中的 O 均可配位,故称多齿配体。

$CH_2—CH_2$
H_2N　　NH_2

乙二胺(en)

$HOOCH_2C$　　　　CH_2COOH
　　$NCH_2—CH_2N$
$HOOCH_2C$　　　　CH_2COOH

乙二胺四乙酸(FDTA)

例题 10-2 乙二胺(en)与 Cu^{2+} 形成的配合物$[Cu(en)_2]^{2+}$,两个乙二胺像双螯把 Cu^{2+} 螯住。形成稳定的两个五元环。

$$\left[\begin{matrix} CH_2—NH_2 & & NH_2—CH_2 \\ | & \searrow Cu \swarrow & | \\ CH_2—NH_2 & \nearrow \quad \nwarrow & NH_2—CH_2 \end{matrix} \right]^{2+}$$

四、配合物的中文命名法

1. 配位化合物的命名

配位化合物的命名服从一般无机化合物的命名原则。如果外界是一个简单阴离子,则称为某化某;如果酸根是一个复杂的阴离子,则称为某酸某;如果外界是氢氧根离子,则称为氢氧化某;如果内界为配阴离子,外界为氢离子,则称为某酸;如果外界为金属阳离子,则命名时先读配阴离子,后读金属离子,并在配阴离子和金属离子之间加一"酸"字。原则是先阴离子后阳离子,先简单后复杂。

2. 内界的命名

把配位体放在前面,配位体的数目用一、二、三等表示,并放在配位体名称之前。中心离子的氧化态用罗马数字表示,放在中心离子之后,用圆括号标出。在中心离子和配位体之间用"合"字连接起来,即配位体数-配位体名称-合-中心离子名称(中心离子

氧化态）。例如：

cis - $[PtCl_2(ph_3P)_2]$　　顺 - 二氯·二（三苯基磷）合铂（Ⅱ）

$K[PtCl_3NH_3]$　　三氯·氨合铂（Ⅱ）酸钾

$[Co(NH_3)_5H_2O]Cl_3$　　三氯化五氨·一水合钴（Ⅲ）

$[Pt(NO)(NH_3)(NH_2OH)py]Cl$　　氯化硝基·氨·羟氨·吡啶合铂（Ⅱ）

$[Pt(NH_2^-)(NO_2^-)(NH_3)_2]$　　氨基·硝基·二氨合铂（Ⅱ）

3. 不同类型配位体

在同一配位化合物的配位体中，如果既有阴离子又有分子，命名时的顺序是先离子，后分子；如果既有无机配位体又有有机配位体，则命名时的顺序是先无机配位体，后有机配位体。但书写顺序正好相反。例如，

$[Co(NH_3)_4Cl_2]Cl$　　氯化二氯四氨合钴（Ⅲ）

$[Co(NH_3)_4Cl_2]Cl \cdot 2H_2O$　　二水合氯化二氯四氨合钴（Ⅲ）

4. 几种阴离子

如果作为配位体的阴离子不止一种，则按照我国"无机化学的系统物质命名原则"，可按下列次序命名：O（氧），Cl（氯），NO^-——亚硝基，CN^-——氰，NCO^-——氰酸根，SCN^-——硫氰酸根，NCS^-——异硫氰酸根，$C_2O_4^{2-}$——草酸根，—OH——羟基。如果作为配位体的分子不止一种，则按下列次序命名：NO，H_2O，取代胺（如乙二胺、丙二胺等），最后是 NH_3。例如，

$[Co(NH_3)_5H_2O]Cl_3$　　三氯化一水五氨合钴（Ⅲ）

$Ag_2[AuOCl_3]$　　一氧三氯合金（Ⅲ）酸银

五、配位化合物的空间结构

中心离子和配位体之间通过成键作用形成配离子时，配位体与配位体之间存在着排斥力。或者说，配位原子上的成键电子对之间存在相互排斥的作用，使配位体之间的相对位置尽可能保持最大距离。这样，很自然地使配位体倾向于比较对称地分布在中心离子的周围。例如，银离子的配位数为 2，在形成二氨合银(Ⅰ)配离子$[Ag(NH_3)_2]^+$时，由于两个氨分子偶极的负端对着 Ag^+，使得两个氨分子的正极将相互排斥以及两个 Ag - NH_3成键电子对之间的相互排斥作用，因而，两个氨分子相互远离，结果形成$[H_3N - Ag - NH_3]$的直线形结构。配位数为 3 的配离子应该呈平面三角形结构。由此可见，配位数不同，配合物（或配离子）的空间结构就不同，但配合物的空间结构还要受到其他因素的影响。即使配位数相同，由于中心离子（或原子）和配位体的相互作用的情况不同，其空间结构也可能不同。如配位数为 4 的配离子呈正四面体或平面正方形结构；配位数为 6 的配离子呈八面体或三方棱柱结构等。不同配位数的配离子的空间结构汇列于表 10 - 2。

表 10-2 不同配位数的配离子的空间结构

配位数	配离子的空间结构	实 例
2	直线形	$[Ag(NH_3)_2]^+$, $[Ag(CN)_2]^-$
3	平面三角形	CO_3^{2-}, NO_3^-, $[AgI_3]^{2-}$
4	四面体	BF_4^-, $[Zn(NH_3)_4]^{2+}$, $[Cu(NH_3)_4]^{2+}$
4	平面正方形	$[PtCl_4]^{2-}$, $[Ni(CN)_4]^{2-}$, $[Pt(NH_3)_2Cl_2]$
5	三角双锥	$Fe(CO)_5$, $[CuCl_5]^{3-}$
5	四方锥	$[Ni(PEt_3)_2Br_3]$ ($Et = —C_2H_5$)
6	八面体	$[AlF_6]^{3-}$, $[Fe(CN)_6]^{3-}$, $[Co(NH_3)_6]^{3+}$
6	三方棱柱	$[V(H_2O)_6]^{2+}$
7	五角双锥	$[ZrF_7]^{3-}$

第二节 价键理论

配合物的结构理论包括价键理论、晶体场理论、配位场理论（晶体场理论与分子轨道理论），我们主要学习前两种理论。

一、价键理论(VB)

价键理论是 1931 年由美国加州理工学院鲍林(Linus Pauling)提出的。它以杂化轨道理论为基础,考虑到过渡元素的 d 轨道参与杂化成键的可能性,从而发展为近代配合物的价键理论。

价键理论认为,中心离子(或原子)必须有空的价电子轨道,配位体的配位原子必须有未成键的孤电子对,在形成配位化合物时,中心离子(或原子)的原子轨道进行杂化,形成一定数目的杂化轨道,配位原子将其孤对电子填入中心离子(或原子)空的杂化轨道而形成配位键。以符号 M←L 来表示,M 代表中心离子(或原子),L 代表配位体,箭头表示其共用电子对由配位体提供。价键理论的主要内容包括以下三个方面:

1. 配合物的形成

中心离子(或原子)能级相差较小的价电子轨道,可以通过线性组合而形成数目相同的杂化轨道,按各种不同方式进行杂化,就组成了一系列等价的、方向性不同的杂化轨道,杂化轨道空间分布出现的极大值方向,具有最强的成键能力,而且任何两个轨道之间的相互排斥作用,相对来说最小。这样,可以使整个配合物体系的能量在成键后变得更低,即原子轨道杂化后,可使成键能力增强。

通过原子轨道杂化所形成的每一个空的杂化轨道,能够接收配位原子的 1 对孤对电子形成配位键。配位键的特征是:成键电子云围绕着两个核的连线(键轴)呈圆柱形对称。例如$[FeF_6]^{3-}$的形成过程如图 10－2 所示。

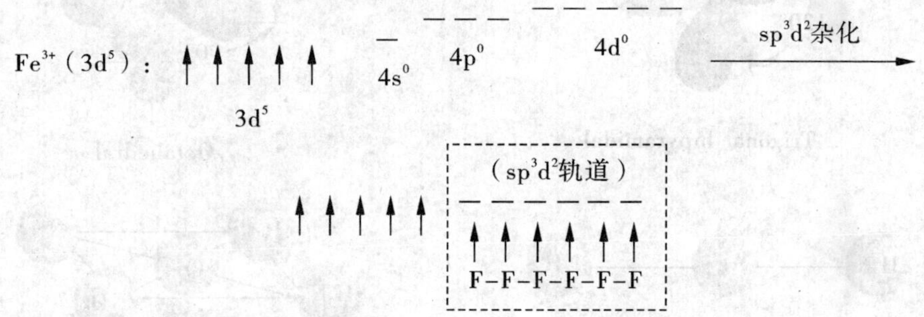

$[FeF_6]^{3-}$　sp^3d^2杂化,八面体构型。

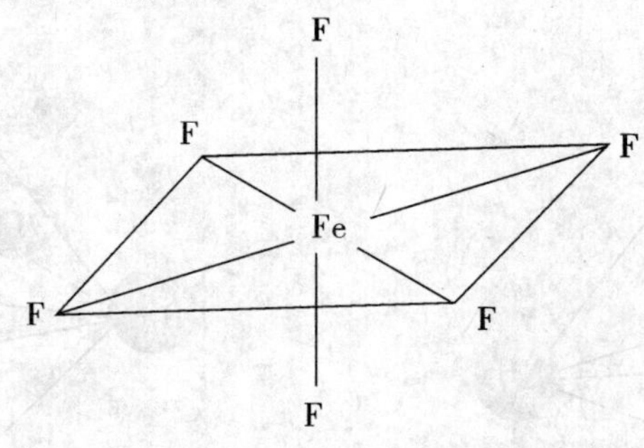

图 10－2　$[FeF_6]^{3-}$的形成过程

由于中心离子(或原子)可以通过不同形式进行杂化,而杂化轨道具有一定的方向性,这就形成了不同空间结构的配位化合物,即使配位数相同,其空间结构也不一定相同。至于中心离子(或原子)究竟采取何种形式进行杂化,则与中心离子的电子层结构有关,也与配位体的性质相关。表 10－3 列出了一些配位化合物的杂化轨道及空间结构(图 10－3)。

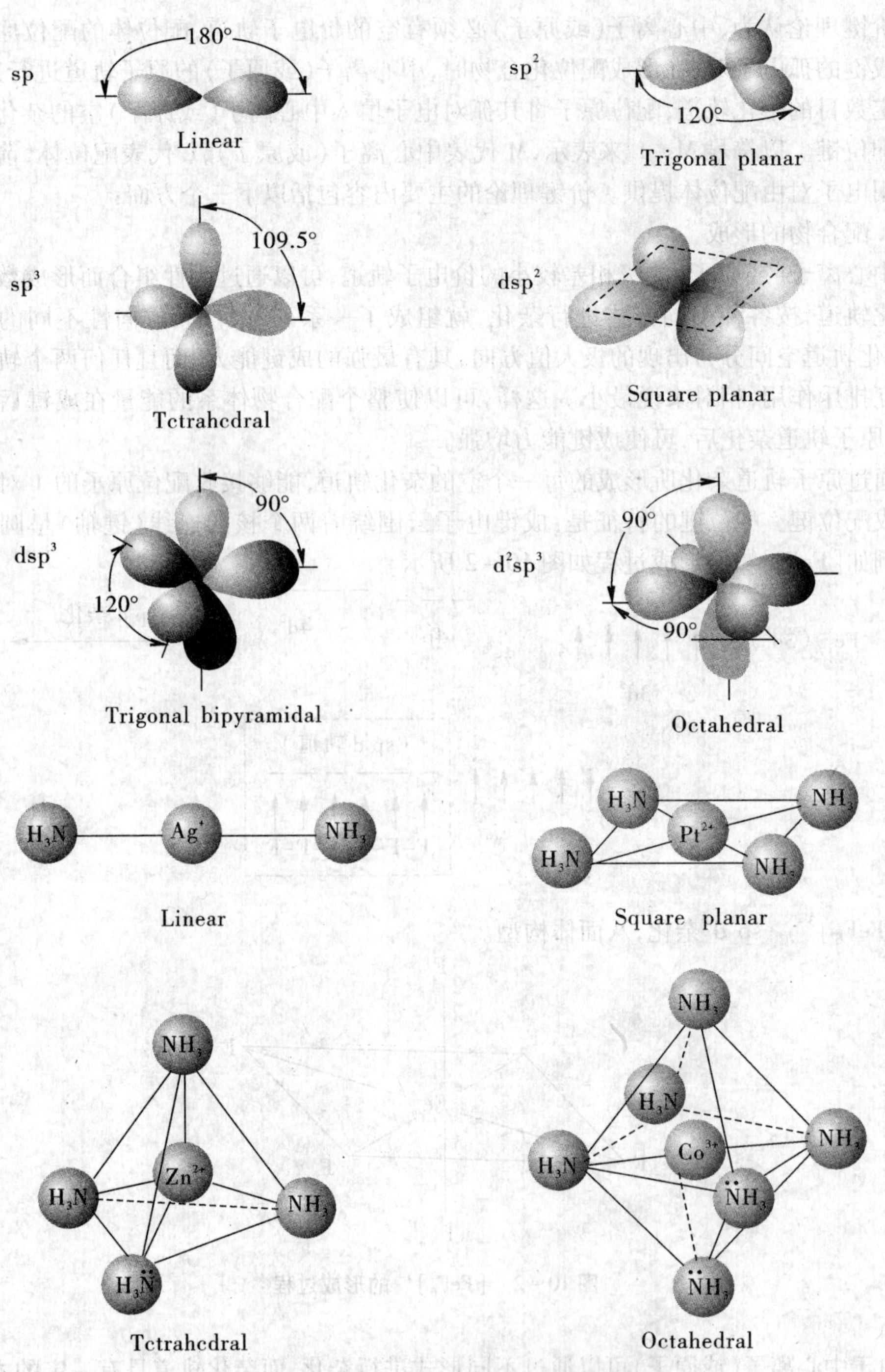

图 10－3 一些配合物的空间构型

表 10－3 某些配位化合物的杂化轨道及空间结构

配位数	杂化轨道	参与杂化的原子轨道及空间结构	空间结构	实例
2	sp	s, p_x	直线形	$[Ag(NH_3)_2]^{2+}$
3	sp^2	s, p_x, p_3	平面三角形	$[AgCl_3]^{2-}$
4	sp^3	s, p_x, p_y, p_z	四面体	$Ni(CO)_4$
4	dsp^2	d_{x2-y2}, s, p_x, p_y	平面正方形	$[PtCl]_4^{2-}$
5	dsp^3	d_{z2}, s, p_x, p_y, p_z	三角双锥	$Fe(CO)_5$
5	sp^3d	$d_{x2-y2}, d_{z2}, s, p_x, p_y$	四方锥	$[Ni(PR_3)_2Br_3]^-$
6	sp^3d^2	$s, p_x, p_y, p_z, d_{x2-y2}, d_{z2}$	正八面体	$[FeF_6]^{3-}$
6	d^2sp^3	$d_{x2-y2}, d_{z2}, s, p_x, p_y, p_z$	正八面体	$[Fe(CN)_6]^{3-}$

2. 内轨型和外轨型配位化合物

中心体接受电子有两种方式，第一种为中心原子用外层 d 轨道参加杂化，接受配体电子，称为外轨型配合物。例如配合物$[FeF_6]^{3-}$采取 sp^3d^2杂化，八面体构型，外轨型配合物。第二种是中心原子用部分内层 d 轨道参加杂化，接纳配体电子，称为内轨型配合物。例如$[Cr(H_2O)_6]^{3+}$中心离子采取 d^2sp^3杂化，八面体构型，内轨型配合物。内轨型配合物一般单电子数目较少，也称低自旋配合物。

内轨型配位化合物的生成主要取决于中心离子（或原子）的电子构型、离子电荷和配位原子的电负性大小。d^{10}电子构型的离子（ⅠB 族的 +1 价离子、ⅡB 族的 +2 价离子）只能用外层 ns、np 轨道进行杂化而形成外轨型配位化合物，如$[Zn(NH_3)_4]^{2+}$等；d^8电子构型的离子（如 Pt^{2+}、Pd^{2+}等）大多数采取 dsp^2杂化，生成内轨型配位化合物。但就大多数金属离子而言，既可生成内轨型又可生成外轨型配位化合物。中心离子电荷数的增加，有利于形成内轨型配位化合物。例如$[Co(NH_3)_6]^{2+}$为外轨型配位配合物；而$[Co(NH_3)_6]^{3+}$则为内轨型配位化合物，当中心离子与配位原子的电负性相差较大时，倾向于生成外轨型配位化合物；反之则倾向于生成内轨型配位化合物。一般来说，电负性大的配位原子，如 F 和 O 等中心离子配位时，常形成外轨型配位化合物。因为在这种情况下，当中心离子与配位体之间成键的电子云靠近配位原子一方时，有利于以中心离子的最外层 d 轨道与配位体成键。电负性较小的配位原子，如 P、As 等，则常形成内轨型配位化合物，而 N、Cl 等配位原子有时生成外轨型配位化合物，有时生成内轨型配位化合物。

3. 反馈 π 键

小型离子（或原子）与配体之间除了形成 σ 配键以外，如果中心离子非成键的孤对电子的轨道和配位体适当的空轨道重叠。还可以形成 π 配键。例如，当中心离子（或原子）的 d 轨道有孤对电子，而配位体有空的 p 或 d 轨道，并且对称性匹配时，则可形成 π 配键。

由于这种 π 键是由中心离子(或原子)提供孤对电子,由配位体的 p 或 d 轨道接受电子,从而抵消了由于生成 σ 键时在中心离子(或原子)周围过分集中的负电荷,所以叫做反馈 π 键。

$$M \underset{\pi}{\overset{\sigma}{\rightleftharpoons}} L$$

例如:在[$Pt(PR_3)Cl_2$]中,Pt^{2+} 以 dsp^2 杂化轨道与两个 Cl^- 和两个三烷基磷(PR_3)形成 4 个 σ 配键,Pt^{2+} 的 d 电子分别和氯原子及磷原子的 3d 空轨道重叠,而形成反馈 π 键,如图 10-4 所示。

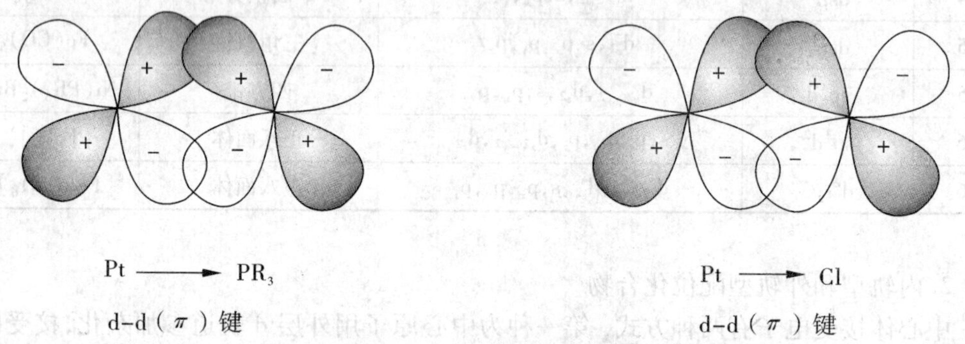

图 10-4 反馈 π 键

过渡金属形成的配位化合物相当稳定,甚至金属原子 Fe、Co、Ni 等也能和 CO、乙烯这样一些中性分子形成稳定的配位化合物。其原因就在于它们不仅能形成 σ 配键,还能形成反馈 π 键。需要指出的是,反馈 π 键不能独立存在,它必须与 σ 配键同时存在。有些金属离子,如碱金属和碱土金属,在配位化合物中只能形成 σ 键,所以稳定性较差,形成反馈 π 键的条件是中心离子(或原子)必须有自由的 d 电子。显然,像 Be^{2+}、Al^{3+} 等离子根本没有自由的 d 电子,它们不可能形成反馈 π 键,而 Sn^{2+}、Sb^{3+}、Pb^{2+} 等虽然有 d 电子,但却被外层的 s 电子屏蔽而不能发挥作用,也不能形成反馈 π 键。

二、价键理论的应用

价键理论虽然是一个定性理论,但由于它简单明了,很容易被人们接受,在解释配位化合物的配位数、空间结构、稳定性及磁性方面有着重要作用。

1. 配位化合物的化学稳定性

配位化合物的化学稳定性包括热稳定性和在溶液中的解离作用。当中心离子和配位数相同时,外轨型配位化合物往往不如内轨型配位化合物稳定。在配位数为 4 的配位化合物中,有属于内轨型的 dsp^2 杂化轨道所形成的平面正方形配位化合物,如 [$Ni(CN)_4$]$^{2-}$。也有属于外轨型的 sp^3 杂化轨道所形成的四面体结构的配位化合物,如 [$NiCl_4$]$^{2-}$。它们的稳定性差别相当悬殊,前者的 $\lg\beta_4=31.3$,后者的 $\lg\beta_4=0.5$,这说明 [$Ni(CN)_4$]$^{2-}$ 比 [$NiCl_4$]$^{2-}$ 稳定得多。

2. 配位化合物的磁性

物质的磁性可以表现为三种情况。第一种情况是物质内部的电子都已成对,产生闭合磁场，在外磁场作用下，出现诱导磁场，其方向与外磁场方向相反，因此，它们具有反磁性，这种物质称为反磁性物质；第二种情况是物质内部的电子有1个或多个未成对的，而每个电子相当于1个小磁体，在外磁场的作用下，其磁性随外磁场加强而加强，它的磁化方向与外磁场方向一致，这种物质称为顺磁性物质；第三种情况是物质被磁化的性质表现得很强烈，它随着外磁场的加强而显著提高，并且在除去外磁场后，物质的磁性有滞后现象，这种物质叫铁磁性物质。

形成配位化合物后，中心离子内层$(n-1)$d轨道中，未成对的电子数可能发生变化，因此磁性亦发生变化。可通过测定配合物的磁矩，按式$\mu=\sqrt{n(n+2)}$ B. M. 计算出配合物的中心离子未成对的电子数。式中，μ为磁矩，n表示的是单电子数目，μ的单位为波尔磁子（B. M.）。

例如：$[Co(NH_3)_6]^{3+}$的形成采取d^2sp^3杂化，使用2个3d轨道，1个4s轨道，3个4p轨道，用的是内层d轨道，形成的配离子$[Co(NH_3)_6]^{3+}$为正八面体构型，内轨型配合物，单电子数为0，逆磁性物质。再如：$[CoF_6]^{3-}$的形成过程。形成sp^3d^2杂化，使用1个4s轨道，3个4p轨道，2个3d轨道。用的是外层d轨道。形成的配离子$[CoF_6]^{3-}$为正八面体构型，外轨型配合物，高自旋，$\mu=4.90$ B. M.。

应该指出的是，我们不能只凭配位化合物的磁矩来确定其是内轨型还是外轨型配位化合物，还必须考虑中心离子与配位原子间的键长以及配位化合物的稳定性等因素，才能作出正确的判断。对于d^1、d^2、d^3、d^9电子构型的金属离子，不论形成内轨型还是外轨型配位化合物，其未成对的电子数目不会发生变化。

3. VB理论的优缺点

价键理论虽然成功地说明了在形成配合物时，中心离子的配位数和配位化合物的空间结构，并对配位化合物的化学稳定性及磁性也可进行较为满意的解释。但这一理论毕竟是一个定性的理论，它不能定量或半定量地说明配位化合物的性质。由于它只能反映配位化合物基态的情况，而对与激发态有关的配位化合物的颜色等性质却无法作出满意的说明。我们总结价键理论的特点如下：

（1）解释了配合物的形成过程、配位数、几何构型、稳定性（内轨型>外轨型）和磁性。

（2）除磁矩可以计算外，其余性质仅定性描述。

（3）可以解释$[Co(CN)_6]^{4-}$易被氧化为$[Co(CN)_6]^{3-}$，但无法解释$[Cu(NH_3)_4]^{2+}$比$[Cu(NH_3)_4]^{3+}$稳定的事实。

（4）不能解释配合物的电子吸收光谱（紫外-可见吸收光谱）和颜色。

（5）对配合物产生高低自旋的解释过于牵强。

（6）无法解释配离子的稳定性与中心离子电子构型之间的关系。

第三节　晶体场理论

晶体场理论（crystal field theory，简称CFT）是1928年由物理学家贝提（H. Bethe）和范佛列克（J. H. Van Vlack）提出的。但是直到1953年，几位化学家用CFT成功地解释了$[Ti(H_2O)_6]^{3+}$的吸收光谱，才使得CFT理论得以迅速发展。

一、晶体场理论要点

1. 静电模型

中心离子 M 与配位体 L 之间的作用力本质上是静电作用力，M－L 之间的静电作用力使体系能量降低，使配合物具有一定的稳定性。

2. d 轨道能级分裂

中心离子的 5 个能级简并的 d 轨道，在非球形对称的配位体中，d 轨道能量升高，而且不同的 d 轨道能量变化不同，即 d 轨道发生能级分裂。为了弄清 d 轨道的能级分裂情况，有必要重新熟悉 5 个 d 轨道在空间的角度分布状态。图 10－5 表示出了 d 电子云的角度分布，它和 d 轨道的差别只在“肥”、“瘦”和正、负号。

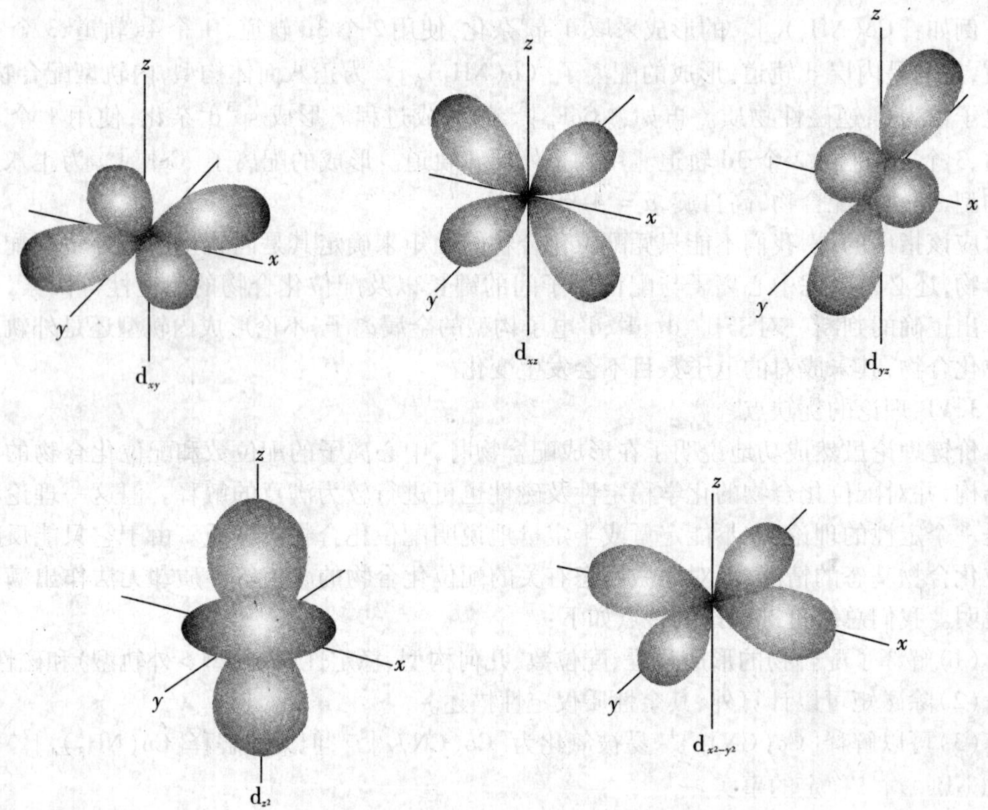

图 10－5　d 电子云的角度分布示意图

当中心离子没有与配体发生作用，即中心离子处于自由状态时，5 个 d 轨道虽然空间取向不同，但具有相同的能量（E_0）。如果这个中心离子被一个带负电荷的球形电场包围，d 轨道受到球形场的静电排斥，各 d 轨道的能量都将升高（E_s）。因为 5 个 d 轨道都垂直地指向球壳，受到的静电排斥力是相同的，所以能级并不发生分裂（图 10－6）。

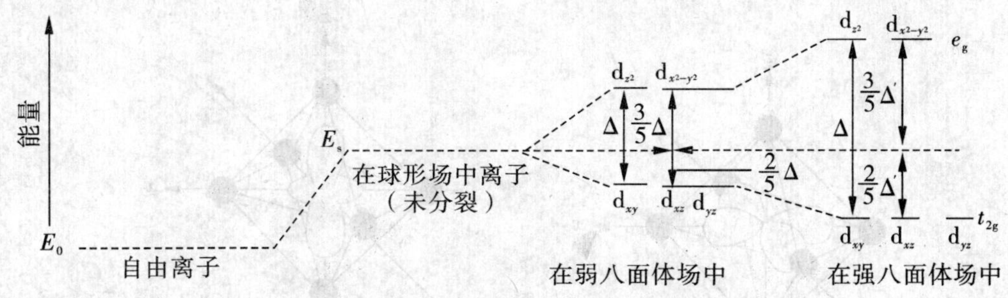

图 10－6　轨道能级在正八面体场中的分裂

考虑八面体构型的配合物，6 个配体分别占据八面体的 6 个顶点，由此产生的静电场叫做八面体场。6 个配体各沿着 $\pm x$、$\pm y$、$\pm z$ 坐标轴的方向，接近中心离子（图 10－7）形成八面体配合物时，一方面，带正电的中心离子与带负电的配体（或极性分子带负电的一端）相互吸引；另一方面，中心离子 d 轨道上的电子受到配体负电荷的排斥，5 个 d 轨道的能量相对于自由离子状态都将升高。但是，升高的程度是不一样的，由于 d_{z^2} 和 $d_{x^2-y^2}$ 轨道与配体处于迎头相碰的位置，所以这两个 d 轨道中的电子受到的静电排斥力较大，能量升高较大。而 d_{xy}、d_{xz} 和 d_{yz} 轨道却正好处在配体的空隙中间，所以这 3 个 d 轨道中的电子受到的静电排斥力较小，它们的能量比前两个轨道的能量低，但仍然要比中心离子处于自由状态时 d 轨道的能量高。这样，在八面体场配体的影响下，原来能级相等的 d 轨道分裂为两组（图 10－7）：一组为能量较高的 d_{z^2} 和 $d_{x^2-y^2}$ 轨道，这组轨道称为 e_g 轨道；另一组为能量较低的 d_{xy}、d_{xz} 和 d_{yz} 轨道，这组轨道称为 t_{2g} 轨道。这种能级分裂的现象，是晶体场理论的主要特征，称为晶体场分裂。很明显，配体的电场越强，d 轨道能级分裂的程度越大（图 10－7）。

其他如四面体、平面正方形、三角双锥等构型的配合物，其配体所形成的电场与八面体场不同，中心离子 d 轨道的分裂情况也就不同，分裂的程度也不同。例如，在四面体构型的配合物中，4 个配体分别占据正四面体的 4 个顶点（图 10－8）。中心离子的 d 轨道与配体没有处于迎头相碰的位置，所以静电排斥作用的程度远没有八面体场那样强烈。在四面体场中，中心离子的 d_{xy}、d_{xz} 和 d_{yz} 轨道与配体靠得较近，故能量升高较多；而 d_{z^2} 和 $d_{x^2-y^2}$ 轨道与配体离得较远，故能量升高较少。正好与八面体场中 d 轨道的分裂情况相反。

3. 晶体场分裂能及其影响的因素

中心离子的 d 轨道在不同的配合物中，不仅能级分裂的情况不同，而且分裂的程度也不同。分裂后最高能级和最低能级之间的能量差称为晶体场分裂能，通常用 Δ 表示。例如八面体场中的分裂能 Δ_o[①] 为

---

① Δ_o 中的下标“o”表示 octabedron。

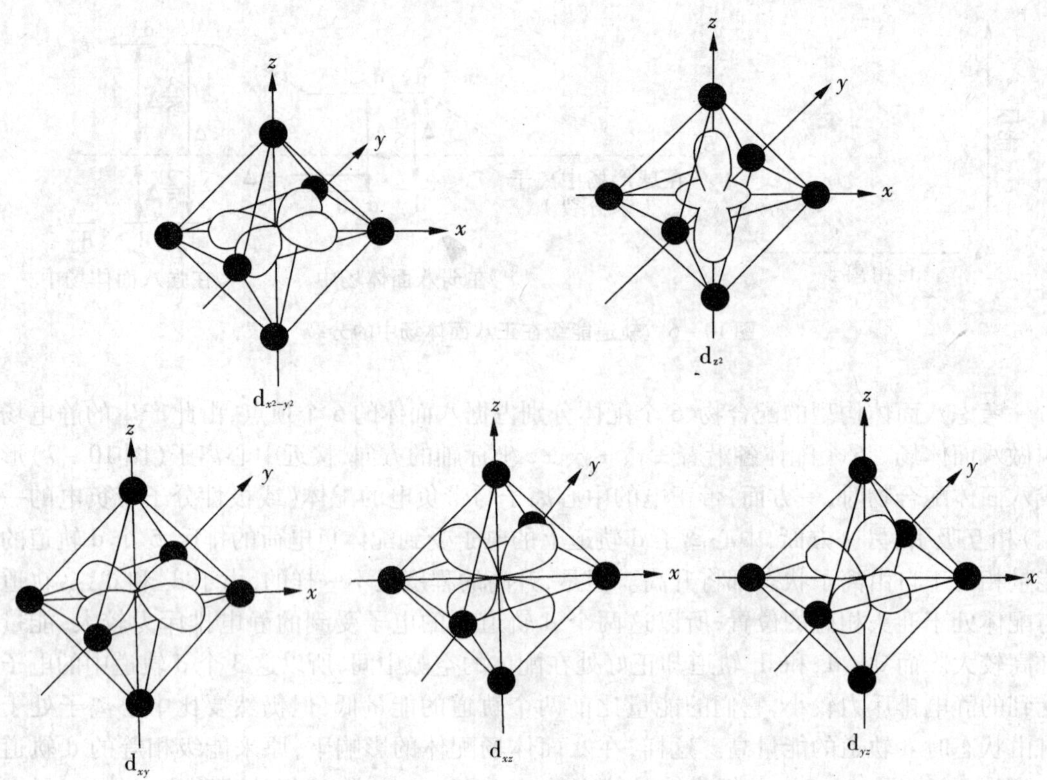

图 10－7 正八面体配合物中 5 个 d 轨道与配体的相对位置示意图

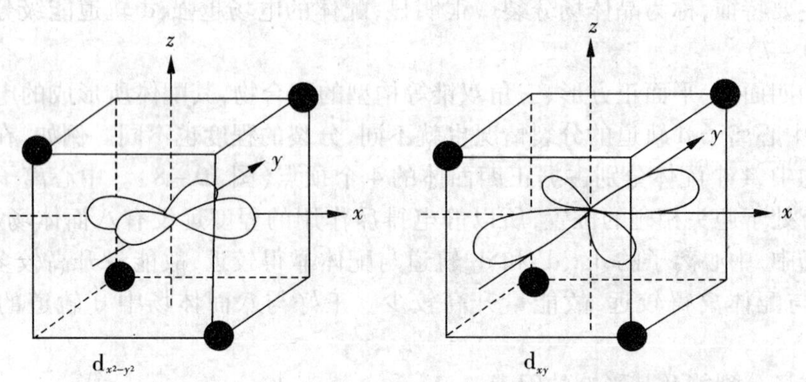

图 10－8 正四面体配合物中 $d_{x^2-y^2}$、d_{xy} 轨道与配体的相对位置示意图

$$\Delta_o = E_{e_g} - E_{t_{2g}}$$

这相当于一个电子由 t_{2g} 轨道跃迁到 e_g 轨道的能量。这种跃迁叫做 d－d 跃迁。晶体场分裂能的大小可通过配合物的吸收光谱实验测得。

影响晶体场分裂能的主要因素有：

(1)配合物的几何构型　在同种配体、同种中心离子且配体与中心离子距离相同的条件下，配合物的几何构型不同，分裂能值的大小明显不同。如四面体场中 d 轨道的分

裂能 Δ_t① 根据计算,仅为八面体场的4/9,即

$$\Delta_t = \frac{4}{9}\Delta_o$$

(2)配体的性质 同种中心离子与不同的配体形成相同构型的配合物时,分裂能的大小随配体场的强弱而变化。不同的配体,有不同的电场强度,配体场愈强,分裂能愈大。表10-4列出了 Cr^{3+} 与一些不同配体形成八面体配合物时分裂能的大小。

表10-4 不同配体的晶体场分裂能

配离子	$[CrCl_6]^{3-}$	$[CrF_6]^{3-}$	$[Cr(H_2O)_6]^{3+}$	$[Cr(NH_3)_6]^{3+}$	$[Cr(en)_3]^{3+}$	$[Cr(CN)_6]^{3-}$
分裂能 $\Delta_o/(kJ \cdot mol^{-1})$	13 600	15 300	17 400	21 600	21 900	26 300

将各种不同的配体,按其与同一中心离子生成的配合物的分裂能由小到大的顺序可得

$$\text{弱场配体} \xrightarrow{\text{场强增强}} \text{强场配体}$$

$$I^- < Br^- < S^{2-} < SCN^- < Cl^- < NO_3^- < F^- < OH^- < C_2O_4^{2-} < H_2O$$

$$< NCS^- < NH_3 < en < SO_3^{2-} < o-phen < NO_2^- < CO < CN^-$$

这个顺序是从配合物的吸收光谱实验获得的顺序,故称为光谱化学序。

以配位原子分类:

$$I < Br < Cl \sim S < F < O < N < C\text{(记住常见的配体顺序)}$$

Δ越大,我们称为强场,Δ越小,我们称为弱场。通常 H_2O 以前的场称为弱场;H_2O ~ NH_3之间的场称为中间场;NH_3以后的场称为强场。

(3)中心离子的电荷 同种配体与同一过渡金属形成相同构型的配合物时,高氧化态配合物比低氧化态配合物的分裂能大。这是由于随着中心离子正电荷的增加,配体更靠近中心离子,从而对中心离子的d轨道产生较大的排斥。表10-5列出了第四周期过渡元素的某些 M^{2+} 和 M^{3+} 水合配离子的分裂能。

表10-5 某些$[M(H_2O)_6]^{2+}$和$[M(H_2O)_6]^{3+}$的分裂能 $\Delta_o/(kJ \cdot mol^{-1})$

中心离子	$[M(H_2O)_6]^{2+}$	$[M(H_2O)_6]^{3+}$	中心离子	$[M(H_2O)_6]^{2+}$	$[M(H_2O)_6]^{3+}$
Ti	–	20 300	Fe	10 400	13 700
V	12 600	17 700	Co	9 300	18 600
Cr	13 900	17 400	Ni	8 500	–
Mn	7 800	21 000	Cu	12 600	–

① Δ_t 中的下标"t"表示 tetrabedron。

(4)中心离子所属的周期数　相同氧化态的同族过渡元素离子与同种配体形成相同构型的配合物时,分裂能值随中心离子在周期表中所属的周期数的增加而增大,这主要是由于与3d轨道相比,4d、5d轨道伸展得较远,与配体更接近,受配体场的排斥较大。例如:

	$[CrCl_6]^{3-}$	$[MoCl_6]^{3-}$
$\Delta_o/(kJ\cdot mol^{-1})$	13 600	19 200
	$[RhCl_6]^{3-}$	$[IrCl_6]^{3-}$
$\Delta_o/(kJ\cdot mol^{-1})$	20 300	24 900

4. 配合物的颜色

d-d跃迁的能量和分裂能相当。对八面体构型的配合物,Δ_o一般为1~3 eV,此能量范围恰好落在可见光区。所以,具有1~9个d电子的中心离子所形成的配合物,大多是有颜色的。

当可见光(白光)照射到物质上时会出现几种情况:若全部被物质吸收,则物质显黑色;若完全不被吸收或全部透过,则物质显白色或无色;若物质对所有波长的光吸收程度都差不多,则显灰色;若物质只吸收白光中某一波长的光,则物质显出这一波长的光的互补色。

5. 配合物的磁性

由前述知,物质的磁性可用磁矩来表示。同一中心离子与不同配体所形成的配合物,其分裂能大小不同,这种差别有时会使某些中心离子的d电子产生不同的排布状态,使未成对电子数不同,从而配合物的磁矩也就不同。在八面体场中,d能级分裂为t_{2g}和e_g两组,中心离子的d电子在t_{2g}和e_g轨道中的排布,也服从能量最低原理和洪特规则。

对于具有d^1~d^3构型的中心离子,当其形成八面体配合物时,d电子优先排布在t_{2g}轨道上,且自旋平行,d电子的排布方式只有一种。

例如$Cr^{3+}(d^3)$:$Cr^{3+}(d^3)$在八面体场中d电子的排布方式可表示为$t_{2g}^3e_g^0$,如图10-9所示。

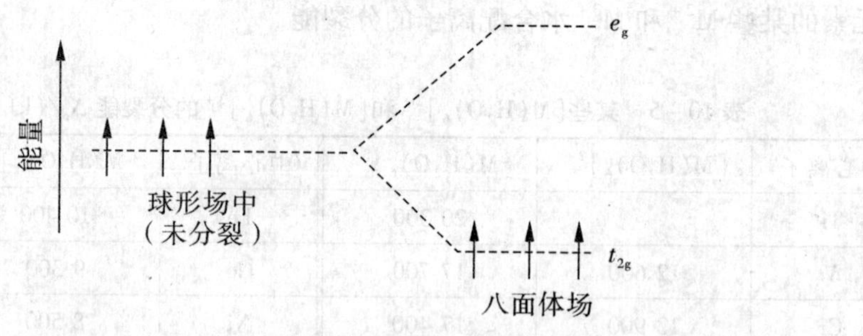

图10-9　$Cr^{3+}(d^3)$在八面体场中d电子的排布方式

对于具有d^4~d^7构型的离子,在八面体场中,d电子可以有两种排布方式:

以d^4构型的离子(如Cr^{2+}、Mn^{3+})为例。第一种排布方式,其第四个电子进入e_g轨道,此时需要克服分裂能Δ_o这种排布方式($t_{2g}^3e_g^1$),未成对电子数相对较多,磁矩较大,称为高自旋排布,相应的配合物称为高自旋配合物。第二种排布方式,其第四个电子进入

t_{2g}轨道，需要克服两个电子相互排斥而消耗的能量，称电子成对能(E_p)，这种排布方式($t_{2g}^4e_g^0$)，未成对电子数相对较少，磁矩较小，称为低自旋排布，相应的配合物称为低自旋配合物。如图 10-10 所示。

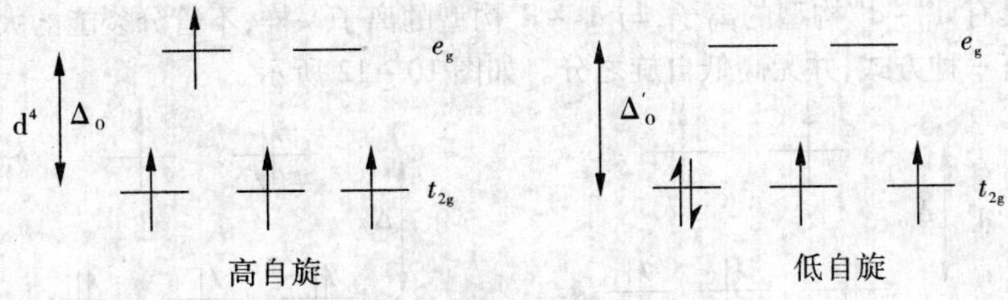

图 10-10　d^4构型的离子的电子排布方式

d 轨道能级分裂后，d 电子在轨道上的排布情况遵循的原则：

(1)中心离子的 d 电子按鲍利不相容原理、能量最低原理和洪特规则三原则排布。

(2)电子成对能(E_p) > 分裂能(Δ)时，即弱场，电子尽可能以自旋相同方式分占不同的轨道，即弱场采取高自旋排布方式。

例如：弱场($E_p > \Delta$)情况下电子的排布方式如图 10-11 所示。

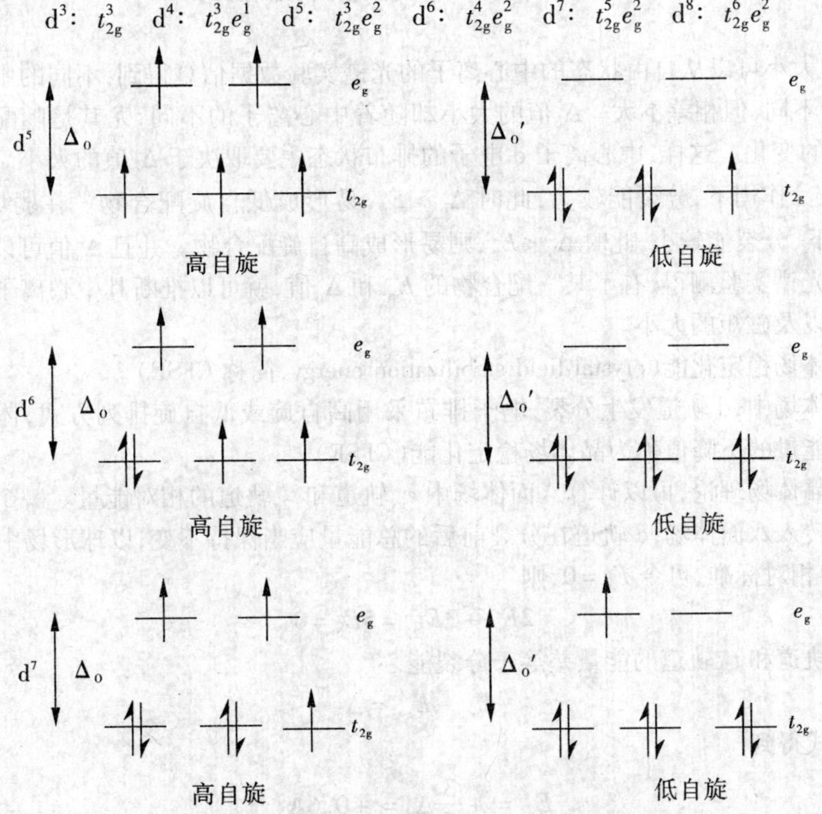

图 10-11　$d^5 \sim d^7$构型电子的排布方式(弱场)

(3)电子成对能(E_p) < 分裂能(Δ)时,即强场情况

电子以成对形式排布，即强场采取低自旋排布方式。

$$d^3:\ t_{2g}^3\quad d^4:\ t_{2g}^4e_g^0\quad d^5:\ t_{2g}^5e_g^0\quad d^6:\ t_{2g}^6e_g^0\quad d^7:\ t_{2g}^6e_g^1\quad d^8:\ t_{2g}^6e_g^2$$

对于具有 $d^8 \sim d^{10}$ 构型的离子,与 $d^1 \sim d^3$ 构型的离子一样,不管分裂能的大小,其电子的排布只有一种方式,并无高低自旋之分。如图 10－12 所示。

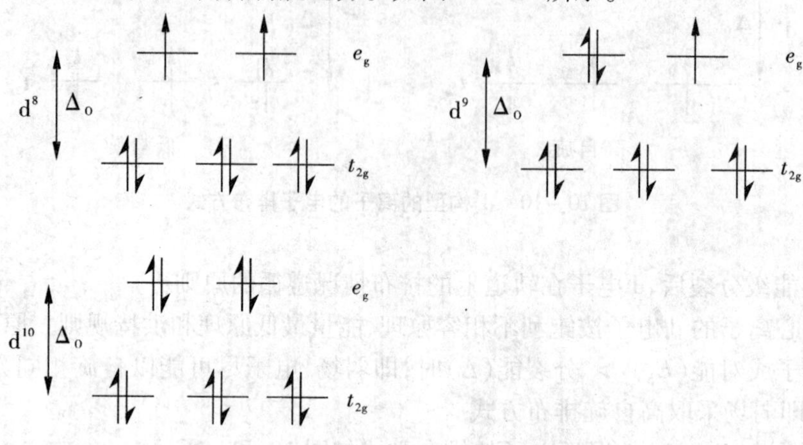

图 10－12 $d^8 \sim d^{10}$ 构型电子的排布方式

E_p 的大小可以从自由状态的中心离子的光谱实验数据估算得到,不同的中心离子的 E_p 值有所不同,但相差不大。Δ_o值的大小却随着中心离子的不同,尤其是随配体的不同而有很大的变化。这样,中心离子 d 电子的排布状态主要取决于 Δ_o值的大小。在强场配体(如 CN^-)作用下,分裂能较大,此时 $\Delta_o > E_p$,易形成低自旋配合物。在弱场配体(如 F^-)作用下,分裂能较小,此时 $\Delta_o < E_p$,则易形成高自旋配合物。并且 Δ_o值可以通过配合物的吸收光谱实验测得,有了某一配合物的 E_p 和 Δ_o值,就可以推断其中心离子 d 电子的排布状态以及磁矩的大小。

6. 晶体场稳定化能(crystal field stabilization energy,简称 CFSE)

在晶体场中,d 轨道发生分裂,电子排布采用高自旋或低自旋排列方式,体系能量比未分裂前能量的下降值称为晶体场稳定化能(CFSE)。

根据晶体场理论,可以计算八面体场中 e_g 轨道和 t_{2g}轨道的相对能量。一个中心离子由球形场转入八面体场,d 轨道在分裂前后的总能量应当保持不变,以球形场中 d 轨道的能量 E_s 为相对标准,可令 $E_s = 0$,则

$$2E_{e_g} + 3E_{t_{2g}} = 5E_s = 0$$

又 e_g轨道和 t_{2g}轨道的能量差等于分裂能

$$E_{e_g} - E_{t_{2g}} = \Delta_o$$

解两式得到

$$E_{e_g} = +\frac{3}{5}\Delta_o = +0.6\Delta_o$$

$$E_{t_{2g}} = -\frac{2}{5}\Delta_o = -0.4\Delta_o$$

即在八面体场中，d 轨道能级分裂的结果，与球形场中未分裂前相比较，e_g轨道的能量升高了0.6Δ_o，而t_{2g}轨道的能量则降低了0.4Δ_o，这样，d 电子进入分裂后的轨道与进入未分裂的轨道相比，系统的总能量会有所降低，这个能量降低的总值也就是晶体场稳定化能。

7.晶体场稳定化能（CFSE）的计算

根据配合物的空间构型以及电子的排布方式，计算配合物的 CFSE。

八面体场中，$\Delta_o = 10\ Dq$；四面体场中，$\Delta_t = 4/9\Delta_o = 4.45\ Dq$

在八面体场中，根据t_{2g}、e_g轨道的电子数以及轨道能量下降或升高的数值计算 CFSE。

CFSE（八面体场）=（$-4\ Dq$）$\times n_{t_{2g}} + 6\ Dq \times n_{e_g}$

同样的方法可以计算四面体场中的 CFSE。

$$\text{CFSE（四面体场）} = (-2.67\ Dq) \times n_{e_g} + 1.78\ Dq \times n_{t_{2g}}$$

在八面体场中，d^1、d^2、d^3、d^8、d^9、d^{10}强场和弱场中，电子排布相同，CFSE 相同，$d^4 \sim d^7$强场和弱场电子排布不同，CFSE 不同。

d^1：t_{2g}^1　　CFSE $= 1 \times (-4\ Dq) = -4\ Dq$

d^8：$t_{2g}^6 e_g^2$　　CFSE $= 6 \times (-4\ Dq) + 2 \times 6\ Dq = -16\ Dq$

d^{10}：$t_{2g}^6 e_g^4$　　CFSE $= 6 \times (-4\ Dq) + 4 \times 6\ Dq = 0\ Dq$

d^4：强场 $t_{2g}^4 e_g^0$　　CFSE $= 4 \times (-4\ Dq) = -16\ Dq$

d^4：弱场 $t_{2g}^3 e_g^1$　　CFSE $= 3 \times (-4\ Dq) + 1 \times 6\ Dq = -6\ Dq$

d^5：强场 $t_{2g}^5 e_g^0$　　CFSE $= 5 \times (-4\ Dq) = -20\ Dq$

由此可见，晶体场稳定化能与中心离子的 d 电子数有关，也与晶体场的场强有关，此外还与配合物的几何构型有关。

$d^4 \sim d^7$构型的中心离子，在弱场和强场配体作用下，d 电子的排布方式有高、低自旋之分，其对应的晶体场稳定化能是不同的。对 $d^1 \sim d^3$ 和 $d^8 \sim d^{10}$ 构型的中心离子，无论是弱场还是强场情况，d 电子的排布方式均只有一种。不过，虽然 d 电子的排布方式相同，但由于配体电场的强度不同，分裂能 Δ_o值不同，因此，其不同配合物的晶体场稳定化能也是有差别的。

二、晶体场理论的应用

1.讨论配合物的稳定性

（1）根据晶体场稳定化能判断　利用晶体场理论判断配合物的稳定性，是根据配合物中心离子的 d^n电子在强弱场中的排布情况，计算晶体场稳定化能，根据晶体场稳定化能比较、判断配合物的稳定性。

例：在弱场中，同一配体的高自旋配合物稳定性顺序为

$$d^0 < d^1 < d^2 < d^3 > d^4 > d^5 < d^6 < d^7 < d^8 > d^9 > d^{10}$$

强场中，同一配体的低自旋配合物稳定性顺序为

$$d^0 < d^1 < d^2 < d^3 < d^4 < d^5 < d^6 > d^7 > d^8 > d^9 > d^{10}$$

解释：[Co(EDTA)]$^-$　　Co^{3+}：d^6　　CFSE $= -4\ Dq$　　$K_{稳} = 1.0 \times 10^{36}$

[Fe(EDTA)]$^-$　　Fe^{3+}：d^5　　CFSE $= -0\ Dq$　　$K_{稳} = 1.7 \times 10^{26}$

$[Co(CN)_6]^{3-}$ Co^{3+}: d^6 CFSE = −24 Dq $K_{稳} = 1 \times 10^{64}$

$[Fe(CN)_6]^{3-}$ Fe^{3+}: d^5 CFSE = −20 Dq $K_{稳} = 1 \times 10^{42}$

由此可以看出，无论在强场还是弱场中，d^6电子构型的配合物都比d^5构型的配合物稳定。

(2)心体与配体间键的强度　配位键键能与 CFSE 相比，CFSE 只占极少一部分，键能占主要地位。所以在考虑配合物的稳定性时，首先要考虑键能，其次考虑 CFSE。

例如：在图 10－13 中，从 Ca^{2+} 到 Zn^{2+}，一系列元素形成水合离子$[M(H_2O)_6]^{2+}$的水合热图，虚线部分是考虑到从 Ca^{2+} 到 Zn^{2+} 中有效核电荷的增加而引起的水合热的变化，实线呈现的双峰变化是实验数值，表明在水这一弱场作用下产生的 CFSE 对水合能的影响。

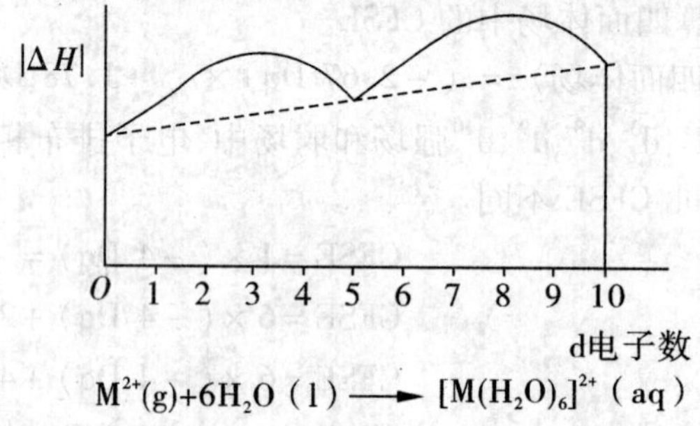

图 10－13 $Ca^{2+} \rightarrow Zn^{2+}$ 系列元素形成水合离子$[M(H_2O)_6]^{2+}$的水合热

2. 对于配合物磁性的解释

晶体场理论对配合物的磁性的解释是比较令人满意的，由单电子数目 n 代入到磁矩计算公式

$$\mu = \sqrt{n(n+2)}\,\text{B. M.}$$

计算值与实验值很接近。

3. 对配合物空间构型的解释

如图 10－14。

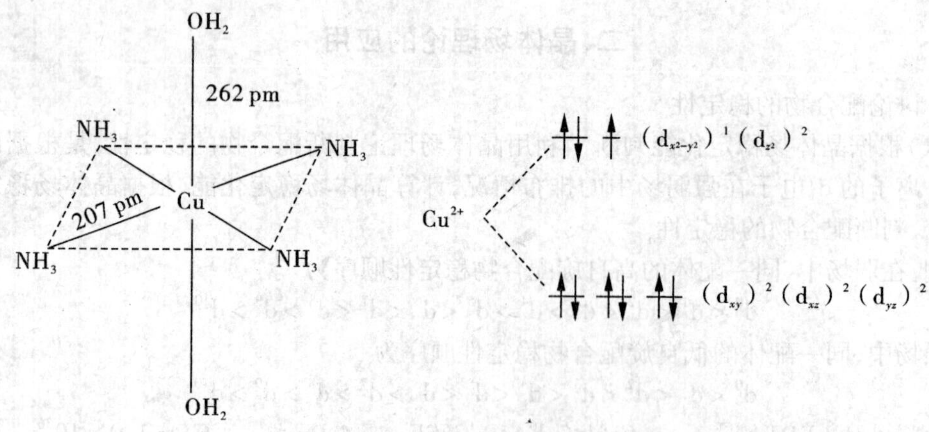

图 10－14 $[Cu(NH_3)_4(H_2O)_2]^{2+}$的空间构型

$[Cu(NH_3)_4(H_2O)_2]^{2+}$

Cu－N 键长：207 pm

$Cu-OH_2$键长：262 pm

这是由于在平面上 4 个配体受到的 d 电子排斥力比轴向（z 轴）两个配体受到的 d 电子排斥力小些，因此平面上的 NH_3距离中心 Cu^{2+}距离近，轴向 H_2O 离中心体较远，形成了变形的八面体，形成八面体畸变。

4. 配合物的氧化还原性

Co^{3+}在酸性溶液中，是极强的氧化剂，在水溶液中不稳定

$$Co^{3+} + Cl^- \Longrightarrow Co^{2+} + \frac{1}{2}Cl_2 \uparrow$$

但 Co^{3+}的配合物$[Co(NH_3)_6]^{3+}$稳定

$$[Co(NH_3)_6]^{2+} \Longrightarrow [Co(NH_3)_6]^{3+} + e^-$$

Co^{3+}：$3d^6$　　CFSE = －24 Dq　　无单电子

Co^{2+}：$3d^7$　　CFSE = －8 Dq　　有 3 个单电子

从晶体场稳定化能来看，$[Co(NH_3)_6]^{3+}$比$[Co(NH_3)_6]^{2+}$的晶体场稳定化能下降得多，因此$[Co(NH_3)_6]^{3+}$比$[Co(NH_3)_6]^{2+}$稳定。

三、晶体场理论缺陷

晶体场理论较好地解释了配合物的颜色、磁性、稳定性等问题。但是，它以中心离子和配体间是静电作用为出发点，并只考虑配体对中心离子的 d 轨道的影响。所以它不能说明为什么像 $Fe(CO)_5$这样一类中心离子为（电）中性原子的配合物可以稳定存在，也不能满意地解释光谱化学序，为什么中性的 NH_3分子的场强比卤素阴离子强，以及为什么 CN 和 CO 配体的场强最强。晶体场理论的局限性是由于它只考虑配位键的离子性，而忽略了配位键是共价性所引起的。对此，人们进行了修正，在晶体场理论的基础上又发展新的理论。

第四节　配位（络合）平衡

一、配合物的平衡常数

金属离子 M 能与配位体 L 形成 ML_n型配合物，ML_n型配合物是逐级形成的，其形成过程和相应的逐级稳定常数为

$$M + L \rightleftharpoons ML \qquad K_1 = \frac{[ML]}{[M][L]}$$

$$ML + L \rightleftharpoons ML_2 \qquad K_2 = \frac{[ML_2]}{[ML][L]}$$

$$\vdots$$

$$ML_{n-1} + L \rightleftharpoons ML_n \qquad K_n = \frac{[ML_n]}{[ML_{n-1}][L]}$$

若将逐级稳定常数依次相乘，就得到各级累积稳定常数β_n。

$$\beta_1 = K_1 = \frac{[ML]}{[M][L]}$$

$$\beta_2 = K_1 \cdot K_2 = \frac{[ML_2]}{[M][L]^2}$$

$$\vdots$$

$$\beta_n = K_1 \cdot K_2 \cdots K_n = \frac{[ML_n]}{[M][L]^n}$$

最后一级累积稳定常数称为配合物的总的稳定常数β_n。

例如：

$$Cu^{2+} + NH_3 \Longrightarrow [Cu(NH_3)]^{2+}$$

$$K_{稳1} = [Cu(NH_3)^{2+}]/[Cu^{2+}][NH_3] = 2.0\times10^4$$

$$[Cu(NH_3)]^{2+} + NH_3 \Longrightarrow [Cu(NH_3)_2]^{2+}$$

$$K_{稳2} = [Cu(NH_3)_2^{2+}]/[Cu(NH_3)^{2+}][NH_3] = 4.7\times10^3$$

$$[Cu(NH_3)_2]^{2+} + NH_3 \Longrightarrow [Cu(NH_3)_3]^{2+}$$

$$K_{稳3} = [Cu(NH_3)_3^{2+}]/[Cu(NH_3)_2^{2+}][NH_3] = 1.1\times10^3$$

$$[Cu(NH_3)_3]^{2+} + NH_3 \Longrightarrow [Cu(NH_3)_4]^{2+}$$

$$K_{稳4} = [Cu(NH_3)_4^{2+}]/[Cu(NH_3)_3^{2+}][NH_3] = 2.0\times10^2$$

总反应为

$$Cu^{2+} + 4NH_3 \Longrightarrow [Cu(NH_3)_4]^{2+}$$

总反应的平衡常数称“累积稳定常数”$\beta(K_{稳})$

$$\beta_4 = K_{稳1}\cdot K_{稳2}\cdot K_{稳3}\cdot K_{稳4} = 2.1\times10^{13}$$

由于各级$K_{稳}$差异不很大，若加入的Cu^{2+}和NH_3浓度相近，则各级配离子的浓度均不可忽略。

只有$[L]\gg[M^{n+}]$，且β_n很大的情况下，总反应式

$$Cu^{2+} + 4NH_3 \rightleftharpoons [Cu(NH_3)_4]^{2+}$$

才成立。

配合物在水溶液中存在生成－离解平衡，生成的平衡常数用$K_{稳}$表示，离解常数用$K_{不稳}$表示。配合物在水溶液中逐级生成配合单元。

相反的过程，称为配合物（配离子）的逐级离解

$$[Cu(NH_3)_4]^{2+} \Longrightarrow [Cu(NH_3)_3]^{2+} + NH_3 \qquad K_{不稳1} = 1/K_{稳4}$$

$$[Cu(NH_3)_3]^{2+} \Longrightarrow [Cu(NH_3)_2]^{2+} + NH_3 \qquad K_{不稳2} = 1/K_{稳3}$$

$$[Cu(NH_3)_2]^{2+} \Longrightarrow [Cu(NH_3)]^{2+} + NH_3 \qquad K_{不稳3} = 1/K_{稳2}$$

$$[Cu(NH_3)]^{2+} \Longrightarrow Cu^{2+} + NH_3 \qquad K_{不稳4} = 1/K_{稳1}$$

总的离解反应

$$[Cu(NH_3)_4]^{2+} \rightleftharpoons Cu^{2+} + 4NH_3 \qquad K_{不稳} = 1 / K_{稳}$$

$K_{稳}(\beta)$↑,表示生成的配合物稳定性↑。

根据配合物生成(或离解)反应式及 $K_{稳}(\beta)$值,可计算配合物体系中各物种的浓度。

二、配位平衡的移动

1. 配合物的解离

由于金属离子的配合物存在逐级解离的现象,所以,在同一溶液中,离子具有很多的存在形式,如$[Cu(NH_3)_4]^{2+}$中

$$c_{Cu^{2+}} = Cu^{2+} + [Cu(NH_3)]^{2+} + [Cu(NH_3)_2]^{2+} + [Cu(NH_3)_3]^{2+} + [Cu(NH_3)_4]^{2+}$$

如配位反应 $M^{a+} + nL^- \rightleftharpoons ML_n^{(a-n)}$

在这个体系中加入酸、碱、沉淀剂、氧化剂或还原剂或另一配体,与 M^{a+} 或者和 L^- 发生反应都可以使上述配位平衡发生移动。在配合物的体系中,与配位平衡有关的多重平衡,如配位平衡-酸碱平衡共存;配位平衡-沉淀平衡共存;配位平衡-沉淀平衡-酸碱平衡,等等。

例如 配位平衡-酸碱平衡共存

在反应 $Al^{3+} + 6F^- \rightleftharpoons [AlF_6]^{3-}$, $\beta_6 = 5.01 \times 10^1$存在以下生成弱酸 HF 的平衡

$$6H^+ + 6F^- \rightleftharpoons 6HF \qquad K_a = 6.8 \times 10^{-4}$$

其总反应

$$Al^{3+} + 6HF \rightleftharpoons [AlF_6]^{3-} + 6H^+$$

$$K = \beta_6 \times K_a^6 = 5.0$$

这时,当$[H^+]$增加时,总反应平衡左移动,发生$[AlF_6]^{3-}$离解;而当溶液中$[OH^-]$升高时,总反应平衡右移,平衡向生成配合物$[AlF_6]^{3-}$方向进行。

2. 配位平衡-沉淀平衡共存

例题 10-3 求室温下,AgBr(s)在 1.00 $mol \cdot L^{-1}$ $Na_2S_2O_3$溶液中的溶解度。

解

$$AgBr(s) + 2S_2O_3^{2-} \rightleftharpoons Ag(S_2O_3)_2^{3-} + Br^-$$

$$1.00 - 2x \qquad x \qquad x$$

$$K = K_{sp}K_{稳} = 4.95 \times 10^{-13} \times 3.16 \times 10^{13} = 15.6$$

$$K = x^2/(1.00 - 2x)^2 = 15.6$$

$$x / (1.00 - 2x) = 3.95$$

$$x = 0.444\ mol \cdot L^{-1}$$

3. 两个配位平衡共存-配合物转化

例题 10-4 求反应 $Pb^{2+} + [Ca(EDTA)]^{2-} \rightleftharpoons Ca^{2+} + [Pb(EDTA)]^{2-}$ 的离解常数。

解 $K = K_{稳[Pb(EDTA)]^{2-}} / K_{稳[Ca(EDTA)]^{2-}}$

$= 1.0 \times 10^{18} / 5.0 \times 10^{10} = 2.0 \times 10^7$

正反应单向。

利用上述沉淀的转化可以用于解除 Pb^{2+} 中毒。

例题 10－5 鉴定 Co^{2+}

$Co^{2+} + 4SCN^- \rightleftharpoons [Co(NCS)_4]^{2-}$ 四异硫氰合钴(Ⅱ)蓝紫色

Fe^{3+}共存时干扰：

$Fe^{3+} + xSCN^- \rightleftharpoons [Fe(NCS)_x]^{(x-3)-}$ ($x=1\sim6$) 血红色

可加 NH_4F 掩蔽：$[Fe(NCS)]^+ + 3F^- \rightleftharpoons FeF_3 + SCN^-$

$$K = K_{稳(FeF_3)}/K_{稳([Fe(NCS)]^+)}$$
$$=1.1\times10^{12}/2.2\times10^3=5.0\times10^8$$

4. 三种平衡共存

配位平衡－沉淀平衡－酸碱平衡

例题 10－6 把 HCl(aq)加入 $Ag(CN)_2^-$(aq)中，是否生成 AgCl 沉淀？

解 $Ag(CN)_2^- + 2H^+ + Cl^- \rightleftharpoons AgCl(s) + 2HCN$

$$K=\beta^{-1}_{2(Ag(CN)_2^-)}\times K^{-2}_{a(HCN)}\times K^{-1}_{sp(AgCl)}$$
$$=(1.25\times10^{21})^{-1}\times(6.2\times10^{-10})^{-2}\times(1.8\times10^{-10})^{-1}$$
$$=1.2\times10^7$$

正反应单向，生成 AgCl↓。

第五节 络合滴定法概述

络合滴定法是以络合反应为基础的滴定分析法。络合反应广泛地应用于分析化学的各种分离与测定中。在络合滴定反应中，副反应较多，平衡关系比较复杂。络合平衡的处理，不仅是络合滴定的基础，对于其他一些应用于分离技术的络合反应，也具有十分重要的指导作用。

一、络合滴定中的滴定剂

利用形成络合物的反应进行滴定分析的方法，称为络合滴定法。例如，用 $AgNO_3$ 标准溶液滴定氰化物时，Ag^+ 与 CN^- 络合，形成难离解的 $[Ag(CN)_2]^-$ 络离子($K_{形}=10^{21}$)的反应，就可用于络合滴定。反应如下

$$Ag^+ + 2CN^- \rightleftharpoons [Ag(CN)_2]^-$$

当滴定达到计量点时，稍过量的 Ag^+ 就与 $[Ag(CN)_2]^-$ 反应生成白色的 $Ag[Ag(CN)_2]$ 沉淀，使溶液变混浊，而指示终点。

$$Ag^+ + [Ag(CN)_2]^- \rightleftharpoons Ag[Ag(CN)_2]$$

能够用于络合滴定的反应，必须具备下列条件：

(1)形成的络合物要相当稳定，$K_{形}\geq10^8$，否则不易得到明显的滴定终点；

(2)在一定反应条件下，络合数必须固定(即只形成一种配位数的络合物)；

(3)反应速度要快；

(4)要有适当的方法确定滴定的计量点。

能够形成无机络合物的反应是很多的，但能用于络合滴定的反应并非很多，原因是

大多数无机络合物的稳定性不高，而且还存在分步络合等缺点。在分析化学中，无机络合剂主要用作干扰物质的掩蔽剂和用于防止金属离子水解的辅助络合剂等。

直到20世纪40年代，随着科学技术水平的提高和生产的不断发展，有机络合剂在分析化学中得到了日益广泛的应用，从而推动了络合滴定的迅速发展。氨羧络合剂，是一类含有氨基二乙酸基团的有机化合物。其分子中含有氨氮和羧氮两种络合能力很强的络合原子，可以和许多金属离子形成环状结构的络合物。

$$HOOCH_2—N—CH_2COOH$$

在络合物滴定中常遇到的氨羧络合剂有氨三乙酸、乙二胺四乙酸、环己烷二胺四乙酸、乙二胺四丙酸、乙二醇二乙醚二胺四乙酸、三乙四胺六乙酸等。

应用有机络合剂（多基配位体）的络合滴定方法，已成为广泛应用的滴定分析方法之一。目前应用最为广泛的有机络合剂是乙二胺四乙酸（ethytlene diamine tetraacetic acid，简称 EDTA）。

二、乙二胺四乙酸及其钠盐

乙二胺四乙酸是含有羧基和氨基的螯合剂，能与许多金属离子形成稳定的螯合物。在化学分析中，它除了用于络合滴定以外，在各种分离、测定方法中，还广泛地用作掩蔽剂。

乙二胺四乙酸简称 EDTA 或 EDTA 酸，常用 H_4Y 表示（图 10－15）。白色晶体，无毒，不吸潮。在水中难溶。在 22 ℃时，每 100 毫升水中能溶解 0.02 克，难溶于醚和一般有机溶剂，易溶于氨水和 NaOH 溶液中，生成相应的盐溶液。

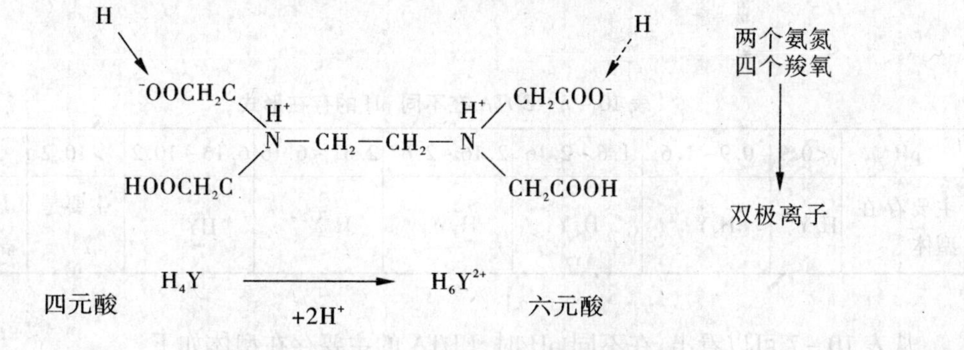

图 10－15　EDTA（乙二胺四乙酸）结构

当 H_4Y 溶解于酸度很高的溶液中，它的两个羧基可再接受 H^+ 而形成 H_6Y^{2+}，这样 EDTA 就相当于六元酸，有六级离解平衡，见表 10－6。

表 10－6　EDTA 的离解常数

K_{a_1}	K_{a_2}	K_{a_3}	K_{a_4}	K_{a_5}	K_{a_6}
$10^{-0.90}$	$10^{-1.60}$	$10^{-2.00}$	$10^{-2.67}$	$10^{-6.16}$	$10^{-10.26}$

由于 EDTA 酸在水中的溶解度小，通常将其制成二钠盐，一般也称 EDTA 或 EDTA 二钠盐，常以 $Na_2H_2Y \cdot 2H_2O$ 形式表示。

EDTA 二钠盐的溶解度较大，在 22 ℃时，每 100 毫升水中可溶解 11.1 g，此溶液的浓度约为 0.3 $moL \cdot L^{-1}$。由于 EDTA 二钠盐水溶液中主要是 H_2Y^{2-}，所以溶液的 pH 接近于 $\frac{1}{2}(pK_{a_4} + pK_{a_5}) = 4.42$。

在任何水溶液中，EDTA 总是以 H_6Y^{2+}、H_5Y^+、H_4Y、H_3Y^-、H_2Y^{2-}、HY^{3-} 和 Y^{4-} 等七种型体存在（表 10－7）。它们的分布系数与溶液 pH 的关系如图 10－16 所示。

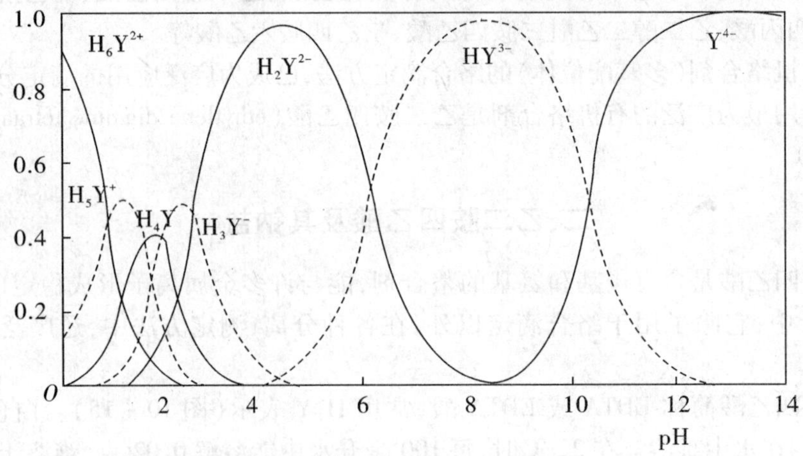

图 10－16 EDTA 各型体的分布曲线

表 10－7 EDTA 在不同 pH 的存在形式

pH	<0.9	0.9～1.6	1.6～2.16	2.16～2.67	2.67～6.16	6.16～10.2	>10.2	>12
主要存在型体	H_6Y^{2+}	H_5Y^+	H_4Y	H_3Y^-	H_2Y^{2-}	HY^{3-}	主要是 Y^{4-}	几乎全部是 Y^{4-}

从表 10－7 可以看出，在不同 pH 时，EDTA 的主要存在型体如下

$$H_6Y^{2+} \rightleftharpoons H^+ + H_5Y^+$$

$$H_5Y^+ \rightleftharpoons H^+ + H_4Y$$

$$H_4Y \rightleftharpoons H^+ + H_3Y^-$$

$$H_3Y^- \rightleftharpoons H^+ + H_2Y^{2-}$$

$$H_2Y^{2-} \rightleftharpoons H^+ + HY^{3-}$$

$$HY^{3-} \rightleftharpoons H^+ + Y^{4-}$$

在这七种型体中，只有 Y^{4-} 能与金属离子直接络合，溶液的酸度越低，Y^{4-} 的分布分数就越大。因此，EDTA 在碱性溶液中络合能力较强。

三、金属离子－EDTA 络合物的特点

由于 EDTA 的阴离子 Y^{4-} 的结构具有两个氨基和四个羧基，所以它既可作为四基配位体，也可作为六基配位体。因此，在周期表中绝大多数的金属离子均能与 EDTA 形成多个五元环，所以比较稳定。在一般情况下，这些螯合物都是 1∶1 络合物，只有 Zr(Ⅳ)和 Mo(Ⅴ)与之形成 2∶1 的络合物。金属离子与 EDTA 的作用。其构型如图 10－17 所示。

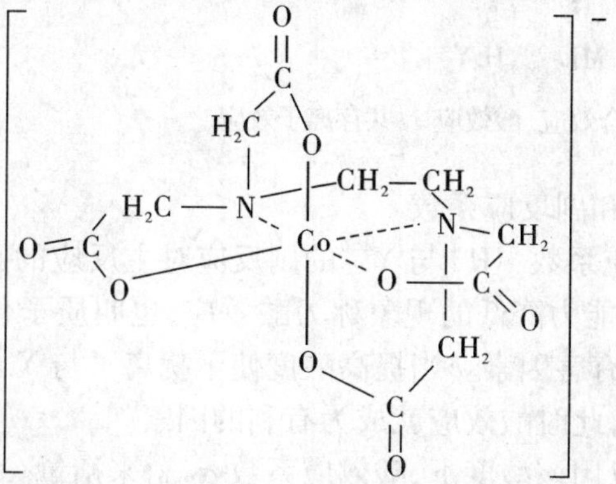

图 10－17　EDTA－Co(Ⅲ)螯合物的立体结构

EDTA 与金属离子形成的络合物具有下列特点：

1. 配位能力强，络合广泛。

2. 配比比较简单，多为 1∶1。

3. 络合物大多带电荷，水溶性较好。

4. 络合物的颜色主要决定于金属离子的颜色。即无色的金属离子与 EDTA 络合，则形成无色的螯合物，有色的金属离子与 EDTA 络合时，一般则形成颜色更深的螯合物。如

NiY^{2-}	CuY^{2-}	CoY^{2-}	MnY^{2-}	CrY^{-}	FeY^{-}
蓝绿	深蓝	紫红	紫红	深紫	黄

第六节　络合滴定中的副反应和条件形成常数

以上讨论了简单络合物平衡体系中有关各型体浓度的计算。实际上，在络合滴定过程中，遇到的是比较复杂的络合平衡体系。在一定条件和一定反应组分比下，络合平衡不仅要受到温度和该溶液离子强度的影响，而且也与某些离子和分子的存在有关，这些离子和分子，往往要干扰主反应的进行，致使反应物和反应产物的平衡浓度降低。

一、络合滴定中的副反应和副反应系数

能引起副反应(除主反应以外的反应，林邦建议称为副反应)的物质有：H^+、OH^-、待测试样中共存的其他金属离子，以及为控制 pH 或掩蔽某些干扰组分时而加入的掩蔽剂或其他辅助络合剂等，由于它们的存在，必然会伴随一系列副反应发生。其中 M 及 Y 的

各种副反应不利于主反应的进行,而生成 MY 的副反应则有利于主反应的进行。

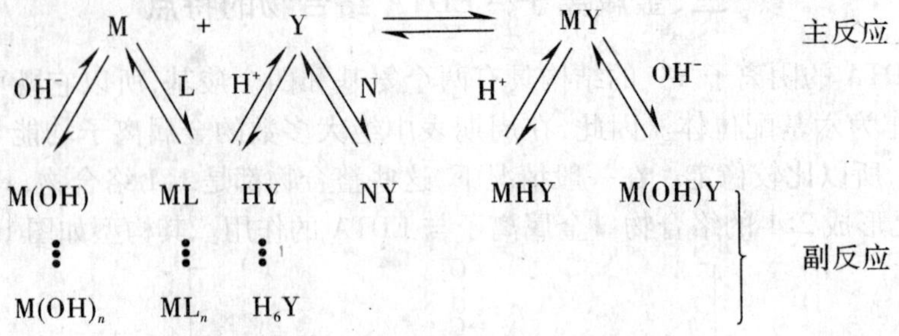

1. 滴定剂的副反应和副反应系数

(1)酸效应和酸效应系数　H^+ 与 Y^{4-} 的副反应对主反应的影响,或由于 H^+ 的存在,使络合体 Y 参加主反应能力降低的现象称为酸效应,也叫质子化效应或 pH 效应。在一定情况酸效应不一定是有害因素。当提高酸度使干扰离子与 Y 的络合物能力降至很低,从而提高滴定的选择性,此时酸效应就成为有利的因素。

酸效应的大小,可以用该酸度下,酸效应系数 $\alpha_{Y(H)}$ 来衡量。

$$\alpha_{Y(H)} = c_Y/[Y] = 1/\delta_Y$$

c_Y 表示络合反应达平衡时,未与 M 络合的 EDTA 的总浓度

$$c_Y = [Y] + [HY] + [H_2Y] + [H_3Y] + \cdots + [H_6Y]$$

可见,在副反应中 Y 型体的分布分数 δ_Y 与酸效应系数 $\alpha_{Y(H)}$ 成倒数关系。

酸效应系数 $\alpha_{Y(H)}$ 的计算:

①根据多元酸有关型体分布分数的计算公式计算

$$\alpha_{Y(H)} = \frac{[H^+]^6 + K_{a_1}[H^+]^5 + K_{a_1}K_{a_2}[H^+]^4 + \cdots + K_{a_1}K_{a_2}\cdots K_{a_6}}{K_{a_1}K_{a_2}\cdots K_{a_6}}$$

$$= \frac{[H^+]^6}{K_{a_1}K_{a_2}\cdots K_{a_6}} + \frac{[H^+]^5}{K_{a_2}K_{a_3}\cdots K_{a_6}} + \frac{[H^+]^4}{K_{a_3}K_{a_4}\cdots K_{a_6}} + \frac{[H^+]^3}{K_{a_4}K_{a_5}K_{a_6}} + \frac{[H^+]^2}{K_{a_5}K_{a_6}} + \frac{[H^+]}{K_{a_6}} + 1$$

可见,$\alpha_{Y(H)}$ 只与溶液中$[H^+]$有关,是$[H^+]$浓度的函数,酸度越高,$\alpha_{Y(H)}$ 越大,酸效应越严重。

②根据质子化常数来表示

$$c_Y = [Y] + \beta_1^H[Y][H^+] + \beta_2^H[Y][H^+]^2 + \beta_3^H[Y][H^+]^3 + \cdots + \beta_6^H[Y][H^+]^6$$

即

$$\alpha_{Y(H)} = 1 + \beta_1^H[H^+] + \beta_2^H[H^+]^2 + \cdots + \beta_6^H[H^+]^6$$

$$= 1 + \sum_{i=1}^{6}\beta_i^H[H^+]^i$$

例题 10－7　计算 pH＝5.00 时 EDTA 的酸效应系数 $\alpha_{Y(H)}$ 和 $\lg\alpha_{Y(H)}$。

解　已知 EDTA 的各累积质子化常数 $\lg\beta_1^H \sim \lg\beta_6^H$ 分别为:10.26、16.42、19.09、21.09、22.69 和 23.59,$[H^+] = 10^{-5.00}\ mol \cdot L^{-1}$,将有关数据代入式

$$\alpha_{Y(H)} = 1 + \beta_1^H[H^+] + \beta_2^H[H^+]^2 + \cdots + \beta_6^H[H^+]^6$$

得

$$\alpha_{Y(H)} = 1 + 10^{10.26} \times 10^{-5.00} + 10^{16.42} \times 10^{-10.00} + 10^{19.09} \times 10^{-15.00} + 10^{21.09} \times 10^{-20.00} + 10^{22.69} \times 10^{-25.00} + 10^{23.59} \times 10^{-30.00} = 106.45$$

所以

$$\lg\alpha_{Y(H)} = 6.45$$

(2)EDTA 与共存离子的副反应——共存离子效应　若溶液中同时存在可与 EDTA 发生络合反应的其他金属离子 N,则 MN 与 EDTA 之间将会发生竞争,N 将影响 M 与 EDTA的络合作用。若不考虑其他因素,则

$$\alpha_{Y(N)} = c_Y / [Y]$$

$$c_Y = [Y] + [NY]$$

$$\alpha_{Y(N)} = \frac{[Y] + [NY]}{[Y]} = 1 + \frac{[NY]}{[Y]}$$

(3)EDTA 的总副反应系数　若两种因素同时存在,则

$$\alpha_Y = [Y] + \beta_1^H[Y][H^+] + \beta_2^H[Y][H^+]^2 + \beta_3^H[Y][H^+]^3 + \cdots + \beta_6^H[Y][H^+]^6 + [NY]$$

由 H^+ 和 N 所引起的 Y 的总副反应系数为

$$\alpha_{Y(N)} = c_Y/[Y] \text{和} \alpha_{Y(H)} = 1 + \beta_1^H[H^+] + \beta_2^H[H^+]^2 + \cdots + \beta_6^H[H^+]^6$$

$$\alpha_Y = c_Y/[Y]$$

$$= \frac{[Y] + \beta_1^H[Y][H^+] + \beta_2^H[Y][H^+]^2 + \beta_3^H[Y][H^+]^3 + \cdots + \beta_6^H[Y][H^+]^6 + [NY]}{[Y]}$$

$$= \frac{[Y] + \beta_1^H[Y][H^+] + \beta_2^H[Y][H^+]^2 + \beta_3^H[Y][H^+]^3 + \cdots + \beta_6^H[Y][H^+]^6 + ([Y] + [NY] - [Y])}{[Y]}$$

$$= \alpha_{Y(H)} + \alpha_{Y(N)} - 1$$

2. 金属离子 M 的副反应

(1)M 的络合效应和络合效应系数　另一种络合剂与 M 离子的副反应对主反应的影响称为络合效应。

采取与酸效应类似的处理办法,求得络合效应系数 $\alpha_{M(L)}$

$$\alpha_{M(L)} = 1 + \sum\beta_i[L]^i$$

(2)M 的水解效应　同理可得

$$\alpha_{M(OH)} = 1 + \sum\beta_i[OH]^i$$

(3)M 的总副反应系数　若两种离子同时存在,即 M 离子与络合剂 L 和 OH^- 均发生了副反应,则其总副反应系数为

$$\alpha_M = \alpha_{M(L)} + \alpha_{(OH)} + 1$$

二、MY 络合物的条件形成常数

条件形成常数亦叫表观稳定常数或有效稳定常数,它是将酸效应和络合效应两个主要影响因素考虑进去以后的实际稳定常数。

在无副反应发生的情况下,M 与 Y 反应达到平衡时的形成常数 K_{MY},称为绝对形成常数。

$$K_{MY}=\frac{[MY]}{[M][Y]}$$

对有副反应发生的滴定反应

$$[M]=c_M/\alpha_M$$
$$[Y]=c_Y/\alpha_Y$$
$$[MY]=c_{MY}/\alpha_{MY}$$

代入 K_{MY} 定义式：$K_{MY}=\dfrac{c_{MY}/\alpha_{MY}}{(c_M/\alpha_M)\times(c_Y/\alpha_Y)}=\dfrac{c_{MY}}{c_M c_Y}\times\dfrac{\alpha_M\times\alpha_Y}{\alpha_{MY}}$

则
$$K_{MY}\left(\frac{\alpha_{MY}}{\alpha_M\times\alpha_Y}\right)=\frac{c_{MY}}{c_M c_Y}$$

令
$$K_{MY}\left(\frac{\alpha_{MY}}{\alpha_M\times\alpha_Y}\right)=K'_{ML}$$

K'_{ML}称为表观形成常数或叫条件稳定常数，而 c_M、c_Y、c_{MY} 则称表观浓度。K'_{ML} 表示在有副反应的情况下，络合反应进行的程度。

$$\lg K'_{ML}=\lg K_{MY}-\lg\alpha_M-\lg\alpha_Y+\lg\alpha_{MY} \tag{1}$$

在多数情况下，MHY 和 MOHY 可以忽视，即

$$p^{\alpha}_{MY}=0$$
$$\lg K'_{ML}=\lg K_{MY}-\lg\alpha_M-\lg\alpha_Y \tag{2}$$

此式为计算络合物表观形成常数的重要公式。

当溶液中无其他配离子存在时

$$\lg K'_{ML}=\lg K_{MY}-\lg\alpha_Y \tag{3}$$

若 $pH>12.0$，$\lg\alpha_{Y(H)}=0$

$$\lg K'_{ML}=\lg K_{MY}$$

即
$$K'_{ML}=K_{MY}$$

由式(1)或式(2)可知，表观形成常数总是比原来的绝对形成常数小，只有当 $pH>12$，$\alpha_{Y(H)}=1$ 时表观形成常数等于绝对形成常数。表观形成常数的大小，说明络合物 MY 在一定条件下的实际稳定程度。表观形成常数愈大，络合物 MY 愈稳定。

第七节 EDTA 滴定曲线

与酸碱滴定法相似，在配位滴定法中，随着滴定剂的加入，金属离子浓度降低，到化学计量点附近，溶液中的金属离子浓度发生突变，也形成滴定突跃。酸碱滴定和络合滴定的对比如表 10－8。

表 10－8 酸碱滴定法和配位滴定法的对比

滴定类型	滴定反应	溶液组成			
		开始	化学计量点前	化学计量点	化学计量点后
酸碱滴定	$H^+ + B \rightleftharpoons HB$	B	HB + B（剩余）	HB	$HB + H^+$（过量）
配位滴定	$M + Y \rightleftharpoons MY$	M	MY + M（剩余）	MY	MY + Y（过量）

以浓度为 $c(0.01\ mol \cdot L^{-1})$ 的 EDTA 溶液滴定浓度为 $c_0(0.01\ mol \cdot L^{-1})$ 体积为 V（20 mL）的 Ca^{2+} 溶液（$\lg K = 10.7$）为例，计算 pH = 12 时滴定过程中 pCa 的变化。所得的数据列于表 10－9 中。

pH = 12 时：$\lg\alpha_{Ca(OH)_2} = 0$，$\lg\alpha_{Y(H)} = 0$

$$\lg K'_{CaY} = \lg K_{CaY} = 10.7$$

表 10－9 pH = 12 时，$0.01\ mol \cdot L^{-1}$ EDTA 滴定 20.00 mL $0.01\ mol \cdot L^{-1}$ Ca^{2+} 时溶液中 pCa 的变化

加入 EDTA 溶液		溶液组成	$[Ca^{2+}]$计算公式	pCa	
mL	%				
0	0	Ca^{2+}	$[Ca^{2-}] = c_0$	2.0	
18.00	90	$CaY + Ca^{2+}$	按剩余的 Ca^{2+} 计算（考虑体积变化）	3.3	
19.80	99			4.3	
19.98	99.9			5.3	↑滴定突跃↓
20.00	100.0	CaY	$[Ca^{2+}] = \sqrt{\frac{c_{C_{aY}}}{K_{C_{aY}}}}$	6.5	
20.02	100.1	CaY + Y	$[Ca^{2+}] = \frac{[CaY]}{K_{CaY}[Y]}$	7.7	
20.20	101			8.7	
40.00	200			10.7	

化学计量点时：

$[Ca^{2+}] = [Y]$，因配合物 CaY 比较稳定，

$$[CaY] = c_{CaY} = \frac{1}{2}c_0 = 5 \times 10^{-3} mol \cdot L^{-1}$$

$$\frac{[CaY]}{[Ca^{2+}][Y]} = \frac{[CaY]}{[Ca^{2+}]^2} = K_{CaY} = 10^{10.7}$$

$$[Ca^{2+}] = \sqrt{\frac{c_{CaY}}{K_{CaY}}} = \sqrt{\frac{5 \times 10^{-3}}{10^{10.7}}} = 10^{-5.6}$$

$$pCa = 6.5$$

化学计算点以后，溶液中过量的 Y 抑制了 CaY 的离解，因此，$[CaY] \approx c_{CaY}$

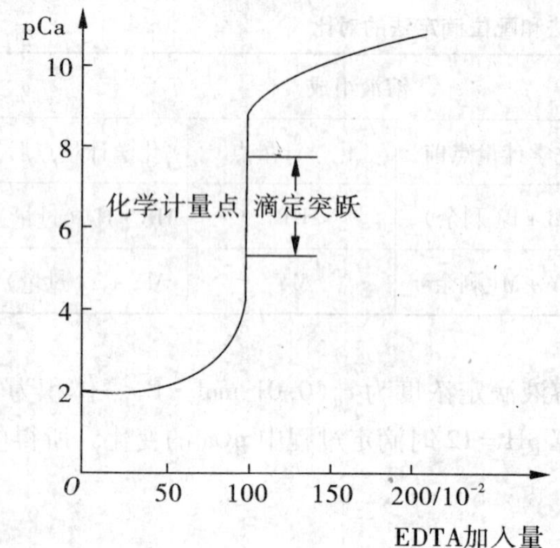

图 10－18　0.01 mol · L^{-1}EDTA 滴定 0.01 mol · L^{-1} Ca^{2+}的滴定曲线(pH＝12)

以 pCa 为纵坐标,以滴定剂 DETA 的加入量的百分数为横坐标,绘制滴定曲线,见图 10－18。滴定曲线下限起点的高低,取决于金属离子的原始浓度 c_M;曲线上限的高低,取决于络合物的 $\lg K'_{MY}$ 值。也就是说,滴定曲线突跃范围的长短,取决于络合物的条件形成常数及被滴定金属离子的浓度。

1. 条件形成常数 K'_{MY}的影响

图 10－19 表示用 0.010 mol · L^{-1} EDTA 滴定 0.010 mol · L^{-1} M 离子所得到的突跃曲线。由图可见 K'_{MY}值越大,突跃上限的位置越高,滴定突跃越大。K'_{MY}大小与 K_{MY}、α_M、α_Y 均有关。酸效应、辅助络合剂、水解效应等各种因素对 K'_{MY}的大小均会产生影响,在实际工作中应全面综合考虑各种因素的影响。

2. 金属离子的浓度 c_M的影响

图 10－20 表明,c_M越大,即 pM′越小,滴定突跃的下限越低,滴定突跃越大。曲线的起点越高,滴定曲线的突跃部分就越短。因此,我们可以得出这样的推论:若溶液中有能与被测定的金属离子起络合作用的络合剂,包括缓冲溶液及掩蔽剂就会降低金属离子的浓度,提高滴定曲线的起点,致使突跃部分缩短。

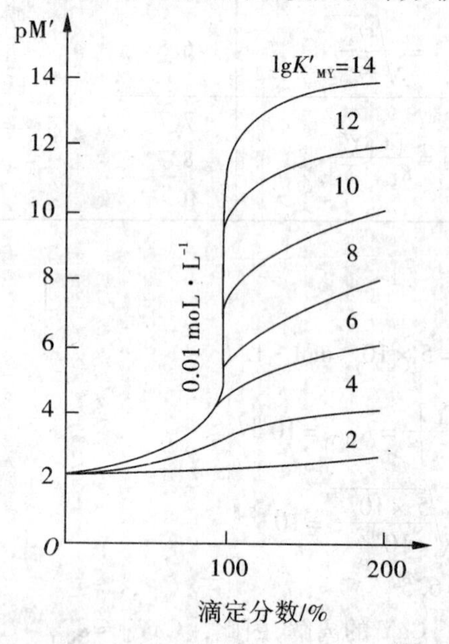

图 10－19　K'_{MY}对 pM′突跃大小的影响

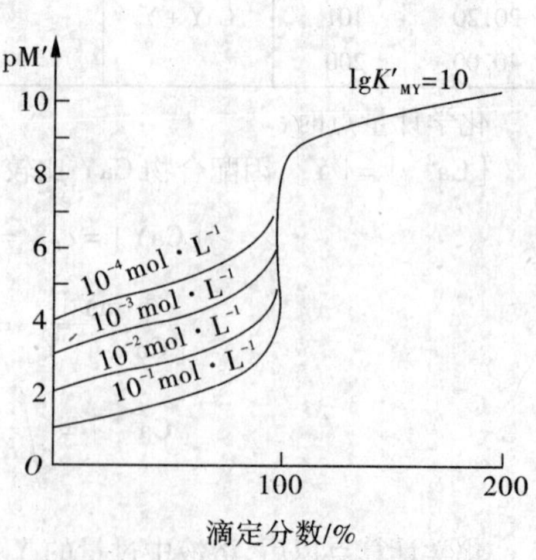

图 10－20　c_M对 pM′突跃大小的影响

第八节　络合滴定指示剂

络合滴定也和其他滴定方法一样,判断终点的方法有多种。如用电化学方法(电位滴定、安培滴定或电导滴定),光化学方法(光度滴定)等。最常用的还是用指示剂的方法。各种指示剂,如酸碱指示剂、氧化还原指示剂,有时也能应用于络合滴定,最重要的是利用金属指示剂来判断滴定终点。近三十年来,由于金属指示剂的迅速发展,使络合滴定法成为分析化学中最重要的滴定分析方法之一。

一、金属离子指示剂的作用原理

金属指示剂也是一种络合剂,它能与金属离子形成与其本身显著不同颜色的络合物而指示滴定终点。由于它能够指示出溶液中金属离子浓度的变化情况,故也称为金属离子指示剂,简称金属指示剂。现以 EDTA 滴定 Mg^{2+}(在 pH = 10 的条件下),用铬黑 T (EBT)作指示剂为例,说明金属指示剂的变色原理。

1. Mg^{2+} 与铬黑 T 反应,形成一种与铬黑 T 本身颜色不同的络合物

$$Mg^{2+} + EBT \rightleftharpoons Mg-EBT$$

（蓝色）　（鲜红色）

2. 当滴入 EDTA 时,溶液中游离的 Mg^{2+} 逐步被 EDTA 络合,当达到计量点时,已与 EBT 络合的 Mg^{2+} 也被 EDTA 夺出,释放出指示剂 EBT,因而就引起溶液颜色的变化

$$Mg-EBT + EDTA \rightleftharpoons Mg-EDTA + EBT$$

（鲜红色）　（蓝色）

应该指出,许多金属指示剂不仅具有络合剂的性质,而且本身常是多元弱酸或多元弱碱,能随溶液 pH 变化而显示不同的颜色。例如铬黑 T,它是一个三元酸,第一级离解极容易,第二级和第三级离解则较难($pK_{a2}=6.3$, $pK_{a3}=11.6$),在溶液中有下列平衡

$$H_2In^- \rightleftharpoons HIn^{2-} \rightleftharpoons In^{3-}$$

（红色）　（蓝色）　（橙色）

$pH<6$　$pH=8\sim11$　$pH>12$

铬黑 T 能与许多金属离子,如 Ca^{2+}、Mg^{2+}、Zn^{2+}、Cd^{2+} 等形成红色的络合物。显然,铬黑 T 在 pH <6 或 pH >12 时,游离指示剂的颜色与形成的金属离子络合物颜色没有显著的差别。只有在 pH = 8 ~ 11 时进行滴定,终点由金属离子络合物的红色变成游离指示剂的蓝色,颜色变化才显著。因此,使用金属指示剂,必须注意选用合适的 pH 范围。

金属指示剂必须具备的条件:

①在滴定的 pH 范围内,指示剂本身的颜色与其金属离子络合物的颜色应有显著的区别。这样,终点时的颜色变化才明显。

②金属离子与指示剂所形成的有色络合物应该足够稳定,在金属离子浓度很小时,仍能呈现明显的颜色,如果它们的稳定性差而离解程度大,则在到达计量点前,就会显示出指示剂本身的颜色,使终点提前出现,颜色变化也不敏锐。

③“M - 指示剂”络合物的稳定性,应小于“M - EDTA”络合物的稳定性,二者稳定常

数应相差在100倍以上，即 $\lg K'_{MY}-\lg K'_{MIn}>2$，这样才能使EDTA滴定到计量点时，将指示剂从“M－指示剂”络合物中取代出来。

④指示剂应具有一定的选择性，即在一定条件下，只对其一种（或某几种）离子发生显色反应。在符合上述要求的前提下，指示剂的颜色反应最好有一定的广泛性，既改变了滴定条件，又能作其他离子滴定的指示剂。这样就能在连续滴定两种（或两种以上）离子时，避免加入多种指示剂而发生颜色干扰。

此外，金属指示剂应比较稳定，便于贮存和使用。

二、金属指示剂变色点的pM值

1. 金属指示剂的选择

在酸碱滴定中，滴定突跃的统一尺度是pH，一切酸碱指示剂的变色范围都用pH表示，因而可以根据滴定曲线的突跃范围来选择指示剂。在络合滴定中，虽然滴定过程中溶液里金属离子浓度的变化也可绘成类似的滴定曲线，然后选择变色范围正好落在滴定曲线突跃范围内的指示剂。这样做势必需要测定各种指示剂对可滴定的每一种金属离子的变色范围，因此是有一定困难的。在络合滴定中，一般用下列方法来选择指示剂。

设金属离子M与指示剂In生成MIn络合物：

$$M+In \rightleftharpoons MIn,\ K_{MIn}=[MIn]/([M][In]) \quad 或者 \quad \lg K_{MIn}=pM+\lg\frac{[MIn]}{[In]}$$

当达到指示剂的变色点时，$[MIn]=[In]$，此时 $\lg K_{MIn}=pM$。

当[MIn]浓度比[In]浓度大约10倍时，能明显地看出络合物的颜色，则得 $pM=\lg K_{MIn}-1$。

当[In]浓度比[MIn]浓度大约10倍时，能明显地看出指示剂的颜色，则得 $pM=\lg K_{MIn}+1$。

2. 金属离子－指示剂的条件形成常数

金属离子与指示剂的络合反应中，同样也存在副反应，如指示剂的酸效应、金属离子的络合效应和共存离子的影响等。如果只考虑酸效应，则有

$$K'_{MIn}=\frac{[MIn]}{[M][In]}=\frac{K_{MIn}}{\alpha_{In(H)}}$$

$$\lg K'_{MIn}=pM+\lg\frac{[MIn]}{[In]}$$

$$=\lg K_{MIn}-\lg\alpha_{In(H)}$$

当达到指示剂的变色点时，$[MIn]=[In']$，此时若以此变色点来确定滴定终点，则

$$pM_{ep}=pM_t=\lg K'_{MIn}=\lg K_{MIn}-\lg\alpha_{In(H)}$$

如果同时存在金属离子的副反应，则

$$pM_{ep}=pM_t-\lg\alpha_M$$

三、金属指示剂在使用中存在的问题

1. 指示剂的封闭现象

有时某些指示剂能与某些金属离子生成极为稳定的络合物，这些络合物较对应的

MY 络合物更稳定,以致到达计量点时滴入过量 EDTA,也不能夺取指示剂络合物(MIn)中的金属离子,指示剂不能释放出来,看不到颜色的变化,这种现象叫指示剂的封闭现象。

有时,某些指示剂的封闭现象,是由于有色络合物的颜色变化为不可逆反应所引起。这时 MIn 有色络合物的稳定性虽然没有 M－EDTA 络合物的稳定性高,但由于其颜色变化为不可逆,有色络合物 MIn 并不是很快地被 EDTA 所破坏因而对指示剂也产生了封闭。如果封闭现象是被滴定离子本身所引起的,一般可用返滴定法予以消除。如 Al^{3+} 对二甲酚橙有封闭作用,测定 Al^{3+} 时可先加入过量的 EDTA 标准溶液,于 pH = 3.5 时煮沸,使 Al^{3+} 与 EDTA 完全络合后,再调节溶液 pH 为 5 ~ 6,加入二甲酚橙,用 Zn^{2+} 或 Pb^{2+} 标准溶液返滴定,即可克服 Al^{3+} 对二甲酚橙的封闭现象。

2. 指示剂的僵化现象

有些金属指示剂本身与金属离子形成的络合物的溶解度很小,使终点的颜色变化不明显;还有些金属指示剂与金属离子所形成的络合物的稳定性只稍差于对应 EDTA 络合物,因而,使 EDTA 与 MIn 之间的反应缓慢,使终点拖长,这种现象叫做指示剂的僵化。这时,可加入适当的有机溶剂或加热,以增大其溶解度。例如,用 PAN(吡啶偶氮萘酚)作指示剂时,可加入少量甲醇或乙醇也可以将溶液适当加热,以加快置换速度,使指示剂的变色较明显。又如,用磺基水杨酸作指示剂,以 EDTA 标准溶液滴定 Fe^{3+} 时,可先将溶液加热到 50 ~ 70 ℃后,再进行滴定。

3. 指示剂的氧化变质现象

金属指示剂大多数是具有许多双键的有色化合物,易被日光氧化,空气所分解。有些指示剂在水溶液中不稳定,日久会变质。如铬黑 T、钙指示剂的水溶液均易氧化变质,所以常配成固体混合物或用具有还原性的溶液来配制溶液。分解变质的速度与试剂的纯度也有关。一般纯度较高时,保存时间长一些。另外,有些金属离子对指示剂的氧化分解起催化作用。如铬黑 T 在 Mn(Ⅳ)或 Ce^{4+} 存在下,仅数秒钟就分解褪色。为此,在配制铬黑 T 时,应加入盐酸羟胺等还原剂。

四、常用金属指示剂简介

到目前为止,合成的金属显色指示剂达 300 种以上,经常有新的金属指示剂问世。现将几种常用的金属指示剂介绍如下。

1. 铬黑 T

铬黑 T 属 O,O－二羟基偶氮类染料,简称 EBT 或 BT,其化学名称是:1－(1－羟基－2－萘偶氮)－6－硝基－2－萘酚－4－磺酸钠。

铬黑 T 的钠盐为黑褐色粉末,带有金属光泽,使用时最适宜的 pH 范围是 9 ~ 11,在此条件下,可用 EDTA 直接滴定 Mg^{2+}、Zn^{2+}、Cd^{2+}、Pb^{2+}、Hg^{2+} 等离子。对 Ca^{2+} 不够灵敏,必须有 Mg－EDTA 或 Zn－EDTA 存在时,才能改善滴定终点。一般滴定 Ca^{2+} 和 Mg^{2+} 的总量时常用铬黑 T 作指示剂。

铬黑 T 的水溶液易发生分子聚合而变质,尤其在 pH < 6.3 时最严重,加入三乙醇胺可防止聚合。

在碱性溶液中,铬黑T易为空气中的氧或氧化性离子(如Mn(Ⅳ)、Ce^{4+}等)氧化而褪色,加入盐酸羟胺或抗坏血酸等可防止氧化。

铬黑T常与NaCl或KNO_3等中性盐制成固体混合物(1:100)使用。干燥的固体虽然易保存但用量不易控制。

由于铬黑T指示剂的水溶液不稳定。林德斯罗姆等于1960年合成了一种新的偶氮指示剂,其化学名称为:1-(1-羟基-4-甲基-2-苯偶氮)-2-萘酚-4-磺酸,简称CMG(Ca-magite)。其颜色变化和铬黑T相似,但比铬黑T颜色鲜明,终点时变色敏锐,并且很稳定,可以长期使用。

2. 钙指示剂

其学名是:2-羟基-1(2-羟基-4-磺基-1-萘偶氮)-3-萘甲酸。简称钙指示剂,也叫NN指示剂或称钙红。纯品为黑紫色粉末,很稳定,其水溶液或乙醇溶液均不稳定,故一般取固体试剂,用NaCl(1:100或1:200)粉末稀释后使用。

钙指示剂的颜色变化与pH的关系,可表示如下

$$\underset{\text{(酒红色)}}{\underset{pH<8}{H_2In^{2-}}} \rightleftharpoons \underset{\text{(蓝色)}}{\underset{pH=8\sim13}{HIn^{3-}}} \rightleftharpoons \underset{\text{(酒红色)}}{\underset{pH>13}{In^{4-}}}$$

其水溶液在pH<8时为酒红色,pH为8~13.67时呈蓝色,pH为12~13间与Ca^{2+}形成酒红色络合物,指示剂自身呈纯蓝色。因此,当pH介于12~13之间用EDTA滴定Ca^{2+}时溶液呈蓝色。

使用此指示剂测定Ca^{2+}时,如有Mg存在,则颜色变化非常明显,但不影响结果,原因和钙镁特相同。

Fe^{3+}、Al^{3+}、Ti^{3+}、Cu^{2+}、Ni^{2+}和Co^{2+}等能封闭此指示剂。应将这些离子分离或掩蔽。如有钛、铝和少量Fe^{3+}时,可用三乙醇胺掩蔽。Cu^{2+}、Co^{2+}、Ni^{2+}可加KCN掩蔽。Mn^{2+}可加三乙醇胺用空气氧化后加KCN联合掩蔽。少量Cu^{2+}、Pb^{2+}可加Na_2S以消除其影响。

3. 二甲酚橙

二甲酚橙属于三苯甲烷类显色剂,其化学名称为:3,3′-双[N,N-二(羧甲基)-氨甲基]-邻甲酚磺酞。

常用的是二甲酚橙的四钠盐,为紫色结晶,易溶于水,pH>6.3时呈红色,pH<6.3时呈黄色。它与金属离子络合呈红紫色。因此,它只能在pH<6.3的酸性溶液中使用。通常配成0.5%水溶液。

许多金属离子可用二甲酚橙作指示剂直接滴定,如ZrO^{2+}(pH<1)、Bi^{3+}(pH=1~2)、Th^{4+}(pH=2.5~3.5)、Sc^{3+}(pH=3~5)、Pb^{2+}、Zn^{2+}、Cd^{2+}、Hg^{2+}和Tl^{3+}等和稀土元素的离子(pH=5~6)都可以用EDTA直接滴定。终点时溶液由红色变为亮黄色,很敏锐。Fe^{3+}、Al^{3+}、Ni^{2+}、Cu^{2+}等,也可以加入过量EDTA后用Zn^{2+}标准溶液返滴定。Fe^{3+}、Al^{3+}、Ni^{2+}和Ti^{4+}等,能封闭二甲酚橙指示剂,一般可用氟化物掩蔽Al^{3+};用抗坏血酸掩蔽Fe^{3+}和Ti^{4+},用邻二氮菲掩蔽Ni^{2+}。

最后值得提出的是:在工厂的操作规程中,常提到半二甲酚橙这种指示剂。二甲酚橙与半二甲酚橙的性质、作用基本上一致。

4. 1 -（2 - 吡啶偶氮）- 2 - 萘酚（PAN）

纯 PAN 是橙红色晶体，难溶于水，可溶于碱或甲醇、乙醇等溶剂中。在 pH = 1.9 ~ 12.2 之间呈黄色，与金属离子的络合物呈红色。由于 PAN 与金属离子的络合物水溶性差，多数出现沉淀，因此常加入乙醇或加热后再进行滴定。

5. 磺基水杨酸（SSA）

无色晶体，可溶于水。在 pH = 1.5 ~ 2.5 时与 Fe^{3+} 形成紫红色络合物 $[Fe(SSA)]^{+}$，作为滴定 Fe^{3+} 的指示剂，终点由红色变为亮黄色。

第九节　终点误差和准确滴定的条件

一、终点误差

滴定的准确度可用终点误差（TE）来定量描述。终点误差是指滴定终点与化学计量点不一致所引起的误差，用 Et 表示。

$$Et = \frac{\text{滴定剂 Y 过量或不足的物质的量}}{\text{金属离子的物质的量}}$$

计算终点误差的公式为

$$Et\% = \frac{10^{\Delta pM} - 10^{-\Delta pM}}{\sqrt{c_{M等} K_{MY'}}} \times 100\%$$

ΔpM 为终点的 $pM_{ep'}$ 与计量点的 $pM_{sp'}$ 之差。

二、直接准确滴定金属离子的条件

当 $\Delta pM = 0.2$ 单位，误差在 ±0.1% 以内，则得 $\lg K'_{MY} \geq 6$。作为能准确滴定的判别式。

一般被测定金属离子的浓度约为 0.020 $mol \cdot L^{-1}$，终点时浓度为 0.01 $mol \cdot L^{-1}$。故

$$\lg K'_{MY} \geq 8$$

第十节　络合滴定的方式和应用

在络合滴定中，采用不同的滴定方式不但可以扩大络合滴定的应用范围，同时也可以提高络合滴定的选择性。常用的方式有以下四种。

一、直接滴定法

这是络合滴定中最基本的方法。这种方法是将被测物质处理成溶液后，调节酸度，加入指示剂（有时还需要加入适当的辅助络合剂及掩蔽剂），直接用 EDTA 标准溶液进行滴定，然后根据消耗的 EDTA 标准溶液的体积，计算试样中被测组分的含量。

采用直接滴定法，必须符合以下几个条件：

（1）被测组分与 EDTA 的络合速度快，且满足 $\lg cK'_{MY} \geq 6$ 的要求。

（2）在选用的滴定条件下，必须有变色敏锐的指示剂，且不受共存离子的影响而发生

“封闭”作用。如 Al^{3+} 对许多指示剂产生“封闭”作用,因此不宜用直接滴定法。有些金属离子(如 Sr^{2+}、Ba^{2+} 等)缺乏灵敏的指示剂,所以也不能用直接滴定法。

(3)在选用的滴定条件下,被测组分不发生水解和沉淀反应,必要时可加辅助络合剂来防止这些反应。

直接滴定法可用于:

在 pH = 1 时,滴定 Zr^{4+};

pH = 2 ~ 3 时,滴定 Fe^{3+}、Bi^{3+}、Th^{4+}、Ti^{4+}、Hg^{2+};

pH = 5 ~ 6 时,滴定 Zn^{2+}、Pb^{2+}、Cd^{2+}、Cu^{2+} 及稀土;

pH = 10 时,滴定 Mg^{2+}、Co^{2+}、Ni^{2+}、Zn^{2+}、Cd^{2+};

pH = 12 时,滴定 Ca^{2+},等等。

二、返滴定法

返滴定法,就是将被测物质制成溶液,调好酸度,加入过量的 EDTA 标准溶液(总量 c_1V_1),再用另一种金属离子标准溶液,返滴定过量的 EDTA(c_2V_2),算出两者的差值,即是与被测离子结合的 EDTA 的量,由此就可以算出被测物质的含量。

这种滴定方法,适用于无适当指示剂或与 EDTA 不能迅速络合的金属离子的测定。

三、置换滴定法

在一定酸度下,往被测试液中加入过量的 EDTA、用金属离子滴定过量的EDTA,然后再加入另一种络合剂,使其与被测定离子生成一种络合物,这种络合物比被测离子与EDTA生成的络合物更稳定,从而把 EDTA 释放(置换)出来,最后再用金属离子标准溶液滴定释放出来的 EDTA。根据金属离子标准溶液的用量和浓度,计算出被测离子的含量。这种方法适用于多种金属离子存在下测定其中一种金属离子。

利用置换滴定法,不仅能扩大络合滴定的应用范围,同时还可以提高络合滴定的选择性。

1. 置换出金属离子

如被测定的离子 M 与 EDTA 反应不完全或所形成的络合物不稳定,这时可让 M 置换出另一种络合物 NL 中等物质的量的 N,用 EDTA 溶液滴定 N,从而可求得 M 的含量。

例如 Ag^+ 与 EDTA 的络合物不够稳定($\lg K_{AgY} = 7.32$),不能用 EDTA 直接滴定。若在含 Ag^+ 的试液中加入过量的 $[Ni(CN)_4]^{2-}$,反应定量转换出 Ni^{2+},在 pH = 10 的氨性缓冲溶液,以紫脲酸铵为指示剂,用 EDTA 标准溶液滴定转换出来的 Ni^{2+}。反应为

$$2Ag^+ + [Ni(CN)_4]^{2-} \rightleftharpoons 2[Ag(CN)_2]^- + Ni^{2+}$$

2. 置换出 EDTA

将被测定的金属离子 M 与干扰离子全部用 EDTA 络合,加入选择性高的络合剂 L 以夺取 M,并释放出 EDTA

$$MY + L \Longrightarrow ML + Y$$

反应完全后,释放出与 M 等物质的量的 EDTA,然后再用金属盐类标准溶液滴定释放出来的 EDTA,从而求得 M 的含量。例如测定锡青铜中的锡,先在试液中加入一定且

过量的 EDTA,使四价锡与试样中共存的铅、钙、锌等离子与 EDTA 络合。再用锌离子溶液返滴定过量的 EDTA 后,加入氟化铵,此时发生如下反应,并定量转换出 EDTA。用锌标准溶液滴定后即可求得锡的含量。

$$SnY + 6F^- = SnF_6^{2-} + Y^{4-}$$

$$Zn^{2+} + Y^{4-} = ZnY^{2-}$$

四、间 接 滴 定

有些金属离子(如 Li^+、Na^+、K^+、Rb^+、Cs^+、W^{6+}、Ta^{5+} 等)和一些非金属离子(如 SO_4^{2-}、PO_4^{3-} 等),由于不能和 EDTA 络合或与 EDTA 生成的络合物不稳定,不便于络合滴定,这时可采用间接滴定的方法进行测定。

例如 PO_4^{3-} 的测定,在一定条件下,可将 PO_4^{3-} 沉淀为 $MgNH_4PO_4$,然后过滤,将沉淀溶解。调节溶液的 pH = 10,用铬黑 T 作指示剂,以 EDTA 标准溶液来滴定沉淀中的 Mg^{2+},由 Mg^{2+} 的含量间接计算出磷的含量。

习　题

1. 已知 $[Zn(CN)_4]^{2-}$ 的稳定常数 $K_s = 5.0 \times 10^{16}$,ZnS 的溶度积 $K_{sp} = 2.93 \times 10^{-25}$。在 0.010 $mol \cdot L^{-1}$ 的 $[Zn(CN)_4]^{2-}$ 溶液中通入 H_2S 至 $[S^{2-}] = 2.0 \times 10^{-15}$ $mol \cdot L^{-1}$,是否有 ZnS 沉淀产生?

2. 已知 Fe^{3+} 的电子成对能 $E_p = 26\,500$ $kJ \cdot mol^{-1}$。由光谱数据测出了下列 3 种配合物的分裂能。请计算这些配合物的 CFSE,并比较它们的相对稳定性和配体的晶体场强度。

稳定性:	$[FeCl_6]^{3-}$ <	$[Fe(H_2O)_6]^{3+}$ <	$[Fe(CN)_6]^{3-}$
分裂能($kJ \cdot mol^{-1}$):	11 000	14 300	35 000

3. 在 1.00×10^{-3} $mol \cdot L^{-1}$ 的 Ag^+ 溶液中加入少量 $Na_2S_2O_3$ 固体,搅拌使之溶解。在平衡溶液中,有一半 Ag^+ 生成了 $[Ag(S_2O_3)_2]^{3-}$。已知 $[Ag(S_2O_3)_2]^{3-}$ 的稳定常数 $K_s = 2.88 \times 10^{13}$。求溶液中 $Na_2S_2O_3$ 的总浓度。

4. 在 pH = 9.00 的 $NH_4Cl - NH_3$ 缓冲溶液中,NH_3 浓度为 0.072 $mol \cdot L^{-1}$。向 100.0 mL 该溶液中加入 1.0×10^{-4} mol 研成粉末的 $Cu(Ac)_2$。已知 $[Cu(NH_3)_4]^{2+}$ 的稳定常数 $K_s = 2.1 \times 10^{13}$, $Cu(OH)_2$ 的溶度积 $K_{sp} = 2.2 \times 10^{-20}$。若忽略由此引起的溶液体积变化,试问该平衡体系中:

(1) 自由铜离子浓度是多少? (2) 是否有 $Cu(OH)_2$ 沉淀生成?

5. 在 1.0 L $[Y^{4-}] = 1.1 \times 10^{-2}$ $mol \cdot L^{-1}$ 的溶液中加入 1.0×10^{-3} mol $CuSO_4$,请计算该平衡溶液中的自由铜离子浓度。若用 1.0 L $[en] = 2.2 \times 10^{-2}$ $mol \cdot L^{-1}$ 的溶液代替 Y^{4-} 溶液,结果又如何?(已知 CuY^{2-}: $K_s = K_1 = 6.0 \times 10^{18}$ 和 $[Cu(en)_2]^{2+}$: $K_s = K_2 = 4.0 \times 10^{19}$)

第十一章　沉淀平衡和沉淀滴定法

沉淀的形成与溶解是一类常见且实用的化学平衡,这类反应的特征是在反应过程中总伴随着一种物相生成或消失。通常将溶解度小于0.01 g/100 g H_2O 的物质称为难溶物质;溶解度在(0.01 ~0.1) g/100 g H_2O 的物质,称为微溶物质;溶解度大于1g/100 g H_2O的物质,称为易溶物质,由于难溶物质在溶液中分子浓度很小,其电离程度接近100%,所以可认为进入溶液的部分难溶电解质完全电离成离子。在含有难溶电解质的饱和溶液中,存在着固体与溶液中离子之间的平衡,称为溶解—沉淀平衡(precipitation - dissolution equilibrium)。

第一节　溶解度和溶度积

一、溶 度 积

在一定温度下,将难溶电解质放入水中时,发生溶解和沉淀两个相反的过程。例如,将 $BaSO_4$放入水中,水分子偶极的负端指向 $BaSO_4$固体表面的 Ba^{2+} 周围,另外一些水分子偶极的正端指向 $BaSO_4$固体表面的 SO_4^{2-} 周围。一方面,由于水分子具有较高的介电常数,这种偶极的取向作用大大减弱了固态中 Ba^{2+} 和 SO_4^{2-} 之间的吸引力,而使一部分离子离开固体表面,成为水合离子进入溶液,这个过程称为溶解。另一方面,水溶液中的 Ba^{2+} 和 SO_4^{2-} 在一定温度下处于无序运动,会相互碰撞到 $BaSO_4$固体表面。由于受表面的吸引力,它们重新析出或回到固体表面上,这个过程称为沉淀。

溶解和沉淀是两个相互矛盾的过程。固体放入水溶液时,溶液中的离子浓度很低,溶解速度大于沉淀速度,此时溶液是未饱和的。随着溶解的进行,溶液中的离子逐渐增多,回到固体表面的速度增加,即沉淀速度增大。当溶解和沉淀的速率相等时,便达到了动态平衡,此时的溶液称为饱和溶液。有

$$BaSO_4(s) \underset{\text{沉淀}}{\overset{\text{溶解}}{\rightleftharpoons}} Ba^{2+}(aq) + SO_4^{2-}(aq)$$

平衡常数为

$$K_{sp}^{\ominus}(BaSO_4) = [Ba^{2+}][SO_4^{2-}]$$

对于难溶电解质 $A_\alpha B_\beta$,在一定温度下达到溶解—沉淀平衡时,有

$$A_\alpha B_\beta(s) \underset{\text{沉淀}}{\overset{\text{溶解}}{\rightleftharpoons}} \alpha A^{\beta+}(aq) + \beta B^{\alpha-}(aq)$$

平衡常数为

$$K_{sp}^{\ominus}(A_{\alpha}B_{\beta}) = [A^{\beta+}]^{\alpha}[B^{\alpha-}]^{\beta}$$

$K_{sp}^{\ominus}$称为难溶电解质的溶度积常数，简称溶度积。

难溶电解质的溶度积常数公式表明：在一定温度下，难溶电解质饱和溶液中，各离子浓度以其化学计量数为指数的乘积是一个常数。严格来讲，在$K_{sp}^{\ominus}$表达式中，应该用活度。但因难溶电解质的溶解度很小，浓度很低，离子浓度近似等于活度，故通常用浓度代替活度。

$K_{sp}^{\ominus}$反映了难溶电解质的溶解能力，对于同类型的难溶电解质，$K_{sp}^{\ominus}$越大，溶解度愈大，反之亦然。

溶度积常数同其他平衡常数一样，随温度改变而变化，与溶液中离子的浓度及纯固体的量无关。不过，温度的影响一般不大，常见难溶电解质的溶度积常数见表 11－1。

表 11－1　部分难溶电解质的溶度积常数

难溶电解质	K_{sp}	难溶电解质	K_{sp}
AgCl	1.77×10^{-10}	$CaSO_4$	7.14×10^{-5}
AgBr	5.35×10^{-13}	CuS	1.27×10^{-36}
AgI	8.51×10^{-17}	$Fe(OH)_3$	2.64×10^{-39}
Ag_2CrO_4	1.12×10^{-12}	$Fe(OH)_2$	4.87×10^{-17}
Ag_2S	6.69×10^{-50}	MnS	4.65×10^{-14}
$BaCO_3$	2.58×10^{-9}	HgS(黑)	6.14×10^{-53}
$BaCrO_4$	1.17×10^{-10}	HgS(红)	2.00×10^{-53}
BaF_2	1.84×10^{-7}	$PbCl_2$	1.17×10^{-5}
$BaSO_4$	1.07×10^{-10}	PbI_2	8.49×10^{-9}
$CaCO_3$	4.96×10^{-9}	PbS	7.04×10^{-29}

二、溶解度与溶度积的关系

溶解度是针对饱和溶液而言的，也就是说，到达溶解平衡时的溶液是饱和溶液。溶解度表示物质的溶解能力，是指在一定温度下，物质在一定溶剂中达到饱和态时所溶解的量，也可以用饱和溶液物质的量浓度来表示溶解度。

溶解度和溶度积都可以表示难溶电解质溶解能力的大小。溶解度是浓度的一种形式，而溶度积则是平衡常数的一种形式，两者的概念不同，但它们之间有一定的联系。

用 S 代表难溶电解质的溶解度（$mol\cdot L^{-1}$）

$$A_{\alpha}B_{\beta}(s) \underset{沉淀}{\overset{溶解}{\rightleftharpoons}} \alpha A^{\beta+}(aq) + \beta B^{\alpha-}(aq)$$

起始浓度/($mol\cdot L^{-1}$)	0	0
平衡浓度/($mol\cdot L^{-1}$)	αS	βS

$$K_{sp}^{\Theta} = [A^{\beta+}]^{\alpha}[B^{\alpha-}]^{\beta} = [\alpha S]^{\alpha}[\beta S]^{\beta} = \alpha^{\alpha}\beta^{\beta}S^{\alpha+\beta}$$

$$S = \sqrt[\alpha+\beta]{\frac{K_{sp}^{\Theta}}{\alpha^{\alpha}\beta^{\beta}}}$$

例题 11－1 已知25 ℃时，Ag_2CrO_4的溶度积为1.1×10^{-12}，试求$Ag_2CrO_4(s)$在水中的溶解度($g \cdot L^{-1}$)。

解 $$Ag_2CrO_4(s) \rightleftharpoons 2Ag^+(aq) + CrO_4^{2-}(aq)$$

平衡浓度/($mol \cdot L^{-1}$) $2x$ x

$$K_{sp}^{\Theta}(Ag_2CrO_4) = [Ag^+]^2[CrO_4^{2-}]$$

$$1.1 \times 10^{-12} = 4x^3, x = 6.5 \times 10^{-5}$$

$$Mr(Ag_2CrO_4) = 331.7$$

$$S = 6.5 \times 10^{-5} \times 331.7\ g \cdot L^{-1} = 2.2 \times 10^{-2}\ g \cdot L^{-1}$$

三、溶度积与条件溶度积

在沉淀平衡中，除了被测离子与沉淀剂形成沉淀的主反应之外，往往还存在多种副反应，此时构晶离子在溶液中以多种型体存在，其各型体的总浓度分别为[M′]和[A′]。

$$MA(固) \rightleftharpoons M^+ + A^-$$

$M^+ \xrightarrow{L} ML_n$，$M^+ \xrightarrow{OH^-} M(OH)_n$，$A^- \xrightarrow{H^+} H_nA$

考虑到所有副反应，上式可简写为 $MA(固) \rightleftharpoons M' + A'$

$$K_{sp} = [M^+][A^-] = \frac{[M']}{\alpha_M} \cdot \frac{[A']}{\alpha_A}$$

$$K'_{sp} = [M'][A'] = K_{sp}\alpha_M\alpha_A$$

K'_{sp}称为条件溶度积。由于有副反应发生使沉淀的溶解度增大。

对于M_mA_n型沉淀，其$K'_{sp} = K_{sp}\alpha_M^m\alpha_A^n$。

第二节 沉淀的生成和溶解

一、溶度积规则

难溶电解质的溶解平衡是一个动态平衡，当条件改变时，平衡发生移动，使沉淀生成或沉淀溶解。根据溶度积常数可以判断沉淀溶解反应的方向。难溶电解质溶液中，其离子浓度系数方次之积称为离子积，用 Q 表示，它的意义与化学平衡中浓度商 Q_c、压力商 Q_p相似。

根据吉布斯自由能变判据 $\Delta G = RT\ln(\ln Q - \ln K)$判断

当$\Delta G < 0$ 时，反应正向进行；

$\Delta G = 0$ 时，反应处于平衡状态；

$\Delta G > 0$ 时，反应逆向进行。

将判据用于沉淀—溶解平衡,存在如下关系,即

当$Q < K_{sp}^{\ominus}$时,沉淀溶解;

$Q = K_{sp}^{\ominus}$时,平衡状态,饱和溶液;

$Q > K_{sp}^{\ominus}$时,沉淀生成。

以上规则称为溶度积规则,用于沉淀的生成和溶解,是判断沉淀的生成、溶解、转化的重要依据,是难溶电解质多相离子平衡移动规律的总结。溶解和沉淀是两个方向相反的过程,它们互相转化的条件是离子浓度。通过控制离子浓度,可以使反应向需要的方向转化。

根据溶度积规则,要使沉淀自溶液中析出,必须设法增大溶液中有关离子的浓度,使它们幂的乘积大于该难溶物的溶度积;而要使难溶物溶解,必须设法减小溶液中有关离子的浓度,使它们幂的乘积小于溶度积。

二、溶度积规则及其应用

1.沉淀生成

根据溶度积规则,欲使某物质从溶液中沉淀出来,必须增大其离子浓度,使$Q > K_{sp}^{\ominus}$,这是沉淀生成的必要条件。增大离子浓度的方法有以下几种:

(1)加入沉淀剂

例题 11-2　向1.0×10^{-3} mol · L^{-1}的K_2CrO_4溶液中滴加$AgNO_3$溶液,求开始有Ag_2CrO_4沉淀生成时的$[Ag^+]$,CrO_4^{2-}沉淀完全时的$[Ag^+]$。

解

$$Ag_2CrO_4(s) \rightleftharpoons 2Ag^+(aq) + CrO_4^{2-}(aq)$$

$$K_{sp}^{\ominus} = [Ag^+]^2[CrO_4^{2-}]$$

$$[Ag^+] = \sqrt{\frac{K_{sp}^{\ominus}}{[CrO_4^{2-}]}} = 4.5 \times 10^{-5} \text{mol} \cdot L^{-1}$$

CrO_4^{2-}沉淀完全时的浓度为1.0×10^{-6} mol · L^{-1}

故有

$$[Ag^+] = \sqrt{\frac{K_{sp}^{\ominus}}{[CrO_4^{2-}]}} = \frac{2.0 \times 10^{-12}}{1.0 \times 10^{-6}} = 1.4 \times 10^{-3} \text{ mol} \cdot L^{-1}$$

例题 11-3　25 ℃时,腈纶纤维生产的某种溶液中,$c(SO_4^{2-})$为6.0×10^{-4} mol · L^{-1}。若在 40.0 L 该溶液中,加入 0.010 mol · L^{-1} $BaCl_2$溶液 10.0 L,问是否能生成$BaSO_4$沉淀?

解

$$c_0(SO_4^{2-}) = \frac{6.0 \times 10^{-4} \times 40.0}{50.0} = 4.8 \times 10^{-4} \text{ mol} \cdot L^{-1}$$

$$c_0(Ba^{2+}) = \frac{0.010 \times 10.0}{50.0} = 2.0 \times 10^{-3} \text{ mol} \cdot L^{-1}$$

$$\begin{aligned} Q &= c_0(SO_4^{2-}) \cdot c_0(Ba^{2+}) \\ &= 4.8 \times 10^{-4} \times 2.0 \times 10^{-3} \\ &= 9.6 \times 10^{-7} \end{aligned}$$

$$K_{sp}^{\ominus}=1.1\times10^{-10}$$

$Q>K_{sp}^{\ominus}$，所以有 $BaSO_4$ 沉淀析出。

在被沉淀离子浓度一定的情况下，沉淀的完全程度与沉淀的 $K_{sp}^{\ominus}$ 沉淀剂的性质和用量、沉淀时的 pH 等因素有关。因此，为了使某种离子尽可能沉淀完全，首先应选择适当的沉淀剂，而选用何种试剂作为沉淀剂，则取决于沉淀的溶解度的大小。

（2）同离子效应和盐效应　因加入具有共同离子的强电解质，而使难溶电解质的溶解度降低的效应称为同离子效应。

同离子效应不仅会使弱电解质的电离度降低，还会使难溶电解质的溶解度降低，促使沉淀完全。

在一定温度下，若向 Ag_2CrO_4 饱和溶液中，加入与 Ag_2CrO_4 含有相同离子的易溶强电解质如 K_2CrO_4，或者 $AgNO_3$，原 Ag_2CrO_4 的多相离子平衡将被破坏，平衡向生成 Ag_2CrO_4 沉淀的方向移动，致使 Ag_2CrO_4 的溶解度降低。

例题 11－4　求 25 ℃时，Ag_2CrO_4 在 0.010 $mol\cdot L^{-1}$ K_2CrO_4 溶液中的溶解度。

解　$Ag_2CrO_4(s) \rightleftharpoons 2Ag^+(aq) + CrO_4^{2-}(aq)$

起始浨度 /($mol\cdot L^{-1}$)　　0　　0.010

平衡浓度 /($mol\cdot L^{-1}$)　　$2x$　　$0.010+x$

$$(2x)^2(0.010+x)=K_{sp}^{\ominus}(Ag_2CrO_4)=1.1\times10^{-12}$$

x 很小，$0.010+x\approx0.010$

$$x=5.2\times10^{-6},\ S=6.5\times10^{-6}\ mol\cdot L^{-1}$$

在实验中，常常利用加入适当过量的沉淀剂，使沉淀趋于完全。但是注意，如果加入沉淀剂太多时，不仅不会产生明显的同离子效应，往往还会产生相反的作用，使沉淀的溶解度增大，这种影响之一就是盐效应。

如果在难溶电解质饱和溶液中加入不含相同离子的强电解质，将使溶液难溶电解质的溶解度增大，这个现象称盐效应。盐效应的产生是由于溶液中离子强度增大，而使有效浓度（活度）减小所造成的。

例如 25 ℃ 时，AgCl 沉淀在纯水中的溶解度为 1.33×10^{-5} $mol\cdot L^{-1}$，而在 0.01 $mol\cdot L^{-1}$ 的 KNO_3 溶液中，AgCl 的溶解度增至 1.42×10^{-5} $mol\cdot L^{-1}$。

产生盐效应的原因是，由于加入强电解质后，溶液中离子浓度增大，带相反电荷的离子间相互吸引，牵制作用增强，妨碍了离子的自由运动。生成难溶电解质的离子同样受到牵制，其有效浓度减小，在单位时间内沉淀构成离子与沉淀表面的碰撞次数减少，使沉淀速率减慢。因而难溶电解质的溶解速率大于沉淀速率，原来的沉淀溶解平衡被破坏。当新的平衡建立时，已有更多的沉淀被溶解，因此溶解度增大了。

值得注意的是，在难溶电解质的饱和溶液中加入具有相同离子的强电解质时，会同时出现同离子效应和盐效应。当加入的具有同离子强电解质的浓度较低时，主要表现为同离子效应，使沉淀溶解度降低，有利于沉淀的生成；当加入具有同离子强电解质的浓度较高时，则主要表现为盐效应，使沉淀溶解度增加，不利于沉淀的生成，使沉淀不完全。例如，某温度下，向 $PbSO_4$ 的饱和溶液中加入 Na_2SO_4，溶液中溶解平衡为

$$PbSO_4(s) \rightleftharpoons Pb^{2+}(aq) + SO_4^{2-}(aq)$$

当 Na_2SO_4 的浓度较低时，主要表现为同离子效应，使沉淀溶解度降低，平衡向左移动；当 Na_2SO_4 的浓度较高且大到一定值时，则盐效应起主导作用，使沉淀溶解度增加，平衡向右移动，直到建立新的平衡。表 11－2 列出了 $PbSO_4$ 室温时在不同浓度 Na_2SO_4 溶液中的溶解度。

表 11－2　25 ℃时 $PbSO_4$ 在 Na_2SO_4 溶液中的溶解度

Na_2SO_4 浓度/($mol \cdot L^{-1}$)	0	0.001	0.01	0.02	0.04	0.10	0.20
$PbSO_4$ 溶解度/($mg \cdot L^{-1}$)	45	7.8	4.9	4.2	3.9	4.9	7.0

由表 11－2 可见，当 Na_2SO_4 浓度为 0.04 $mol \cdot L^{-1}$ 时，$PbSO_4$ 沉淀的溶解度最小，此时同离子效应影响最大。此后，若逐渐增加 Na_2SO_4 浓度，盐效应的影响程度大于同离子效应，$PbSO_4$ 沉淀的溶解度也逐渐增大。

（3）配位效应　在沉淀平衡体系中，若加入适当的配位剂，被沉淀的离子与配位剂发生配位反应，也会使沉淀平衡朝着沉淀溶解的方向移动，从而使沉淀溶解度增大。这种因加入配位剂使沉淀溶解度改变的作用称为配位效应。

许多金属离子在水溶液中生成溶解度极小的氢氧化物、硫化物等沉淀，但是，当加入某种配位剂时，沉淀溶解度明显增大，甚至完全溶解。例如 AgCl 沉淀在体系中的平衡为

$$AgCl(s) \rightleftharpoons Ag^+(aq) + Cl^-(aq)$$

当加入氨水时，发生了如下配位反应

$$Ag^+(aq) + 2NH_3(aq) \rightleftharpoons [Ag(NH_3)_2]^+(aq)$$

由于 Ag^+ 与 NH_3 生成可溶性的 $[Ag(NH_3)_2]^+$ 配离子，使得溶液中 Ag^+ 浓度降低，促使 AgCl 沉淀逐渐溶解，若加入 NH_3 的浓度足够大，AgCl 沉淀会全部被溶解。

配位效应对沉淀溶解度的影响与配位剂的浓度以及形成配合物的稳定性有关，配合物的稳定性越高，则沉淀越易被溶解。

如果沉淀反应中的沉淀剂又是配位剂时，则同时存在同离子效应和配位效应，这样沉淀剂的加入量必须适当。例如，室温时 AgCl 沉淀在不同浓度的 NaCl 溶液中的溶解度见表 11－3。

表 11－3　NaCl 对 AgCl 溶解度的影响

NaCl 浓度/($mol \cdot L^{-1}$)	0	0.003 9	0.009 2	0.036	0.082	0.35	0.50
AgCl 溶解度/($mg \cdot L^{-1}$)	2.0	0.10	0.13	0.27	0.52	2.4	1.0

由表可知：在 NaCl 的浓度为 0.003 9 $mol \cdot L^{-1}$ 时，AgCl 的溶解度最小，随着 NaCl 浓度的增加，由于 AgCl 与 Cl^- 发生了配位反应

$$AgCl(s) + Cl^-(aq) \rightleftharpoons AgCl_2^-(aq)$$

使得 AgCl 的溶解度增加。

（4）pH 对溶解度的影响——沉淀的酸溶解　溶液的酸度对沉淀溶解度的影响称为

酸效应。对于强酸盐沉淀如 $BaSO_4$、AgCl 等，酸效应对其溶解度的影响比较小；对于弱酸盐沉淀 $CaCO_3$、CaC_2O_4、ZnS 、SnS、FeS 等和金属氢氧化物沉淀，酸效应对它们的溶解度影响较大，有的可完全被酸溶解，在其溶解反应的产物中有弱电解质的生成。

①生成弱酸。由弱酸所形成的难溶盐沉淀如 $CaCO_3$、FeS 等，当溶液中 H^+ 浓度较大时，生成相应的弱酸，使平衡体系中弱酸根离子浓度减小，从而满足了 $Q < K_{sp}^{\ominus}$，沉淀溶解。例如，在 $CaCO_3$溶液中加入酸，其反应为

$$CaCO_3(s) \rightleftharpoons Ca^{2+}(aq) + CO_3^{2-}(aq)$$

$$CO_3^{2-}(aq) + 2H^+(aq) \rightleftharpoons H_2CO_3$$

$$\downarrow$$

$$H_2O + CO_2\uparrow$$

因 CO_3^{2-} 浓度下降，沉淀平衡向着 $CaCO_3$ 溶解的方向移动。若溶液中 H^+ 浓度足够大，可致使 $CaCO_3$ 全部溶解。

$$CaCO_3(s) + 2H^+(aq) \rightleftharpoons Ca^{2+}(aq) + H_2O + CO_2\uparrow$$

②生成水。金属氢氧化物，在酸性溶液中发生溶解反应，生成难电离的水。例如

$$Fe(OH)_3(s) \rightleftharpoons Fe^{3+}(aq) + 3OH^-(aq)$$

$$OH^- + H^+ \rightleftharpoons H_2O$$

$$Fe(OH)_3(s) + 3H^+(aq) \rightleftharpoons Fe^{3+}(aq) + 3H_2O$$

由于 H^+ 和 OH^- 结合生成水，降低了溶液中 OH^- 的浓度，破坏了沉淀平衡，使平衡向 $Fe(OH)_3$溶解的方向移动。若溶液中的 H^+ 浓度足够大，$Fe(OH)_3$沉淀将被全部溶解。

③生成弱碱。一些溶度积较大的金属氢氧化物沉淀能溶于铵盐中，就是由于生成弱碱 NH_3的缘故。如 $Mg(OH)_2$、$Mn(OH)_2$等。其酸溶反应为

$$Mg(OH)_2(s) + 2NH_4^+(aq) \rightleftharpoons Mg^{2+}(aq) + 2NH_3\uparrow + 2H_2O$$

所以，溶液的酸度对于弱酸盐沉淀、金属氢氧化物沉淀和一些硫化物沉淀的溶解度影响很大。因此，要使这些沉淀反应进行完全，应尽可能地控制在适当的酸度条件下进行。

2. 沉淀溶解

(1)酸溶解　难溶于水的氢氧化物可溶于酸，一些难溶于水的弱酸盐可溶于较强的酸中。例如，难溶金属氢氧化物溶于酸，沉淀溶解平衡

$$M(OH)_n(s) \rightleftharpoons M^{n+}(aq) + nOH^-(aq)$$

$$K_{sp}^{\ominus}[M(OH)_n] = [M^{n+}][OH^-]^n$$

利用上式可以计算氢氧化物开始沉淀和沉淀完全时溶液的 $[OH^-]$，从而求出相应条件的 pH。

开始沉淀时

$$c_{始}(OH^-) \geqslant \sqrt[n]{\frac{K_{sp}^{\ominus}[M(OH)_n]}{c_0(M^{n+})}}$$

式中：$c_0(M^{n+})$——溶液中 M^{n+} 的最低浓度。

即溶液中氢氧根离子的浓度小于 $c_{始}(OH^-)$，就不形成 $M(OH)_n$沉淀；若溶液中有沉

淀，只要将溶液的氢氧根离子控制在 $c_{始}(OH^-)$ 以下，原有的 $M(OH)_n$ 沉淀将溶解，且溶解后溶液中 M^{n+} 浓度为 $c_0(M^{n+})$。

沉淀完全时

$$c_{终}(OH^-) \geqslant \sqrt[n]{\frac{K_{sp}^{\Theta}[M(OH)_n]}{1.0\times10^{-5}}}$$

分析化学中认为，当溶液中离子浓度小于 1.0×10^{-5} mol·L^{-1}时，认为这种离子已沉淀完全。

利用不同离子形成氢氧化物沉淀和沉淀完全时溶液 pH 的差异，可将不同的离子进行分离。

例题 11-5　在含有 0.10 mol·L^{-1} Fe^{3+} 和 0.10 mol·L^{-1} Ni^{2+} 的溶液中，欲除掉 Fe^{3+}，Ni^{2+} 仍留在溶液中，应控制 pH 是多少？

解　$K_{sp}^{\Theta}[Ni(OH)_2]=5.0\times10^{-16}$　$K_{sp}^{\Theta}[Fe(OH)_3]=2.8\times10^{-39}$

$Ni(OH)_2$ 开始沉淀时，溶液中 OH^- 的浓度 $c_{始}(OH^-)$

$$c_{始}(OH^-) \geqslant \sqrt[2]{\frac{K_{sp}^{\Theta}[Ni(OH)_2]}{c_0(Ni^{2+})}} = \sqrt[2]{\frac{5.0\times10^{-16}}{0.10}} = 7.1\times10^{-8}\ \text{mol}\cdot\text{L}^{-1}$$

$$pH_{始} \geqslant 6.85$$

$Fe(OH)_3$ 完全沉淀时，$c_{终}(Fe^{3+}) = 1.0\times10^{-5}$ mol·L^{-1}

2.82　　　　6.85

$c(Fe^{3+})\leqslant10^{-5}$　　　　Ni^{2+}开始沉淀

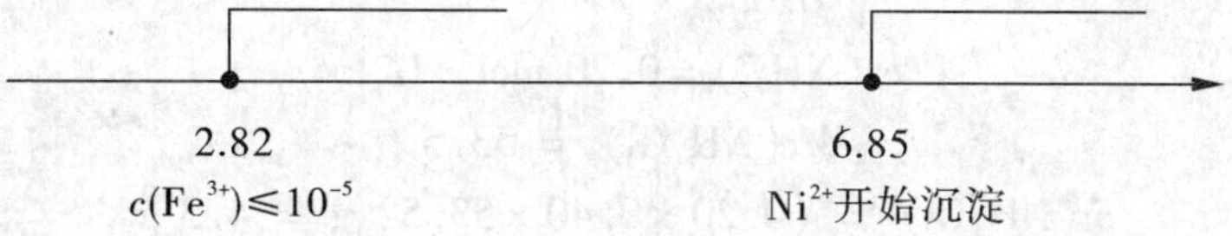

所以，若控制 pH=4，可保证 Fe^{3+} 完全沉淀，而 Ni^{2+} 仍留在溶液中。

(2)溶于酸也溶于碱　一些两性氢氧化物，既可以溶于酸，又可以溶于碱，那么溶液 pH 在一定区间内，化合物是以氢氧化物沉淀的形式存在的。

例如：

$$Al(OH)_3 + 3H^+ \rightleftharpoons Al^{3+} + 3H_2O$$

$$Al(OH)_3 + OH^- \rightleftharpoons Al(OH)_4^-$$

pH 在 4~11 范围内 $Al(OH)_3$ 基本不溶解。

(3)溶于铵盐　对于 K_{sp}^{Θ} 不是很小($K_{sp}^{\Theta}=10^{-13}\sim10^{-12}$)的难溶金属氢氧化物，常使用氨-铵盐缓冲溶液来控制 pH，以达到沉淀的生成或溶解的目的。

例题 11-6　在 0.20 L 的 0.50 mol·L^{-1} $MgCl_2$ 溶液中加入等体积的 0.100 mol·L^{-1} 氨水溶液。

(ⅰ)试通过计算判断有无 $Mg(OH)_2$ 沉淀生成；

(ⅱ)为了不使 $Mg(OH)_2$ 沉淀析出，加入 NH_4Cl(s)的质量最低为多少？(设加入固体 NH_4Cl 后溶液的体积不变)

解　(ⅰ)等体积混合，浓度减半。

$c_0(Mg^{2+})=0.25$ mol·L^{-1}，$c_0(NH_3)=0.050$ mol·L^{-1}，先求溶液中的 OH^- 浓度。

$$NH_3(aq) + H_2O(l) \rightleftharpoons NH_4^+(aq) + OH^-(aq)$$

起始浓度/$(mol \cdot L^{-1})$ 0.050 0 0

平衡浓度/$(mol \cdot L^{-1})$ $0.050 - x$ x x

$$\frac{x^2}{0.50 - x} = K_b^\Theta(NH_3) = 1.8 \times 10^{-5}$$

$$x = 9.5 \times 10^{-4}$$

$$c(OH^-) = 9.5 \times 10^{-4} mol \cdot L^{-1}$$

$$J = [c_0(Mg^{2+})][c_0(OH^-)]^2 = 0.25 \times (9.5 \times 10^{-4})^2 = 2.3 \times 10^{-7}$$

$$K_{sp}^\Theta[Mg(OH)_2] = 5.1 \times 10^{-12}$$

$Q > K_{sp}^\Theta[Mg(OH)_2]$，有 $Mg(OH)_2$沉淀析出。

（ⅱ）为了不使 $Mg(OH)_2$沉淀析出，$Q > K_{sp}^\Theta[Mg(OH)_2]$

$$c(OH^-) \leqslant \sqrt[2]{\frac{K_{sp}^\Theta[Mg(OH)_2]}{c(Mg^{2+})}} = \sqrt[2]{\frac{5.1 \times 10^{-12}}{0.25}} = 4.5 \times 10^{-6} mol \cdot L^{-1}$$

$$NH_3(aq) + H_2O(l) \rightleftharpoons NH_4(aq) + OH^-(aq)$$

平衡浓度/$(mol \cdot L^{-1})$ $0.05 - 4.5 \times 10^{-6}$ $c_0 + 4.5 \times 10^{-6}$ 4.5×10^{-6}

≈ 0.050 $\approx c_0$ ≈ 0

$$\frac{4.5 \times 10^{-6} c_0}{0.050} = 1.8 \times 10^{-5}$$

$$c_0(NH_4^+) = 0.20\ mol \cdot L^{-1}$$

$$Mr(NH_4Cl) = 53.5$$

$$m(NH_4Cl) = (0.20 \times 0.40 \times 53.5)\ g = 4.3\ g$$

可以看出，在适当浓度的 $NH_3 - NH_4Cl$ 缓冲溶液中，$Mg(OH)_2$沉淀不能析出。

（4）金属硫化物　在实际应用中，常利用金属硫化物溶度积的差异以及硫化物的特征颜色，来分离或鉴定某些金属离子。最近研究表明，S^{2-} 像 O^{2-} 一样是很强的弱碱，在水中不能存在。析出难溶金属硫化物 MS 的多相离子平衡不能写作

$$MS(s) \rightleftharpoons M^{2+}(aq) + S^{2-}(aq)$$

必须考虑强碱 S^{2-} 对质子的亲和作用

$$S^{2-}(aq) + H_2O(l) \rightleftharpoons HS^-(aq) + OH^-(aq)$$

所以，难溶金属硫化物的多相离子平衡应写作

$$MS(s) + H_2O(l) \rightleftharpoons M^{2+}(aq) + OH^-(aq) + HS^-(aq)$$

$$K_{sp}^\Theta = [c(M^{2+})][c(OH^-)][c(HS^-)]$$

而难溶金属硫化物在酸中的沉淀—溶解平衡为

$$MS(s) + 2H^+(aq) \rightleftharpoons M^{2+}(aq) + H_2S(aq)$$

$$K_{sp}^\Theta = \frac{[c(M^{2+})][c(H_2S)]}{[c(H^+)]^2} \cdot \frac{[c(S^{2-})]}{[c(S^{2-})]}$$

或

$$K_{sp}^\Theta = \frac{K_{sp}^\Theta(MS)}{K_{a_1}^\Theta(H_2S) \cdot K_{a_2}^\Theta(H_2S)}$$

式中：K_{sp}^Θ——难溶金属硫化物在酸中的溶度积常数。

例题 11－7　25 ℃时，于 0.010 mol · L^{-1} $FeSO_4$溶液中通入 $H_2S(g)$，使其成为 H_2S 饱和溶液［$c(H_2S)$ = 0.10 mol · L^{-1}］。用 HCl 调节 pH，使 $c(HCl)$ = 0.30mol · L^{-1}。试判断能否有 FeS 沉淀生成。

解　$$FeS(s)+2H^+(aq) \rightleftharpoons Fe^{2+}(aq)+H_2S(aq)$$

$$Q=\frac{[c(Fe^{2+})][c(H_2S)]}{[c(H^+)]^2}=\frac{0.010\times0.10}{(0.30)^2}=0.011$$

$$K_{sp}^{\ominus}(FeS)=6\times10^2$$

$Q<K_{sp}^{\ominus}(FeS)$，无 FeS 沉淀生成。

结论：$K_{sp}^{\ominus}$值越大，硫化物越易溶。

(5)配位效应　加入配位剂使难溶电解质的组分离子能形成稳定的配离子，有效降低难溶电解质组分离子的浓度，使离子积 $Q<K_{sp}^{\ominus}$致使沉淀溶解，这种现象称为配位溶解效应。配位剂浓度越大，生成的配合物越稳定，沉淀的溶解度越大。

例题 11－8　室温下，在 1.0 L 氨水中溶解 0.10 mol · L^{-1} AgCl(s)，氨水浓度应为多少？

解　近似地认为 AgCl 溶于氨水后全部生成$[Ag(NH_3)_2]^+$

$$AgCl(s)+2NH_3(aq) \rightleftharpoons [Ag(NH_3)_2]^+(aq)+Cl^-(aq)$$

平衡浓度/(mol · L^{-1})　　x　　0.10　　0.10

$$K^{\ominus}=K_f^{\ominus}[Ag(NH_3)_2^+]K_{sp}^{\ominus}(AgCl)$$

$$\frac{0.10\times0.10}{x^2}=1.67\times10^7\times1.8\times10^{-10}=3.0\times10^{-3}$$

$$x=1.8$$

生成 0.10 mol · L^{-1} $[Ag(NH_3)_2]^+$需要消耗 0.20 mol · L^{-1}的 NH_3，所以 $c_0(NH_3)$ = (1.8 + 0.20) mol · L^{-1} = 2.0 mol · L^{-1}。即氨水的最低浓度应为 2.0 mol · L^{-1}。

(6)氧化还原溶解　HgS、CuS 等 $K_{sp}^{\ominus}$值很小的金属硫化物就不能溶于盐酸。加入氧化剂，使某一离子发生氧化还原反应而降低其浓度。

例如 $3CuS + 8HNO_3 = 3Cu(NO_3)_2 + 3S\downarrow + 2NO\uparrow + 4H_2O$

3. 沉淀转化

有些沉淀既不溶于水也不溶于酸，还无法用配位溶解和氧化还原溶解的方法把它直接溶解。这时，可把一种难溶电解质转化为另一种难溶电解质，然后使其溶解。这种把一种沉淀转化为另一种沉淀的过程，叫做沉淀转化。如在 $AgNO_3$ 和 K_2CrO_4 的混合溶液中，逐滴加入 NaCl 溶液，边加边振荡，先生成 $AgCrO_4$ 红色沉淀再生成 AgCl 白色沉淀。

例题 11－9　将 $SrSO_4(s)$转化为 $SrCO_3$，可用 Na_2CO_3溶液与 $SrSO_4$反应。如果1.0 L Na_2CO_3溶液中溶解 0.010 mol 的 $SrSO_4$，Na_2CO_3的开始浓度最低应为多少？

解　$$SrSO_4(s)+CO_3^{2-}(aq) \rightleftharpoons SrCO_3(s)+SO_4^{2-}(aq)$$

平衡浓度/(mol · L^{-1})　　x　　0.010

$$K^{\ominus}=\frac{c(SO_4^{2-})}{c(CO_3^{2-})}=\frac{K_{sp}^{\ominus}(SrSO_4)}{K_{sp}^{\ominus}(SrCO_3)}=\frac{3.4\times10^{-7}}{5.6\times10^{-10}}=6.1\times10^2$$

$$K^{\ominus}=\frac{0.010}{x}=6.1\times10^{2}$$

$$x=1.6\times10^{-5}\text{mol}\cdot\text{L}^{-1}$$

因为溶解 1 mol $SrSO_4$需要消耗 1 mol Na_2CO_3,所以在 1.0 L 溶液中要溶解 0.010 mol $SrSO_4$(s),所需要 Na_2CO_3的最低浓度为 $c_0(Na_2CO_3)=(0.010+1.6\times10^{-5})\ \text{mol}\cdot\text{L}^{-1}=0.010\ \text{mol}\cdot\text{L}^{-1}$。

若沉淀类型相同,$K_{sp}^{\ominus}$大(易溶)者向 $K_{sp}^{\ominus}$小(难溶)者转化容易,二者 $K_{sp}^{\ominus}$相差越大,转化越完全;反之 $K_{sp}^{\ominus}$小者向 $K_{sp}^{\ominus}$大者转化较困难,但在一定条件下也能实现(如下例)。若沉淀类型不同,需计算反应的 $K^{\ominus}$ 后再下结论。

例题 11-10 如果在 1.0 L Na_2CO_3溶液中溶解 0.010 mol 的 $BaSO_4$,则 Na_2CO_3溶液的最初浓度不得低于多少?

解 $BaSO_4(s)+CO_3^{2-}(aq)\rightleftharpoons BaCO_3(s)+SO_4^{2-}(aq)$

平衡浓度/($\text{mol}\cdot\text{L}^{-1}$) x 0.010

$$K^{\ominus}=\frac{c(SO_4^{2-})}{c(CO_3^{2-})}=\frac{K_{sp}^{\ominus}(BaSO_4)}{K_{sp}^{\ominus}(BaCO_3)}=\frac{1.1\times10^{-7}}{2.6\times10^{-9}}=0.042$$

$$K^{\ominus}=\frac{0.010}{x}=0.042$$

$$x=0.24\ \text{mol}\cdot\text{L}^{-1}$$

Na_2CO_3溶液的最初浓度

$$c_0(Na_2CO_3)\geqslant(0.010+0.24)\ \text{mol}\cdot\text{L}^{-1}=0.25\ \text{mol}\cdot\text{L}^{-1}$$

该浓度的 Na_2CO_3溶液是可配制的,所以可以实现较难溶的 $BaSO_4$向易溶的 $BaCO_3$的转化。当然是二者溶解度相差愈大,$K^{\ominus}$ 愈小,转化也愈困难。影响沉淀溶解度的其他因素:

①温度的影响。溶解反应一般是吸热反应,因此,沉淀的溶解度一般是随着温度的升高而增大。所以对于溶解度不是很小的晶形沉淀,如 $MgNH_4PO_4$应在室温下进行过滤和洗涤。若沉淀的溶解度很小[如 $Fe(OH)_3$、$Al(OH)_3$和其他氢氧化物],或者受温度的影响很小,在热溶液中过滤,可加快速度。

②溶剂的影响。多数无机化合物沉淀为离子晶体,它们在有机溶剂中的溶解度要比在水中小,在沉淀重量法中,可采用向水中加入乙醇、丙酮等有机溶剂的办法来降低沉淀的溶解度。

③沉淀颗粒大小的影响。沉淀的溶解度和颗粒大小的关系,由奥斯特瓦尔德—弗仑德里希(Ostwld - Frenndlich)方程式表示

$$\ln\frac{c_2}{c_1}=\frac{2\sigma M}{KT\rho}\left(\frac{1}{r_2}-\frac{1}{r_1}\right)$$

式中:r_1、r_2——颗粒半径;

c_1、c_2——半径为 r_1、r_2颗粒的溶解度;

σ——固相和液相界面的表面强力;

M——沉淀的摩尔质量;

ρ——固相的密度。

对于某种沉淀来说，高温度一定时，σ、M、ρ 为定值。如果 $r_1 > r_2$，则 $\ln \frac{c_2}{c_1} > 0, c_2 > c_1$，即小颗粒的溶解度大于大颗粒的溶解度。因此，在进行沉淀时，总是希望得到较大的沉淀颗粒，这样不仅沉淀的溶解度小，而且也便于过滤和洗涤。

第三节　重量分析法

1. 重量分析法分类及特点

重量分析法是最古老，同时又是准确度最高、精密度最好的常量分析方法之一。

在重量分析中，一般是将被测组分与试样中的其他组分分离后，转化为一定的称量形式，然后用称重的方法测定该组分的含量。

根据被测组分与试样中组分分离的方法不同，重量分析法又可分为沉淀法、汽化法、提取法和电解法。

(1)沉淀法　利用沉淀反应使被测组分生成溶解度很小的沉淀，将沉淀过滤、洗涤后，烘干或灼烧至组成一定的物质，然后称其质量，再计算被测组分的含量。例如：

测定试样中的 Ba 时，可以在制备好的溶液中，加入过量的稀 H_2SO_4，使生成 $BaSO_4$ 沉淀，根据所得沉淀的重量，即可求出试样中 Ba 的百分含量。即

被测组分⟶ 沉淀⟶ 过滤⟶ 洗涤⟶ 烘干、灼烧⟶ 称量

(2)汽化法　一般是通过加热或其他方法使试样中的被测组分挥发逸出，然后根据试样重量的减轻计算该组分的含量；或者当该组分逸出时，选择一吸收剂将其吸收，然后根据吸收剂重量的增加计算该组分的含量。如测定试样中的吸湿水或结晶水时，可将试样烘干至恒重，试样减少的重量，即所含水分的重量。也可将加热后产生的水汽吸收在干燥剂里，干燥剂增加的重量，即所含水分的重量。根据称量结果，可求得试样中吸湿水或结晶水的含量。

(3)电解法　利用电解原理，控制适当电位使待测金属离子在电极上还原析出，电极增加的重量即为待测金属离子含量。如测溶液 Cu^{2+} 的含量，可通过电解使试液中的 Cu^{2+} 在阴极上析出，由电解前后阴极质量之差计算 Cu^{2+} 的含量。

(4)提取法　是利用萃取剂把被测组分萃取出来，蒸发除去萃取剂，称出萃取物的质量，从而确定被测组分含量的方法，又称提取法。例如测定农产品中油脂的含量，可以称取一定量的试样，用有机溶剂(如乙醚、石油醚等)反复提取，然后称量干燥后剩余物的重量；或者通过加热将提取液中的有机溶剂蒸发除去，称量剩下的油脂重量，即可计算试样中油脂的百分含量。

上述四种方法都是根据称得的质量来计算试样中待测组分的含量。重量分析中的全部数据都是由分析天平称量得来的。在分析过程中一般不需要基准物质和由容量器皿引入的数据，因而没有这方面的误差。对于高含量组分的测定，重量分析法比较准确，一般测定的相对误差不大于 0.1 %。但是，由于重量分析法的手续繁琐费时，且难以测定微量成分，目前已逐渐为其他分析方法所代替。不过，对于某些常量元素（硅、磷、钨、

稀土元素等）的测定仍在采用重量法。在校对其他分析方法的准确度时，也常用重量法的测定结果作为标准。因此重量分析法仍然是定量分析的基本内容之一。

这些方法中以沉淀法应用较广，现主要讨论沉淀法。

2. 重量分析对沉淀的要求

试样经分解制成溶液后，加入适当的沉淀剂使待测组分选择性地以某种沉淀形式沉淀出来，后经过滤、洗涤和在一定温度下烘干或灼烧成称量形式后准确称重。根据称量形式的重量和化学式即可计算待测组分在试样中的含量。沉淀形式与称量形式可以相同，也可以不相同。例如在 SO_4^{2-} 的测定中，以 $BaCl_2$ 为沉淀剂，生成 $BaSO_4$ 沉淀（沉淀形式），该沉淀在灼烧过程中不发生化学变化，最后称量 $BaSO_4$ 的质量，计量 SO_4^{2-} 含量，$BaSO_4$ 又是称量形式。但在测定 Mg^{2+} 时，沉淀形式是 $MgNH_4PO_4 \cdot 6H_2O$，经灼烧后所得的称量形式却是 $Mg_2P_2O_7$，此时沉淀形式和称量形式不相同。为了达到准确分析的目的，重量分析对沉淀形式和称量形式都有一定的要求。

（1）沉淀形式与称量形式概念　沉淀形式：往试液中加入适量的沉淀剂，使被测组分沉淀出来，所得的沉淀称为沉淀形式。

称量形式：沉淀经过过滤、洗涤、烘干或灼烧后，得到的便是称量形式。根据称量形式的化学组成和质量，便可算出被测组分的含量。沉淀形式与称量形式可以相同，亦可以不相同。例如测定 Cl^- 时，加入沉淀剂 $AgNO_3$，以得到 AgCl 沉淀，烘干后为 AgCl，故此时沉淀形式与称量形式均为 AgCl。

（2）重量分析对沉淀形式的要求

①沉淀的溶解度要小。要求沉淀的溶解损失不应超过天平的称量误差，即 0.2 mg。一般要求溶解损失应小于 0.1 mg。例如测定 Ca^{2+} 时，不能用 H_2SO_4 为沉淀剂，因为 $CaSO_4$ 的溶解度比较大（$K_{sp}^{\ominus}=2.45\times10^{-5}$），沉淀作用不可能完全。实际上常采用草酸铵作为沉淀剂，使 Ca^{2+} 生成溶解度很小的 CaC_2O_4（$K_{sp}^{\ominus}=1.78\times10^{-9}$）沉淀。

②沉淀必须纯净，不应混进沉淀剂和其他杂质。

③沉淀应易于过滤和洗涤。因此，在进行沉淀时，希望得到粗大的晶形沉淀。如果只能得到无定形沉淀，则必须控制一定的沉淀条件，改变沉淀的性质，以便得到易于过滤和洗涤的沉淀。颗粒较粗的晶形沉淀，例如 $MgNH_4PO_4 \cdot 6H_2O$，在过滤时不会塞住滤纸的小孔，过滤容易，而且其表面积较小，吸附杂质的机会较少，沉淀纯度高，洗涤也比较容易；而颗粒细小的晶形沉淀，如 CaC_2O_4、$BaSO_4$ 等，在这些方面就不及粗晶形沉淀，因此在进行沉淀反应时必须选择适当的条件，尽可能使得到的沉淀结晶颗粒大些；如果是无定形沉淀，应注意掌握好沉淀条件，改善沉淀的性质。

（3）重量分析对称量形式的要求

①应有固定的已知的组成，才能根据化学比例计算被测组分的含量。

如果称量形式的组成不确定，则无法计算分析结果。例如磷钼酸铵虽然是一种溶解度很小的晶形沉淀，但由于它的组成不定，所以不能用它作为测定 PO_4^{3-} 的称量形式，通常采取磷钼酸喹啉作为测定 PO_4^{3-} 的称量形式。

②要有足够的化学稳定性，不应吸收空气中的水分和 CO_2 而改变质量，也不应受 O_2 的氧化作用而发生结构的改变。

③应具有尽可能大的摩尔质量，沉淀的摩尔质量越大，被测组分在沉淀中的含量越少，则称量误差越小。

少量的待测组分可以得到较大量的称量物质，因而提高分析结果的准确度，减少称量误差。例如，重量法测定 Al^{3+} 时，可以用氨水沉淀为 $Al(OH)_3$ 后灼烧成 Al_2O_3 称量，也可用8－羟基喹啉沉淀为8－羟基喹啉铝（$C_9H_6NO)_3Al$ 烘干后称量。按这两种称量形式计算，0.100 0 g Al 可获得 0.188 8 g Al_2O_3 或 1.704 0 g（$C_9H_6NO)_3Al$。分析天平的称量误差一般为 0.2 mg，显然用8－羟基喹啉重量法测定铝的准确度要比氨水法高。

3. 沉淀剂的选择

沉淀剂的选择应根据上述对沉淀的要求来考虑。此外，还要求沉淀剂应具有较好的选择性，即要求沉淀剂只能和待测组分生成沉淀，而与试液中的其他组分不起作用。例如，丁二酮肟和 H_2S 都可沉淀 Ni^{2+}，由于 H_2S 的选择性较差，故在测定 Ni^{2+} 时常选用前者。又如沉淀锆离子时，选用在盐酸溶液中与锆离子有特效反应的苦杏仁酸作沉淀剂，这时即使有钛、铁、钒、铝、铬等十多种离子存在，也不会发生干扰。

此外，还应尽可能选用易挥发或易灼烧除去的沉淀剂。这样，沉淀中带有的沉淀剂即使未清洗净，也可以借烘干或灼烧而除去。一些铵盐和有机沉淀剂都能满足这项要求。

许多有机沉淀剂的选择性较好，而且组成固定，易于分离和洗涤，简化了操作，加快了分析速度，加之称量形式的摩尔质量也较大，因此在沉淀分离中，有机沉淀剂的应用日益广泛。

第四节　沉淀的形成以及影响沉淀纯度的因素

一、沉淀的类型

根据其物理性质不同可分为三类：即晶形沉淀、凝乳状沉淀和无定形沉淀。$BaSO_4$ 是典型的晶形沉淀，$Fe_2O_3 \cdot nH_2O$ 是典型的无定形沉淀。AgCl 是一种凝乳状沉淀，它们的最大差别是沉淀颗粒的大小不同。颗粒最大的是晶形沉淀，其直径为 0.1 ~1.0 μm；无定形沉淀的颗粒很小，其直径一般小于 0.02 μm；凝乳状沉淀的颗粒大小介于两者之间。从整个沉淀外形来看，由于晶形沉淀是由较大的沉淀颗粒组成的，内部排列较规则，结构紧密，所以整个沉淀所占的体积是比较小的，极易沉降于容器的底部。无定形沉淀是由许多疏松聚集在一起的微小沉淀颗粒组成的，沉淀颗粒的排列杂乱无章，其中又包含大量数目不定的水分子，所以是疏松的絮状沉淀，整个沉淀体积庞大，不像晶形沉淀那样能很好地沉降在容器的底部。

在重量分析中，最好能获得晶形沉淀。晶形沉淀有粗晶形沉淀和细晶形沉淀之分，如 $MgNH_4PO_4$ 是粗晶形沉淀，$BaSO_4$ 是细晶形沉淀。如果是无定形沉淀，则应注意掌握好沉淀条件，以改善沉淀的物理性质。沉淀的颗粒大小，与进行沉淀反应时构晶离子的浓度有关。例如在一般情况下，从稀溶液中沉淀出来的 $BaSO_4$ 是晶形沉淀。但是，如以乙醇和水为混合溶剂，将浓的 $Ba(SCN)_2$ 溶液和 $MnSO_4$ 溶液混合，得到的却是凝乳状的 $BaSO_4$

沉淀。此外,沉淀颗粒的大小,也与沉淀本身的溶解度有关。

二、沉淀形成的过程

1.几个基本概念

过饱和状态:当溶液中构晶离子浓度的乘积大于该条件下沉淀的溶度积时,称为过饱和状态。

均相成核:此时构晶离子会因离子间的缔合作用自发地聚集而从溶液中产生晶核,这一过程称为均相成核。

异相成核:溶液中含有大量外来的固体微粒,如尘埃、试剂中不溶杂质以及黏附在容器壁上的细小颗粒等,在进行沉淀的过程中,它们起着晶种的作用,诱导构晶离子聚集在其表面形成晶核,这一过程称为异相成核。

2.溶液的过饱和程度的表示

可用相对过饱和度$(Q-S)/S$或Q/S的大小来量度。

冯·韦曼经验公式:描述了沉淀生成的初速度v(即晶核形成速度)与溶液相对过饱和度成正比的关系

$$v=K\frac{Q-S}{S}$$

式中:v——初始沉淀速度;

S——沉淀(晶核)的溶解度;

Q——加入沉淀剂瞬间,生成沉淀物质的浓度;

$Q-S$——过饱和度;

$(Q-S)/S$——相对过饱和度;

K——与沉淀的性质、温度和介质等因素有关的常数。

当溶液的相对过饱和度较小时,沉淀生成的初速度很慢,此时异相成核是主要的成核过程;由于溶液中外来固体颗粒的数目是有限的,构晶离子只能在这有限的晶核上沉积长大,从而有可能得到较大的沉淀颗粒。

当溶液的相对过饱和度较大时,由于沉淀生成的初速度较快,大量构晶离子必然自发地生成新的晶核,而使均相成核作用突出起来,溶液中晶核总数也随着相对过饱和度的增大而急剧增大,致使沉淀的颗粒减小。

3.临界异相过饱和比Q^*/S和临界均相过饱和比Q_C/S

临界异相过饱和比Q^*/S:过饱和溶液开始发生异相成核作用时溶液的相对过饱和度的极限值。

临界均相过饱和比Q_C/S:过饱和溶液开始发生均相成核作用时溶液的相对过饱和度的极限值。

由于异相成核可以在较低的过饱和度进行,故其先于均相成核。

临界值的大小是由沉淀物质的本性所决定的。

4.沉淀的形成

沉淀的形成一般要经过晶核形成和晶核长大两个过程。将沉淀剂加入试液中,当形成沉淀离子浓度的乘积超过该条件下沉淀的溶度积时,离子通过相互碰撞聚集成微小的晶核,溶液中的构晶离子向晶核表面扩散,并沉积在晶核上,晶核就逐渐长大成沉淀微粒。这种由离子形成晶核,再进一步聚集成沉淀微粒的速率称为聚集速率。在聚集的同时,构晶离子在一定晶格中定向排列的速率称为定向速率。如果聚集速率大,而定向速率小,即离子很快地聚集生成沉淀微粒,却来不及进行晶格排列,则得到非晶形沉淀。反之,如果定向速率大,而聚集速率小,即离子较缓慢地聚集成沉淀,有足够时间进行晶格排列,则得到晶形沉淀。

用简图表示:晶核的形成(成核)和晶体的成长两个步骤

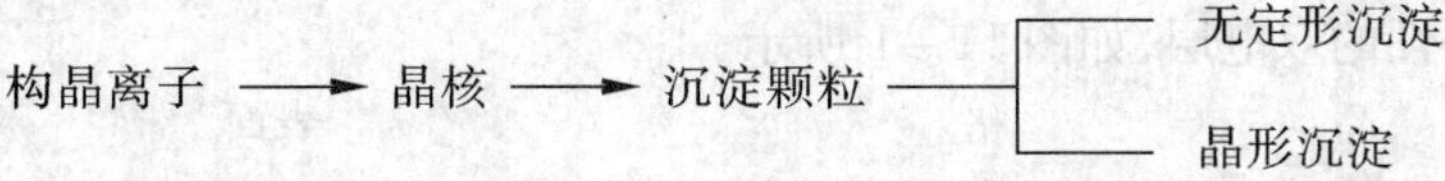

定向速率主要决定于沉淀物质的本性。一般极性强的盐类,如 $MgNH_4PO_4 \cdot 6H_2O$、$BaSO_4$、CaC_2O_4等,具有较大的定向速率,易形成晶形沉淀。而氢氧化物只有较小的定向速率,因此其沉淀一般为非晶形的。特别是高价金属离子的氢氧化物,如 $Fe(OH)_3$、$Al(OH)_3$等,结合的 OH^- 愈多,定向排列愈困难,定向速率愈小。而这类沉淀的溶解度极小,聚集速率很大,加入沉淀剂瞬间形成大量晶核,使水合离子来不及脱水,便带着水分子进入晶核,晶核又进一步聚集起来,因而一般都形成质地疏松、体积庞大、含有大量水分的非晶形或胶状沉淀。二价金属离子(如 Mg^{2+}、Zn^{2+}、Cd^{2+}等)的氢氧化物含 OH^- 较少,如果条件适当,可能形成晶形沉淀。金属离子的硫化物一般都比其氢氧化物溶解度小,因此硫化物聚集速率很大,定向速率很小,即使二价金属离子的硫化物,大多数也是非晶形或胶状沉淀。

综上所述,从很浓的溶液中析出 $BaSO_4$时,可以得到非晶形沉淀;而从很稀的热溶液中析出 Ca^{2+}、Mg^{2+}等二价金属离子的氢氧化物并经过放置后,也可能得到晶形沉淀。因此,沉淀的类型,不仅决定于沉淀的本质,也决定于沉淀的条件,若适当改变沉淀条件,也可能改变沉淀的类型。

所以,从成核过程来看,沉淀颗粒的大小主要取决于所形成晶核数目的多少,而这又取决于成核过程是以均相成核还是以异相成核为主;二者以何为主则由临界过饱和比与相对过饱和度这两个值的相对大小而定。

三、影响沉淀纯度的因素

在重量分析中,要求获得的沉淀是纯净的。但是,沉淀是从溶液中析出的,总会或多或少地夹杂溶液中的其他组分。因此,必须了解沉淀生成过程中混入杂质的各种情况,找出减少杂质混入的方法,以获得合乎重量分析要求的沉淀。

1. 共沉淀

当一种难溶物质从溶液中沉淀析出时,溶液中的某些可溶性杂质会被沉淀带下来而混杂于沉淀中,这种现象称为共沉淀(coprecipitation)。例如,用沉淀剂 $BaCl_2$ 沉淀 SO_4^{2-} 时,如试液中有 Fe^{3+},则由于共沉淀,在得到的 $BaSO_4$沉淀中常含有 $Fe_2(SO_4)_3$,因而沉淀经过过滤、洗涤、干燥、灼烧后不呈 $BaSO_4$的纯白色,而略带灼烧后的 Fe_2O_3的棕色。因共沉淀而使沉淀玷污,这是重量分析中最重要的误差来源之一。产生共沉淀的原因是表面吸附、形成混晶、吸留和包藏等,其中主要的是表面吸附。

(1)表面吸附由于沉淀表面离子电荷的作用力未完全平衡,因而在沉淀表面上产生了一种自由力场,特别是在棱边和顶角上自由力场更显著。沉淀吸附离子时,优先吸附与沉淀中相同的离子,或大小相近、电荷相等的离子,或能与沉淀中的离子生成溶解度较小物质的离子。例如,加过量 $BaCl_2$ 到 H_2SO_4 的溶液中,生成 $BaSO_4$ 沉淀后,溶液中有 Ba^{2+}、H^+、Cl^- 存在,沉淀表面上的 SO_4^{2-} 因电场引力作用将强烈地吸附溶液中的 Ba^{2+},形成第一吸附层,使晶体沉淀表面带正电荷。然后它又吸附溶液中带负电荷的离子,如 Cl^-,构成电中性的双电层,如图 11-1 所示。

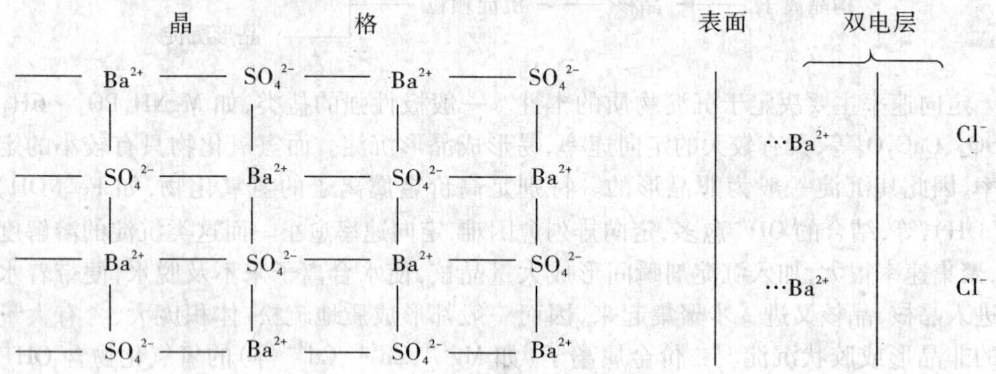

图 11-1 晶体表面吸附示意图

如果在上述溶液中,除 Cl^- 外尚有 NO_3^-,则因 $Ba(NO_3)_2$ 的溶解度比 $BaCl_2$ 小,第二层优先吸附的将是 NO_3^-,而不是 Cl^-。此外,由于带电荷多的高价离子静电引力强,也易被吸附,因此对这些离子应设法除去或掩蔽。沉淀吸附杂质的量还与下列三个因素有关。

①沉淀的总表面积。沉淀的总表面积越大,吸附的杂质就越多。因此应创造条件使晶形沉淀的颗粒增大或使非晶形沉淀的结构适当紧密些,以减小总表面积,从而减小吸附杂质的量。

②溶液中杂质离子的浓度。溶液中杂质离子的浓度越大,吸附现象越严重,但当浓度增大到一定程度,增加的吸附量将减小,而在稀溶液中杂质的浓度增加,吸附量的增多就很明显。

③温度。吸附与解吸是可逆过程,吸附是放热过程,所以增高溶液温度,沉淀吸附杂质的量将会减少。

(2)混晶　如果试液中的杂质与沉淀具有相同的晶格,或杂质离子与构晶离子具有相同的电荷和相近的离子半径,杂质将进入晶格排列中形成混晶而玷污沉淀。例如,$MgNH_4PO_4 \cdot 6H_2O$、$CaCO_3$ 和 $NaNO_3$、$BaSO_4$ 和 $PbSO_4$ 等。

在有些混晶中,杂质离子或原子并不位于正常晶格的离子或原子位置上,而是位于晶格的空隙中,这种混晶称为异型混晶。例如,$MnSO_4 \cdot 5H_2O$ 与 $FeSO_4 \cdot 7H_2O$ 属于不同的晶系,但可形成异型混晶。

只要有符合上述条件的杂质离子存在,它们就会在沉淀过程中取代形成沉淀的构晶离子而进入到沉淀内部，这时用洗涤或陈化的方法净化沉淀，效果不显著。为减免混晶的生成，最好事先将这类杂质分离除去。

(3)吸留和包藏　吸留(occlusion)是被吸附的杂质机械地嵌入沉淀中。包藏(inclusion)常指母液机械地包藏在沉淀中。这些现象的发生，是由于沉淀剂加入太快，使沉淀急速生成，沉淀表面吸附的杂质来不及离开就被随后生成的沉淀所覆盖，使杂质或母液被吸留或包藏在沉淀内部。这类共沉淀不能用洗涤的方法将杂质除去，可以采用改变沉淀条件、陈化或重结晶的方法来减免。

从带入杂质方面来看，共沉淀现象对分析测定是不利的，但可利用这一现象富集分离溶液中的某些微量成分。

2. 后沉淀

后沉淀(post precipitation)是由于沉淀速率的差异，而在已形成的沉淀上形成第二种不溶物质，这种情况大多发生在特定组分形成的稳定的过饱和溶液中。例如，在 Mg^{2+} 存在下沉淀 CaC_2O_4时，由于镁形成稳定的草酸盐过饱和溶液而不会立即析出。如果把草酸钙沉淀立即过滤，则沉淀表面上只吸附有少量镁；若把含有 Mg^{2+} 的母液与草酸钙沉淀一起放置一段时间，则草酸镁的后沉淀量将会增多，这可能是由于草酸钙吸附草酸根，而导致草酸镁沉淀。后沉淀所引入的杂质量比共沉淀要多，且随着沉淀放置时间的延长而增多。因此为防止后沉淀现象的发生，某些沉淀的陈化时间不宜过久。

3. 获得纯净沉淀的措施

由于共沉淀及后沉淀现象，使沉淀被玷污而不纯净。为了提高沉淀的纯度，减小玷污，可采用下列措施：

(1)采用适当的分析程序和沉淀方法　如果溶液中同时存在含量相差很大的两种离子，需要沉淀分离，为了防止含量少的离子因共沉淀而损失，应该先沉淀含量少的离子。例如分析烧结菱镁矿(含 MgO 90%以上，CaO 1%左右)时，应该先沉淀 Ca^{2+}。由于 Mg^{2+} 含量太大不能采用草酸铵沉淀 Ca^{2+}，否则 MgC_2O_4共沉淀严重。但可在大量乙醇介质中用稀硫酸将 Ca^{2+} 沉淀成 $CaSO_4$而分离。此外，对一些离子采用均相沉淀法或选用适当的有机沉淀剂，也可以减免共沉淀。

(2)降低易被吸附离子的浓度　对于易被吸附的杂质离子，必要时应先分离除去或加以掩蔽。为了减小杂质浓度，一般都是在稀溶液中进行沉淀。但对一些高价离子或含量较多的杂质，就必须加以分离或掩蔽。例如将 SO_4^{2-} 沉淀成 $BaSO_4$时，溶液中若有较多的 Fe^{3+}、Al^{3+} 等，就必须加以分离或掩蔽。

(3)针对不同类型的沉淀，选用适当的沉淀条件　沉淀条件包括溶液浓度、温度、试剂的加入次序和速度、陈化与否等。

(4)在沉淀分离后，用适当的洗涤剂洗涤沉淀。

(5)必要时进行再沉淀(或第二次沉淀)，即将沉淀过滤、洗涤、溶解后，再进行一次沉淀。再沉淀时由于杂质浓度大为减低，共沉淀现象也可以减免。

第五节　沉淀条件的选择及有机沉淀剂的应用

在重量分析中，为了获得准确的分析结果，要求沉淀完全、纯净，易于过滤、洗涤，并减少沉淀的溶解损失。为此,应根据沉淀类型,选择不同的沉淀条件,以获得符合重量分析要求的沉淀。

一、晶形沉淀的条件

聚集速率和定向速率这两个速率的相对大小,直接影响沉淀的类型,其中聚集速率主要由沉淀时的条件决定。为了得到纯净而易于分离和洗涤的晶形沉淀,要求有较小的聚集速率,这就应选择适当的沉淀条件。由前面我们学过的知识可知,欲得到晶形沉淀应满足下列条件:

(1)沉淀反应宜在适当稀的溶液中进行　这样可使沉淀过程中溶液的相对过饱和度较小,易于获得大颗粒的晶形沉淀。同时,共沉淀现象减少,有利于得到纯净沉淀。当然,溶液的浓度也不能太稀,如果溶液太稀,由于沉淀溶解而引起的损失可能超过允许的分析误差。因此,对于溶解度较大的沉淀,溶液不宜过分稀释。

(2)沉淀反应在不断搅拌下,慢慢地滴加沉淀剂　这样以免当沉淀剂加入到试液中时,由于来不及扩散,导致局部相对过饱和度太大,易获得颗粒较小、纯度差的沉淀。

(3)沉淀反应应在热溶液中进行　在热溶液中,沉淀的溶解度增大,溶液的相对过饱和度降低,易获得大的晶粒;另一方面又能减少杂质的吸附量,有利于得到纯净的沉淀;此外,升高溶液的温度,可以增加构晶离子的扩散速度,从而加快晶体的成长。为了防止在热溶液中所造成的溶解损失,对溶解度较大的沉淀,沉淀完毕必须冷却,再过滤、洗涤。

(4)陈化　陈化就是在沉淀定量完全后,将沉淀和母液一起放置一段时间,这个过程称为“陈化”。当溶液中大小晶体同时存在时,由于微小晶体比大晶体溶解度大,溶液对大晶体已经达到饱和,而对微小晶体尚未达到饱和,因而微小晶体逐渐溶解。溶解到一定程度后,溶液对小晶体为饱和时,对大晶体则为过饱和,于是溶液中的构晶离子就在大晶体上沉积。当溶液浓度降低到对大晶体是饱和溶液时,对小晶体已不饱和,小晶体又要继续溶解。这样继续下去,小晶体逐渐消失,大晶体不断长大,最后获得粗大的晶体。

陈化作用还能使沉淀变得更纯净。这是因为大晶体的比表面较小,吸附杂质量小;同时,由于小晶体溶解,原来吸附、吸留或包藏的杂质,将重新溶入溶液中,因而提高了沉淀的纯度。但是,陈化作用对伴随有混晶共沉淀的沉淀反应来说,不一定能提高沉淀纯度;对伴随有后沉淀的沉淀反应,不仅不能提高纯度,反而会降低沉淀纯度。

二、无定形沉淀的条件

无定形沉淀的溶解度一般都很小,所以很难通过减小溶液的相对过饱和度来改变沉淀的物理性质。无定形沉淀的结构疏松,比表面积大,吸附杂质多,又容易胶溶,而且含水量大,不易过滤和洗涤。对于无定形沉淀,主要是设法破坏胶体、防止胶溶、加速沉淀微粒的凝聚,便于过滤和减少杂质吸附。因此无定形沉淀的沉淀条件是:

1. 沉淀反应在较浓的溶液中进行,加入沉淀剂的速度可适当快些。因为溶液浓度大,离子的水合程度较小,得到的沉淀比较紧密。但也要考虑到,此时吸附的杂质多,所以在沉淀完全后,需立刻加入大量热水冲稀并搅拌,使被吸附的部分杂质转入溶液。

2. 沉淀反应在热溶液中进行。这样可以防止生成胶体,并减少杂质的吸附作用,还可使生成的沉淀紧密些。

3.溶液中加入适量的电解质,以防止胶体溶液的生成。但加入的物质应是可挥发性的盐类,如铵盐等。

4.沉淀完毕后,应趁热过滤,不需陈化。否则,沉淀久置会失水而聚集得更紧密,使已吸附的杂质难以洗去。

无定形沉淀一般含杂质的量较多,如果准确度要求较高时,应当进行再沉淀。

三、均匀沉淀法

为改进沉淀结构,已研究发展了另一种途径的沉淀方法——均相沉淀法。沉淀剂不是直接加入到溶液中,而是通过溶液中发生的化学反应,缓慢而均匀地在溶液中产生沉淀剂,从而使沉淀在整个溶液中均匀地、缓慢地析出。这样可获得颗粒较粗、结构紧密、纯净而易过滤的沉淀。

例如,为了使溶液中的 Ca^{2+} 与 $C_2O_4^{2-}$ 能形成较粗大的晶形沉淀,可在酸性溶液中加入草酸铵(其主要存在形式是 $HC_2O_4^-$ 和 $H_2C_2O_4$),此时不能产生 $Ca_2C_2O_4$ 沉淀。向溶液中加入尿素,加热煮沸。尿素按下式水解

$$H_2N-\overset{\overset{\displaystyle O}{\|}}{C}-NH_2 + H_2O \xrightarrow{90\sim100\ ℃} CO_2\uparrow + 2NH_3$$

生成的 NH_3 中和溶液中的 H^+,溶液的酸度逐渐降低,$C_2O_4^{2-}$ 的浓度不断增加,最后均匀而缓慢地析出 $Ca_2C_2O_4$ 沉淀。在沉淀过程中,溶液的相对过饱和度始终是比较小的,所以可获得颗粒粗大的 Ca_2C_2O 沉淀。

也可以利用氧化还原反应进行均相沉淀。在测定 ZrO^{2+} 时,在含有 AsO_3^{3-} 的 H_2SO_4 溶液中,加入 NO_3^- 将 AsO_3^{3-} 氧化为 AsO_4^{3-},均匀产生 $(ZrO)_3(AsO_4)_2$ 沉淀,反应如下

$$2AsO_3^{3-} + 3ZrO^{2+} + 2NO_3^- \longrightarrow (ZrO)_3(AsO_4)_2\downarrow + 2NO_2^-$$

此外,还可利用酯类和其他有机化合物的水解、配合物的分解,或缓慢地合成所需的沉淀剂等方式进行均相沉淀。用均匀沉淀法得到的沉淀,颗粒较大,表面吸附杂质少,易过滤、易洗涤。

四、有机沉淀剂的应用*

有机沉淀剂与金属离子形成沉淀的选择性高,沉淀具有组成恒定、摩尔质量大、溶解度小、吸附无机杂质少等优点,虽然应用于重量分析中的有机沉淀剂并不多,但由于它克服了无机沉淀剂的某些不足之处,因此在分析化学中得到了广泛地应用。

有机沉淀剂与金属离子通常形成螯合物沉淀或缔合物沉淀。因此,有机沉淀剂也可分为生成螯合物的沉淀剂和生成离子缔合物的沉淀剂两种类型。

1.生成螯合物的沉淀剂

能形成螯合物沉淀的有机沉淀剂,至少应具有下列两种官能团:一种是酸性官能团,如—COOH、—OH、═NOH、—SH 和—SO_3H 等,这些官能团中的 H^+ 可被金属离子置换;另一种是碱性官能团,如—NH_2、—NH—、═N—、═C═O 及═C═S 等,这些官能团具有

未被共用的电子对,可以与金属以配位键结合形成配合物。例如 8 - 羟基喹啉与 Al^{3+} 配合时,酸性官能团—OH 的氢被 Al^{3+} 置换,同时 Al^{3+} 又与碱性官能团═N—以配位键相结合,形成五圆环结构的微溶性螯合物。

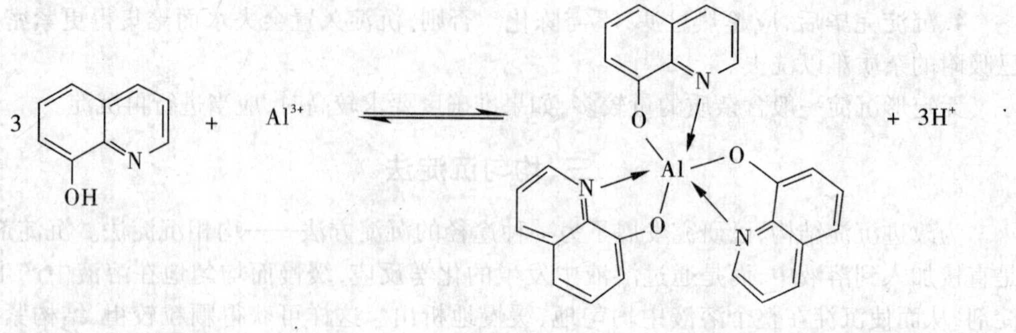

生成的 8 - 羟基喹啉铝螯合物沉淀,其结构与 EDTA 金属螯合物相似,但它不带电荷,所以不易吸附其他离子。沉淀比较纯净,而且溶解度很小($K_{sp}^{\Theta} = 1.0 \times 10^{-29}$)。但是 8 - 羟基喹啉试剂的选择性较差,它可以与许多金属离子配合,如 Zn^{2+}、Mg^{2+}、Co^{2+}、Sr^{2+}、Ba^{2+}、Ca^{2+}、Cu^{2+}、Mn^{2+} 等。为了提高其选择性,目前已研究合成了一些选择性较好的8 - 羟基喹啉衍生物,如 2 - 甲基 - 8 - 羟基喹啉在 pH = 5.5 时沉淀 Zn^{2+},在 pH = 9 时沉淀 Mg^{2+}、Al^{3+} 不发生干扰。又如丁二酮肟试剂与 Ni^{2+} 可生成鲜红色的沉淀,此反应不仅应用于 Ni^{2+} 的鉴定,而且由于该沉淀的组成恒定,经烘干以后即可直接称量,故常用于重量分析法测定 Ni^{2+},可获得满意的结果。

2. 生成缔合物沉淀剂

阴离子和阳离子以较强的静电引力相结合而形成的化合物,叫做缔合物。某些有机沉淀剂在水溶液中能够电离出大体积的离子,这种离子能与被测离子结合成溶解度很小的缔合物沉淀。例如四苯硼酸阴离子与 K^+ 的反应

$$K^+ + B(C_6H_5)_4^- \rightleftharpoons KB(C_6H_5)_4 \downarrow$$

$KB(C_6H_5)_4$ 的溶解度很小,组成恒定,烘干后即可直接称量,所以 $KB(C_6H_5)_4$ 是测定 K^+ 的较好沉淀剂。

此外,还常用苦杏仁酸在盐酸溶液中沉淀锆,铜铁试剂沉淀 Cu^{2+}、Fe^{3+}、Ti^{4+},α - 亚硝基 - β - 萘酚沉淀 Co^{3+}、Pd^{2+} 等。

第六节 沉淀析出后的处理

如何使沉淀完全和纯净、易于分离,固然是重量分析中的首要问题,但沉淀以后的各项操作完成的好坏,同样影响分析结果的准确度。下面对过滤、洗涤、烘干或灼烧作简要地叙述。

一、沉淀的过滤和洗涤

1. 沉淀的过滤

沉淀常用滤纸或玻璃砂芯滤器过滤。对于需要灼烧的沉淀,常用无灰滤纸过滤。滤纸的

紧密程度不同，应根据沉淀的性状选用不同的滤纸。一般非晶形沉淀，如$Fe(OH)_3$、$Al(OH)_3$等，应用疏松的快速滤纸过滤，以免过滤太慢；粗粒的晶形沉淀，如$MgNH_4PO_4 \cdot 6H_2O$，可用较紧密的中速滤纸；较细粒的沉淀，如$BaSO_4$等，应选用最紧密的慢速滤纸，以防沉淀穿过滤纸。

为了使滤纸不致迅速被沉淀堵塞，应采用倾泻法过滤，即将沉淀上澄清液沿玻棒小心倾入漏斗，尽可能使沉淀留在杯中。

目前烘干法逐渐代替灼烧沉淀的方法，尤其是用有机沉淀剂时，烘干法应用很多。需烘干的沉淀，一般用玻璃砂芯坩埚或玻璃砂芯漏斗过滤。过滤时，将滤器安置在具有橡皮垫圈或有孔塞的抽滤瓶上，连接抽气装置，减压过滤。用玻璃砂芯滤器前，应将所用玻璃砂芯滤器洗净，并在烘干沉淀的温度下（一般不超过 200 ℃）反复烘过，放置干燥器中冷却至室温（约需 30 min），准确称量，直至恒重。

用玻璃砂芯滤器进行过滤，和用滤纸一样，要采用倾泻法。对滤液同样要检查是否有穿漏现象。倾泻完清液后，再倾入沉淀浊液过滤。

2. 沉淀的洗涤

洗涤沉淀是为了洗去沉淀表面吸附的杂质和混杂在沉淀中的母液。洗涤时要尽量减少沉淀的溶解损失和避免形成胶体，因此需选择合适的洗液。选择洗液的原则是：对于溶解度很小而又不易成胶体的沉淀，可用蒸馏水洗涤；对于溶解度大的晶形沉淀，可用沉淀剂稀溶液洗涤，但沉淀剂必须是在烘干或灼烧时易挥发或易分解的，例如用$(NH_4)_2C_2O_4$稀溶液洗涤CaC_2O_4沉淀；对于溶解度较小而又可能分散成胶体的沉淀，应采用易挥发的电解质稀溶液洗涤，例如用NH_4NO_3稀溶液洗涤$Al(OH)_3$。用热洗涤液洗涤，则过滤较快，且能防止形成胶体，但沉淀溶解度随温度升高而增大较快的沉淀，则不能用热洗液洗涤。洗涤开始时，一般仍采用倾泻法，即加适量洗液于盛有沉淀的烧杯中，充分搅和，放置澄清，将澄清液用倾泻法过滤。如此洗涤几次，每次应尽可能将澄清液流出。洗涤若干次后，可将沉淀转移到滤纸上。沉淀全部转移后，再洗涤沉淀几次，直到将沉淀洗净。对沉淀洗净与否应进行检查，一般是定性检查最后流出的洗液是否还显示某种离子的反应。如用$BaCl_2$沉淀SO_4^{2-}生成的$BaSO_4$沉淀，应洗涤到滤液中不含氯离子为止。洗涤必须连续进行，一次完成，不能将沉淀干涸放置太久。尤其是一些非晶形沉淀，放置凝聚后，就不易洗净。洗涤沉淀时，既要将沉淀洗净，又不能用过多的洗涤剂，以免增加沉淀的溶解损失。用适当少的洗液，分多次洗涤，每次加洗液前，应尽量使前次洗液流尽，以提高洗涤效率。

二、沉淀的烘干或灼烧

1. 沉淀的烘干

烘干是为了除去沉淀中的水分和可挥发物质，使沉淀组成固定为称量形式。烘干的温度和时间随沉淀不同而异，如丁二酮肟镍，只需在 110～120 ℃烘 40～60 min 即可冷却、称量；磷钼酸喹啉，则需在 130 ℃烘 45 min。沉淀烘干时所用的玻璃砂芯滤器都经烘到恒重，沉淀也应烘到恒重。

2. 沉淀的灼烧

灼烧除为了除掉沉淀中的水分和易挥发物质以外，有时还为了使沉淀在较高温度分解为组成固定的称量形式。例如沉淀得到的 SiO_2，含有化合水（$SiO_2 \cdot xH_2O$），经烘干也不易除尽；用动物胶法沉淀的 SiO_2，其中尚含有动物胶，必须在高温灼烧，才能除去化合水和动物胶。

灼烧温度一般在 800 ℃以上，因此不能用玻璃砂芯滤器，常用瓷坩埚。若需用氢氟酸处理沉淀，则应用铂坩埚。灼烧用的瓷坩埚和盖，应预先在灼烧沉淀的高温下灼烧 15 ~ 20 min，冷却（约需 40 min），称量，直至恒重。然后用滤纸包好沉淀，放入已灼烧至恒重的坩埚中。再加热烘干、焦化、灼烧至恒重。沉淀灼烧所需的温度和时间，随沉淀不同而异。坩埚和沉淀经灼烧、称量至恒重后，即可由沉淀质量计算结果。

第七节　重量分析的计算和应用示例

一、重量分析结果的计算

1. 化学因素

在重量分析中，多数情况下称量形式与被测组分的形式不同，这就需要将称量形式的质量换算成被测组分的质量。被测组分的摩尔质量与称量形式的摩尔质量之比是常数，称为化学因数或换算因数，通常用 F 表示。书写化学因数时，要注意用适当的系数使被测组分化学式与称量形式化学式中的主要原子数目相等。

例题 11 - 11　在镁的测定中，先将 Mg^{2+} 沉淀为 $MgNH_4PO_4$，再灼烧成 $Mg_2P_2O_7$ 的称量。若 $Mg_2P_2O_7$ 质量为 0.351 5 g，则镁的质量为多少克？化学因数是多少？

解　每一个 $Mg_2P_2O_7$ 分子含有两个镁原子，故得

$$m(\mathrm{Mg}) = m(\mathrm{Mg_2P_2O_7}) \times \frac{2M(\mathrm{Mg})}{M(\mathrm{Mg_2P_2O_7})} = 0.351\,5\ \mathrm{g} \times \frac{2 \times 24.32\ \mathrm{g \cdot mol^{-1}}}{222.6\ \mathrm{g \cdot mol^{-1}}} = 0.076\,81\ \mathrm{g}$$

被测组分为 Mg，称量形式为 $Mg_2P_2O_7$，化学因数 $F = \dfrac{2M(\mathrm{Mg})}{M(\mathrm{Mg_2P_2C_7})} = 0.218\,5$。

2. 求质量分数

由称量形式的质量 $m_{称}$，化学因数 F 以及所称试样质量 $m_{样}$，可求出被测组分的质量分数

$$\omega = \frac{m_{称} \times F}{m_{样}}$$

例题 11 - 12　测定某试样中铁的含量时，称取样品重 $m(x)$ 为 0.250 0 g，经处理后其沉淀形式为 $Fe(OH)_3$，然后灼烧为 Fe_2O_3，称得其质量 $m(s)$ 为 0.124 5 g，求此试样中铁的质量分数，若以 Fe_3O_4 表示结果，其组成质量分数又为多少？

解　以铁表示时

$$\omega(\mathrm{Fe}) = \frac{m(\mathrm{s}) \times \dfrac{2M(\mathrm{Fe})}{M(\mathrm{Fe_2O_3})}}{m(x)} = \frac{0.124\,5 \times 0.699\,4}{0.250\,0} = 0.348\,3$$

以 Fe_3O_4 表示时

$$\omega(Fe_3O_4)=\frac{m(s)\times\frac{2M(Fe_3O_4)}{3M(Fe_2O_3)}}{m(x)}=\frac{0.124\,5\times0.966\,4}{0.250\,0}=0.481\,3$$

用不同形式表示分析结果时，由于化学因数不同，所得结果也不同。

3. 称取试样量估算

重量分析实践中，对称量形式的质量大小有一定的要求，对晶形沉淀约为 0.5 g，对非晶形沉淀为 0.1 ~ 0.3 g。沉淀过多，难以过滤和洗涤，由杂质引入而引起的误差较大；沉淀过少，则溶解损失及称量误差较大。大多数情况下，被测物质的组成是大体知道的，据此可以估算称取多少试样才最合适。

例题 11 - 13　欲测定不纯明矾 $KAl(SO_4)_2\cdot12H_2O$ 中 Al 的含量，并以 Al_2O_3 为称量形式，需称取明矾试样多少克？

解　$Al(OH)_3$ 是胶状沉淀，应以产生 0.1 g Al_2O_3 为宜，试样纯度按含明矾为 0.950 0 计，则

$$\omega[KAl(SO_4)_2\cdot12H_2O]=\frac{m(s)\times\frac{2M[KAl(SO_4)_2\cdot12H_2O]}{M(Al_2O_3)}}{m(x)}$$

$$=\frac{0.1\times9.3}{m(x)}=0.95$$

$$m(x)=\frac{0.1\times9.3\times100\ g}{95}\approx1.0\ g$$

应称取明矾试样 1.0 g。

二、应 用 示 例

重量分析是一种准确、精密的分析方法。在此，举一些常用的或我们国家标准（GB）规定的重量分析实例。

1. 硫酸根的测定

测定硫酸根时一般采用 $BaCl_2$ 将 SO_4^{2-} 沉淀成 $BaSO_4$，再灼烧、称量，但操作较费时。多年来，对于重量法测定 SO_4^{2-} 曾做过不少改进，力图克服其繁琐费时的缺点，由于 $BaSO_4$ 沉淀颗粒较细，浓溶液中沉淀时可能形成胶体；$BaSO_4$ 不易被一般溶剂溶解，不能进行二次沉淀，因此沉淀作用应在稀酸溶液中进行。溶液中不允许有酸不溶物和易被吸附的离子（如 Fe^{3+}、NO_3^- 等）存在。对于存在的 Fe^{3+}，常采用 EDTA 配位掩蔽。

采用玻璃砂芯坩埚抽滤 $BaSO_4$，烘干、称量，虽然其准确度比灼烧法稍差，但可缩短分析时间。

硫酸钡重量法测定 SO_4^{2-} 的方法应用很广。如铁矿石中的硫和钡的含量测定（参见 GB 6730.16—1986 和 6730.29—1986），磷肥、萃取磷酸、水泥中的硫酸根和许多其他可溶硫酸盐都可用此法测定。

2. 硅酸盐中二氧化硅的测定

硅酸盐在自然界分布很广，绝大多数硅酸盐不溶于酸，因此试样一般需用碱性溶剂

熔融后，再加酸处理。此时金属元素成为离子溶于酸中，而硅酸根则大部分成胶状硅酸 $SiO_2 \cdot xH_2O$ 析出，少部分仍分散在溶液中，需经脱水才能沉淀。经典方法是用盐酸反复蒸干脱水，准确度虽高，但操作麻烦、费时。后来多采用动物胶凝聚法，即利用动物胶吸附 H^+ 而带正电荷（蛋白质中氨基酸的氨基吸附 H^+），与带负电荷的硅酸胶粒发生胶凝而析出，但必须蒸干才能完全沉淀。近年来，用长碳链季铵盐，如十六烷基三甲基溴化铵（简称 CTMAB）作沉淀剂，它在溶液中呈带正电荷胶粒，可以不再加盐酸蒸干，能将硅酸定量沉淀，所得沉淀疏松而易洗涤。这种方法比动物胶凝聚法优越，且可缩短分析时间。得到的硅酸沉淀，需经高温灼烧才能完全脱水和除去带入的沉淀剂。但即使经过灼烧，一般仍带有不挥发的杂质（如铁、铝等的化合物）。在要求较高的分析中，于灼烧、称量后，还需加氢氟酸及 H_2SO_4，再加热灼烧，使 SiO_2 转换成 SiF_4 挥发逸去，再称量，从两次所得质量的差可计算出纯 SiO_2 的质量。

3. 磷的测定

如测定磷酸一铵、磷酸二铵中的有效磷，（GB 102070—1988）采用磷钼酸喹啉重量法，磷酸盐用酸分解后，可能成为偏磷酸 HPO_3 或次磷酸 H_3PO_2 等存在，故在沉淀前要用硝酸处理，使之全部变成正磷酸 H_3PO_4。磷酸在酸性溶液中（7 % ~10 % HNO_3）与钼酸钠和喹啉作用形成磷钼酸喹啉沉淀

$$H_3PO_4 + 3C_9H_7N + 12Na_2MoO_4 + 24HNO_3 \rightleftharpoons$$
$$(C_9H_7N)_3H_3[PO_4 \cdot 12MoO_3] \cdot H_2O\downarrow + 11H_2O + 24NaNO_3$$

沉淀经过滤、烘干、除去水分后称量。

沉淀剂用喹钼柠酮试剂（含有喹啉、钼酸钠、柠檬酸、丙酮）。柠檬酸的作用是在溶液中与钼酸配位，以降低钼酸浓度，避免沉淀出硅钼酸喹啉（它对测定有干扰），同时防止钼酸钠水解析出 MoO_3。丙酮的作用是使沉淀颗粒增大而疏松，便于洗涤，同时可增加喹啉的溶解度，避免其沉淀析出而干扰测定。

磷也可以转化为磷钼酸铵沉淀，分离后，用 NaOH 溶解，以 HNO_3 回滴过量的 NaOH，锰铁中的磷即用此法测定其含量（参见 GB 7730.3—1997）。重量法精密度高，易获得准确结果。磷钼酸喹啉沉淀颗粒比磷钼酸铵沉淀颗粒粗些，较易过滤，但喹啉具有特殊气味，因此要求实验室通风良好。

4. 其他

用四苯硼酸钠沉淀 $K^+ + B(C_6H_5)_4^- \rightleftharpoons KB(C_6H_5)_4\downarrow$

此沉淀组成恒定，可在烘干后直接称量。

又如丁二酮肟试剂与 Ni^{2+} 生成鲜红色沉淀，该沉淀组成恒定，经烘干后称量，可得到满意的测定结果。钢铁及合金中的镍即采用此法测定（参见 GB 223.25—1994）。

第八节　沉淀滴定法

一、概　述

沉淀滴定法（precipitation titration）是以沉淀反应为基础的一种滴定分析方法。形成

沉淀的反应很多,但符合滴定分析要求的并不多。很多沉淀没有固定的组成;有些沉淀溶解度较大,反应不能定量完成;有些沉淀反应较慢,有时还伴随着副反应及共沉淀等。沉淀滴定法的反应必须满足下列几点要求:

(1)沉淀的溶解度很小;

(2)反应速度快,不易形成过饱和溶液;

(3)有确定化学计量点的简单方法;

(4)沉淀的吸附现象应不妨碍化学计量点的测定。

目前应用最广的是生成难溶银盐的反应。例如:

$$Ag^+ + Cl^- \rightleftharpoons AgCl\downarrow$$

$$Ag^+ + SCN^- \rightleftharpoons AgSCN\downarrow$$

利用这类反应的滴定法称为银量法。用银量法可以测定 Cl^-、Br^-、I^-、CN^-、SCN^- 和 Ag^+,还可以测定经过处理而能定量地产生这些离子的有机物,如六六六、二氯酚等有机药物的测定。

银量法根据指示终点的方法不同,可分为直接法和返滴定法两类。

(1)直接法　是利用沉淀剂作标准溶液,直接滴定被测物质。例如在中性溶液中用 K_2CrO_4 作指示剂,用 $AgNO_3$ 标准溶液直接滴定 Cl^- 或 Br^-。

(2)返滴定法　是加入一定过量的沉淀剂标准溶液于被测定物质的溶液中,再利用另外一种标准溶液滴定剩余的沉淀剂标准溶液。例如测定 Cl^- 时,先将过量的 $AgNO_3$ 标准溶液,加入到被测定的 Cl^- 溶液中,过量的 Ag^+ 再用 KSCN 标准溶液返滴定。以铁铵矾作指示剂。在返滴定法中采用两种标准溶液。

银量法主要用于化学工业和冶金工业,如烧碱、食盐水的测定。电解液中 Cl^- 的测定以及农业、"三废"等方面氯离子的测定。

沉淀滴定法和其他滴定分析法一样,它的关键问题是正确测定计量点,使滴定终点与计量点尽可能地一致,以减少滴定误差。因此,下边将重点讨论银量法中常用的几种确定终点的方法。

二、确定终点的方法

1. 莫尔(Mohr)法

(1)原理　在测定 Cl^- 时,滴定反应式为

$$Ag^+ + Cl^- \rightleftharpoons AgCl\downarrow\text{(白色沉淀)}$$

$$2Ag^+ + CrO_4^{2-} \rightleftharpoons Ag_2CrO_4\downarrow\text{(砖红色)}$$

根据分步沉淀原理,由于 AgCl 的溶解度($1.3\times10^{-5}\ mol\cdot L^{-1}$)小于 Ag_2CrO_4 的溶解度($7.9\times10^{-5}\ mol\cdot L^{-1}$),所以在滴定过程中 AgCl 首先沉淀出来。随着 $AgNO_3$ 溶液的不断加入,AgCl 沉淀不断生成,溶液中的 Cl^- 浓度越来越小,Ag^+ 的浓度相应地愈来愈大,直至与 $[Ag^+]^2[CrO_4^{2-}] > K_{sp}(Ag_2CrO_4)$ 时,便出现砖红色的 Ag_2CrO_4 沉淀,借此可以指示滴定的终点。

莫尔法也使用于测定氰化物和溴化物,但是 AgBr 沉淀严重吸附 Br^-,使终点提早出现,所以当滴定至终点时必须剧烈摇动。因为 AgI 吸附 I^- 和 AgSCN 吸附 SCN^- 更为严

重，所以莫尔法不适合于碘化物和硫氰酸盐的测定。

用莫尔法测定 Ag^+ 时，不能直接用 NaCl 标准溶液滴定，因为先生成大量的 Ag_2CrO_4 沉淀凝聚之后，再转化 AgCl 的反应进行得极慢，使终点出现过迟。因此，如果用莫尔法测 Ag^+ 时，必须采用返滴定法，即先加一定体积过量的 NaCl 标准溶液滴定剩余的 Cl^-。

(2)滴定条件

①指示剂用量。指示剂 CrO_4^{2-} 的用量必须合适。太大会使终点提前，而且 CrO_4^{2-} 本身的颜色也会影响终点的观察，若太小又会使终点滞后，影响滴定的准确度。

计量点时 $[Ag^+]=[Cl^-]=\sqrt{K_{sp}(AgCl)}$

$$[CrO_4^{2-}]=\frac{K_{sp}(Ag_2CrO_4)}{[Ag^+]^2}=\frac{K_{sp}(Ag_2CrO_4)}{K_{sp}(AgCl)}=1.1\times10^{-2}\ mol\cdot L^{-1}$$

在实际滴定中，如此高的浓度黄色太深，对观察不利。实验表明，终点时 CrO_4^{2-} 浓度约为 $5\times10^{-3}\ mol\cdot L^{-1}$ 比较合适。

②溶液的酸度。滴定应在中性或微碱性（pH = 6.5 ~ 10.5）条件下进行。若溶液为酸性，则 Ag_2CrO_4 溶解

$$Ag_2CrO_4+H^+\rightleftharpoons 2Ag^++HCrO_4^-$$

如果溶液的碱性太强，则析出 Ag_2O 沉淀

$$2Ag^++2OH^-\rightleftharpoons 2AgOH\downarrow\rightleftharpoons Ag_2O\downarrow+H_2O$$

滴定液中如果有铵盐存在，则易生成 $[Ag(NH_3)_2]^+$；而使 AgCl 和 Ag_2CrO_4 溶解。如果溶液中有氨存在时，必须用酸中和。当有铵盐存在时，如果溶液的碱性较强，也会增大 NH_3 的浓度。实验证明，当 $c(NH_4^+)>0.05\ mol\cdot L^{-1}$ 时，溶液的 pH 应控制在 pH = 6.5 ~ 7.2。

③先产生的 AgCl 沉淀容易吸附溶液中的 Cl^-，使溶液中的 Cl^- 浓度降低，以致终点提前而引入误差。因此，滴定时必须剧烈摇动。如果测定 Br^- 时，AgBr 沉淀吸附 Br^- 更严重，则滴定时更要剧烈摇动，否则会引入较大的误差。

④凡与 Ag^+ 能生成沉淀的阴离子如 PO_4^{3-}、AsO_4^{3-}、SO_3^{2-}、S^{2-}、CO_3^{2-}、$C_2O_4^{2-}$ 等；与 $C_2O_4^{2-}$ 能生成沉淀的阳离子如 Ba^{2+}、Pb^{2+} 等，大量的有色离子 Cu^{2+}、Co^{2+}、Ni^{2+} 等；以及在中性或微碱性溶液中易发生水解的离子如 Fe^{3+}、Al^{3+} 等，都干扰测定，应预先分离。

(3)应用范围　莫尔法选择性较差，主要用于以 $AgNO_3$ 标准溶液直接滴定 Cl^-、Br^- 和 CN^- 的反应，而不适用于滴定 I^- 和 SCN^-。因为 AgI 和 AgSCN 沉淀具有强烈的吸附作用，分别吸附 I^- 和 SCN^-，使终点提前。此法也不适用于以 Cl^- 测定 Ag^+，因为滴定前生成的 Ag_2CrO_4 再转化为 AgCl 的速度很慢。凡能与 $C_2O_4^{2-}$ 生成沉淀的阳离子及能与 Ag^+ 生成沉淀或配合物的物质均对测定有干扰。

2. 佛尔哈德法(Volhard)

(1)原理　这种方法是在酸性溶液中以铁铵矾作指示剂，分为直滴定法和返滴定法。

①直接滴定法。在酸性条件下，以铁铵矾作指示剂，用 KSCN 或 NH_4SCN 标准溶液滴定含 Ag^+ 的溶液，其反应式如下

$$Ag^++SCN^-=\!=\!=AgSCN\downarrow(白色)$$

当滴定达到计量点附近时，Ag^+ 的浓度迅速降低，而 SCN^- 的浓度迅速增加，于是微过量的 SCN^- 与 Fe^{3+} 反应生成红色 $[FeSCN]^{2+}$，从而指示计量点的到达

$$Fe^{3+} + SCN^- \rightleftharpoons [FeSCN]^{2+}（红色）$$

Fe^{3+} 的浓度，一般采用 $0.015\ mol \cdot L^{-1}$，约为理论值的1/20。

但是由于 AgSCN 沉淀易吸附溶液中的 Ag^+，使计量点前溶液中的 Ag^+ 浓度大为降低，以致终点提前出现。所以在滴定时必须剧烈摇动，使吸附的 Ag^+ 释放出来。

②返滴定法。用返滴定法测定卤化物或 SCN^- 时，则应先加入准确过量的 $AgNO_3$ 标准溶液，使卤离子或 SCN^- 生成银盐沉淀，然后再以铁铵矾作指示剂，用 NH_4SCN 标准溶液滴定剩余的 $AgNO_3$。

其反应为

$$X^- + Ag^+ \rightleftharpoons AgX\downarrow$$

$$Ag^+ + SCN^- \rightleftharpoons AgSCN\downarrow$$

$$Fe^{3+} + SCN^- \rightleftharpoons [FeSCN]^{2+}$$

但是必须指出，在这种情况下，经摇动之后红色即褪去，终点很难确定。产生这种现象的原因是由于 AgSCN 的溶解度（$1.0\times10^{-6} mol\cdot L^{-1}$）小于 AgCl 的溶解度（$1.3\times10^{-5} mol\cdot L^{-1}$），因此，在计量点时，易引起转化反应

$$AgCl + SCN^- \rightleftharpoons AgSCN\downarrow + Cl^-$$

（2）滴定条件

①用铁铵矾作指示剂的沉淀滴定法，必须在酸性溶液中进行，而不能在中性或碱性溶液中进行。因为在碱性或中性溶液内 Fe^{3+} 将产生 $Fe(OH)^{2+}$ 沉淀，而影响终点的确定。

②用直接法滴定 Ag^+ 时，为防止 AgSCN 对 Ag^+ 的吸附，临近终点时必须剧烈摇动；用返滴定法滴定 Cl^- 时，为了避免 AgCl 沉淀发生转化，应轻轻摇动。

③强氧化剂、氮的低价氧化物、铜盐、汞盐等都能与 SCN^- 起反应，干扰测定，必须预先除去。

佛尔哈德法的最大优点是在酸性溶液中进行，许多弱酸根离子 PO_4^{3-}、AsO_4^{3-} 和 CrO_4^{2-} 等都不与 Ag^+ 反应生成沉淀，故这种方法的选择性很高。用这种方法可以测定 Ag^+、Cl^-、Br^-、I^- 及 SCN^- 等。在生产上常用来测定有机氯化物，如农药中的六六六等。该法比莫尔法应用得较为广泛。

3. 法扬斯法

（1）原理　这是一种利用吸附指示剂确定滴定终点的滴定方法。所谓吸附指示剂，就是有些有机化合物吸附在沉淀表面上以后，其结构发生改变，因而改变了颜色。例如用 $AgNO_3$ 标准溶液滴定 Cl^- 时，常用荧光黄作吸附指示剂，荧光黄是一种有机弱酸，可用 HFIn 表示。它的电离式如下

$$HFIn \rightleftharpoons H^+ + FIn^-$$

在计量点以前，溶液中存在着过量的 Cl^-，AgCl 沉淀吸附 Cl^- 而带负电荷，形成 $AgCl\cdot Cl^-$，荧光黄阴离子不被吸附溶液呈黄绿色。当滴定到达计量点时，一滴过量的 $AgNO_3$ 使溶液出现过量的 Ag^+，则 AgCl 沉淀便吸附 Ag^+ 而带正电荷，形成 $AgCl\cdot Ag^+$。它强烈地吸附 FIn^-，荧光黄阴离子被吸附之后，结构发生了变化而呈粉红色。可用下面

简式表示

$$AgCl \cdot Ag^+ + FIn^- \rightleftharpoons AgCl \cdot Ag \cdot FIn$$

（黄绿色）　　　（粉红色）

(2)滴定条件

①由于吸附指示剂是吸附在沉淀表面上而变色,为了使终点的颜色变得更明显,就必须使沉淀有较大表面,这就需要把 AgCl 沉淀保持溶胶状态。所以滴定时一般都先加入糊精或淀粉溶液等胶体保护剂。

②滴定必须在中性、弱碱性或很弱的酸性(如 HAc)溶液中进行。这是因为酸度较大时,指示剂的阴离子与 H^+ 结合,形成不带电荷的荧光黄分子($K_a = 10^{-7}$)而不被吸附。因此一般滴定是在 pH = 7 ~ 10 的酸度下滴定。

对于酸性稍强一些的吸附指示剂(即电离常数大一些),溶液的酸性也可以大一些,如二氯荧光黄($K_a = 10^{-4}$)可在 pH = 4 ~ 10 范围内进行滴定。曙红(四溴荧光黄,$K_a = 10^{-2}$)的酸性更强些,在 pH = 2 时仍可以应用。

③因卤化银易感光变灰,影响终点观察,所以应避免在强光下滴定。

④不同的指示剂离子被沉淀吸附的能力不同,在滴定时选择指示剂的吸附能力,应小于沉淀对被测离子的吸附能力。否则在计量点之前,指示剂离子已取代了被吸附的被测定离子而改变颜色,使终点提前出现。当然,如果指示剂离子吸附的能力太弱,则终点出现太晚,也会造成误差太大的结果。

(3)应用范围

用于 Ag^+、Cl^-、Br^-、I^-、SO_4^{2-} 等离子的测定。

三、沉淀滴定法应用实例

1. 可溶性氯化物中氯的测定

测定可溶性氯化物中的氯,可按照用 NaCl 标定 $AgNO_3$ 溶液的各种方法进行。

当采用莫尔法测定时,必须注意控制溶液的 pH 在 6.5 ~10.5 范围内。

如果试样中含有 PO_4^{3-}、AsO_4^{3-} 等离子时,在中性或微碱性条件下,也能和 Ag^+ 生成沉淀,干扰测定。因此,只能采用佛尔哈德法进行测定,因为在酸性条件下,这些阴离子都不会与 Ag^+ 生成沉淀,从而避免干扰。

测定结果可由试样的质量及滴定用去标准溶液的体积,以计算试样中氯的百分含量。

2. 银合金中银的测定

将银合金溶于 HNO_3 中,制成溶液,

$$Ag + NO_3^- + 2H^+ = Ag^+ + NO_2\uparrow + H_2O$$

在溶解试样时,必须煮沸以除去氮的低价氧化物,因为它能与 SCN^- 作用生成红色化合物,而影响终点的观察

$$HNO_2 + H^+ + SCN^- = NOSCN + H_2O$$

（红色）

试样溶解之后,加入铁铵矾指示剂,用 NH_4SCN 标准溶液滴定。

根据试样的质量、滴定用去 NH_4SCN 标准溶液的体积，以计算银的百分含量。

3. 有机卤化物中卤素的测定

将有机卤化物经过适当的处理，使有机卤素转变为卤离子再用银量法测定。

$$CO(NH_2)_2 + H_2O \overset{\Delta}{\rightleftharpoons} CO_2\uparrow + 2NH_3$$
$$NH_3 + H_2O \rightleftharpoons NH_4^+ + OH^-$$
$$HC_2O_4^- + OH^- \rightleftharpoons C_2O_4^{2-} + H_2O$$
$$C_2O_4^{2-} + Ca^{2+} \rightleftharpoons CaC_2O_4\downarrow$$

习　题

一、思考题

1. 解释下列现象

(1) CaF_2 在 pH = 3 的溶液中的溶解度较在 pH = 5 的溶液中的溶解度大；

(2) Ag_2CrO_4 在 0.001 0 $mol \cdot L^{-1}$ $AgNO_3$ 溶液中的溶解度较在 0.001 0 $mol \cdot L^{-1}$ K_2CrO_4 溶液中的溶解度小；

(3) $BaSO_4$ 沉淀要用水洗涤，而 AgCl 沉淀要用稀 HNO_3 洗涤；

(4) $BaSO_4$ 沉淀要陈化，而 AgCl 或 $Fe_2O_3 \cdot nH_2O$ 沉淀不要陈化；

(5) AgCl 和 $BaSO_4$ 的 K_{sp} 值差不多，但可以通过控制条件得到 $BaSO_4$ 晶体沉淀，而 AgCl 只能得到无定形沉淀；

(6) ZnS 在 HgS 沉淀表面上而不在 $BaSO_4$ 沉淀表面上继续沉淀。

2. 某人计算 $M(OH)_3$ 沉淀在水中的溶解度时，不分析情况，即用公式 $K_{sp} = [M^{3+}][OH^-]^3$ 计算，已知 $K_{sp} = 1 \times 10^{-32}$，求得溶解度为 4.4×10^{-9} $mol \cdot L^{-1}$。试问这种计算方法有无错误？为什么？

3. 用过量的 H_2SO_4 沉淀 Ba^{2+} 时，K^+、Na^+ 均能引起共沉淀。问何者共沉淀严重？此时沉淀组成可能是什么？已知离子半径：$r_{K^+} = 133$ pm，$r_{Na^+} = 95$ pm，$r_{Ba^{2+}} = 135$ pm。

二、计算

1. 已知 $\beta = \dfrac{[CaSO_4]_{水}}{[Ca^{2+}][SO_4^{2-}]} = 200$，忽略离子强度影响，计算 $CaSO_4$ 的固有溶解度，并计算饱和 $CaSO_4$ 溶液中，非离解形式 Ca^{2+} 的百分数。

2. 已知某金属氢氧化物 $M(OH)_2$ 的 $K_{sp} = 4 \times 10^{-5}$，向 0.10 $mol \cdot L^{-1}$ M^{2+} 溶液中加入 NaOH，忽略体积变化和各种氢氧基络合物，计算下列不同情况生成沉淀时的 pH。

(1) M^{2+} 有 1% 沉淀；

(2) M^{2+} 有 50% 沉淀；

(3) M^{2+} 有 99% 沉淀。

3. 考虑盐效应，计算下列微溶化合物的溶解度

(1) $BaSO_4$ 在 0.10 $mol \cdot L^{-1}$ NaCl 溶液中；

(2) $BaSO_4$ 在 0.10 $mol \cdot L^{-1}$ $BaCl_2$ 溶液中。

4. 计算 AgCl 在纯水和 0.01 $mol \cdot L^{-1}$ HNO_3 溶液中的溶解度。($K_{sp}(AgCl) = 1.8 \times 10^{-10}$，

忽略离子强度的影响)

5. 计算 $PbSO_4$ 在 pH = 2.0 的溶液中的溶解度。($K_{sp}(PbSO_4) = 1.6 \times 10^{-8}$, H_2SO_4 的离解常数 $K_{a_2} = 1.0 \times 10^{-2}$)

6. 在 100 mL pH = 10.0, $[PO_4^{3+}] = 0.001\ 0\ mol \cdot L^{-1}$ 的磷酸盐溶液中能溶解多少克 $Ca_3(PO_4)_2$。$Ca_3(PO_4)_2$ 的溶度积 $K_{sp} = 2.0 \times 10^{-29}$, $M_{Ca_3(PO_4)_2} = 310.18$。

7. 计算 CaC_2O_4 沉淀在 pH = 3.0, $c(C_2O_4^{2-}) = 0.010\ mol \cdot L^{-1}$ 的溶液中的溶解度。($K_{sp}(CaC_2O_4) = 2.0 \times 10^{-9}$, $H_2C_2O_4$ 的离解常数为:$K_{a_1} = 5.9 \times 10^{-2}$, $K_{a_2} = 6.4 \times 10^{-5}$)

8. 往 $0.010\ mol \cdot L^{-1}$ 的 $ZnCl_2$ 溶液中通入 H_2S 至饱和,欲使溶液中不产生 ZnS 沉淀,溶液中的 H^+ 浓度不应低于多少?(H_2S 饱和溶液中, $[H^+]^2[S^{2-}] = 6.8 \times 10^{-24}$, $K_{sp}(ZnS) = 2 \times 10^{-22}$)

第十二章　氧化还原平衡和氧化还原滴定法

氧化还原反应是化学反应的基本类型之一，它不同于前面讨论的酸碱反应，这类反应是质子从给体向受体的传递——质子传递反应，氧化还原反应是氧化还原过程中有电子转移发生的一类反应，它可以是气相反应、液相反应、固相反应及多相反应。

第一节　氧化还原反应

一、氧化还原反应的概念

人们对氧化还原反应的认识经历了一个十分漫长的过程。在 18 世纪末，氧化是指物质与氧化合的过程；还原是指物质失去氧的过程；后来认为与氢化合的过程也是还原，失去氢的过程也是氧化。

随着对化学反应的进一步研究，人们逐渐认识到氧化还原反应的实质是反应过程中元素的电子得失或者电子对的偏移，凡是反应前后有电子得失（或偏移）的反应称为氧化还原反应；失去电子的过程称为氧化（oxidation）。得到电子的过程称为还原（reduction）。例如

$$\overset{4e^-}{O_2 + 2H_2} \xlongequal{\quad} 2H_2O$$

$$\overset{2e^-}{Zn + Cu^{2+}} \xlongequal{\quad} Zn^{2+} + Cu$$

其中氢失去电子被氧化，为氧化反应，其本身是还原剂（reducing agent）。氧得电子被还原，为还原反应，本身是氧化剂（oxiding regent）。随着氧化剂和还原剂之间电子的转移，分子中有关元素的氧化态发生了变化。

在氧化还原反应中，得到电子、氧化数降低的物质称为氧化剂；失去电子、氧化数升高的物质称为还原剂。

氧化还原反应是由两个半反应组成的，且氧化还原同时发生，相互依存。如

$$Zn + Cu^{2+} \xlongequal{\quad} Zn^{2+} + Cu$$

$Zn \rightarrow Zn^{2+}$　分子（或离子）失去电子，氧化值增高，发生氧化反应，本身是还原剂。

$Cu^{2+} \rightarrow Cu$　分子（或离子）得到电子，氧化值降低，发生还原反应，本身是氧化剂。

即

$$\text{氧化剂(1)} + \text{电子} \longrightarrow \text{还原产物(1)}$$
$$\text{还原剂(2)} - \text{电子} \longrightarrow \text{氧化产物(2)}$$

总反应:氧化剂(1) + 还原剂(2) ⟶ 还原产物(1) + 氧化产物(2)

上面这些例子就是简单离子参与的反应,其中参与反应的物质所带的电荷可直接判断。然而,在许多共价化合物和复杂离子中,元素所处的氧化态常常并不明确显示。需用氧化值的变化来认识。

二、氧 化 数

氧化数又称氧化值,是用来反映元素在键合情况下化合态的一种物理量。1970 年,国际纯粹与应用化学联合会(IUPAC)将氧化数定义为:"氧化数是某一个元素的荷电数,这种荷电数由假设把每个键中的电子数指定给电负性更大的原子而求得"。

第二节 电 极 电 势

一、原 电 池

氧化还原反应的实质是,电子的传递,在转移过程中,伴随有能量的变化。利用特殊装置,可把氧化还原反应中的化学能转变为电能,这种装置称为原电池(galvanic cell),是电化学电池的一种。

例如在硫酸铜溶液中放入锌片,将发生氧化还原反应

$$Zn(s) + Cu^{2+}(aq) = Zn^{2+}(aq) + Cu(s)$$

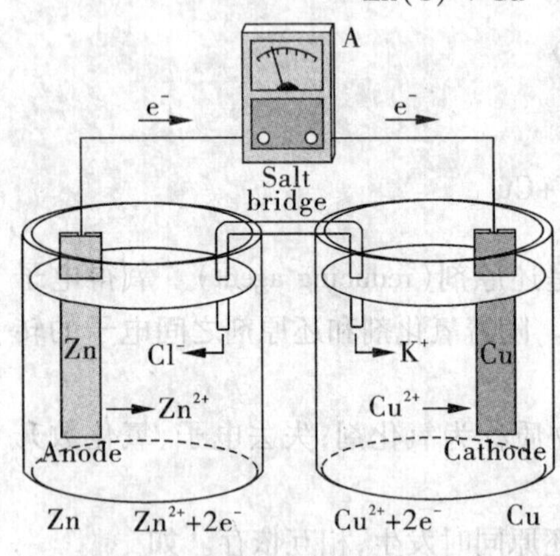

图 12-1 原电池示意图

把反应置于下列所示装置中分开进行,在两个烧杯中,分别加入 $ZnSO_4$、$CuSO_4$ 溶液,并在相应烧杯中插入锌片和铜片。两烧杯之间用盐桥(salt bridge)相连(盐桥是用饱和的 KCl 的琼脂装入一个倒置的 U 形管中)。当用导线把铜、锌连接起来时,电流计指针发生偏转,说明导线中有电流通过。因此装置能把铜锌反应的化学能转变为电能,故称为原电池。见图 12-1。

两个烧杯构成两个电极,分别为 Zn 电极和 Cu 电极,在两个电极上发生的反应分别为

锌电极:$Zn \longrightarrow Zn^{2+} + 2e^-$

铜电极:$Cu^{2+} + 2e^- \longrightarrow Cu$

整个电池反应为:$Zn(s) + Cu^{2+}(aq) \longrightarrow Zn^{2+}(aq) + Cu(s)$

随着氧化还原反应的进行,锌的不停溶解和铜的不断析出,两烧杯中溶液始终保持电中性,其原因是在反应过程中,阴离子 SO_4^{2-}、Cl^- 向锌极溶液迁移,阳离子 Zn^{2+}、K^+ 不

断向铜极迁移(其中 K^+ 和 Cl^- 为盐桥中 KCl 电离的离子),使溶液保持中性,这种迁移是通过盐桥而发生的。

通过以上的叙述我们可知:任何一个氧化还原反应,均可设计成一个原电池,原电池由两个半电池组成,习惯用正极和负极表示两极。在上述反应中,电子流出的一极为负极,电子流入的一极为正极。负极所在的半电池发生氧化反应,正极所在的半电池发生还原反应。例如,在铜锌原电池中,锌极为负极,发生氧化反应,锌片不断溶解;铜极为正极,发生还原反应,溶液中的 Cu^{2+} 不断在铜片上析出。可用一个符号表示原电池,称为电池符号。上述铜锌原电池可表示为

$$(-)\mathrm{Zn}\,|\,\mathrm{ZnSO_4}(c_1)\,\|\,\mathrm{CuSO_4}(c_2)\,|\,\mathrm{Cu}(+)$$

通常将负极写在左边,正极写在右边,有气体参与的反应,要标明压力,溶液标明浓度。上式中"|"表示液—固相接界;"‖"表示盐桥;c 表示溶液浓度。

电子转移揭示了化学现象和电化学的基本关系,使我们有可能用电的方法讨论化学反应。

二、电极电势

1. 电极电势的产生

电极电势产生的微观机理是非常复杂的。以金属电极为例,在金属晶体中有金属离子和自由电子。当把金属(M)插入它的盐溶液中时,一方面金属表面的金属离子受到极性水分子的吸引,有进入溶液形成水合金属离子(M^{n+})的倾向,金属越活泼,盐溶液浓度越小,这种溶解倾向越大;另一方面,溶液中的水合金属离子(M^{n+})受到金属表面电子的吸引,也有沉积到金属表面的倾向,金属越不活泼,盐溶液浓度越大,这种沉积倾向越大。在一定的条件下,这两种相反的倾向可达到动态平衡

$$\mathrm{M(s)} \underset{\text{沉积}}{\overset{\text{溶解}}{\rightleftharpoons}} \mathrm{M}^{n+}(\mathrm{aq}) + n\mathrm{e}^-$$

如果溶解倾向大于沉积倾向,达到平衡后金属表面将有一部分金属离子进入溶液,使金属表面带负电,而金属附近的溶液带正电(图 12-2 A)。反之,如果沉积倾向大于溶解倾向,达到平衡后金属表面则带正电,而金属附近的溶液带负电(图 12-2 B)。不论是哪一种情况,在达到平衡后,金属与其盐溶液界面之间都会因带相反电荷而形成双电层结构,从而产生电势差。该电势差也称为电极的绝对电势,其大小和方向主要由金属的种类和溶液中离子浓度等因素决定。

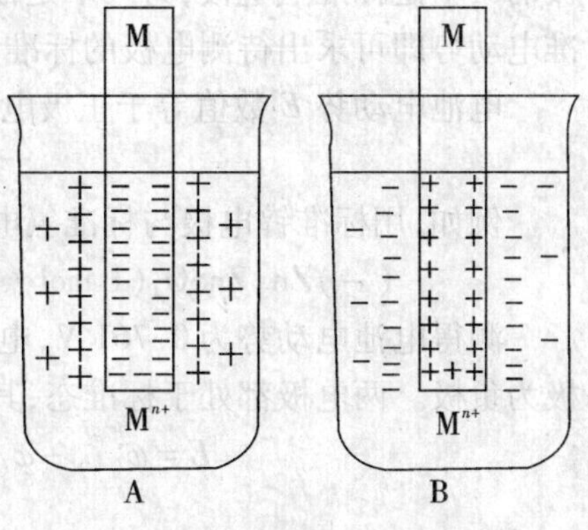

图 12-2　双电层示意图

2. 原电池的电动势和电极电势

原电池的电动势是电池中各个相界面上电势差的代数和。这些界面电势差主要有电极-溶液界面电势,即绝对电势,还有不同金属间的接触电势以及两种溶液间的液体接界电势。通常液体接界电势可用盐桥使其降至最小,以至可以忽略不计。而接触电势

一般也很小,常不予考虑。

目前还无法由实验测定单个电极的绝对电势。但可用电位差计测定电池的电动势,并规定电动势 E 等于两个电极电势的相对差值。

$$E=\varphi_{(+)}-\varphi_{(-)}$$

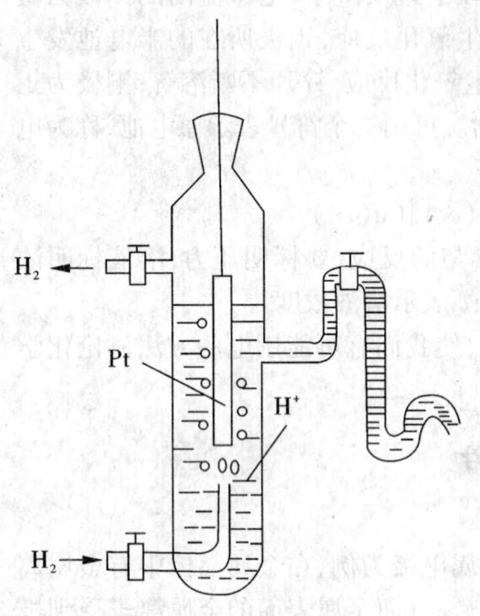

图 12-3　标准氢电极

3. 标准氢电极

为测定任意电极的相对电极电势数值,一般用标准氢电极作为标准。标准氢电极的构造如图 12-3所示。把一块镀有铂黑的铂片插入含有氢离子(浓度为 1 $mol\cdot L^{-1}$,严格地说,应是 H^+ 的活度为1)的溶液中,在一定温度下(通常是298 K)通入压力为 10^5 Pa 的纯氢气,氢气被铂黑所吸附,被 H_2 饱和的铂片与溶液中的 H^+ 之间建立了动态平衡

$$2H^+(1\ mol\cdot L^{-1})+2e^- \rightleftharpoons H_2(p^\ominus)$$

这种状态下的电极电势即为氢电极的标准电极电势。国际上规定标准氢电极在任何温度下电极电势的值为零

$$\varphi^\ominus_{H^+/H_2}=0.000\ 0\ V$$

并以此为标准来确定其他各种电极的电极电势值。

4. 标准电极电势

在热力学标准状态(即有关物质的浓度为1 $mol\cdot L^{-1}$,有关气体的压力为 10^5Pa)下,某电极的电极电势称为该电极的标准电极电势。

不同电对的标准电极电势是通过测定原电池电动势的方法得到的。组成原电池两极的一个是标准氢电极,另一个是欲测电对在标准状态下所组成的电极。测出电池的标准电动势即可求出待测电极的标准电极电势,标准电极电势用符号 $\varphi^\ominus$ 表示。

电池电动势 E 数值等于正极电极电势减去负极电极电势,即

$$E=\varphi^\ominus_{(+)}-\varphi^\ominus_{(-)}$$

例如,用标准锌电极与标准氢电极组成原电池

$$(-)Zn\,|\,ZnSO_4(1\ mol\cdot L^{-1})\,||\,H^+(1\ mol\cdot L^{-1})\,|\,H_2(p^\ominus)\,|\,Pt(+)$$

测得电池电动势为0.761 V,电子从锌电极流向氢电极。因此,氢电极为正极,锌电极为负极。两电极都处于标准态,其电动势为

$$E=\varphi_{(+)}-\varphi_{(-)}=\varphi^\ominus_{H^+/H_2}-\varphi^\ominus_{Zn^{2+}/Zn}=0.761\ V$$

$$\varphi^\ominus_{H^+/H_2}=0$$

$$\varphi^\ominus_{Zn^{2+}/Zn}=0.761\ V$$

这就是锌电极的标准电极电势。

从理论上推理,用上述方法可以测出各种电对的标准电极电势。

在实际测定时,甘汞电极也是常用的参比电极。甘汞电极在一定温度下,电极电势比较稳定,制作容易,使用方便,其结构如图 12－4 所示。它是在电极底部加入少量汞和甘汞及氯化钾溶液制成的糊状物,充入饱和了甘汞的氯化钾溶液,用导线引出。甘汞电极的电极电势随氯化钾浓度的不同而不同。

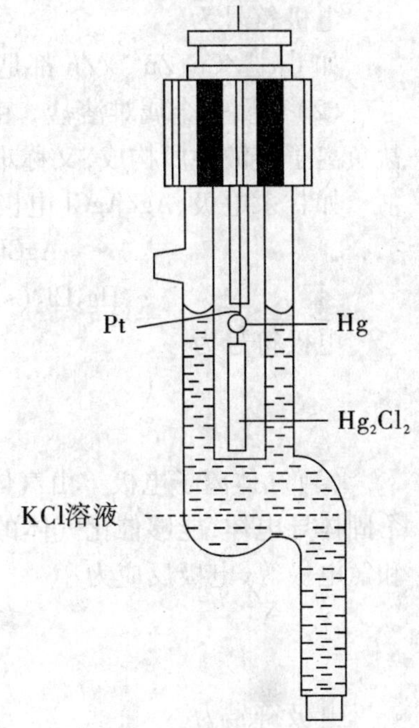

图 12－4　甘汞电极结构

表示方法

$Pt, Hg(l) | Hg_2Cl_2(s) | Cl^-(2.8\ mol \cdot L^{-1})$

电极反应

$Hg_2Cl_2(s) + 2e^- \longrightarrow 2Hg(l) + 2Cl^-(aq)$

标准甘汞电极

$c(Cl^-) = 1.0\ mol \cdot L^{-1}$

$E^{\ominus}_{Hg_2Cl_2/Hg} = 0.262\ 8\ V$

饱和甘汞电极

$c(Cl^-) = 2.8\ mol \cdot L^{-1}$(KCl 饱和溶液)

$E_{Hg_2Cl_2/Hg} = 0.241\ 5\ V$

表 12－1 列出了三种甘汞电极的电极电势。

表 12－1　甘汞电极的电极电势

$c_{KCl}/(mol \cdot L^{-1})$	电极反应	φ/V
0.1	$Hg_2Cl_2(s) + 2e^- \rightleftharpoons 2Hg + 2Cl^-(0.1\ mol \cdot L^{-1})$	0.333 7
1	$Hg_2Cl_2(s) + 2e^- \rightleftharpoons 2Hg + 2Cl^-(1\ mol \cdot L^{-1})$	0.280 1
饱和	$Hg_2Cl_2(s) + 2e^- \rightleftharpoons 2Hg + 2Cl^-$(饱和)	0.241 2

5. 标准电极电势表

在使用标准电极电势表时,应注意如下几点:

(1)按照国际惯例,电池半反应一律用还原过程 $M^{n+} + ne^- \rightleftharpoons M$ 来表示。为此,电极电势为还原电势。数值愈正,电对氧化态的氧化能力愈强;反之,数值愈负,电对还原态的还原能力愈强;

(2)$\varphi^{\ominus}$ 是电极处于平衡态时表现的特征值,只能说明氧化还原反应发生的可能性及进行的最大限度;

(3)$\varphi^{\ominus}$ 是强度性质,与电极半反应中的化学计量系数无关。

6. 电极的类型

(1)金属—金属离子电极　它是将金属置于含有同一金属离子的盐溶液中所构成的电极。

其电极反应为　　$M^{n+} + ne^- \rightleftharpoons M$

电极符号为 $M(s)/M^{n+}(aq)$

如 Cu^{2+}/Cu、Zn^{2+}/Zn 都是这类电极。

(2)金属—金属难溶盐　由金属表面覆盖一薄层该金属的难溶盐,然后浸入该难溶盐负离子溶液中所构成,又称难溶盐电极。

如甘汞电极、Ag/AgCl 电极等。电极反应为

$$AgCl(s) + e^- \rightleftharpoons Ag(s) + Cl^-(aq)$$

$$Hg_2Cl_2(s) + 2e^- \rightleftharpoons 2Hg(l) + 2Cl^-(aq)$$

电极符号为

$$Ag—AgCl(s)/Cl^-(aq)$$

$$Hg—Hg_2Cl_2(s)/Cl^-(aq)$$

(3)气体离子电极　由气体和其相应离子所构成的电极,此电极在构成时需要有一个固体导电体,能够催化气体的电极反应,常用的固体导电体是铂和石墨。例如氢电极和氯电极等,电极反应为

$$2H^+(aq) + 2e^- \rightleftharpoons H_2(g)$$

$$Cl_2(g) + 2e^- \rightleftharpoons 2Cl^-(aq)$$

电极符号为

$$Pt|H_2(g)|2H^+(aq)$$

$$Pt|Cl_2(g)|2Cl^-(aq)$$

(4)氧化还原电极　由惰性导电材料插入含有某种离子的不同氧化态的溶液中所构成的电极。这里的惰性材料只起导电作用。例如,将 Pt 插入含有 Fe^{2+}、Fe^{3+} 的溶液中,其电极反应为

$$Fe^{3+}(aq) + e^- \rightleftharpoons Fe^{2+}(aq)$$

电极符号为 $Pt|Fe^{3+}(aq), Fe^{2+}(aq)$

三、电极电势和吉布斯自由能的关系

根据化学热力学,定温定压下体系自由能的减少等于体系所做的最大非体积功,对于可逆电池来说,定温定压下体系自由能的减少应等于原电池所做的最大电功,而电功等于电动势与在该电动势作用下通过电量的乘积 qE,电量等于电荷数与法拉第(Faraday)常数的乘积,热力学规定体系做功取负值,所以

$$(\Delta_r G_m)_{T,P} = -W_{max} = -qE = -nFE$$

式中:F——1 mol 电子所带的电量,称为法拉第常数,其值为 96 485 $C \cdot mol^{-1}$。

由上式可知:如果 $E>0$,则$(\Delta_r G_m)_{T,P}<0$,电池反应能自发进行,该电池为自发电池。反之,则为非自发电池。如果电池的各种反应物质处于标准状态,则

$$\Delta_r G_m^\Theta = -nFE^\Theta$$

例题 12-1　通过计算,判断标准态条件下反应

$$Pb^{2+}(aq) + Sn(s) \rightleftharpoons Sn^{2+}(aq) + Pb(s)$$

进行的方向。

解　解题思路:先给反应设定一个方向,然后将从手册中查得的数据代入计算电池

电动势的公式进行计算，如果算得的电动势是正值，则反应可按设定的方向进行。反之，则不能。

假定反应按正方向进行，则

$$E^{\Theta} = \varphi_{Pb^{2+}/pb} - \varphi_{Sn^{2+}/Sn} = (-0.13) - (-0.14) = 0.01\ V$$

计算结果为正值说明反应可按假定的方向进行。

第三节　影响电极电势的因素——能斯特方程

电极电势是电极和溶液间的电势差。溶液中离子的浓度、气体的压强和温度等都是影响电极电势的重要因素。对于一定电极来讲，对电极电势影响较大的是离子浓度，温度影响较小。另外产生沉淀及溶液的酸度对电极电势也有一定影响。

一、浓度对电极电势的影响——能斯特方程及其应用

影响电极电势的因素有电极本性、溶液中的离子浓度、酸度及反应温度。任何给定电极的电极电势与离子浓度的关系都遵循能斯特(Nernst)方程。

$$\text{氧化型} + ne^- \rightleftharpoons \text{还原型}$$

在298K时，

$$\varphi = \varphi^{\Theta} + \frac{RT}{nF}\ln\frac{[\text{氧化型}]}{[\text{还原型}]}$$

$$\frac{RT}{F} = 0.059$$

$$\varphi = \varphi^{\Theta} + \frac{RT}{nF}\ln\frac{[\text{氧化型}]}{[\text{还原型}]} = \varphi^{\Theta} + \frac{0.059}{n}\lg\frac{[\text{氧化型}]}{[\text{还原型}]}$$

应用能斯特方程的注意事项：

(1) φ 的大小决定于[氧化型]/[还原型]活度的比；

(2)电对中的固体、纯液体浓度为1，溶液浓度为相对活度，气体为相对分压；

(3)氧化型、还原型的物质系数，作为活度的方次写在能斯特方程的指数项中。

例题12-2　写出下列反应的能斯特方程

$$Cl_2(g) + 2e^- \rightleftharpoons 2Cl^-(aq)$$

$$MnO_2(s) + 4H^+(aq) + 2e^- \rightleftharpoons Mn^{2+}(aq) + 2H_2O$$

解　由于　$Cl_2 + 2e^- \rightleftharpoons 2Cl^-$

$$\varphi = \varphi^{\Theta} + \frac{0.059}{n}\lg\frac{[\text{氧化型}]}{[\text{还原型}]} = \varphi^{\Theta}_{Cl_2/Cl^-} + \frac{0.059}{2}\lg\frac{p_{Cl_2}/p^{\Theta}}{([Cl^-]/c_0)^2}$$

由于　$MnO_2(s) + 4H^+(aq) + 2e^- \rightleftharpoons Mn^{2+}(aq) + 2H_2O$

$$\varphi = \varphi^{\Theta} + \frac{0.059}{n}\lg\frac{[\text{氧化型}]}{[\text{还原型}]} = \varphi^{\Theta}_{MnO_2/Mn^{2+}} + \frac{0.059}{2}\lg\frac{[H^+]^4/c_0^4}{[Mn^{2+}]/c_0}$$

从以上讨论可知，能斯特方程中的氧化态和还原态，并非专指氧化数有变化的物质，若有其他物质(例如 H^+ 或 OH^-)参与电极反应时，也应写入方程。参与反应的物质，化

学计量系数不同时,则将其写在相应浓度的指数上。在浓度项中,按化学平衡中各项规定,即固体或纯液态物质浓度为常数,其他以相对浓度或相对压强表示。

例题 12-3 将 Ni 片置于 0.1 $mol \cdot L^{-1}$ $NiSO_4$溶液中和铜片置于 0.2 $mol \cdot L^{-1}$ $CuSO_4$溶液中组成的原电池。写出该电池的符号,计算电池电动势,写出电池反应。

解 $$\varphi_{Ni^{2+}/Ni} = \varphi^{\ominus}_{Ni^{2+}/Ni} + \frac{0.059}{2}\lg[Ni^{2+}]$$

$$= -0.257 + \frac{0.059}{2}\lg 0.1 = -0.29\ V$$

$$\varphi_{Cu^{2+}/Cu} = \varphi^{\ominus}_{Cu^{2+}/Cu} + \frac{0.059}{2}\lg[Cu^{2+}]$$

$$= 0.3419 + \frac{0.059}{2}\lg 0.2 = 0.321\ V$$

电对 Ni^{2+}/Ni 作为负极,电对 Cu^{2+}/Cu 作为正极。

电池符号

$$(-)Ni|Ni^{2+}(0.1mol \cdot L^{-1})||Cu^{2+}(0.2mol \cdot L^{-1})|Cu(+)$$

$$E = \varphi_{(+)} - \varphi_{(-)} = 0.321 + 0.29 = 0.611\ V$$

负极:$Ni(s) \rightleftharpoons Ni^{2+}(aq) + 2e^-$

正极:$Cu^{2+}(aq) + 2e^- \rightleftharpoons Cu(s)$

电池总反应:$Cu^{2+}(aq) + Ni(s) \rightleftharpoons Ni^{2+}(aq) + Cu(s)$

二、温度对电极电势的影响

$$\Delta_r G = -RT\ln K = -nFE$$

故温度对 K 及 E 有一定影响但影响幅度很小,一般认为 $E(\varphi)$不随 T 变化。

三、溶液酸度对电极电势的影响

如果电极反应中包含着 H^+ 和 OH^-,那么介质的酸度对电极电势将产生影响。例如

$$Cr_2O_7^{2-} + 14H^+ + 6e^- \rightleftharpoons 2Cr^{3+} + 7H_2O \qquad \varphi^{\ominus} = +1.33\ V$$

$$\varphi_{Cr_2O_7^{2-}/Cr^{3+}} = \varphi^{\ominus} + \frac{0.059}{6}\lg\frac{[Cr_2O_7^{2-}][H^+]^{14}}{[Cr^{3+}]^2}$$

$$\varphi_{Cr_2O_7^{2-}/Cr^{3+}} = \varphi^{\ominus} + \frac{0.059}{6}\lg[H^+]^{14}$$

当$[H^+] = 1\ mol \cdot L^{-1}$时 $\varphi_{Cr_2O_1^{2-}/Cr^{3+}} = +1.33\ V$

当$[H^+] = 10^{-3}\ mol \cdot L^{-1}$时 $\varphi_{Cr_2O_7^{2-}/Cr^{3+}} = 1.33 + \frac{0.059}{6}\lg(10^{-3})^{14} = 0.92\ V$

四、形成沉淀和配合物的影响

从电对 $Ag^+ + e^- \rightleftharpoons Ag$,$\varphi_{Ag^+/Ag} = 0.799\ V$ 来看,Ag^+是一个中等偏弱的氧化剂。若在溶液中加入 NaCl,便产生 AgCl 沉淀。$Ag^+ + Cl^- = AgCl\downarrow$ 当达到平衡时,如果 Cl^-

浓度为 1 mol ·L^{-1},则$[Ag^+]=\frac{K_{sp}}{[Cl^-]}=\frac{K_{sp}}{1}=1.6\times10^{-10}$mol·$L^{-1}$

此时

$$\varphi=\varphi^{\ominus}+0.059\lg1.6\times10^{-10}$$
$$=0.799-0.578=0.221\ \text{V}$$

上面计算所得的电极电势属于下列电对:$AgCl(s)+e^-\rightleftharpoons Ag(s)+Cl^-$的标准电极电势,这是因为加入 NaCl,产生 AgCl 沉淀后形成了一种新的 AgCl/Ag 电极。电极电势下降0.578 V。

如果在电对 $Cu^{2+}+2e^-\rightleftharpoons Cu$ 中加入 $NH_3\cdot H_2O$ 由于发生配位反应

$$Cu^{2+}+4NH_3\rightleftharpoons[Cu(NH_3)_4]^{2+}$$

形成稳定的$[Cu(NH_3)_4]^{2+}$配离子,溶液中的$[Cu^{2+}]$下降,电极电势 $\varphi=\varphi^{\ominus}_{Cu^{2+}/Cu}+\frac{0.059}{2}\lg[Cu^{2+}]$也下降,下降幅度与$[Cu(NH_3)_4]^{2+}$的稳定性有关,其稳定常数越大,溶液中 Cu^{2+}浓度越小,电极电势下降幅度越大。

第四节　电极电势的应用

电极电势数值是电化学中很重要的数据,除了用于计算原电池的电动势和相应的氧化还原反应的摩尔吉布斯函数变外,还可以用来比较氧化剂和还原剂的相对强弱、判断氧化还原反应进行的方向和程度等。下面介绍这些方面的内容。

一、判断氧化剂和还原剂的相对强弱

电极电势的大小反映了氧化还原电对中的氧化态物质和还原态物质在水溶液中氧化还原能力的相对强弱。若氧化还原电对的电极电势代数值越小,则该电对中的还原态物质越易失去电子,是越强的还原剂;其对应的氧化态物质就越难得到电子,是越弱的氧化剂。若电极电势的代数值越大,则该电对中氧化态物质是越强的氧化剂,其对应的还原态物质就是越弱的还原剂。例如,有下列三个电对

电对	电极反应	标准电极电势 $\varphi^{\ominus}$/V
I_2/I^-	$I_2(s)+2e^-\rightleftharpoons 2I^-(aq)$	+0.535 5
Fe^{3+}/Fe^{2+}	$Fe^{3+}(aq)+e^-\rightleftharpoons Fe^{2+}(aq)$	+0.771
Br_2/Br^-	$Br_2(l)+2e^-\rightleftharpoons 2Br^-(aq)$	+1.066

从标准电极电势可以看出,在离子浓度为 1mol ·L^{-1}的条件下,I^-是其中最强的还原剂,它可以还原 Fe^{3+} 或 Br_2;而其对应的 I_2是其中最弱的氧化剂,它不能氧化 Br^- 或 Fe^{2+}。Br_2是其中最强的氧化剂,它可以氧化 Fe^{2+}或 I^-;而其对应的 Br^-是其中最弱的还原剂,它不能还原 I_2或 Fe^{3+}。Fe^{3+}的氧化性比 I_2的要强而比 Br_2的要弱,因而它只能氧化 I^-而不能氧化 Br^-;Fe^{2+}的还原性比 Br^-的要强而比 I^-的要弱,因而它可以还原 Br_2而不能还原 I^-。

一般说来,当电对的氧化态或还原态离子浓度不是 1mol ·L^{-1}或者还有 H^+或 OH^-

参加电极反应时,应考虑离子浓度或溶液酸碱性对电极电势的影响,运用能斯特方程式计算 φ 值后,再比较氧化剂或还原剂的相对强弱。然而,对于简单的电极反应,离子浓度的变化对 φ 值的影响不大,因而只要两个电对在标准电极电势表中的位置相距较远时,通常也可直接用 $\varphi^{\ominus}$ 来进行比较;而对于含氧酸盐,在介质酸性 H^+ 浓度不为 1 mol ·L^{-1} 时必须进行计算再进行比较。

例题 12 - 4 下列三个电对中,在标准条件下哪个是最强的氧化剂?若其中的 MnO_4^-(或 $KMnO_4$)改为在 pH = 5.00 的条件下,它们的氧化性相对强弱次序将发生怎样的改变?

$$\varphi^{\ominus}_{MnO_4^-/Mn^{2+}} = +1.507\ V$$

$$\varphi^{\ominus}_{Br_2/Br^-} = +1.066\ V$$

$$\varphi^{\ominus}_{I_2/I^-} = +0.535\ 5\ V$$

解 (ⅰ)在标准状态下可用 $\varphi^{\ominus}$ 值的相对大小进行比较,$\varphi^{\ominus}$ 值的相对大小次序为

$$\varphi^{\ominus}_{MnO_4^-/Mn^{2+}} > \varphi^{\ominus}_{Br_2/Br^-} > \varphi^{\ominus}_{I_2/I^-}$$

所以在上述物质中 MnO_4^-(或 $KMnO_4$)是最强的氧化剂,I^- 是最强的还原剂。

(ⅱ)$KMnO_4$溶液中的 pH = 5.00,即 $c(H^+) = 1.00 \times 10^{-5}$ mol ·L^{-1}时,根据能斯特方程式进行计算,得 $\varphi_{MnO_4^-/Mn^{2+}} = 1.034$ V。此时电极电势相对大小次序为

$$\varphi^{\ominus}_{Br_2/Br^-} > \varphi_{MnO_4^-/Mn^{2+}} > \varphi^{\ominus}_{I_2/I^-}$$

这就是说,当 pH = 1.00 变为 pH = 5.00,酸性减弱时,$KMnO_4$的氧化性减弱了,它的氧化性变成介于 Br_2与 I^-之间。此时氧化性的强弱次序为

$$Br_2 > MnO_4^-(pH = 5.00) > I_2$$

顺便指出,在选用氧化剂和还原剂时,还必须注意具体的情况。例如,要从溶液中将 Cu^{2+} 还原而得到金属铜,若只从电极电势考虑,可选用金属钠作为还原剂。但实际上,金属钠放入水溶液中,首先便会与水作用,生成 NaOH 和 H^+,而生成的 NaOH 进而与 Cu^{2+} 反应生成 $Cu(OH)_2$沉淀。若选用较活泼的金属锌,则过量的锌与还原产物铜会混在一起而不易分离。而选用像 H_2SO_4这样的还原剂就较合理,一方面可将 Cu^{2+} 还原成铜,另一方面又易于分离。

二、判断氧化还原反应的方向

一个氧化还原反应能否自发进行,可用反应的吉布斯函数变来判断。若反应的 $\Delta G < 0$,反应就能自发进行;若反应的 $\Delta G > 0$,反应就不能自发进行;若反应的 $\Delta G = 0$,则反应处于平衡状态。

氧化还原反应的吉布斯函数变与原电池电动势的关系为 $\Delta G = -nFE$,其中 n 为正值,F 为常数(亦为正值),因而只有当原电池的电动势 $E > 0$ 时,ΔG 才能小于零。因此只要 $E > 0$,亦即 $\varphi_{(正)} > \varphi_{(负)}$时,也就是说作为氧化剂电对的电极电势的代数值大于作为还原剂电对的电极电势的代数值时,就能满足反应自发进行的条件。这样,根据组成氧化还原反应的两电对的电极电势,就可以判断氧化还原反应进行的方向。

对于简单的电极反应,由于离子浓度对电极电势影响不大,如果两电对的标准电极

电势数值相差较大（如大于0.2 V），则即使离子浓度发生变化也不会使E值的正负号发生变化，因此对于非标准条件下的反应仍可以用$E^\ominus>0$或$\varphi^\ominus$（正）$>\varphi^\ominus$（负）来进行判别。但如果还有H^+或OH^-参加，则必须用$E>0$或φ（正）$>\varphi$（负）来进行判别，即要利用能斯特公式先求出非标准条件下的电极电势φ再进行判断。

例题12－5　判断下列氧化还原反应进行的方向。

（ⅰ）$Sn+Pb^{2+}(1\ mol\cdot L^{-1})\rightleftharpoons Sn^{2+}(1\ mol\cdot L^{-1})+Pb$

（ⅱ）$Sn+Pb^{2+}(0.1\ mol\cdot L^{-1})\rightleftharpoons Sn^{2+}(1\ mol\cdot L^{-1})+Pb$

解　先查出各电对的标准电极电势。

$$\varphi^\ominus_{Sn^{2+}/Sn}=-0.136\ V,\varphi^\ominus_{Pb^{2+}/Pb}=-0.126\ V$$

（ⅰ）当$c(Sn^{2+})=c(Pb^{2+})=1\ mol\cdot L^{-1}$时，可用$\varphi^\ominus$值直接比较，因为$\varphi^\ominus_{Pb^{2+}/Pb}>\varphi^\ominus_{Sn^{2+}/Sn}$，此时$Pb^{2+}$作氧化剂、Sn作还原剂。反应按下列反应正向进行：

$$Sn+Pb^{2+}(1\ mol\cdot L^{-1})\longrightarrow Sn^{2+}(1\ mol\cdot L^{-1})+Pb$$

（ⅱ）当$c(Sn^{2+})=1\ mol\cdot L^{-1}$，$c(Pb^{2+})=0.1\ mol\cdot L^{-1}$时，因两电极的标准电极电势相差甚小（0.01 V），所以要考虑离子浓度对φ值的影响，此时

$$\begin{aligned}\varphi_{Pb^{2+}/Pb}&=\varphi^\ominus_{Pb^{2+}/Pb}+\frac{0.059\ V}{2}\lg c(Pb^{2+})\\&=-0.126\ V+\frac{0.059\ V}{2}\lg(0.1)=-0.155\,6\ V\end{aligned}$$

$\varphi_{Sn^{2+}/Sn}=\varphi^\ominus_{Sn^{2+}/Sn}>\varphi_{Pb^{2+}/Pb}$，所以反应按（ⅰ）中反应逆向进行，即

$$Pb+Sn^{2+}(1\ mol\cdot L^{-1})\longrightarrow Pb^{2+}(0.1\ mol\cdot L^{-1})+Sn$$

三、判断氧化还原反应的程度

氧化还原反应进行的程度也就是氧化还原反应在达到平衡时，生成物相对浓度与反应物相对浓度之比，可由氧化还原反应的标准平衡常数$K^\ominus$的大小来衡量。对于水溶液中及无气体参与的氧化还原反应$a\mathrm{A(aq)}+b\mathrm{B(aq)}=g\mathrm{G(aq)}+d\mathrm{D(aq)}$，其能斯特方程式为

$$E=E^\ominus-\frac{0.059\ V}{n}\lg\frac{[c(G)/c^\ominus]^g[c(D)/c^\ominus]^d}{[c(A)/c^\ominus]^a[c(B)/c^\ominus]^b}$$

也可简写为

$$E=E^\ominus-\frac{0.059\ V}{n}\lg\frac{c^g(G)\cdot c^d(D)}{c^a(A)\cdot c^b(B)}$$

当反应达到平衡时，系统的$\Delta G=0$，由$\Delta G=-nFE$，可知氧化还原反应达到平衡时，原电池的电动势$E=0$，此时反应商$\frac{[c(D)/c^\ominus]^d[c(G)/c^\ominus]^g}{[c(A)/c^\ominus]^a[c(B)/c^\ominus]^b}$即为标准平衡常数$K^\ominus$。将上述关系式代入式$E=E^\ominus-\frac{0.059\ V}{n}\lg\frac{c^g(G)\cdot c^d(D)}{c^a(A)\cdot c^b(B)}$，即可得（在298.15 K时）SI制的计算式

$$E^\ominus=\frac{0.059\ V}{n}\lg K^\ominus$$

或

$$\lg K^{\ominus}=\frac{nE^{\ominus}}{0.059\ \text{V}}$$

从上式可以看出，在 298.15 K 时氧化还原反应的平衡常数只与标准电动势 $E^{\ominus}$ 有关，而与溶液的起始浓度无关。同时，只要知道由氧化还原反应所组成的原电池的标准电动势，就可以计算出氧化还原反应可能进行的程度。

例题 12－6 计算例题 12－5 中反应（ⅰ）的标准平衡常数，并分析该反应能进行的程度（298.15 K 时）。

解 反应式为 $Sn+Pb^{2+}\rightleftharpoons Sn^{2+}+Pb$

从例题 12－5 中已知该反应在标准条件下能自发进行，并算得该原电池的标准电动势 $E^{\ominus}=0.01\ \text{V}$。根据式 $\lg K^{\ominus}=\frac{nE^{\ominus}}{0.059\ \text{V}}$，可以计算该反应在 298.15 K 时的标准平衡常数。

$$\lg K^{\ominus}=\frac{nE^{\ominus}}{0.059\ \text{V}}=\frac{2\times0.01\ \text{V}}{0.059\ \text{V}}=0.339$$

即

$$\lg\frac{c(Sn^{2+})}{c(Pb^{2+})}=0.339$$

$$K^{\ominus}=\frac{c(Sn^{2+})}{c(Pb^{2+})}=2.18$$

可得 $c(Sn^{2+})=2.18c(Pb^{2+})$

从计算结果可知，当溶液中 Sn^{2+} 浓度等于 Pb^{2+} 浓度的 2.18 倍时，反应便达到平衡状态。由此可见，此反应进行得不很完全。

例题 12－7 计算下列反应在 298.15 K 时的标准平衡常数 $K^{\ominus}$。

$$Cu(s)+2Ag^{+}(aq)\rightleftharpoons Cu^{2+}(aq)+2Ag(s)$$

解 先设想按上述氧化还原反应所组成的一个标准条件下的原电池：

负极 $Cu(s)\rightleftharpoons Cu^{2+}(aq)+2e^{-}$；$\varphi^{\ominus}_{Cu^{2+}/Cu}=0.337\ \text{V}$

正极 $2Ag^{+}(aq)+2e^{-}\rightleftharpoons 2Ag(s)$；$\varphi^{\ominus}_{Ag^{+}/Ag}=0.779\ 5\ \text{V}$

原电池的标准电动势为

$$E^{\ominus}=\varphi^{\ominus}_{(\text{正})}-\varphi^{\ominus}_{(\text{负})}=\varphi^{\ominus}_{Ag^{+}/Ag}-\varphi^{\ominus}_{Cu^{2+}/Cu}$$
$$=0.799\ 5\ \text{V}-0.337\ \text{V}=0.462\ 5\ \text{V}$$

代入公式 $\lg K^{\ominus}=\frac{nE^{\ominus}}{0.059\ \text{V}}$ 求标准平衡常数

$$\lg K^{\ominus}=\frac{nE^{\ominus}}{0.059\ \text{V}}=\frac{2\times0.462\ 5\ \text{V}}{0.059\ \text{V}}=15.68$$

$$K^{\ominus}=4.8\times10^{15}$$

从以上结果可以看出，该反应进行的程度是相当彻底的。一般说来，当 $n=1$ 时，$E^{\ominus}>0.3\ \text{V}$ 的氧化还原反应的 $K^{\ominus}$ 值大于 10^{5}；当 $n=2$ 时，$E^{\ominus}>0.2\ \text{V}$ 的氧化还原反应的 $K^{\ominus}$ 值大于 10^{6}，此时可认为反应就能进行得相当彻底。

应当指出，以上对氧化还原反应方向和程度的判断，都是从化学热力学的角度进行讨论的，并未涉及反应速率问题。对于一个具体的氧化还原反应的可行性即现实性，还需要同时考虑反应速率的大小。

第五节 氧化还原滴定法

一、概 述

氧化还原滴定法是以氧化还原反应为基础的容量分析方法。它的应用很广泛，可以用来直接测定氧化剂和还原剂，也可用来间接测定一些能和氧化剂或还原剂定量反应的物质。

1. 方法特点

氧化还原反应的特点是反应机理比较复杂。

前述酸碱反应和配位反应都基于离子或分子的相互结合，反应简单，一般瞬时即可完成。

氧化还原反应是基于电子转移的反应，比较复杂，反应常是分步进行的，需较长时间才能完成。有些氧化还原反应虽然从理论上看是可能进行的，但由于反应速度太慢而认为反应实际上没有发生。因此，当我们讨论氧化还原反应时，除了从平衡观点判断反应的可能性之外，还应考虑反应机理和反应速度问题。

2. 分类

可以用来进行氧化还原滴定的反应是很多的。根据所要用的氧化剂或还原剂的不同，可以将氧化还原滴定法分为多种。这些方法常以氧化剂来命名，主要有高锰酸钾法、重铬酸钾法、碘量法、溴酸盐法及铈量法，等等。

二、氧化还原滴定法原理

1. 条件电极电势

氧化剂和还原剂的强弱，可以用有关电对的标准电极电位（简称标准电位）来衡量。电对的标准电位越高，其氧化型的氧化能力就越强；反之电对的标准电位越低，则其还原型的还原能力就越弱。因此，作为一种氧化剂，它可以氧化电位比它低的还原剂；同样，作为一种还原剂，它可以还原电位比它高的氧化剂。根据电对的标准电位，可以判断氧化还原反应进行的方向、次序和反应进行的程度。

对于可逆的氧化还原电子对（指能很快建立氧化还原平衡，其实际电位遵从能斯特方程）的电位可用能斯特方程式表示

$$\varphi = \varphi^{\ominus} + \frac{RT}{nF}\ln\frac{[\text{氧化型}]}{[\text{还原型}]} = \varphi^{\ominus} + \frac{RT}{nF}\ln\frac{[\mathrm{O}x]}{[\mathrm{Red}]}$$

不过，上面我们用能斯特公式时，用的是浓度，这个公式只有在稀溶液中才是正确的。浓度增大或者有其他电解质存在时，计算结果与实测值会出现较大差异。如：$\varphi^{\ominus}_{Fe^{3+}/Fe^{2+}} = +0.77\ \mathrm{V}$，但是在浓度为 1 mol · L^{-1}中的 $HClO_4$、HCl 和 H_2SO_4中的实测电极

电位分别是 +0.74 V、+0.70 V 和 +0.68 V。也就是说,溶液中离子强度是很大的,故必须考虑离子强度的影响,则以 α 代替浓度,能斯特方程为

$$\varphi = \varphi^{\ominus} + \frac{RT}{nF}\ln\frac{\alpha_{Ox}}{\alpha_{Red}}$$

计算 HCl 溶液中 Fe(Ⅲ)/Fe(Ⅱ)体系的电极电位时,则

$$\varphi = \varphi^{\ominus} + 0.059\ \lg\frac{\alpha_{Fe^{3+}}}{\alpha_{Fe^{2+}}} = \varphi^{\ominus} + 0.059\ \lg\frac{\gamma_{Fe^{3+}}[Fe^{3+}]}{\gamma_{Fe^{2+}}[Fe^{2+}]} \qquad (12-1)$$

但实际上在 HCl 溶液中,由于有以下副反应

$$Fe^{3+} \xrightarrow{HCl} Fe^{2+}$$

$Fe^{3+} \underset{}{\overset{Cl^-}{\rightleftharpoons}} FeCl^{2+} \rightleftharpoons FeCl_2^+$；$Fe^{3+} \overset{OH^-}{\rightleftharpoons} Fe(OH)^{2+} \rightleftharpoons Fe(OH)_2^+$

$Fe^{2+} \overset{OH^-}{\rightleftharpoons} Fe(OH)^+ \rightleftharpoons Fe(OH)^+$；$Fe^{2+} \overset{Cl^-}{\rightleftharpoons} FeCl^+ \rightleftharpoons FeCl_2$

则有:$c_{Fe}(Ⅲ) = [Fe^{3+}] + [Fe(OH)^{2+}] + [Fe(OH)_2^+] + [FeCl^{2+}] + [FeCl_2^+] + \cdots$

$c_{Fe}(Ⅱ) = [Fe^{2+}] + [Fe(OH)^+] + [Fe(OH)_2] + [FeCl^+] + [FeCl_2] + \cdots$

此时:$[Fe^{3+}] = c_{Fe}(Ⅲ)\alpha_{Fe^{3+}}$ (12-2)

$[Fe^{2+}] = c_{Fe}(Ⅱ)\alpha_{Fe^{2+}}$ (12-3)

将(12-2)(12-3)代入(12-1)式,则有

$$\varphi = \varphi^{\ominus} + \frac{0.059}{n}\lg\frac{\gamma_{Fe^{3+}}\alpha_{Fe^{3+}}c_{Fe}(Ⅲ)}{\gamma_{Fe^{2+}}\alpha_{Fe^{2+}}c_{Fe}(Ⅱ)} \qquad (12-4)$$

上式是考虑了上述因素的能斯特方程式的表达式。但当溶液的离子强度很大时,γ 很难求得;当副反应较多时,求 α 值较难。因此(12-4)式应用受到限制。可改为

$$\varphi = \varphi^{\ominus} + \frac{0.059}{n}\lg\frac{\gamma_{Fe^{3+}}\alpha_{Fe^{3+}}}{\gamma_{Fe^{2+}}\alpha_{Fe^{2+}}} + \frac{0.059}{n}\lg\frac{c_{Fe}(Ⅲ)}{c_{Fe}(Ⅱ)} \qquad (12-5)$$

当 $c_{Fe}(Ⅲ) = c_{Fe}(Ⅱ) = 1\ mol \cdot L^{-1}$(或其浓度比 $c_{Fe}(Ⅲ)/c_{Fe}(Ⅱ) = 1$)时,得

$$\varphi = \varphi^{\ominus} + \frac{0.059}{n}\lg\frac{\gamma_{Fe^{3+}}\alpha_{Fe^{3+}}}{\gamma_{Fe^{2+}}\alpha_{Fe^{2+}}}$$

上式中,γ 及 α 在一定情况下,是一固定值,因而上式 φ 应为一常数以 φ^{of} 表示,则

$$\varphi^{of} = \varphi^{\ominus} + \frac{0.059}{n}\lg\frac{\gamma_{Fe^{3+}}\alpha_{Fe^{3+}}}{\gamma_{Fe^{2+}}\alpha_{Fe^{2+}}} = E^{of} \qquad (12-6)$$

其中 φ^{of} 为条件电位,它是在特定情况下,氧化型和还原型浓度均为($1\ mol \cdot L^{-1}$)(或其浓度比为 $c_{Ox}/c_{Red} = 1$)时,校正各种外界因素影响后的实际电极电位,在条件不变时为一常数,则上述 φ 为

$$\varphi = \varphi^{of} + \frac{0.059}{n}\lg\frac{c_{Fe}(Ⅲ)}{c_{Fe}(Ⅱ)} \qquad (12-7)$$

对于一般反应，可写成

$$\varphi=\varphi^{\theta'}_{Ox/Red}+\frac{0.059}{n}\lg\frac{c_{Ox}}{c_{Red}}(25\ ℃)$$

$$\varphi^{\theta'}_{Ox/Red}=\varphi^{\ominus}_{Ox/Red}+\frac{0.059}{n}\lg\frac{\gamma_{Ox}\alpha_{Ox}}{\gamma_{Red}\alpha_{Red}} \quad (12-8)$$

标准电极电位与条件电位的关系，与配位反应中的 K_{MY} 和 $K_{MY'}$，的关系相似。这样使处理实际问题较简单，但测 $\varphi^{\theta'}$ 很难，到目前为止，还有许多体系的条件电位没有测出来。

2. 氧化还原反应进行的对称性和进行程度

对于一般的氧化还原反应，可以通过计算反应达到平衡时的平衡常数 K，来了解反应进行的程度。而 K 又与该反应有关电对的电极电位有着确定的数量关系。例如反应

$$n_2Ox_1+n_1Red_2 \rightleftharpoons n_2Red_1+n_1Ox_2$$

平衡常数

$$K=\frac{\alpha^{n_2}_{Red_1}\alpha^{n_1}_{Ox_2}}{\alpha^{n_2}_{Ox_1}\alpha^{n_1}_{Red_2}}$$

对于物质 1 的半反应为

$$Ox_1+n_1e^- \rightleftharpoons Red_1$$

$$\varphi_{Ox_1/Red_1}+\frac{0.059}{n_1}\lg\frac{\alpha_{Ox_1}}{\alpha_{Red_1}}$$

对物质 2 的半反应为

$$Ox_1+n_2e^- \rightleftharpoons Red_2$$

$$\varphi_{Ox_2/Red_2}=\varphi^{\ominus}_{Ox_2/Red_2}+\frac{0.059}{n_2}\lg\frac{\alpha_{Ox_2}}{\alpha_{Red_2}}$$

当反应达到平衡时

$$\varphi_{Ox_1/Red_1}=\varphi_{Ox_2/Red_2}$$

即

$$\varphi^{\ominus}_{Ox_1/Red_1}+\frac{0.059}{n_1}\lg\frac{\alpha_{Ox_1}}{\alpha_{Red_1}}=\varphi^{\ominus}_{Ox_2/Red_2}+\frac{0.059}{n_2}\lg\frac{\alpha_{Ox_2}}{\alpha_{Red_2}}$$

等式两边同时乘以 n_1n_2，则

$$n_1n_2(\varphi^{\ominus}_{Ox_1/Red_1}-\varphi^{\ominus}_{Ox_2/Red_2})=0.059\lg\frac{\alpha^{n_1}_{Ox_2}\alpha^{n_2}_{Red_1}}{\alpha^{n_1}_{Red_2}\alpha^{n_2}_{Ox_1}}$$

其中 $\varphi^{\ominus}_{Ox_1/Red_1}$、$\varphi^{\ominus}_{Ox_2/Red_2}$ 分别为氧化剂和还原剂的标准电位，n_1、n_2 为两个半电池反应转移的电子数，且 n_1、n_2 互为质数。

从上式可看出，氧化还原反应平衡常数 K 值的大小是直接由氧化剂和还原剂两电对的标准电位之差决定的。一般来讲，$\varphi^{\ominus}_{Ox_1/Red_1}$ 和 $\varphi^{\ominus}_{Ox_2/Red_2}$ 之差越大平衡常数 K 值也越大，反应进行得就比较完全。如果 $\varphi^{\ominus}_{Ox_1/Red_1}$ 和 $\varphi^{\ominus}_{Ox_2/Red_2}$ 相差不大，则反应进行得就不完全，那么平衡常数 K 值达到多大时，反应才能进行完全呢？以上述反应为例，则：

设滴定分析的允许误差≤0.1%，则终点时

$$[Ox_2]\geqslant 99.9\%\cdot c_{Red_2}$$

$$[\text{Red}_1] \geqslant 99.9\% \cdot c_{\text{Ox}_1}$$

而剩下来的物质必须小于或等于原始浓度的0.1%，即

$$[\text{Red}_2] \leqslant 0.1\% \cdot c_{\text{Red}_2}$$

$$[\text{Ox}_1] \leqslant 0.1\% \cdot c_{\text{Ox}_1}$$

$$\lg K \geqslant \lg \frac{(99.9\%)^{n_1} \cdot c_{\text{Red}_2}^{n_1} \cdot (99.9\%)^{n_2} \cdot c_{\text{Ox}_1}^{n_2}}{(0.1\%)^{n_2} c_{\text{Ox}_1}^{n_2} \cdot (0.1\%)^{n_1} c_{\text{Red}_2}^{n_1}}$$

所以

$$\lg K \geqslant \lg 10^{3n_2} \cdot 10^{3n_1}$$

$$\lg K \geqslant \lg 10^{3(n_1+n_2)}$$

此时

$$\lg K = \frac{n_2 n_2 (\varphi^{\ominus}_{\text{Ox}_1/\text{Red}_1} - \varphi^{\ominus}_{\text{Ox}_2/\text{Red}_2})}{0.059} \geqslant \lg 10^{3(n_1+n_2)}$$

所以

$$\Delta\varphi \geqslant \frac{0.059}{n_1 n_2} \times 3(n_1+n_2)$$

如果 $n_1 = n_2 = 1$ 时

$$\lg K \geqslant 6 \qquad \Delta\varphi \geqslant 0.35\ \text{V}$$

$n_1 = 1, n_2 = 2$ 时

$$\lg K \geqslant 9 \qquad \Delta\varphi \geqslant 9 \times \frac{0.059}{2}\text{V} \approx 0.27\ \text{V}$$

$n_1 = 1, n_2 = 3$ 时

$$\lg K \geqslant 12 \qquad \Delta\varphi \geqslant 12 \times \frac{0.059}{3}\text{V} \approx 0.24\ \text{V}$$

一般认为，若两电对的条件电势之差大于0.4 V，反应就能定量进行，就有可能用于滴定分析，在某些氧化还原反应中，虽然两个电对的条件电极电势相差足够大，符合上述要求，但是由于其他反应的发生，氧化还原反应不能定量进行，即氧化剂和还原剂之间没有一定的化学剂量关系，这样仍然不能用于滴定分析。

3. 氧化还原反应的速度及其影响因素

与酸碱反应和配位反应比较，氧化还原反应的速度一般要小得多。而氧化还原平衡常数 K 值的大小，只能表示氧化还原反应的完全程度，不能说明氧化还原反应的速度。如 H_2 和 O_2 反应生成 H_2O，$K = 10^{41}$。但是在通常情况下几乎觉察不到反应的进行，只有在点火或者有催化剂存在的条件下，反应才能很快进行，甚至发生爆炸。因此，在讨论氧化还原滴定时，除考虑反应进行的方向和程度以外，还要考虑反应的速度问题。

(1) 氧化还原反应是分步进行的　对于任何氧化还原反应，可以根据反应物和生成物，写出有关化学反应式。例如，H_2O_2 氧化 I^- 的反应式为

$$H_2O_2 + 2I^- + 2H^+ \rightleftharpoons I_2 + 2H_2O \tag{1}$$

式(1)只能表示反应的最初状态和最终状态，不能说明反应进行的真实情况，实际上这个反应是分步进行的。以上反应为

$$I^- + H_2O_2 \rightleftharpoons IO^- + H_2O(\text{慢}) \tag{2}$$

$$IO^- + H^+ \rightleftharpoons HIO(\text{快}) \tag{3}$$

$$HIO + I^- + H^+ \rightleftharpoons I_2 + H_2O(\text{快}) \tag{4}$$

将上面②③④式相加，才得到式①所示的总反应式。其中反应速度最慢的是②式，其决定总的反应的速度。

(2)影响氧化还原反应速度的因素

①反应物浓度对反应速度的影响。一般来讲，增加反应物浓度都能加快反应速度。对于 H^+ 参加的反应，提高酸度也能加快反应速度，例如在酸性溶液中 $K_2Cr_2O_7$ 与 KI 的反应

$$Cr_2O_7^{2-} + 6I^- + 14H^+ = 2Cr^{3+} + 3I_2 + 7H_2O$$

此反应的速度较慢，通常采用增加 H^+ 和 I^- 浓度加快反应速度。实验证明：$[H^+]$ 保持在 0.2 ~ 0.4 mol · L^{-1}，KI 过量 5 倍，放置 5 min，反应可进行完全。

②温度对反应速度的影响。实验证明，一般温度升高 10 ℃，反应速度可增加 2 ~ 4 倍。如在酸性溶液中 MnO_4^- 与 $C_2O_4^{2-}$ 的反应

$$2MnO_4^- + 5C_2O_4^{2-} + 16H^+ \rightleftharpoons 2Mn^{2+} + 10CO_2\uparrow + 8H_2O$$

在室温下，反应速度很慢，加热却能加快反应速度。因此，当用 $KMnO_4$ 溶液滴定 $H_2C_2O_4$ 溶液时，必须将溶液加热到 75 ~ 85 ℃。

对于易挥发物质(如 I_2)，只能用其他办法加快其反应速度。

③催化反应和诱导反应对反应速度的影响

a. 催化反应。使用催化剂是提高反应速度的方法。催化剂分正催化剂和负催化剂两类。正催化剂加快反应速度，负催化剂减慢反应速度。

催化反应的机理非常复杂。在催化反应中，由于催化剂的存在，可能新产生了一些不稳定的中间价态的离子、游离基或活泼的中间络合物，从而改变了原来的氧化还原反应历程，或者降低了原来进行反应时所需的活化能，使反应速度发生变化。

b. 诱导反应。在氧化还原反应中，一种反应(主反应)的进行，能够诱发反应速度极慢或不能进行的另一种反应(副反应)的现象，叫做诱导作用。后一反应(副反应)叫做被诱导的反应(简称诱导反应)。

例如，$KMnO_4$ 氧化 Cl^- 的速度极慢，但是当溶液中同时存在有 Fe^{2+} 时，MnO_4^- 与 Cl^- 的反应称为被诱导的反应(简称诱导反应)

$$MnO_4^- + 5Fe^{2+} + 8H^+ \longrightarrow Mn^{2+} + 5Fe^{3+} + 4H_2O\text{(初级反应或主反应)}$$

$$2MnO_4^- + 10Cl^- + 16H^+ \longrightarrow 2Mn^{2+} + 5Cl_2\uparrow + 8H_2O\text{(诱导反应)}$$

其中 MnO_4^- 称为作用体，Fe^{2+} 称为诱导体，Cl^- 称为受诱体。

诱导反应和催化反应是不相同的。在催化反应中，催化剂参加反应后又变回到原来的组成，而在诱导反应中，诱导体参加反应后，变为其他物质。

4. 氧化还原滴定曲线

在酸碱滴定过程中，我们研究的是溶液中 pH 的改变。配位滴定中，我们研究的是溶液中 pM 的改变。而在氧化还原滴定过程中，要研究的则是由氧化剂和还原剂所引起的电极电位的改变，这种电位改变的情况可以用与其他滴定法相似的滴定曲线来表示。即以滴定过程中的电极电位对加入滴定剂的体积来作一曲线。

现以 0.100 mol · L^{-1} $Ce(SO_4)_2$ 滴定 20.00 mL 0.100 0 mol · L^{-1} Fe^{2+} 溶液为例，说明滴定过程中电极电位的计算方法。设溶液的酸度为 11 mol · L^{-1} H_2SO_4，此时

$$Fe^{3+} + e^- \rightleftharpoons Fe^{2+} \qquad \varphi^{of}_{Fe^{3+}/Fe^{2+}} = 0.68\ V$$

$$Ce^{4+} + e^- \rightleftharpoons Ce^{3+} \qquad \varphi^{of}_{Ce^{4+}/Ce^{3+}} = 1.44\ V$$

Ce^{4+}滴定 Fe^{2+}的反应式为

$$Ce^{4+} + Fe^{2+} \rightleftharpoons Fe^{3+} + Ce^{3+}$$

滴定过程中电位的变化可计算如下：

(1)滴定前　滴定前虽是0.100 0 mol·L^{-1}的 Fe^{2+}溶液，但是由于空气中氧的氧化作用，不可避免地会有痕量 Fe^{2+}存在，组成 Fe^{3+}/Fe^{2+}电对。但由于 Fe^{3+}的浓度不定，所以此时的电位也就无法计算。

(2)计量点前溶液中电极电位的计算　在化学计量点前，溶液中存在有 Fe^{3+}/Fe^{2+}和 Ce^{4+}/Ce^{3+}两个电对，此时

$$\varphi = \varphi^{of}_{Fe^{3+}/Fe^{2+}} + 0.059\ \lg\frac{c_{Fe^{3+}}}{c_{Fe^{2+}}}$$

$$\varphi = \varphi^{of}_{Ce^{4+}/Ce^{3+}} + 0.059\ \lg\frac{c_{Ce^{4+}}}{c_{Ce^{3+}}}$$

达到平衡时，溶液中 Ce^{4+}浓度很小，且不能直接求得，故此时可利用 Fe^{3+}/Fe^{2+}电对计算 φ 值。另外，为简便计算，采用 Fe^{3+}与 Fe^{2+}浓度的百分比来代替 $c_{Fe^{3+}}/c_{Fe^{2+}}$之比。代入上式计算。

例如，若加入12.00 mL 0.100 0 mol·L^{-1} Ce^{4+}标准溶液，则溶液中 Fe^{2+}将有60%被氧化为 Fe^{3+}，这时溶液中

$$c_{Fe^{3+}} = \frac{12.00}{20.00} \times 100\% = 60\%$$

$$c_{Fe^{2+}} = \frac{20.00 - 12.00}{20.00} \times 100\% = 40\%$$

则得

$$\varphi = \varphi^{of}_{Fe^{3+}/Fe^{2+}} + 0.059\ \lg\frac{c_{Fe^{3+}}}{c_{Fe^{2+}}}$$

$$= 0.68 + 0.059\ \lg\frac{60}{40} = 0.69\ V$$

同样计算，当加入19.98 mL Ce^{4+}液时，$\varphi = 0.86$ V。

(3)化学计量点时，溶液电极电位的计算　化学计量点时，已加入20.00 mL 0.100 0 mol·L Ce^{4+}标准溶液，此时 Ce^{4+}和 Fe^{3+}的浓度均很小不能直接求得，但两电对的电位相等，即

$$\varphi^{of}_{Fe^{3+}/Fe^{2+}} = \varphi^{of}_{Ce^{4+}/Ce^{3+}} = \varphi_{sp}$$

故

$$\varphi_{sp} = \varphi = \varphi^{of}_{Ce^{4+}/Ce^{3+}} + 0.059\ \lg\frac{c_{Ce^{4+}}}{c_{Ce^{3+}}} = 1.44 + 0.059\ \lg\frac{c_{Ce^{4+}}}{c_{Ce^{3+}}}$$

$$\varphi_{sp} = \varphi = \varphi^{of}_{Fe^{3+}/Fe^{2+}} + 0.059\ \lg\frac{c_{Fe^{3+}}}{c_{Fe^{2+}}} = 0.68 + 0.059\ \lg\frac{c_{Fe^{3+}}}{c_{Fe^{2+}}}$$

将以上两式相加，整理后得

$$2\varphi_{sp} = 1.44 + 0.68 + 0.059\ \lg\frac{c_{Fe^{3+}}c_{Ce^{4+}}}{c_{Fe^{2+}}c_{Ce^{3+}}}$$

当达到计量点时,溶液中

$c_{Ce^{4+}}=c_{Fe^{2+}}, c_{Ce^{4+}}=c_{Ce^{3+}}$ 代入上式

$$2\varphi_{sp}=1.44+0.68+0.059\ \lg\frac{c_{Fe^{3+}}c_{Ce^{4+}}}{c_{Fe^{2+}}c_{Ce^{3+}}}$$

$$\varphi_{sp}=\frac{1.44+0.68}{2}=1.06\ \text{V}$$

对于一般的氧化还原反应

$$n_2\text{O}x_1+n_1\text{Red}_2 \xlongequal{} n_1\text{O}x_2+n_2\text{Red}_1$$

有关电对为

$$\text{O}x_1+n_1\text{e}^- \rightleftharpoons \text{Red}_1$$

$$\text{O}x_2+n_2\text{e}^- \rightleftharpoons \text{Red}_2$$

$$\varphi_{\text{Ox}_1/\text{Red}_1}=\varphi^{of}_{\text{Ox}_1/\text{Red}_1}+\frac{0.059}{n_1}\lg\frac{[\text{O}x_1]}{[\text{Red}_1]} \quad (1)$$

$$\varphi_{\text{Ox}_2/\text{Red}_2}=\varphi^{of}_{\text{Ox}_2/\text{Red}_2}+\frac{0.059}{n_2}\lg\frac{[\text{O}x_2]}{[\text{Red}_2]} \quad (2)$$

当达到计量点时,两电对的电位相等,即 $\varphi_{\text{Ox}_1/\text{Red}_1}=\varphi_{\text{Ox}_2/\text{Red}_2}=\varphi_{sp}$,将(1)×$n_1$+(2)×$n_2$ 得

$$(n_1+n_2)\varphi_{sp}=n_1\varphi^{of}_{\text{Ox}_1/\text{Red}_1}+n_2\varphi^{of}_{\text{Ox}_2/\text{Red}_2}+0.059\ \lg\frac{[\text{O}x_1][\text{O}x_2]}{[\text{Red}_1][\text{Red}_2]}$$

当反应达到计量点时

$\frac{[\text{O}x_1]}{[\text{Red}_2]}=\frac{n_2}{n_1}, \frac{[\text{O}x_2]}{[\text{Red}_1]}=\frac{n_1}{n_2}$ 代入上式得

$$(n_1+n_2)\varphi_{sp}=n_1\varphi^{of}_{\text{Ox}_1/\text{Red}_1}+n_2\varphi^{of}_{\text{Ox}_2/\text{Red}_2}$$

$$\varphi_{sp}=\frac{n_1\varphi^{of}_{\text{Ox}_1/\text{Red}_1}+n_2\varphi^{of}_{\text{Ox}_2/\text{Red}_2}}{(n_1+n_2)}$$

对于有不对称电对参加的氧化还原反应,例如

$$\text{O}x_1+n_1\text{e}^- \rightleftharpoons a\text{Red}_1$$

$$\text{O}x_2+n_2\text{e}^- \rightleftharpoons \text{Red}_2$$

$$\varphi_{\text{Ox}_1/\text{Red}_1}=\varphi^{of}_{\text{Ox}_1/\text{Red}_2}+\frac{0.059}{n_1}\lg\frac{[\text{O}x_1]}{[\text{Red}_1]^a} \quad (3)$$

$$\varphi_{\text{Ox}_2/\text{Red}_2}=\varphi^{of}_{\text{Ox}_2/\text{Red}_2}+\frac{0.059}{n_2}\lg\frac{[\text{O}x_2]}{[\text{Red}_2]^a} \quad (4)$$

反应达到计量点时,$\varphi_{\text{Ox}_1/\text{Red}_1}=\varphi_{\text{Ox}_2/\text{Red}_2}=\varphi_{sp}$

(3)×n_1+(4)×n_2 得

$$(n_1+n_2)\varphi_{sp}=n_1\varphi^{of}_{\text{Ox}_1/\text{Red}_1}+n_2\varphi^{of}_{\text{Ox}_2/\text{Red}_2}+0.059\ \lg\frac{[\text{O}x_1][\text{O}x_2]}{[\text{Red}_1]^a[\text{Red}_2]}$$

由反应式,得

$\frac{[\text{O}x_1]}{[\text{Red}_2]}=\frac{n_2}{n_1}, \frac{[\text{O}x_2]}{[\text{Red}_1]}=\frac{n_1}{n_2a}$ 代入上式得

$$(n_1+n_2)\varphi_{sp}=n_1\varphi^{of}_{Ox_1/Red_1}+n_2\varphi^{of}_{Ox_2/Red_2}+0.059\ \lg\frac{n_2}{n_1}\frac{n_1}{n_2a}\frac{[Red_1]}{[Red_1]^a}$$

$$\varphi_{sp}=\frac{n_1\varphi^{of}_{Ox_1/Red_1}+n_2\varphi^{of}_{Ox_2/Red_2}}{(n_1+n_2)}+\frac{0.059}{n_1+n_2}\lg\frac{1}{a[Red_1]^{a-1}}$$

(4)化学计量点后溶液电极电位的计算　此时溶液中 Ce^{4+}、Ce^{3+} 浓度均容易求得，而 Fe^{2+} 浓度则不易直接求出，故此时由 Ce^{4+}/Ce^{3+} 电对计算 E 值比较方便。

$$\varphi=\varphi^{of}_{Ce^{4+}/Ce^{3+}}+0.059\ \lg\frac{c_{Ce^{4+}}}{c_{Ce^{3+}}}=1.44+0.059\ \lg\frac{c_{Ce^{4+}}}{c_{Ce^{3+}}}$$

例如：当 Ce^{4+} 有 0.1% 过量（即加入 20.02 mL）时，则

$$\varphi=\varphi^{of}_{Ce^{4+}/Ce^{3+}}+0.059\ \lg\frac{c_{Ce^{4+}}}{c_{Ce^{3+}}}=1.44+0.059\ \lg\frac{0.1}{100}=1.26\ \text{V}$$

同样可计算加入不同量的 Ce^{4+} 溶液时的电位值。

将不同滴定点 φ 值计算结果列于表 12-2，并绘制成滴定曲线如图 12-5 所示，氧化还原滴定突跃的大小与氧化剂和还原剂两电对的 φ（或 $\varphi^{\ominus}$）差值大小有关。差值越大，滴定突跃范围越大，反之就越小。而与氧化剂和还原剂的浓度基本无关。

表 12-2　用 0.100 0mol·L^{-1} Ce(SO$_4$)$_2$ 滴定 20.00 mL 0.100 0 mol·L^{-1} Fe^{2+} 的电位变化

Ce^{4+} 溶液加入量(mL)	Fe^{2+} 滴定百分数	$\frac{c_{Fe^{3+}}}{c_{Fe^{2+}}}$	$\frac{c_{Ce^{4+}}}{c_{Ce^{3+}}}$	E (V)
2.00	10	1/9	–	0.62
10.00	50	1	–	0.68
18.00	90	9	–	0.74
19.80	99	99	–	0.80
19.98	99.9	999	–	0.86 滴定突跃
20.00	100.0	–	–	1.06 滴定突跃
20.02	100.1	–	1/1 000	1.26 滴定突跃
20.20	101.0	–	1/100	1.32
22.00	110.0	–	1/10	1.38
40.00	200.0	–	1	1.44

将表 12-2 数据作滴定曲线图 12-5。对于 Ce^{4+} 滴定 Fe^{2+}，滴定突跃范围为 0.86～1.26 V，正好处于突跃中间。计量点前后，曲线基本上是对称的，因为反应中得失电子数均为 1。对于 $n_1\neq n_2$ 氧化还原反应，滴定曲线在计量点附近是不对称的，计量点 φ 值不在滴定突跃中间，而是偏向电子得失数较多的电对一方。

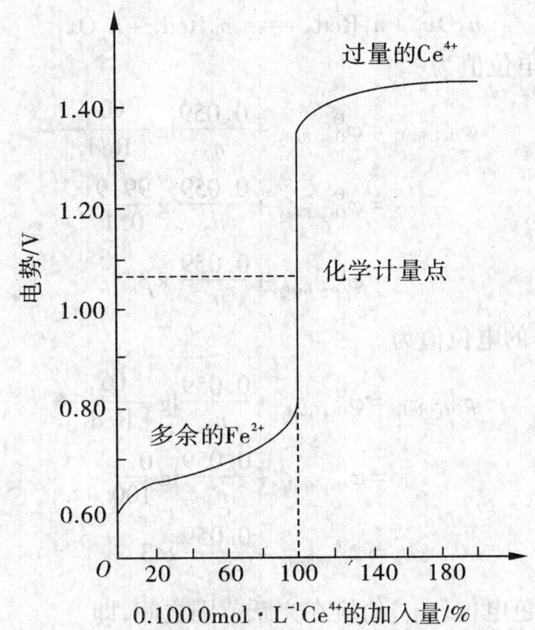

图 12－5　以 0.100 0 mol · L^{-1} Ce^{4+} 溶液滴定 0.100 0 mol · L^{-1} 亚铁离子溶液的滴定曲线

三、氧化还原滴定法的指示剂

在氧化还原滴定中，除了用电位法确定终点外，还可以根据所使用的标准溶液的不同，选用不同类型的指示剂来确定滴定的终点。

1. 氧化还原指示剂

氧化还原指示剂是一些复杂的有机化合物，它们本身具有氧化还原性质。它的氧化型和还原型具有不同的颜色。通常以 In_{Ox} 代表指示剂的氧化型；In_{Red} 代表指示剂的还原型；n 代表反应中电子得失数。如果反应中没有 H^+ 参加，则氧化还原指示剂的半反应可用下式表示：

$$In_{Ox} + ne^- \rightleftharpoons In_{Red}$$

根据能斯特方程，则

$$\varphi_{In} = \varphi^{\ominus}_{In} + \frac{0.059}{n} \lg \frac{c_{In_{Ox}}}{c_{In_{Red}}} \quad (12-9)$$

对于不同的指示剂，则 $\varphi^{\ominus}_{In}$ 值不同；同一指示剂，溶液介质不同，$\varphi^{\ominus}_{In}$ 值也有差别。当 $\frac{c_{InOx}}{c_{In_{Red}}}$ 比值在 $\frac{1}{10}$ ~ 10 之间时，我们可观察到指示剂颜色的改变，则指示剂变色的电位值范围为

$$\varphi^{\ominus}_{In} - \frac{0.059}{n} < \varphi In < \varphi^{\ominus}_{In} + \frac{0.059}{n} \quad (25\ ℃) \quad (12-10)$$

在实际滴定中，指示剂的变色范围应包括在滴定进行 99.9% ~100.1% 之间（即指示剂的变色范围应落在滴定突跃范围之内），如以 Ox_1 滴定 Red_2，则

$$n_2\mathrm{Ox}_1 + n_1\mathrm{Red}_2 \rightleftharpoons n_2\mathrm{Red}_1 + n_1\mathrm{Ox}_2$$

计量点前99.9%电位值为

$$\begin{aligned}\varphi_{\mathrm{Ox_2/Red_2}} &= \varphi^{\ominus}_{\mathrm{Ox_2/Red_2}} + \frac{0.059}{n_2}\lg\frac{[\mathrm{Ox}_2]}{[\mathrm{Red}_2]}\\ &= \varphi^{\ominus}_{\mathrm{Ox_2/Red_2}} + \frac{0.059}{n_2}\lg\frac{99.9}{0.1}\\ &\approx \varphi^{\ominus}_{\mathrm{Ox_2/Red_2}} + \frac{0.059}{n_2}\times 3\end{aligned}$$

计量点后100.1%的电位值为

$$\begin{aligned}\varphi_{\mathrm{Ox_1/Red_1}} &= \varphi^{\ominus}_{\mathrm{Ox_1/Red_1}} + \frac{0.059}{n_1}\lg\frac{[\mathrm{Ox}_1]}{[\mathrm{Red}_1]}\\ &= \varphi^{\ominus}_{\mathrm{Ox_1/Red_1}} + \frac{0.059}{n_1}\lg\frac{0.1}{100}\\ &= \varphi^{\ominus}_{\mathrm{Ox_1/Red_1}} - \frac{0.059}{n_1}\times 3\end{aligned}$$

因此，指示剂的变色电位（φ_{In}）值应在突跃范围之间，即

$$\varphi^{\ominus}_{\mathrm{Ox_2/Red_2}} + \frac{0.059}{n_2}\times 3 > \varphi_{\mathrm{In}} > \varphi^{\ominus}_{\mathrm{Ox_1/Red_1}} - \frac{0.059}{n_1}\times 3 \qquad (12-11)$$

上式即为选择氧化还原指示剂的依据。

在氧化还原滴定中，选择氧化还原指示剂的原则是使指示剂的变色范围全部或部分落在滴定突跃范围内。同时尽量选择条件电势与反应计量点电势接近的指示剂，以减少终点误差。表12-3中列出了一些常用的氧化还原指示剂的条件电势及其颜色变化。

表12-3 几种常用的氧化还原指示剂

指示剂	$\varphi^{\ominus\prime}$/V $c(\mathrm{H^+}) = 1\ \mathrm{mol\cdot L^{-1}}$	氧化态颜色	还原态颜色
次甲基蓝	0.36	蓝	无色
二苯胺	0.76	紫	无色
二苯胺磺酸钠	0.85	紫红	无色
邻苯氨基苯甲酸	0.89	紫红	无色
邻二氮菲-亚铁	1.06	浅蓝	红
硝基邻二氮菲-亚铁	1.25	浅蓝	紫红

2. 常用氧化还原指示剂的介绍

（1）二苯胺磺酸钠　二苯胺磺酸钠是以 $\mathrm{Ce^{4+}}$ 滴定 $\mathrm{Fe^{2+}}$ 时常用的指示剂，其 $\varphi^{\ominus\prime}_{\mathrm{In}} = 0.85\ \mathrm{V}$。在酸性溶液中，主要以二苯胺磺酸的形式存在。当二苯胺磺酸遇到氧化剂 $\mathrm{Ce^{4+}}$ 时，它首先被氧化为无色的二苯胺联胺磺酸（不可逆），再进一步被氧化为二苯联胺磺酸等（可逆）的紫色化合物，显示出颜色变化，其反应过程如下

$$2\ \text{C}_6\text{H}_5\text{-NH-C}_6\text{H}_4\text{-SO}_3^- \xrightarrow{\text{氧化}} {}^-\text{O}_3\text{S-C}_6\text{H}_4\text{-NH-C}_6\text{H}_4\text{-C}_6\text{H}_4\text{-NH-C}_6\text{H}_4\text{-SO}_3^- \underset{\text{还原}}{\overset{\text{氧化}}{\rightleftharpoons}}$$

二苯胺磺酸盐（无色） 二苯联苯胺磺酸（无色）

$${}^-\text{O}_3\text{S-C}_6\text{H}_4\text{-}\overset{+}{\text{N}}\text{H=C}_6\text{H}_4\text{=C}_6\text{H}_4\text{=N}\text{H}^+\text{-C}_6\text{H}_4\text{-SO}_3^-$$

二苯联苯胺磺酸（紫红色）

在反应过程中其 φ_{In} 值为

$$\varphi_{\text{In}} = 0.85 \pm \frac{0.059}{2} = 0.85 \pm 0.03\ \text{V}$$

即二苯胺磺酸钠变色时电位范围在 0.82 ~ 0.88 V 之间。

而 $\varphi^{\text{of}}_{\text{Ce}^{4+}/\text{Ce}^{3+}} = 1.44\ \text{V}$，$\varphi^{\text{of}}_{\text{Fe}^{3+}/\text{Fe}^{2+}} = 0.68\ \text{V}$，用 Ce^{4+} 滴定 Fe^{2+} 时，其突跃范围的电位值为

$$0.68 + \frac{0.059}{1}\lg\frac{99.9}{0.1} = 0.68 + 0.059 \times 3 = 0.86\ \text{V}$$

$$1.44 + \frac{0.059}{1}\lg\frac{0.1}{100} = 1.44 - 0.059 \times 3 = 1.26\ \text{V}$$

即其突跃范围为 0.86 ~ 1.26 V

若用二苯胺磺酸钠作指示剂，则变色电位与突跃范围只有很少一部分重合滴定误差必然很大。故可加入一些 H_3PO_4，降低 Fe^{3+}/Fe^{2+} 电对的电位，使突跃范围加大。例如，使 Fe^{3+} 浓度降低 10 000 倍，则突跃范围起点电位值为

$$0.68 + 0.059\ \lg\frac{99.9}{0.1} \times \frac{1}{10\ 000} = 0.62\ \text{V}$$

其突跃范围为 0.62 ~ 1.26 V。

（2）邻二氮菲－Fe（Ⅱ） 邻二氮菲也称为试亚铁灵，易溶于亚铁盐溶液形成红色的 $[Fe(C_{12}H_8N_2)_3]^{2+}$ 的配离子，遇到氧化剂时改变颜色，其反应式为

$$[\text{Fe}(\text{C}_{12}\text{H}_8\text{N}_2)_3]^{3+} + e^- \rightleftharpoons [\text{Fe}(\text{C}_{12}\text{H}_8\text{N}_2)_3]^{2+}$$

（深红色） （浅蓝色）

在 1 mol·$L^{-1}H^+$ 存在时，$\varphi^{\ominus} = 1.06\ \text{V}$，由于该指示剂的条件电极电位较高，所以特别适用于强氧化剂作滴定剂时使用。例如，用 Ce^{4+} 滴定 Fe^{2+} 时，可用试亚铁灵作指示剂，终点时溶液由红色变为浅蓝色。

3. 其他指示剂

（1）自身指示剂 若标准溶液或待测溶液中某种物质的氧化态与还原态有明显不同的颜色，则标准物质或待测物质本身便可充当指示剂，这类指示剂称作自身指示剂。

如高锰酸钾法中的标准物质 MnO_4^-，呈紫红色，其还原态 Mn^{2+} 呈无色，化学计量点前，滴定加入的 MnO_4^-；与待测物质反应生成 Mn^{2+}，溶液无色；化学计量点后，过量的 MnO_4^-，使溶液显紫红色，从而指示滴定终点。这里，MnO_4^- 便是自身指示剂。

（2）专属指示剂 这类指示剂在滴定过程中本身不具有氧化还原性质，不直接参与氧化还原反应，但能与某种氧化剂或还原剂结合，结合后的指示剂与游离的指示剂有明显不同的颜色，从而可以指示滴定终点。

如碘量法中的指示剂淀粉。淀粉在碘量法滴定中不参与氧化还原反应，但它能与 I_2 结合形成配合物，游离的淀粉呈无色，与 I_2 结合后的淀粉呈深蓝色（或黑色）。在碘量法的滴定中，I_2/I^- 电对有半反应：

$$I_2 + 2e^- \rightleftharpoons 2I^-$$

当有淀粉存在时，则

$$I_2 \cdot \text{淀粉(深蓝色或黑色)} + 2e^- \rightleftharpoons 2I^- + \text{淀粉(无色)}$$

根据深蓝色（或黑色）的存在或消失判别 I_2 的存在或消失，从而判别滴定终点。

第六节　氧化还原滴定的应用

一、$KMnO_4$ 法

1. 方法简介

高锰酸钾法的优点是 $KMnO_4$ 的氧化能力强，本身呈深紫色，用它滴定无色或浅色溶液时，不需另加指示剂，因此高锰酸钾法应用得较广泛。高锰酸钾法的主要缺点是试剂常含有少量杂质，且溶液不够稳定；又由于 $KMnO_4$ 的氧化能力强，可以和很多还原性物质发生作用，所以干扰因素较多。

$KMnO_4$ 是一种较强的氧化剂，在强酸性溶液中，与还原剂作用时，其半电池反应为：

$$MnO_4^- + 8H^+ + 5e^- \rightleftharpoons Mn^{2+} + 4H_2O$$

$$\varphi^{\ominus}_{MnO_4^-/Mn^{2+}} = 1.51\ V$$

在弱酸性、中性或碱性溶液中，$KMnO_4$ 与还原剂作用，则会生成褐色的水合二氧化锰（$MnO_2 \cdot H_2O$）沉淀。妨碍滴定终点的观察，所以用 $KMnO_4$ 标准溶液进行滴定时，一般都是在强酸性溶液中进行的。强酸通常用 H_2SO_4，避免使用 HCl 或 HNO_3。因为 Cl^- 具有还原性，也能与 MnO_4^- 作用，而 HNO_3 具有氧化性，它可能氧化某些被滴定的物质。

用 $KMnO_4$ 溶液作滴定剂时，根据被测物质的性质，可采用不同的滴定方式：

（1）直接滴定法　许多还原性物质如 $H_2C_2O_4$、H_2O_2、Sn^{2+}、As（Ⅲ）、NO_2^- 等，均可用 $KMnO_4$ 标准溶液直接滴定。

以 H_2O_2 滴定为例，在酸性溶液中，H_2O_2 被 MnO_4^- 定量氧化。

$$2MnO_4^- + 5H_2O_2 + 6H^+ \rightleftharpoons 2Mn^{2+} + 8H_2O + 5O_2\uparrow$$

此反应在室温下，即可顺利进行，滴定开始时反应较慢，随着 Mn^{2+} 生成而加速，也可先加入少量 Mn^{2+} 为催化剂。

（2）返滴定法　有些氧化性物质，如不能用 $KMnO_4$ 标准溶液直接滴定，就可用返滴定法进行滴定。如 MnO_2 和 PbO_2 一些有机物等，可以用返滴定法测定，例如软锰矿中 MnO_2 含量的测定，利用 MnO_2 和 $C_2O_4^{2-}$ 在酸性溶液中的反应。

$$MnO_2 + C_2O_4^{2-} + 4H^+ \rightleftharpoons Mn^{2+} + 2CO_2\uparrow + 2H_2O$$

加入一定量过量的 $Na_2C_2O_4$ 于磨细的试样中，加 H_2SO_4 并加热，当样品中无黑色颗粒存在时，表示试样分解完全，用 $KMnO_4$ 标准溶液趁热返滴定剩余的草酸，由 $Na_2C_2O_4$ 的加

入量和 $KMnO_4$ 溶液消耗量之差，求出的 MnO_2 含量。

(3)间接滴定法 有些非氧化性或非还原性的物质，不能用 $KMnO_4$ 标准溶液直接滴定或返滴定，就只好采用间接滴定法进行测定。如测定 Ca^{2+}、Th^{4+} 等溶液中，没有可变价态，可生成草酸盐沉淀，用 $KMnO_4$ 间接滴定，以 Ca^{2+} 的测定为例，先沉淀为 CaC_2O_4，再经过滤、洗涤后将沉淀溶于热稀溶液中，最后用 $KMnO_4$ 标准溶液滴定 $H_2C_2O_4$，根据所消耗的 $KMnO_4$ 的量，间接求得 Ca^{2+} 的含量。

$$Ca^{2+} + C_2O_4^{2-} \xlongequal{} CaC_2O_4$$

$$Ca_2C_2O_4 + 2H^+ \xlongequal{} Ca^{2+} + H_2C_2O_4$$

$$5H_2C_2O_4 + 2MnO_4^- + 16H^+ \xlongequal{} 2Mn^{2+} + 10CO_2\uparrow + 8H_2O$$

$$1\ \text{mol}\ MnO_4^- = \frac{5}{2}\text{mol}\ C_2O_4^{2-} = \frac{5}{2}\text{mol}\ Ca^{2+}$$

$$Ca\% = \frac{\dfrac{(cV)_{MnO_4}\cdot\dfrac{5}{2}M_{Ca}}{1\,000}}{\text{试样质量}}\times 100\%$$

应该注意的是，此方法根据 Ca^{2+} 与 $C_2O_4^{2-}$ 生成 1∶1 的沉淀，由滴定所消耗的 $KMnO_4$ 标准溶液的体积，计算 Ca^{2+} 的含量。因此必须控制一定的条件，以保证 Ca^{2+} 与 $C_2O_4^{2-}$ 有 1∶1 的关系。此外，为了便于沉淀和洗涤，要求得到的是颗粒较大的晶形沉淀，为此在酸性试液中先加入过量的 $(NH_4)_2C_2O_4$，然后用稀氨水慢慢中和试液至甲基橙显黄色，以使沉淀缓慢地生成，沉淀完全后，须放置陈化一段时间，用蒸馏水洗去沉淀表面吸附的 $C_2O_4^{2-}$，若在中性或碱性溶液中沉淀，会有部分 $Ca(OH)_2$ 或草酸钙生成，将使测定结果偏低。

2. $KMnO_4$ 溶液的配制与标定

市售 $KMnO_4$ 试剂中常含有少量 MnO_2 或其他杂质，蒸馏水中也常含有微量还原性物质，它们都可与 $KMnO_4$ 反应而析出 $Mn(OH)_2$ 沉淀；这些生成物以及热、光、酸、碱等外界条件的改变均会促进 $KMnO_4$ 的分解，并且 $KMnO_4$ 还能自行分解，分解的速度与溶液的 pH 相关，因而 $KMnO_4$ 标准溶液不能直接配制。$KIMnO_4$ 自行分解的方程式如下

$$4KMnO_4 + 2H_2O \xlongequal{} 4MnO_2\downarrow + 4KOH + 3O_2\uparrow$$

为了配制稳定的 $KMnO_4$ 溶液，常采用下列措施：

(1)称取稍多于理论量的 $KMnO_4$，溶解在规定体积的蒸馏水中。

(2)将配好的 $KMnO_4$ 溶液加热至沸，并保持微沸约 1 h，然后放置 2～3 天，使溶液中能存在的还原性物质完全氧化。

(3)用微孔玻璃漏斗过滤，除去析出的沉淀。

(4)将过滤后的 $KMnO_4$ 溶液贮存于棕色试剂瓶中，并存放于暗处，以待标定。

如需要浓度较稀的 $KMnO_4$ 溶液，可用蒸馏水将 $KMnO_4$ 溶液临时稀释和标定后使用，但不宜长期贮存。

标定 $KMnO_4$ 的基准物质很多，如 $Na_2C_2O_4$、As_2O_3、$H_2C_2O_4\cdot 2H_2O$ 和纯金属铁等，其中以 $Na_2C_2O_4$ 最为常用，因为 $Na_2C_2O_4$ 容易提纯，性质稳定，不含结晶水，$Na_2C_2O_4$ 在 105～

110 ℃烘干约 2 h 冷却后即可使用。在酸性条件下

$$2MnO_4^- + 5C_2O_4^- + 16H^+ \longrightarrow 2Mn^{2+} + 10CO_2\uparrow + 8H_2O$$

为了使得这个反应能够定量且较快地进行,还应该注意以下几项:

(1)温度　在室温下,这个反应的速率缓慢,因此常将溶液加热至 80 ℃左右进行滴定。但温度若高于 90 ℃,会使部分 $H_2C_2O_4$发生分解。

$$H_2C_2O_4 \longrightarrow CO_2\uparrow + CO + H_2O$$

(2)酸度　酸度过低,$KMnO_4$会分解为 MnO_2;酸度太高 $H_2C_2O_4$ 又会分解。所以,滴定开始时的酸度应控制在 0.5 ~1 $mol \cdot L^{-1}$。

(3)滴定速度　开始滴定时的速度不宜太快,否则加入的 $KMnO_4$还来不及与 $C_2O_4^{2-}$反应,就会在热的酸性溶液中发生分解。

$$4MnO_4^- + 12H^+ \longrightarrow 4Mn^{2+} + 6H_2O + 5O_2\uparrow$$

(4)催化剂　开始加入的几滴 $KMnO_4$ 褪色较慢,随着滴定产物 Mn^{2+} 的生成,反应速率逐渐加快。也可于滴定前加入几滴 $MnSO_4$作为催化剂。

(5)指示剂　$KMnO_4$ 自身可作为滴定时的指示剂,但浓度低至 0.002 $mol \cdot L^{-1}$ 的 $KMnO_4$溶液作为滴定剂时,应加入二苯胺磺酸钠或 1,10－邻二氮菲亚铁等指示剂来确定终点。

(6)滴定终点　用 $KMnO_4$溶液滴定至终点后,溶液中出现的粉红色不能持久,这是因为空气中的还原性气体和灰尘都能使 MnO_4^- 还原,使溶液的粉红色逐渐消失。所以,若滴定时锥形瓶中出现的粉红色在 0.5 ~1 min 内不褪色,就说明已经到达滴定终点了。

3. $KMnO_4$ 法应用示例

(1)钙盐中钙的测定　先将样品处理成溶液后,使 Ca^{2+} 进入溶液中,然后利用 Ca^{2+} 与 $C_2O_4^{2-}$ 生成微溶性 CaC_2O_4 沉淀溶于稀 H_2SO_4 中,用 $KMnO_4$ 标准溶液进行滴定,其反应如下

$$Ca^{2+} + C_2O_4^{2-} \rightleftharpoons CaC_2O_4\downarrow$$

$$CaC_2O_4 + 2H^+ \longrightarrow Ca^{2+} + H_2C_2O_4$$

$$5H_2C_2O_4 + 2MnO_4^- + 6H^+ \longrightarrow 2Mn^{2+} + 10CO_2\uparrow + 8H_2O$$

在沉淀 Ca^{2+}时,为了得到大的易过滤、洗涤的粗晶形沉淀,应先将 Ca^{2+}溶液先用 HCl 酸化,然后加入$(NH_4)_2C_2O_4$。在酸性溶液中,$C_2O_4^{2-}$ 大部分是以 $HC_2O_4^-$ 形式而存在的,所以这时不会有 CaC_2O_4 沉淀生成。再慢慢加入氨水,由于溶液中 H^+逐渐被中和,$C_2O_4^{2-}$浓度缓慢地增加,所以便得到 CaC_2O_4 的粗晶形沉淀。最后 pH 控制在 3.5 ~4.5,以防止难溶性 Ca 盐的生成。经过陈化、过滤、洗涤、酸化,得到 $H_2C_2O_4$,用 $KMnO_4$ 标准溶液进行滴定。

(2)有机物的测定　在强碱性溶液中,过量的 $KMnO_4$ 能定量地氧化某些有机物。如 $KMnO_4$ 与甲酸的反应为

$$HCOO^- + 2MnO_4^- + 3OH^- \rightleftharpoons CO_3^{2-} + 2MnO_4^{2-} + 2H_2O$$

待反应完成后,将溶液酸化,用还原剂标准溶液(亚铁离子标准溶液)滴定溶液中所有的高价态的锰,使之还原为 Mn(Ⅱ),计算出消耗的还原剂的物质的量,用同样方法,测

定反应前一定量碱性 $KMnO_4$ 溶液相当于还原剂物质的量，根据二者之差即可计算出甲酸的含量。

(3)化学需氧量(COD)的测定　COD 是指水体中易被强氧化剂氧化的还原性物质所消耗的氧化剂的量，换算成氧的量(以 $mg \cdot L^{-1}$ 计)。

①测定过程。先将水样中加入硫酸和一定量的 $KMnO_4$ 溶液，沸水浴加热，氧化还原性物质，然后用一定量的 $Na_2C_2O_4$ 还原剩余的 $KMnO_4$，再用 $KMnO_4$ 标准溶液返滴定。

②计算

$$\text{COD} = \frac{\left[\frac{5}{4}c_{MnO_4^-}(V_1 - V_2) - \frac{1}{2}c_{C_2O_4^{2-}}V_{C_2O_4^{2-}}\right] \times 32.00 \times 1\,000}{V_{\text{水样}}}$$

③本实验适用于地表水、饮用水和生活污水中的 COD 的测定。

二、$K_2Cr_2O_7$ 法

$K_2Cr_2O_7$ 也是一种较强的氧化剂，在酸性溶液中，$K_2Cr_2O_7$ 与还原剂作用时被还原为 Cr^{3+}，半电池反应为

$$Cr_2O_7^{2-} + 14H^+ + 6e^- \rightleftharpoons 2Cr^{3+} + 7H_2O$$

$K_2Cr_2O_7/Cr^{3+}$ 电对的标准电极电位 $\varphi^{\ominus}_{Cr_2O_7^{2-}/Cr^{3+}} = 1.33$ V，虽然比 $KMnO_4$ 的标准电位($\varphi^{\ominus} = 1.51$ V)低些，但与 $KMnO_4$ 法比较，具有以下一些优点：

(1)$K_2Cr_2O_7$ 容易提纯　在 140 ~ 150 ℃时干燥后，可直接称量，配成标液。

(2)$K_2Cr_2O_7$ 标液非常稳定　曾有人发现，保存 24 年的 $0.02\ mol \cdot L^{-1}$ $K_2Cr_2O_7$ 溶液，其浓度无显著改变。因此，可长期保存。

(3)$K_2Cr_2O_7$ 的氧化能力弱于 $KMnO_4$　在 $1\ mol \cdot L^{-1}$ HCl 溶液中，$\varphi^{\ominus} = 1.00$ V，室温下不与 Cl^- 作用($\varphi^{\ominus}_{Cl_2/Cl^-} = 1.36$)，故可在 HCl 溶液中滴定 Fe^{2+}。$\varphi^{\ominus}_{MnO_4^-/Mn^{2+}} = 1.51$ V，指示剂为二苯胺磺酸钠或邻苯氨基苯甲酸作指示剂。

三、$K_2Cr_2O_7$ 法的应用示例

铁矿石中铁含量的测定。

试样一般用 HCl 加热分解，在热的浓 HCl 溶液中，用 $SnCl_2$ 将 Fe^{3+} 还原为 Fe^{2+}，过量的 $SnCl_2$ 用 $HgCl_2$ 氧化，此时溶液中析出 Hg_2Cl_2 丝状白色沉淀，然后在 $1 \sim 2\ mol \cdot L^{-1}$ $H_2SO_4 - H_3PO_4$ 混合酸介质中，以二苯胺磺酸钠作指示剂，用 $K_2Cr_2O_7$ 标液滴定 Fe^{2+}。

用 $K_2Cr_2O_7$ 滴定 Fe^{2+} 时，常采用二苯胺磺酸钠作指示剂，其 $\varphi^{of}_{In} = 0.85$ V，若 Fe^{3+}/Fe^{2+} 电对按 $\varphi^{of} = 0.68$ V 计算，指示剂变色时 Fe^{2+} 被 $K_2Cr_2O_7$ 滴定的百分率可计算如下

$$\varphi = \varphi^{of}_{Fe^{3+}/Fe^{2+}} + 0.059\ \lg\frac{c_{Fe^{3+}}}{c_{Fe^{2+}}}$$

即

$$0.85 = 0.68 + 0.059\ \lg\frac{c_{Fe^{3+}}}{c_{Fe^{2+}}}$$

解之，则$\frac{c_{Fe^{3+}}}{c_{Fe^{2+}}}=\frac{761}{1}=761$

故当指示剂变色时，Fe^{2+}已被滴定的百分率为

$$\frac{761}{761+1}\times 100\% = 99.87\%$$

可见滴定终点出现稍早。

为减少终点时因指示剂变色稍早而造成的误差，常在被滴定的溶液中，加入 H_3PO_4 使 Fe^{3+}生成无色而稳定的$[Fe(HPO_4)]^+$，也消除了溶剂中 Fe^{3+}的黄色，有利于终点观察。

四、碘 量 法

1. 方法

碘量法也是常用的氧化还原滴定法之一。它是以 I_2 的氧化性和 I^-的还原性为基础的滴定分析法。因此，碘量法的基本反应是

$$I_2 + 2e^- \rightleftharpoons 2I^- \qquad \varphi^{\ominus}_{I_2/I^-} = 0.535\ V$$

由 $\varphi^{\ominus}$ 可知，I_2 是一种较弱的氧化剂，能与较强的还原剂作用，而 I^-是一种中等强度的还原剂，能与许多氧化剂作用，因此，碘量法又可以用直接和间接的两种方式进行滴定。

(1)碘滴定法(直接碘量法)　电位比 $\varphi^{\ominus}_{I_2/I^-}$低的还原性物质，可以直接用 I_2 的标准溶液滴定的并不多，只限于较强的还原剂，如：S^{2-}、SO_3^{2-}、Sn^{2+}、$S_2O_3^{2-}$、AsO_3^{2-} 等。

(2)滴定碘法(间接碘量法)　电位比 $\varphi^{\ominus}_{I_2/I^-}$大的氧化性物质，可在一定条件下用 I^-还原产生等量的 I_2，然后用 $Na_2S_2O_3$标准溶液滴定释出的 I_2，从而计算出氧化剂的含量。这种方法叫做间接碘量法。例如，在酸性溶液中与过量的作用，其析出反应为

$$2MnO_4^- + 10I^- + 16H^+ \rightleftharpoons 2Mn^{2+} + 5I_2 + 8H_2O$$

析出的 I_2用 $Na_2S_2O_3$标准溶液滴定，$I_2 + 2S_2O_3^{2-} \rightleftharpoons 2I^- + S_4O_6^{2-}$

间接碘量法可应用于测定 Cu^{2+}、CrO_4^{2-}、$Cr_2O_7^{2-}$、IO_3^-等氧化性物质，其中以间接碘量法应用最广。

碘量法采用淀粉为指示剂，其灵敏度甚高，I_2浓度为 $1.0\times10^{-6}\ mol\cdot L^{-1}$，即显蓝色，当溶液显蓝色(直接碘量法)或蓝色消失(间接碘量法)，即为终点。

在间接碘量法中，为了获得准确的结果，应注意以下几个问题：

①pH 影响。pH 为中性或弱酸性溶液，因为在碱性溶液中有

$$S_2O_3^{2-} + 4I_2 + 10OH^- \rightleftharpoons 2SO_4^{2-} + 8I^- + 5H_2O$$

$$3I_2 + 6OH^- \rightleftharpoons IO_3^- + 5I^- + 3H_2O$$

在强酸性溶液中，有

$$S_2O_3^{2-} + 2H^+ \rightleftharpoons SO_2 + S\downarrow + H_2O$$

$$4I^- + 4H^+ + O_2 \rightleftharpoons 2I_2 + 2H_2O$$

②过量 KI 的作用。KI 与 I_2 形成 I_3^-，以减小 I_2 的挥发性，提高淀粉指示剂的灵敏度。另外，加入过量的 KI，可加快反应速度和提高反应的完全程度。

③防止 I_2 的挥发和空气中的 O_2 氧化。碘量法的误差主要有两方面的来源：一是 I_2 易挥发；二是 I^- 在酸性溶液中容易被空气中的氧氧化，为此应采用适当的措施，以减小误差。

防止 I_2 挥发的方法：

①加入过量的 KI(一般比理论值大 2～3 倍)，由于生成了 I_3^-，可减小 I_2 的挥发；

②反应时溶液的温度不能高 。一是 T 升高，增加了 I_2 的挥发；二是增加细菌的活性，加速 $Na_2S_2O_3$ 的分解，一般在室温下进行；

③滴定时，不要剧烈摇动溶液，最好使用带有玻璃塞的锥形瓶(碘瓶)。

防止 I^- 被 O_2 氧化的办法：

①溶液酸度不宜太高，因增高溶液酸度会增加 O_2 氧化 I^- 的速度；

②光线能催化 I^- 被空气氧化，故应避免阳光直接照射；

③析出 I_2 后，不能让溶液放置过久，滴定前当氧化性物质与 KI 作用时，一般在暗处放置 5 min，使反应完全后，立即用 $Na_2S_2O_3$ 进行滴定；

④滴定速度宜用适当的速度。

2. 标准溶液的配制与标定

碘量法中经常使用的有 $Na_2S_2O_3$ 和 I_2 两种标准溶液，下面分别介绍两种溶液的配制和标定。

(1) $Na_2S_2O_3$ 溶液的配制与标定　固体 $Na_2S_2O_3 \cdot 5H_2O$ 容易风化，并含有少量的杂质，因此不能用直接称量的方法来配制标准溶液。$Na_2S_2O_3$ 溶液不稳定，容易分解，因为

①细菌的作用

$$Na_2S_2O_3 \xrightarrow{\text{细菌}} Na_2SO_3 + S$$

②溶解在水中 CO_2 的作用

$$S_2O_3^{2-} + CO_2 + H_2O \xlongequal{\quad} HCO_3^- + HSO_3^- + S$$

③空气的氧化作用

$$2S_2O_3^{2-} + O_2 \xlongequal{\quad} 2SO_4^{2-} + 2S$$

此外，水中微量的 Cu^{2+} 或 Fe^{3+} 等能促进 $Na_2S_2O_3$ 溶液的分解 ，因此配制溶液时，需要用新煮沸(除去 CO_2 和杀死细菌)并冷却的蒸馏水，并加入少量 Na_2CO_3 使溶液呈弱碱性，以抑制细菌再生长，这样配制的溶液比较稳定，但也不宜长期保存，使用一段时间后，要重新进行标定。如果发现溶液变浑或析出硫，就应该过滤后再标定，或者另配溶液。

(2) I_2 溶液的配制与标定　用升华法可以制得纯碘；但由于碘的挥发会腐蚀天平，不宜在分析天平上称量，而应在粗天平上称取一定量的碘；置于研钵中，加入过量的 KI，加少量水研磨，使 I_2 全部溶解，然后稀释，倾入棕色瓶中置于暗处保存。应避免 I_2 溶液与橡皮等有机物接触，还要防止 I_2 溶液见光遇热，否则 I_2 的浓度将发生变化。可用已标定好的 $Na_2S_2O_3$ 标准溶液来标定 I_2 溶液。

3. 碘量法的应用示例

铜矿石中铜的测定。

在待测 Cu^{2+} 溶液中加入过量 I^-，发生反应

$$2Cu^{2+} + 5I^- \rightleftharpoons 2CuI\downarrow + I_3^-$$

这里 I^- 既是还原剂（将 Cu^{2+} 还原为 Cu^+），又是沉淀剂（将 Cu^+ 沉淀为 CuI），还是络合剂（将 I_2 络合为 I_3^-）。生成的 I_2（或 I_3^-）用 $Na_2S_2O_3$ 标准溶液滴定，以淀粉为指示剂，以蓝色褪去为终点。其方程式为

$$I_2 + 2S_2O_3^{2-} \rightleftharpoons 2I^- + S_4O_6^{2-}$$

由于 CuI 沉淀表面吸附 I_2，往往使这部分 I_2 还未被滴定而溶液已经褪色，造成分析结果偏低。为此，可在临近终点时加入 SCN^-，使 CuI 转化为溶解度更小的 CuSCN。

$$CuI\downarrow + SCN^- \rightleftharpoons CuSCN\downarrow + I^-$$

CuSCN 不吸附 I_2，消除了由部分 I_2 被吸附造成的误差。

若待测溶液中有 Fe^{3+} 共存，由于 Fe^{3+} 也能氧化 I^- 而干扰铜的测定，可加入 NH_4HF_2

$$HF_2^- \rightleftharpoons HF + F^-$$

使 F^- 与 Fe^{3+} 生成 FeF^{3-}，降低了铁电对电位，使 Fe^{3+} 不能氧化 I^-。同时，HF_2^- 实际上是一酸碱缓冲体系（pH = 3 ~ 4），可保证间接碘量法所要求的弱酸性条件。

4. 其他方法

（1）硫酸铈法

$$Ce^{4+} + e^- \rightleftharpoons Ce^{3+} \quad \varphi^{\ominus} = 1.61\ V$$

本法应在强酸条件下使用。与高锰酸钾法相比，硫酸铈法的优点是：

①试剂 $Ce(SO_4)_2 \cdot (NH_4)_2SO_4 \cdot 2H_2O$ 易提纯，因而可以作为基准物质直接配制标准溶液；

②$Ce(SO_4)_2$ 标准溶液稳定，长时间放置后浓度不变；

③可在 HCl 介质中用 Ce^{4+} 滴定 Fe^{2+}；

④Ce^{4+} 还原为 Ce^{3+} 是单电子转移，反应简单，不生成中间产物，副反应少。

（2）溴酸钾法　溴酸钾法是利用 $KBrO_3$ 作氧化剂的滴定分析方法。$KBrO_3$ 是一种强氧化剂，在酸性溶液中，$KBrO_3$ 与还原性物质作用时，$KBrO_3$ 被还原为 Br^-，其半电池反应式为

$$BrO_3^- + 6H^+ + 6e^- \rightleftharpoons Br^- + 3H_2O \quad \varphi^{\ominus} = 1.44\ V$$

$KBrO_3$ 在水溶液中易再结晶提纯，于 180 ℃（干燥后）可以直接配制标准溶液。$KBrO_3$ 溶液的浓度也可用碘量法进行标定，在酸性溶液中，一定量的 $KBrO_3$ 与过量的 KI 作用，其反应式为

$$BrO_3^- + 6I^- + 6H^+ \rightleftharpoons Br^- + 3I_2 + 3H_2O$$

析出的 I_2 可以用 $Na_2S_2O_3$ 标准溶液滴定，以淀粉为指示剂。$KBrO_3$ 法常与碘量法配合使用。

$$I_2 + 2S_2O_3^{2-} \rightleftharpoons 2I^- + S_4O_6^{2-}$$

$KBrO_3$ 法主要用于测定有机物质。通常在 $KBrO_3$ 标准溶液中，加入过量的 KBr 将溶液酸化后，BrO_3^- 和 Br^- 发生如下反应

$$BrO_3^- + 5Br^- + 6H^+ \rightleftharpoons 3Br_2 + 3H_2O$$

生成的 Br_2 可取代某些有机化合物的氢。利用 Br_2 的取代作用，可以测定许多有机化

合物。现以测定苯酚为例来说明溴酸钾法在有机分析中的应用。

$$C_6H_5OH + 3Br_2 \rightleftharpoons C_6H_2Br_3OH + 3H^+ + 3Br^-$$

在苯酚的试样溶液中,加入一定过量的 $KBrO_3 - KBr$ 标准溶液,酸化后,则 $KBrO_3$ 和 KBr 作用产生 Br_2,Br_2与苯酚反应如下

$$Ph - OH + 3Br_2 \rightleftharpoons PhBr_3OH + 3H^+ + 3Br^-$$

待取代反应完毕后,加入 KI,使其与过量的 Br_2作用,以淀粉为指示剂,析出的 I_2用 $Na_2S_2O_3$标准溶液滴定。

习　题

1. 解释下列现象:

(1)将氯水慢慢加入到含有 Br^- 和 I^- 的酸性溶液中,以 CCl_4萃取,CCl_4层变为紫色。

(2)$\varphi^{\ominus}_{I_2/I^-}(0.535\ V) > \varphi^{\ominus}_{Cu^{2+}/Cu^+}(0.159\ V)$,但是 Cu^{2+}却能将 I^-氧化为 I_2。

(3)间接碘量法测定铜的含量时,Fe^{3+} 和 AsO_4^{3-}都能氧化 I^-析出 I_2,因而干扰铜的测定,加入 NH_4HF_2两者的干扰均可消除。

(4)Fe^{2+}的存在加速 $KMnO_4$氧化 I^-的反应。

(5)以 $KMnO_4$滴定 $C_2O_4^{2-}$时,滴入 $KMnO_4$的红色消失速度由慢到快。

(6)于 $K_2Cr_2O_7$标准溶液中,加入过量的 KI,以淀粉为指示剂,用 $Na_2S_2O_3$溶液滴定至终点时,溶液由蓝变为绿。

(7)以纯铜标定 $Na_2S_2O_3$溶液时,滴定到达终点后(蓝色消失)又返回到蓝色。

2. 根据标准电势数据,判断下列各论述是否正确。

(1)在卤素离子中,除 F^-外均能被 Fe^{3+}氧化。

(2)在卤素离子中,只有 I^-能被 Fe^{3+}氧化。

(3)金属锌可以将 Ti^{4+}还原至 Ti^{3+}。金属银却不能。

(4)在酸性介质中,将金属铜置于 $AgNO_3$溶液里,可以将 Ag^+全部还原为金属银。

(5)间接碘量法测定铜时,Fe^{3+}和 AsO_3^{3-}都能氧化 I^-析出 I_2,因而干扰铜的测定。

3. 计算在 pH = 3.0、c(EDTA) = 0.01 mol · L^{-1}时 Fe^{3+}/Fe^{2+}电对的条件电位。

4. 在 1 mol · L^{-1} HCl 溶液中,用 Fe^{3+}滴定 Sn^{2+},计算下列滴定百分数时的电位:9%,50%,91%,99%,99.9%,100.0%,100.1%,101%,110%,200%,并绘制滴定曲线。

5. 试证明在氧化还原反应中,有 H^+参加反应和有不对称电对参加反应时,平衡常数计算公式 $\lg K = \dfrac{(E_1^{\ominus} - E_2^{\ominus})}{0.059\ V}n$ 及 $\lg K' = \dfrac{(E_1^{\ominus'} - E_2^{\ominus'})}{0.059\ V}n$ 都是适用的。

6. 根据 $E^{\ominus}_{Hg_2^{2+}/Hg}$和 Hg_2Cl_2的 K_{sp},计算 $E^{\ominus}_{Hg_2Cl_2/Hg}$。如溶液中 Cl^-浓度为 0.010 mol · L^{-1},Hg_2Cl_2/Hg 电对的电势为多少?

7. 于 0.100 mol · L^{-1} Fe^{3+}和 0.250 mol · L^{-1} HCl 混合溶液中,通入 H_2S 气体使之达到平衡,求此时溶液中 Fe^{3+}的浓度。已知 H_2S 饱和溶液的浓度为 0.100 mol · L^{-1},$E^{\ominus}_{S/H_2S}$ = 0.141 V,$E^{\ominus'}_{Fe^{3+}/Fe^{2+}}$ = 0.771 V。

8. 为测定试样中的 K^+,可将其沉淀为 $K_2NaCo(NO_2)_6$,溶解后用 $KMnO_4$ 滴定

($NO_2^- \rightarrow NO_3^-$, $Co_3^- \rightarrow Co_2^-$)，计算 K^+ 与 MnO_4^- 的物质的量之比，即 $n(K):n(KMnO_4)$。

9. 分别计算 0.100 mol · L^{-1} $KMnO_4$ 和 0.100 mol · L^{-1} $K_2Cr_2O_7$ 在 H^+ 浓度为 1.0 mol · L^{-1}介质中,还原一半时的电势。计算结果说明什么?（已知 $E^{\ominus}_{MnO_4^-/Mn^{2+}}=1.23$ V, $E^{\ominus}_{Cr_2O_7^{2-}/Cr^{3+}}=1.33$ V)

10. 将一块纯铜片置于0.050 mol · L^{-1} $AgNO_3$溶液中。计算溶液达到平衡后的组成。($E^{\ominus}_{Cu^{2+}/Cu}=0.337$ V,$E^{\ominus}_{Ag^+/Ag}=0.80$ V)(提示:首先计算出反应平衡常数)

第十三章　吸光光度法

许多物质的溶液显现出颜色，例如 $KMnO_4$ 溶液呈紫红色，邻二氮菲亚铁络合物的溶液呈红色，等等。而且溶液颜色的深浅往往与物质的浓度有关，溶液浓度越大，颜色越深，而浓度越小，颜色越浅。历史上，人们用肉眼来观察溶液颜色的深浅来测定物质浓度，建立了“比色分析法”。即“目视比色法”。随着科学技术的发展，出现了测量颜色深浅的仪器，即光电比色计，建立“光电比色法。”再到后来，出现了分光光度计，建立“分光光度法”。并且其原理已早不局限于溶液颜色深浅的比较。用光电比色计、分光光度计不仅可以客观准确地测量颜色的强度，而且还把比色分析扩大到紫外和红外吸收光谱，即扩大到对无色溶液的测定。

基于物质对光选择性吸收而建立起来的分析方法，称为吸光光度法。在选定波长下，被测溶液对光的吸收程度与溶液中的吸光物质的浓度有简单的定量关系。被利用的光波范围是紫外、可见和红外光区。它所测量的是物质的物理性质——物质对光的吸收，测量所需的仪器是特殊的光学电子学仪器，所以光度法不属于传统的化学分析法，而属于近代的仪器分析，这里只是按照我国现行教学习惯把可见光的光度法作为化学分析部分的一章。

因为光度法本质上属于仪器分析法。主要应用于测定试样中微量组分的含量，所以与化学分析法相比，它有一些不同于化学分析法的特点：

(1)灵敏度高　光度法常用于测定物质中的微量组分($1\% \sim 10^{-3}\%$)。对固体试样一般可测至 $10^{-4}\%$。如果对被测组分进行先期的分离富集，灵敏度还可以提高 2 ~ 3 个数量级。

(2)准确度高　一般吸光光度法测定的相对误差为 2% ~5%，虽然这比一般化学分析法的相对误差要大(3‰以内)，但由于光度法多是用来测定微量组分的，故由此引出的绝对误差并不大，完全能够满足微量组分的测定要求。如果用精密性能更高的分光光度计测量，相对误差可低至 1% ~2%。

(3)操作简便快速　吸光光度法所用的仪器都不复杂，操作方便。先把试样处理成溶液，一般只经历显色和测量吸光度两个步骤，就可得出分析结果。

(4)应用广泛　吸光光度法广泛地应用于痕量分析的领域。几乎所有的无机离子和许多有机化合物都可直接或间接地用吸光光度法测定。还可用来研究化学反应的机理，例如测定溶液中络合物的组成，测定一些酸碱的离解常数等。因此，吸光光度法是生产和科研部门广泛应用的一种分析方法。

第一节 物质对光的选择性吸收

一、光的基本性质

光是一种与物质的内部运动有关的电磁辐射，具有波粒二象性。光的波动性可用光的波长 λ(或波数 υ)和频率 f 来描述：光的粒子性可用光量子(简称光子)的能量 E 来描述。它们之间的关系遵循下式：

$$E = hf = hc/\lambda = hc\upsilon \qquad (13-1)$$

式中：E——光量子能量；

c——光速，在真空中等于 $2.997\,9\times10^{10}\,\text{cm}\cdot\text{s}^{-1}$，约为 $3\times10^{10}\,\text{cm/s}$；

λ——以 cm 表示；

υ——频率；

h——普朗克常数 $6.626\,2\times10^{-34}\,\text{J}\cdot\text{s}$。并由式13-1可以看出：不同波长的光(辐射)具有不同的能量，波长越长，能量越低，波长越短，能量越高。

光是一种电磁波，如果按照波长或频率排列，可得到如表 13-1 所示的电磁波谱。

表 13-1 电磁波谱

波长范围	光谱区域
$<10^{-1}$ nm	γ 射线
$10^{-1}\sim10$ nm	X 射线
10 ~ 400 nm	紫外光
400 ~ 750 nm	可见光
0.75 ~ 1 000 μm	红外光
0.1 ~ 100 cm	微波
1 ~ 1 000 cm	无线电

对于波长很短(小于 10 nm)、能量大于 10^2 eV(如 γ 射线和 X 射线)的电磁波谱，粒子性比较明显，称为能谱，由此建立起来的分析方法，称为能谱分析法；波长大于 1 mm、能量小于 10^{-3} eV(如微波和无线电波)的电磁波谱，波动性比较明显，称为波谱，由此建立起来的分析方法，称为波谱分析法；波长及能量介于两者之间的电磁波谱，通常要借助于光学仪器获得，称为光学光谱，由此建立起来的分析方法，称为光学光谱分析法，简称为光谱分析法。它是一种由物质的光谱中提取有用的信息来确定物质的组成、含量和结构的仪器分析方法。

通常，物质发出的光，是包含多种频率成分的光，称为复合光。在光谱分析中，常常采用一定的方法获得只包含一种频率成分的光(即单色光)来作为分析手段。实际上，普通分析方法所获得的单色光往往不只包含一种频率成分。单色光的单色性通常用光谱的宽度(或半宽度)来表示。谱线的宽度越窄,光谱所包含的频率(或波长)范围越窄,表示光的单色性越好:如日光中红色光的波长范围是640~680 nm,而金属钠蒸气所发射的黄色光波长范围是589.0~589.6 nm,光谱宽度仅为0.6 nm,由此可以说,钠的黄光比日光中的红光单色性好得多。然而,普通的氦氖激光器发射的波长为632.8 nm的红光,其宽度却只有10^{-6}nm。可见,激光是一种理想的单色光源。

二、物质对光的选择性吸收

1. 物质对光产生选择性吸收的原因

物质的分子具有一系列不连续的特征能级,如其中的电子能级就分为能量较低的基态和能量较高的激发态。在一般情况下,物质的分子都处于能量最低的能级,只有在吸收了一定能量之后才有可能产生能级跃迁,进入能量较高的能级。

在光照射到某物质以后,该物质的分子就有可能吸收光子的能量而发生能级跃迁,这种现象就叫做光的吸收。但是,并不是任何一种波长的光照射到物质上都能够被物质所吸收。只有当照射光的能量与物质分子的某一能级恰好相等时,才有可能发生能级跃迁,与此能量相应的那种波长的光才能被吸收。或者说,能被吸收的光的波长必须符合公式$\Delta E = hc/\lambda$。

这里,$\Delta E = E_2 - E_1$,表示某一能级差的能量。由于不同物质的分子其组成与结构不同,它们所具有的特征能级不同,其能级差也不同,所以不同物质对不同波长的光的吸收就具有选择性,有的能吸收,有的不能吸收。

根据吸收物质的状态,光的能量(频率或波长)以及吸收光谱的不同,吸收可分为分子吸收和原子吸收。当受激物质(或受热能、电能、光能或其他外界能量所激发的物质)从高能态回到低能态时,往往以光辐射的形式释放出多余的能量,这种现象称为光的发射。按其发生的本质,可分为原子发射、分子发射以及X射线等。

2. 物质的颜色与吸收光的关系

在可见光中,通常所说的白光是由许多不同波长的可见光组成的复合光。由红、橙、黄、绿、青、蓝、紫这些不同波长的可见光按照一定的比例混合得到白光。进一步的研究又表明,只需要把两种特定颜色的光按一定比例混合,就可以得到白光,如绿光和紫光混合、黄光和蓝光混合,都可以得到白光。

按照一定比例混合后能够得到白光的那两种光就称为互补光,互补光的颜色就称为互补色。当一束阳光即白光照射到某一溶液上时,如果该溶液的溶质不吸收任何波长的可见光,则组成白光的各色光将全部透过溶液,透射光依然两两互补组成白光,溶液无色。如果溶质选择性地吸收了某一颜色的可见光,则只有其余颜色的光透过溶液,透射光中除了仍有两两互补的那些可见光组成的白光以外,还有未配对的被吸收光的互补光,于是溶液呈现出该互补光的颜色。例如:当白光通过$CuSO_4$溶液时,Cu^{2+}选择性地吸收了黄色光,使透过光中的蓝色光失去了其互补光,于是$CuSO_4$溶液呈现出蓝色。

3. 吸收曲线(吸收光谱)

当入射光束照射到均匀溶液时,光的反射近似忽略。如果用一束白光如钨灯光通过某一有色溶液时,一些波长的光被溶液吸收,另一些波长的光则透过。波长在200~

400 nm范围的光称为紫外光。人眼能感觉到的波长在400～750 nm之间,称为可见光。白光或日光是一种混合光,是由红、橙、黄、绿、青、蓝、紫等各种色光按一定比例混合而成的。不同波长的光呈现出不同的颜色,溶液的颜色是由透射光的波长所决定的。透射光和吸收光混合而成白光,故称这两种光为互补光,这两种颜色称为互补色。

为了更精细地研究某溶液对光的选择性吸收,通常要做该溶液的吸收曲线,即该溶液对不同波长的光的吸收程度的形象化表示。吸收程度用吸光度 A 表示,后面将详细讨论。A 越大,表明溶液对某波长的光吸收越多。图 13－1 就是 $KMnO_4$溶液的吸收曲线。可见 MnO_4^- 对波长在525 nm 附近的绿色吸收最多,而对与绿色光互补的波长在400 nm附近的色光则几乎不吸收,所以 $KMnO_4$溶液呈紫红色。吸收曲线中吸光度最大处的波长称为最大吸收波长,以 λ_{max} 表示,如 $KMnO_4$的 λ_{max} ＝525 nm。

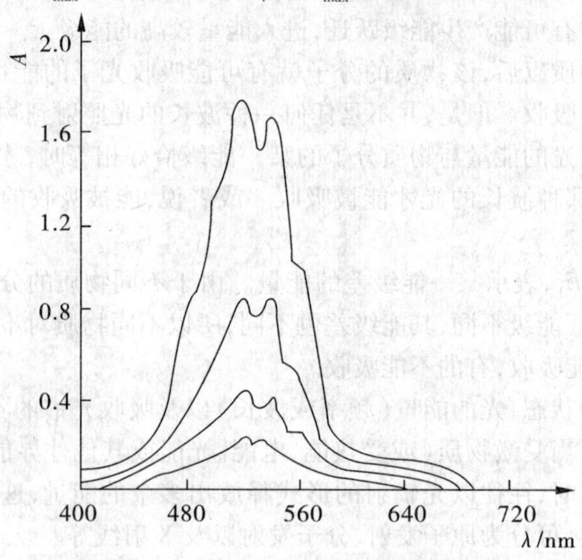

图 13－1　$KMnO_4$ 溶液的光吸收曲线

对于同一物质,当它的浓度不同时,同一波长下的吸光度 A 不同,但是最大吸收波长的位置和吸收曲线的形状不变。而对于不同物质,由于它们对不同波长的光的吸收具有选择性,因此它们的 λ_{max} 的位置和吸收曲线的形状互不相同。可以据此进行物质的定性分析。

由图 13－1 可见,对同一种物质,在一定波长时,随着其浓度的增加,吸光度 A 也相应增大;而且由于在 λ_{max} 处吸光度 A 最大,在此波长下 A 随浓度的增大更为明显。可以据此进行物质的定量分析。光度法进行定量分析的理论基础就是光的吸收定律——朗伯—比耳定律。

第二节　光吸收的基本定律

一、朗伯—比耳定律

物质对光的吸收的定量关系，早就受到科学家的注意；其中朗伯（Lambert）于1760年和比耳（Beer）在1852年分别阐明了光的吸收程度与液层厚度及溶液浓度的定量关系，二者结合称为朗伯—比耳定律，也称光的吸收定律。下面对此定律进行理论推导。

1. 朗伯—比耳定律的推导

根据量子理论，光是由光子所组成，其他能量为 $E=h\nu$。因此，吸收光的过程就是光子被吸光质点（如分子或离子）俘获，使吸光质点能量增加而处于激发状态，光子被俘获的几率取决于吸光质点的吸光截面积。如图13－2所示。

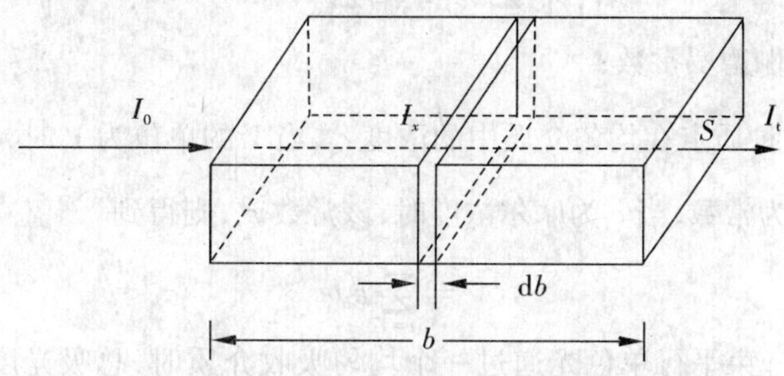

图13－2　辐射吸收示意图

如有一束强度为 I_0 的单色平行光束，垂直通过一横截面积为 S 的均匀溶液介质。在吸收介质中，光的强度为 I_x（I_x 在光束通过介质的过程中，因光能量不断被吸收而逐渐变小），当光束通过一个很薄的介质层 db 后，光强减弱了 dI_x，则厚度为 db 的吸收层对光的吸收率为 $-\frac{dI_x}{I_x}$。量子理论表明，光束强度可以看做是单位时间内流过光子的总数，于是 $-\frac{dI_x}{I_x}$ 可以看做是光束通过吸收介质是每个光子被吸光物质吸收的平均几率。另一方面，由于液层厚度 db 为无限小，所以在这个小体积单元中，所以吸光质点所占的吸收截面积之和 dS 与横截面积 S 之比 $\frac{dS}{S}$ 也可看做为该截面上光子被吸收物质吸收的几率。因此就有

$$-\frac{dI_x}{I_x}=\frac{dS}{S}$$

如果吸收介质中含有 m 种不同的吸光质点，而且它们之间没有相互影响，设 a_i 为第 i 种吸光质点对指定波长的吸收截面积，dn_i 为第 i 种吸光质点在 db 小体积单元之中的数目，则

$$dS=\sum_{i=1}^{m}a_i dn_i$$

代入上式,则得到

$$-\frac{dI_x}{I_x} = \frac{1}{S}\sum_{i=1}^{m} a_i dn_i$$

当光束通过液层厚度为 b 时,对上式两边积分,得到

$$\ln\frac{I_0}{I_t} = \frac{1}{S}\sum_{i=1}^{m} a_i n_i$$

根据吸光度的定义

$$A = \lg\frac{I_0}{I} = \frac{0.434\ 3}{S}\sum_{i=1}^{m} a_i n_i$$

截面积 S 是均匀介质的体积 V 与液层度 b 之比,即 $S=\frac{V}{b}$,代入上式,得到

$$A = 0.434\ 3\ \frac{b}{V}\sum_{i=1}^{m} a_i n_i = \sum_{i=1}^{m} 0.434\ 3\ N_A a_i b\ \frac{n_i}{N_A V}$$

式中:N_A——阿伏伽德罗常数;

$\frac{n_i}{N_A V}$——第 i 种质点在均匀介质中的浓度 c_i,当 V 的单位为 L 时,c_i 为摩尔浓度。将 $0.434\ 3\ N_A a_i$ 合并为常数,当 c_i 为摩尔浓度时,该常数 ε_i,则得到

$$A = \sum_{i=1}^{m} \varepsilon_i b c_i$$

上式表明,当一束平行单色光通过一个均匀吸收介质时,总吸光度等于吸收介质中各吸光物质吸光度之和,即吸光度具有加和性,这是进行多组分光度分析的理论基础。当吸收介质中只含有一种吸收物质时,上式可简化为

$$A = \varepsilon bc$$

2. 标准曲线的绘制及应用

朗伯—比耳定律是用光度法进行定量分析的理论基础,而工做曲线法就是在此基础上发展起来的一种具体定量测定方法。

对于一些光度法中常见的吸光物质,其 ε_{max} 值均可以在分析化学手册中查到,因此从理论上讲,只要在 λ_{max} 下测得该物质的吸光度 A_x,则由朗伯—比耳定律即可求得其浓度

$$c_x = \frac{A_x}{\varepsilon_{max} b}$$

但是实际上由于实验条件特别是仪器条件不可能与文献报道完全相同,所以用手册中的文献值 ε_{max} 来推算 c_x 必然会产生较大误差。因此,在实际测定中,文献值一般只能作为参考值。

也可以用一个已知浓度为 c_s 的标准溶液来测定在实际实验条件下的 ε_{max} 值

$$\varepsilon = \frac{A_s}{bc_s}$$

然后再用所测得的 ε_{max} 值去求算未知溶液的 ε_x。然而由于偶然误差的存在,仅凭一次测定所得到的 ε_{max} 显然不够可靠,最好多测几次取平均值。

正是从这样的思路出发,发展起一种具体定量测定方法——工作曲线法。它的做法

是：首先，根据待测溶液的大概浓度，配制一系列浓度不等的标准溶液，使其浓度范围覆盖待测溶液的浓度。然后分别测得这些标液的吸光度，并作吸光度 A 对浓度 c 的关系图。从理论上讲，各实验点应在一条通过原点的直线上。但由于偶然误差的存在，实际上各实验点只是大体上在一条直线上。根据实验点所作的直线应使各实验点均匀分布在直线两侧，使它们到直线的距离之和尽量为最小。这样作成的直线就称作工作曲线或标准曲线。此时再测得待测溶液的吸光度 A_x，在工作曲线上就可以查到与之相对应的 c_x。

工作曲线的斜率是 $\varepsilon_{max}b$，但液层厚度 b 是定值，故工作曲线法的实质是先求得 ε_{max}，再求得 c_x。只是这样求得的 ε_{max} 是由多个标液测定而得到的平均值，而且覆盖了较宽的浓度范围，因而更加可靠。

工作曲线法是光度分析中一种重要的具体定量测定方法，也是仪器分析中普遍采用的一种重要方法。

二、偏离朗伯—比耳定律的因素

根据朗伯—比耳定律，吸光度 A 与吸光物质的浓度 c 成正比，因此，以吸光度 A 对 c 作图时，应得到一条通过坐标原点的直线。但在实际工作中，常常遇到偏离线性关系的现象，即曲线向下或向上发生弯曲，产生负偏离或正偏离，如图 13－3 所示。

偏离朗伯—比耳定律的因素很多，但基本上可以分为物理方面的因素和化学方面的因素两大类。分别讨论如下：

1. 物理因素

(1) 单色光不纯所引起的偏离　在光度分析仪器中，使用的是连续光源，用单色器分光，用狭缝控制光谱带的密度，因而投射到吸收溶液的入射光，常常是一个有限宽度的光谱带，而不是真正的单色光。由于非单色光使吸收光谱的分辨率下降，因而导致了对朗伯—比耳定律的偏离。

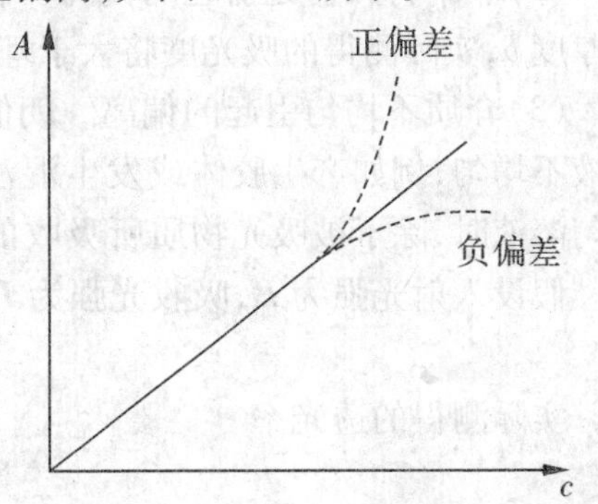

图 13－3　朗伯—比耳定律偏离示意图

假设入射光只是由两个波长为 λ_1 和 λ_2 的光所组成，其入射光强度分别为 I_{o1} 和 I_{o2}，当该入射光通过一个浓度为 $c(\text{mol}\cdot\text{L}^{-1})$、厚度为 $b(\text{cm})$ 的溶液后，透射光强度分别减弱为 I_1 和 I_2，溶液对这两个波长的吸光度分别为 A_1 和 A_2。由于波长 λ_1 和 λ_2 的光均为单色光，故它们均符合朗伯—比耳定律

$$A_1 = \varepsilon_1 bc = -\lg\frac{I_1}{I_{01}}$$

$$A_2 = \varepsilon_2 bc = -\lg\frac{I_2}{I_{02}}$$

故

$$I_1 = I_{01}10^{-\varepsilon_2 bc}$$

$$I_2 = I_{02}10^{-\varepsilon_2 bc}$$

但实际上并不能分别测得 A_1 和 A_2，而只能测得总吸光度 $A_{总}$，而

$$A_{总} = -\lg\frac{I_{总}}{I_{0总}} = -\lg\frac{I_1 + I_2}{I_{01} + I_{02}}$$

$$= -\lg\frac{I_{01}10^{-\varepsilon_1 bc} + I_{02}10^{-\varepsilon_2 bc}}{I_{01} + I_{02}}$$

如果λ_1、λ_2相差不大，即$\Delta\lambda = |\lambda_1 - \lambda_2|$很小，可以近似认为

$$\varepsilon_1 = \varepsilon_2 = \varepsilon$$

于是

$$A_{总} = -\lg\frac{10^{-\varepsilon bc}(I_{01} + I_{02})}{I_{01} + I_{02}} = \varepsilon bc$$

即总吸光度$A_{总}$仍然符合朗伯—比耳定律。但如果$\Delta\lambda$较大，则$\varepsilon_1 \neq \varepsilon_2$，显然总吸光度$A_{总}$不可能符合朗伯—比耳定律，表现为工作曲线偏离直线。

为了克服非单色引起的偏离，应尽量设法得到比较窄的入射光谱带，这就需要有比较好的单色器。棱镜和光栅的谱带宽度仅几个纳米，对于一般光度分析是足够窄的。此外，还应将入射光波长选择在被测物的最大吸收波长处。这不仅是因为在λ_{max}处测定的灵敏度最高，还由于在λ_{max}附近的一个小范围内吸收曲线较为平坦，在λ_{max}附近各波长的光的ε值大体相等，因此在λ_{max}处由于非单色光引起的偏离要比在其他波长处小得多。

（2）非平行入射光引起的偏离　非平行入射光将导致光束的平均光程b'大于吸收池的厚度b，实际测得的吸光度将大于理论值。

（3）介质不均匀引起的偏离　朗伯—比耳定律要求吸光物质的溶液是均匀的。如果溶液不均匀，例如产生胶体或发生混浊，就会发生工作曲线偏离直线。当入射光通过不均匀溶液时，除了被吸光物质所吸收的那部分光强以外，还将有部分光强因散射等而损失。假设入射光强为I_0，吸收光强为I_a，透射光强为I，损失的散射光强为I_r，则

$$I_0 = I_a + I_r + I$$

实际测得的透光率

$$T_{实} = \frac{I}{I_0} = \frac{I_0 - I_\alpha - I_r}{I_0}$$

如果没有发生散射，$I_r = 0$，I_a不变，则理想的透光率

$$T_{理} = \frac{I}{I_0} = \frac{I_0 - I_a}{I_0}$$

可见$T_{实} < T_{理}$，或$A_{实} > A_{理}$。即实际的吸光度比理想的吸光度偏高。而一旦产生胶体，往往是吸光物质的浓度越大，所产生的胶体的浓度也越大，散射也越严重，吸光度偏高得越多，从而使工作曲线偏离直线向吸光度轴弯曲。故在光度法中应避免溶液产生胶体或混浊。

2. 化学因素

（1）溶液浓度过高引起的偏离　朗伯—比耳定律是建立在吸光质点之间没有相互作用的前提下。但当溶液浓度较高时，吸光物质的分子或离子间的平均距离减小，从而改变物质对光的吸收能力，即改变物质的摩尔吸收系数。浓度增加，相互作用增强，导致在高浓度范围内摩尔吸收系数不恒定而使吸光度与浓度之间的线性关系被破坏。

（2）化学变化所引起的偏离　溶液中吸光物质常因解离、缔合、形成新的化合物或在

光照射下发生互变异构等,从而破坏了平衡浓度与分析浓度之间的正比关系,也就破坏了吸光度 A 与分析浓度 c 之间的线性关系。产生对朗伯—比耳定律的偏离。

例如:可用光度法测定 $Cr_2O_7^{2-}$ 的浓度。但若将某分析浓度为 c 的 $K_2Cr_2O_7$ 溶液分别用水稀释,得到了分析浓度分别为 $\frac{1}{2}c,\frac{1}{3}c,\frac{1}{4}c$ 的 $K_2Cr_2O_7$ 标液,测定这些标准溶液的吸光度,并对各分析浓度做工作曲线,结果发现工作曲线偏离直线。这是因为 $Cr_2O_7^{2-}$ 在溶液中有平衡反应

$$Cr_2O_7^{2-} + H_2O \rightleftharpoons 2CrO_4^{2-} + 2H^+$$

当稀释时,平衡向左移动,故溶液中实际存在的 $Cr_2O_7^{2-}$ 型体的浓度要低于其分析浓度。而且稀释倍数越大,$Cr_2O_7^{2-}$ 的实际浓度比分析浓度的降低就越显著,因而造成了工作曲线弯曲。为了克服这种偏离,应控制溶液的酸度为强酸性,此时,Cr(Ⅵ)总以 $Cr_2O_7^{2-}$ 的型体存在,使工作曲线的直线关系得到遵从。

第三节　吸光光度法的仪器

一、分光光度计的主要部件

1. 光源(或称辐射源)

分光光度计所用的光源,应该在尽可能宽的波长范围内给出连续光谱,应有足够的辐射强度、良好的辐射稳定性等特点。可见分光光度计的光源一般是钨灯,钨灯发出的复合光波长在 400~1 000 nm 之间,覆盖了整个可见光光区。为了保持光源发光强度的稳定,要求电源电压十分稳定,因此光源前面装有稳压器。

2. 单色器(分光系统)

分光系统(单色器)是一种能把光源辐射的复合光按波长的长短色散,并能很方便地从其中分出所需单色光的光学装置,如图 13-4。包括狭缝和色散元件两部分。色散元件用棱镜或光栅做成。

棱镜是根据光的折射原理而将复合光色散为不同波长的单色光。然后再让所需波长的光通过一个很窄的狭缝照射到吸收池上。由于狭缝的宽度很窄,只有几个纳米,故得到的单色光比较纯。

光栅是根据光的衍射和干涉原理来达到色散目的的。然后也是让所需波长的光经过狭缝照射到吸收池上,所以得到的单色光也比较纯。光栅色散的波长范围比棱镜宽,而且色散均匀。

3. 吸收池(比色皿)

吸收池又称比色皿,是由无色透明的光学玻璃或熔融石英制成的,用于盛装试液和参比溶液。比色皿一般为长方形。有各种规格,如 0.5 cm,1 cm,2 cm 等。(这里规格指比色皿内壁间的距离,实际是液层厚度)同一组吸收池的透光率相差应小于 0.5%。

4. 检测系统

检测系统是把透过吸收池后的透射光强度转换成电讯号的装置,故又称为光电转换

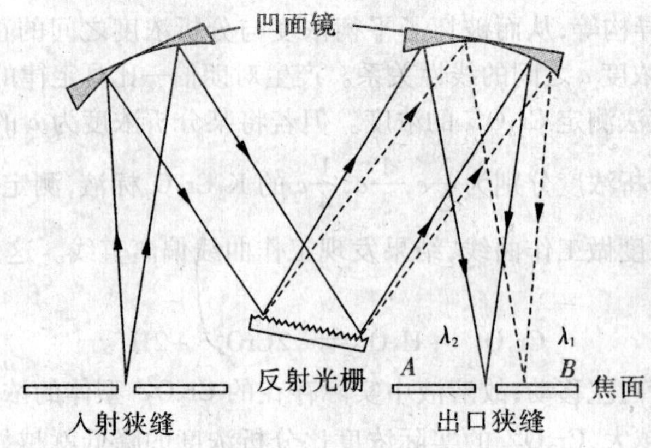

(a)Czerney-Turner光栅单色器

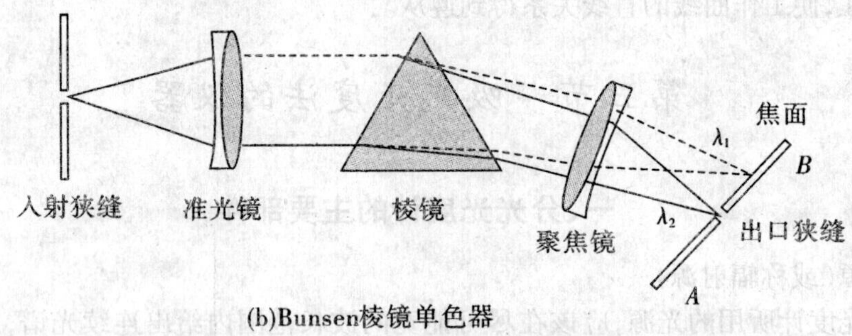

(b)Bunsen棱镜单色器

图 13-4 光栅和棱镜单色器构成图

器。只有通过接收器，才能将透射光转换成与其强度成正比的电流强度 i，也才有可能通过监测电流的大小来获得透光强度 I 的信息。检测系统应具有灵敏度高、对透过光的响应时间短、同响应的线性关系好以及对不同波长的光具有相同的响应可靠性等特点。分光光度计中常用的检测器是光电池、光电管和光电倍增管三种。

(1)光电池　光电池是用某种半导体材料制成的光电转换元件。在分光光度计中广泛应用的是硒光电池。硒光电池是由三层物质所组成的，其表层是导电性能良好的可透光金属，如用金、铂等制成的薄膜；中层是具有光电效应的半导体材料硒；底层是铁或铝片。当光透过上层金属照射到中层的硒片时，就有电子从半导体硒的表面逸出。由于电子只能单向流动到上层金属薄膜，使之带负电，成为光电池的负极。硒片失去电子后带正电，使下层铁片也带正电，成为光电池的正极。这样，在金属薄膜和铁片之间就会产生电位差，线路接通后，便会产生与照射光强度成正比的光电流。硒光电池产生的光电流可以用普通的灵敏检流计测量。但当光照射时间较长时，硒光电池会产生“疲劳”现象，无法正常工作，必须暂停使用。

(2)光电管　光电管是一种二极管，它是在玻璃或石英泡内装有两个电极，阳极通常是一个镍环或镍片，阴极为一金属片上涂一层光敏物质，如氧化铯的金属片，这种光敏物质受到光线照射时可以放出电子。当光电管的两极与一个电池相连时，由阴极放出的电子将会在电场的作用下流向阳极，形成光电流，并且光电流的大小与照射到它上面的光强度成正比。管内可以抽成真空，叫做真空光电管；也可以充进一些气体，叫充气光电管。由于光电管产生的光电流很小，需要用放大装置将其放大后才能用微安表测量，其结构如图 13－5 所示

（3）光电倍增管　光电倍增管实际上是一种加上多级倍增电极的光电管，其结构如图 13－6 所示。所示外壳由玻璃或石英制成，阴极表面涂上光敏物质，在阴极 C 和阳极 A 之间装有一系列次级电子发射极，即电子倍增极 D_1、D_2、…。阴极 C 和阳极 A 之间加直流高压（约 1 000 V），当辐射光子撞击阴极时发射光电子，该电子被电场加速并撞击第一倍增极 D_1，撞出更多的二次电子，依此不断进行，像“雪崩”一样，最后阳极收集到的电子数将是阴极发射电子数的 $10^5 \sim 10^6$ 倍。与光电管不同，光电倍增管的输出电流随外加电压的增加而增加，且极为敏感，这是因为每个倍增极获得的增益取决于加速电压。因此，光电倍增管的外加电压必须严格控制。光电倍增管的暗电流愈小，质量愈好。光电倍增管灵敏度高，是检测微弱光最常见的光电元件，可以用较窄的单色器狭缝，从而对光谱的精细结构有较好的分辨能力。

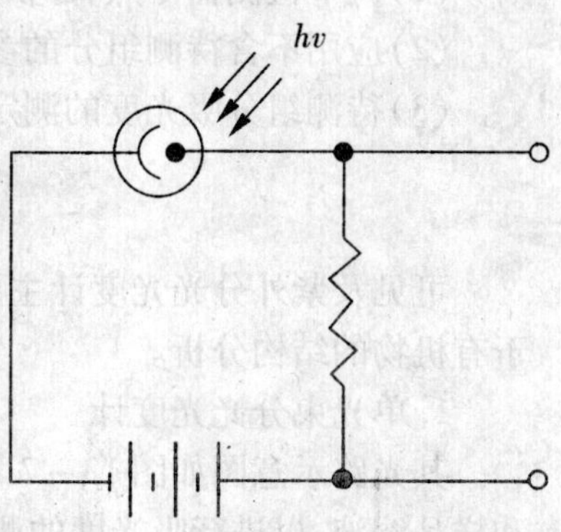

图 13－5　真空光电二极管

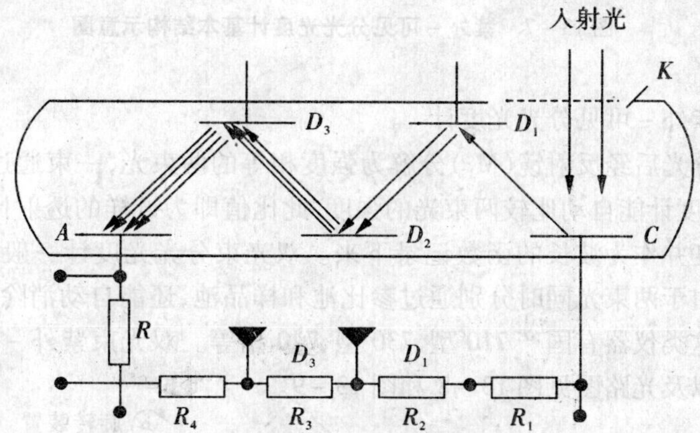

K—窗口　C—光阴极　D_1、D_2、D_3—次电子发射极

A—阳极　R_1、R_2、R_3、R_4—电阻

图 13－6　光电倍增管工作原理图

5. 信号指示系统

它的作用是放大信号并以适当的方式指示或记录。常用的信号指示装置有直流检流计、电位调零装置、数字显示及自动记录装置等。现在许多分光光度计配有微处理机，一方面可以对仪器进行控制，另一方面可以进行数据处理。

二、吸光度的测量原理

分光光度计实际上测得的是光电流或电压，通过转换器将测得的电流或电压转换为

对应的吸光度 A。测定时，只要将待测物质推入光路，即可直接读出吸光度值。

测定步骤：

(1)调节检测器零点，即仪器的机械零点。

(2)应用不含待测组分的参比溶液调节吸光零点。

(3)待测组分吸光度的测定。

三、分光光度计的类型

可见及紫外分光光度计主要用于无机和有机物的含量分析，红外分光光度计主要用于有机物的结构分析。

1.单光束分光光度计

其光路示意图如图13－7所示，经单色器分光后的一束平行光，轮流通过参比溶液和样品溶液，以进行吸光度的测定。这种简易型分光光度计结构简单，操作方便，维修容易，适用于常规分析。国产722型、751型、724型、英国SP500型以及Backman DU－8型等均属于此类光度计。

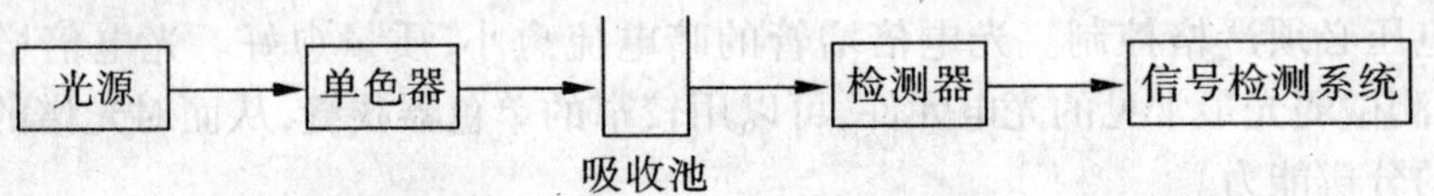

图13－7　紫外－可见分光光度计基本结构示意图

2.双光束紫外－可见分光光度计

经单色器分光后经反射镜(M_1)分解为强度相等的两束光，一束通过参比池，另一束通过样品池，光度计能自动比较两束光的强度，此比值即为试样的透射比，经对数变换将它转换成吸光度并作为波长的函数记录下来。双光束分光光度计一般都能自动记录吸收光谱曲线。由于两束光同时分别通过参比池和样品池，还能自动消除光源强度变化所引起的误差。这类仪器有国产710型、730型、740型等。双光束紫外－可见分光光度计的工作原理图以及光路图见图13－8和图13－9。

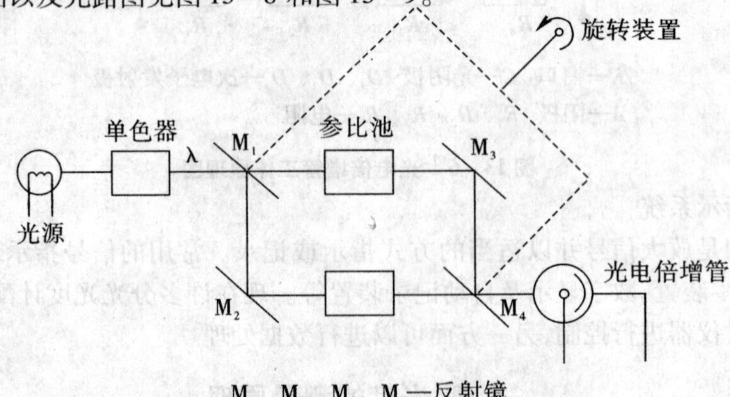

图13－8　单波长双光束分光光度计原理图

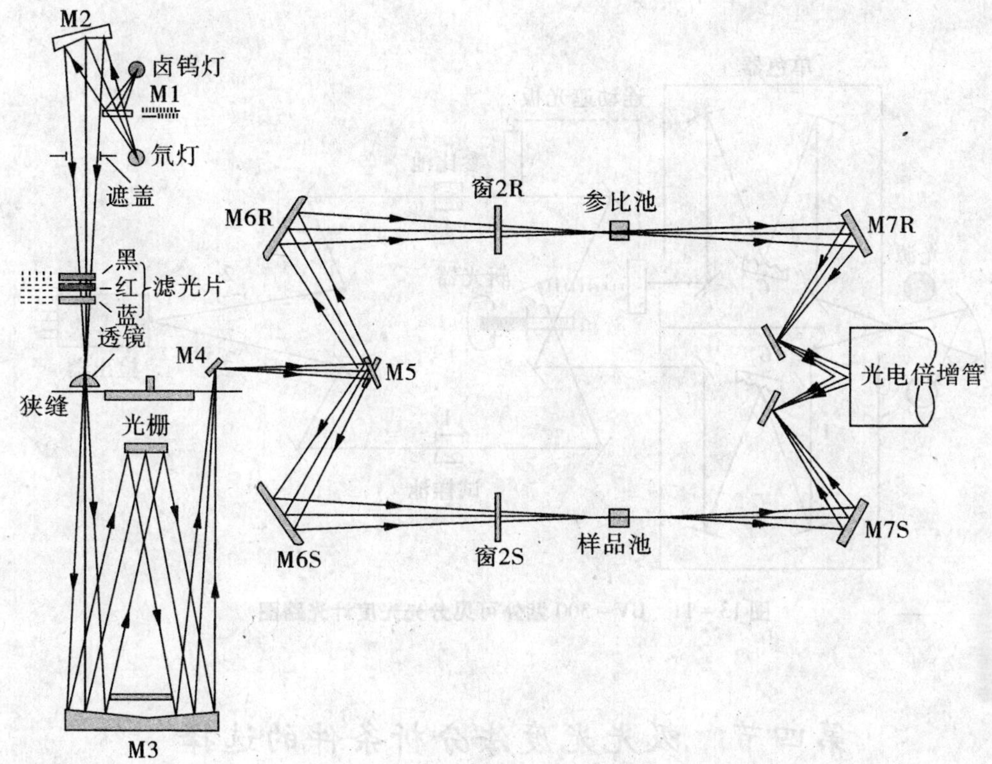

图 13－9　Pye Unicam SP8－200 紫外－可见分光光度计光路图

3. 双波长分光光度计

工作原理图以及光路图见图 13－10 和图 13－11 所示。由同一光源发出的光被分成两束，分别经过两个单色器，得到两束不同波长（λ_1 和 λ_2）的单色光；利用切光器使两束光以一定的频率交替照射同一吸收池，然后经过光电倍增管和电子控制系统，最后由显示器显示出两个波长处的吸光度差值 ΔA（$\Delta A = A_{\lambda_1} - A_{\lambda_2}$）。对于多组分混合物、混浊试样（如生物组织液）分析，以及存在背景干扰或共存组分吸收干扰的情况下，利用双波长分光光度法，往往能提高方法的灵敏度和选择性。利用双波长分光光度计，能获得导数光谱。通过光学系统转换，使双波长分光光度计能很方便地转化为单波长工作方式。如果能在 λ_1 和 λ_2 处分别记录吸光度随时间变化的曲线，还能进行化学反应动力学研究。双波长仪器的主要特点是可以降低杂散光，光谱精度高。

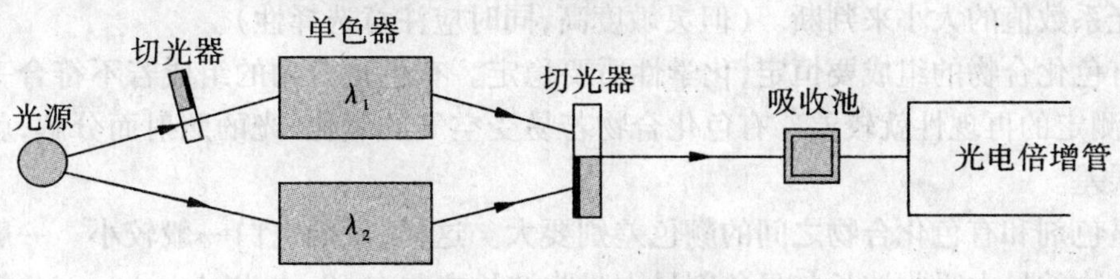

图 13－10　双波长分光光度计原理图

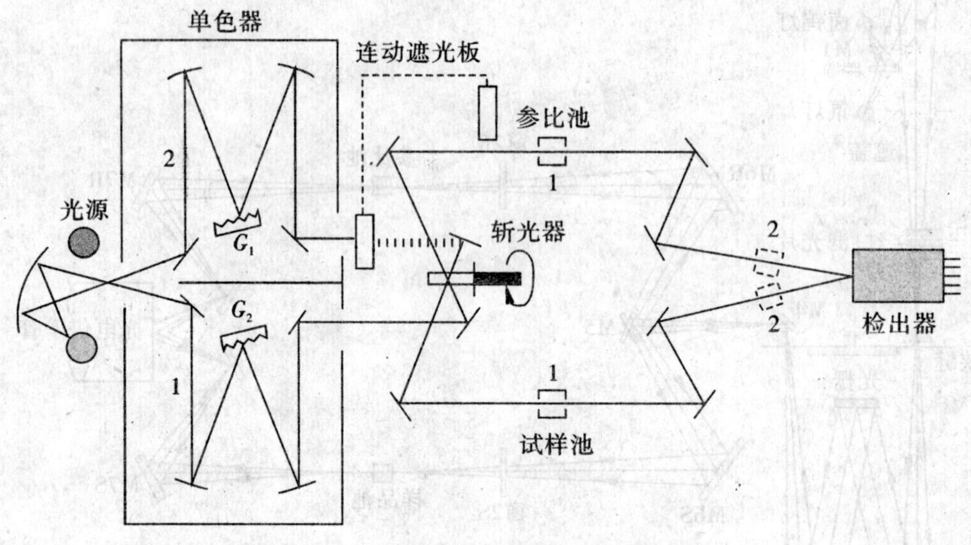

图 13-11 UV-300 紫外可见分光光度计光路图

第四节 吸光光度法分析条件的选择

一、显色反应及其条件的选择

1. 显色反应和显色剂

在光度分析中，将试样中被测组分转变成有色化合物的化学反应叫显色反应。

(1)显色反应 显色反应可分两大类，即配位反应和氧化还原反应，而配位反应是最主要的显色反应。与被测组分化合成有色物质的试剂称为显色剂。同一被测组分常可与若干种显色剂反应，生成多种有色化合物，其原理和灵敏度亦有差别。一种被测组分究竟应该用哪种显色反应，可根据所需标准加以选择。

①选择性要好。一种显色剂最好只与一种被测组分起显色反应。或若干扰离子容易被消除，或者显色剂与被测组分和干扰离子生成的有色化合物的吸收峰相隔较远。

②灵敏度要高。灵敏度高的显色反应有利于微量组分的测定。灵敏度的高低，可从摩尔吸光系数值的大小来判断。(但灵敏度高，同时应注意选择性)

③有色化合物的组成要恒定，化学性质要稳定。有色化合物的组成若不符合一定的化学式，测定的再现性就较差。有色化合物若易受空气的氧化、光的照射而分解，就会引入测量误差。

④显色剂和有色化合物之间的颜色差别要大。这样，试剂空白一般较小。一般要求有色化合物的最大吸收波长与显色剂最大吸收波长之差在 60 nm 以上。

即

$$\Delta\lambda = \lambda_{最大}^{MR} - \lambda_{最大}^{R} > 60\ \text{nm}$$

⑤显色反应的条件要易于控制。如果条件要求过于严格，难以控制，测定结果的再现性就差。

(2)显色剂　许多无机试剂能与金属离子起显色反应，如 Cu^{2+} 与氨水生成 $[Cu(NH_3)_4]^{2+}$；硫氰酸盐与 Fe^{3+} 生成红色的配离子 $FeSCN^{2+}$ 或 $[Fe(SCN)_5]^{2-}$，等等。

许多有机试剂在一定条件下能与金属离子生成有色的金属螯合物。它的优点有：

①灵敏度高。大部分金属螯合物呈现鲜明的颜色，摩尔吸光系数都大于 10^4。而且螯合物中金属所占比率很低，提高了测定灵敏度。

②稳定性好。金属螯合物都很稳定，一般离解常数很小，而且能抗辐射。

③选择性好。绝大多数有机螯合剂在一定条件下只与少数或某一种金属离子配位。而且同一种有机螯合物与不同的金属离子配位时，生成各有特征颜色的螯合物。

④扩大光度法应用范围，虽然大部分金属螯合物难溶于水，但可被萃取到有机溶剂中，大大发展了萃取光度法。

有机显色剂与金属离子能否生成具有特征颜色的化合物，主要与试剂的分子结构密切相关。

有机显色剂分子中一般都含有生色团和助色团。生色团是某些含不饱和键的基团，如：—N ═N—（偶氮基）、=〈 〉=（对醌基）、═C ═O（羰基）、═C ═S（硫羰基）等，这些基团中的 π 电子被激发时所需能量较小，波长小于 200 nm 以上的光就可以做到，故往往可以吸收可见光而表现出颜色。

助色团是某些含孤电子对的基团，如氨基（$-NH_2$）、羟基（—OH）和卤代基（—Cl、—Br、—I）等。这些基团与生色团及生色团上的不饱和键相互作用，可以影响生色团对光的吸收，使颜色加深。

所以，简单地说，某些有机化合物及其螯合物之所以表现出颜色，就在于它们具有特殊的结构。而它们的结构中含有生色团和助色团则是它们有色的基本原因。

常用的有机显色剂见表 13－2。

表 13－2　一些常用的显色剂

	试　剂	结构式	离解常数	测定离子
无机显色剂	硫氰酸盐	SCN^-	$pK_a=0.85$	Fe^{2+}，M(V)，W(V)
	钼酸盐	MoO_4^{2-}	$pK_{a_2}=3.75$	Si(Ⅳ)，P(Ⅴ)
	过氧化氢	H_2O_2	$pK_a=11.75$	Ti(Ⅳ)

续表 13 - 2

	试　剂	结构式	离解常数	测定离子
有机显色剂	邻二氮菲	N N	$pK_a=4.96$	Fe^{2+}
	双硫腙	NH—NH C=S N=N	$PK_a=4.6$	pb^{2+}, Hg^{2+}, Zn^{2+}, Bi^{+} 等
	丁二酮肟	$H_3C—C——C—CH_3$ HON NOH	$pK_a=10.54$	Ni^{2+}, Pd^{2+}
	铬天青 S (CAS)	HO CH_3 CH_3 O HOOC COOH Cl Cl SO_3H	$pK_{a_3}=2.3$ $pK_{a_4}=4.6$ $pK_a=11.55$	Be^{2+}, Al^{3+}, Y^{3+}, Ti^{4+}, Zr^{4+}, Hf^{4+}
	茜素红 S	O OH C OH C SO_3^- O	$pK_{a_2}=5.5$ $pK_{a_3}=11.0$	Al^{3+}, Ga^{3+}, Zr(Ⅳ), Th(Ⅳ), F^-, Ti(Ⅳ)
	偶氮胂Ⅲ①	AsO_3H_2 OH OH AsO_3H_2 N—N N—N ^-O_3S SO_3^-	-	UO_2^{2+}, Hf(Ⅳ), Th^{4+}, Zr(Ⅳ), RE^{3+}, Y^{3+}, Sc^{3+}, Ga^{3+} 等
	4 -（2 - 吡啶氮）- 间苯二酚 (PAR)	N N=N OH OH	$pK_{a_1}=3.1$ $pK_{a_2}=5.6$ $pK_{a_3}=11.9$	Co^{2+}, pb^{2+}, Ga^{3+}, Nb(Ⅴ), Ni^{2+}
	1 -（2 - 吡啶氮）- 萘 (PAN)	N N=N HO	$pK_{a_1}=2.9$ $pK_{a_2}=11.2$	Co^{2+}, Ni^{2+}, Zn^{2+}, Pb^{2+}
	4 -（2 - 噻唑偶氮）- 间苯二酚 (TAR)	S N N—N OH OH	-	Co^{2+}, Ni^{2+}, Cu^{2+}, Pb^{2+}

注：①$K_1=1.3\times10^{-2}$, $K_2=1.1\times10^{-3}$, $K_3=2.3\times10^{-4}$, $K_4=9\times10^{-5}$, $K_5=1.7\times10^{-6}$, $K_6=2.3\times10^{-8}$, $K_7=5\times10^{-10}$, $K_8=1.4\times10^{-12}$。

2. 显色反应条件的选择

显色反应的进行是有条件的，只有控制适宜的反应条件才能使显色反应按预期方式进行，才能达到利用光度法对无机离子进行测定的目的，因此显色反应条件的选择是十分重要的。适宜的反应条件主要是通过实验来确定的。

(1)显色剂的用量　显色剂选定了以后,还必须选择显色剂的用量。生成配合物的显色反应可用下式表示

$$M + nR \rightleftharpoons MR_n$$

$$\beta_n = \frac{[MR_n]}{[M][R]^n} \text{或} \frac{[MR_n]}{[M]} = \beta_n [R]^n$$

式中:M——待测金属离子;

R——配位体显色剂;

β_n——配合物累积稳定常数。

从上式可见,当 R 的平衡浓度[R]一定时,M 生成 MR_n 的转化率才一定。对 β_n 很大的稳定配合物来说,只要显色剂适当过量时,显色反应都会基本定量完成,显色剂过量的多少影响不明显;而对于 β_n 小的不稳配合物或可形成逐级配合物时,显色剂的用量关系较大,一般就需过量较多或必须严格控制用量。如以 SCN^- 作为显色剂测定钼时,要求生成红色的 $Mo(SCN)_5$ 配合物进行测定,当 SCN^- 浓度过高时,会生成 $Mo(CNS)_6^-$ 而使颜色变浅,ε 降低;而用 SCN^- 测定 Fe(Ⅲ)时,随 SCN^- 浓度增大,配合物逐渐增加,颜色也逐步加深。因此,必须严格控制 SCN^- 的用量,才能获得准确的分析结果。显色剂用量可通过实验选择,在固定金属离子浓度的情况下,作吸光度随显色剂浓度的变化曲线,选取吸光度恒定时的显色剂用量。

显色剂的用量可以通过实验来确定,实验的方法是固定被测物质的浓度和其他条件,用不同量的显色剂显色,显色后在测定波长下测量不同显色剂用量时的吸光度。以显色剂的用量(c_R)为横坐标,溶液的吸光度为纵坐标绘制曲线如图 13-12 所示。通常得到三种情况:(a)在显色剂用量未达到反应所需的用量时,溶液的吸光度随着反显色剂的用量的增加而增加,当达到某一用量时,吸光度达到最大,再增加显色剂用量对吸光度影响较小,如图 13-12(a)所示。(b)与情况(a)的区别在于显色剂的用量超过某一用量时,溶液的吸光度开始下降,因此,显色剂的用量是在一定范围内,如图 13-12(b)所示,显色剂的用量 c 应该满足 $c_1 < c < c_2$。(c)的情况是在增加显色剂的用量时,溶液的吸光度不断增大,而没有一个平台出现,因此选择显色剂的用量时应该严格控制显色剂的量,以保证得到被测物的准确结果。

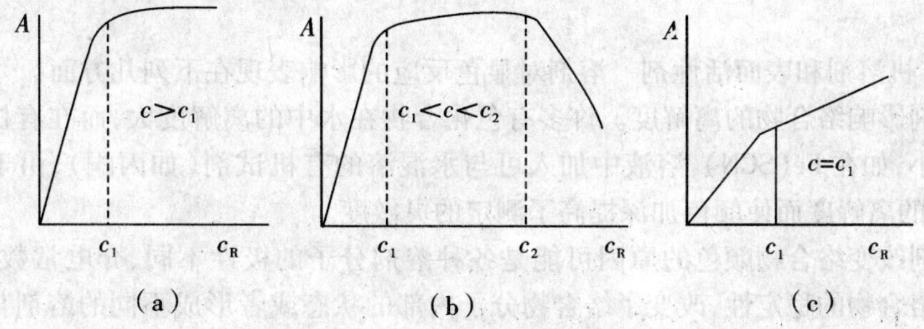

图 13-12　吸光度和显色剂用量曲线

(2)溶液的酸度　介质的酸度往往是显色反应的一个重要条件。酸度的影响因素很多,主要从显色剂及金属离子两方面考虑。

多数显色剂是有机弱酸或弱碱，介质的酸度直接影响着显色剂的离解程度，从而影响显色反应的完全程度。当酸度高时，显色剂离解度降低，显色剂可配位的阴离子浓度降低，显色反应的完全程度也跟着降低。对于多级配合物的显色反应来说，酸度变化可形成具有不同配位比的配合物，产生颜色的变化。在高酸度下多生成低配位数的配合物，可能没有达到金属离子的最大配位数，当酸度低（pH 大）时，游离的配位体阴离子浓度相应变大，使得可能生成高配位数的配合物。

不少金属离子在酸度较低的介质中，会发生水解而形成各种型体的羟基、多核羟基配合物，有的甚至可能析出氢氧化物沉淀，或者由于生成金属离子的氢氧化物而破坏了有色配合物，使溶液的颜色完全褪去。

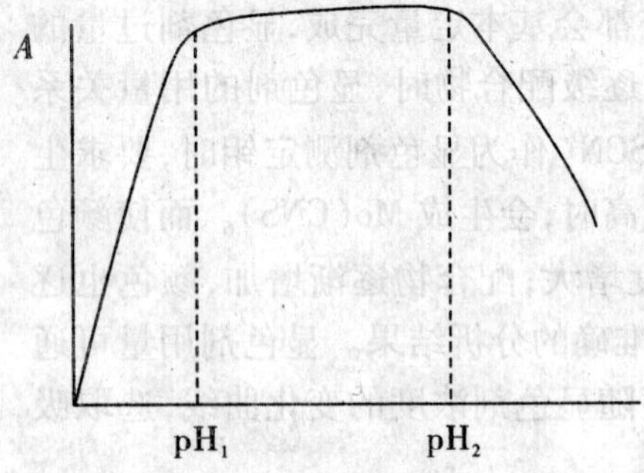

图 13-13 A-pH 的关系曲线

例如邻二氮菲与 Fe^{2+} 的反应，酸度太高，邻二氮菲将发生质子化副反应，降低反应的完全度；酸度太低，Fe^{2+} 又会水解甚至沉淀；二者可以发生反应的 pH 范围是 2～9，但是最佳的反应的 pH 范围应该通过具体实验来确定。另外，酸度对络合物的存在形态也可能有影响，从而使其颜色发生改变。所以，也必须通过实验确定适宜的酸度范围。具体做法是，固定其他条件不变，配制一系列 pH 不同的溶液，分别测定它们的吸光度 A。作 A-pH 曲线如图 13-13。曲线中间一段 A 较大而又恒定的平坦部分所对应的 pH 范围，可以从中选择一个 pH 范围就是适宜的酸度范围。

（3）时间和温度　时间对显色反应的影响表现在两个方面：一方面它反映了显色反应速度的快慢，另一方面它又反映了显色络合物的稳定性。因此测定时间的选择必须综合考虑这两个方面。对于慢反应，应等待反应达到平衡后再进行测定；而对于不稳定的显色络合物，则应在吸光度下降之前及时测定。当然，对那些反应速度很快，显色络合物又很稳定的体系，测定时间影响很小。

多数显色反应的反应速度很快，室温下即可进行。只有少数显色反应速度较慢，需加热以促使其迅速完成。但温度太高可能使某些显色剂分解。故适宜的温度也应由实验确定。

（4）有机溶剂和表面活性剂　溶剂对显色反应的影响表现在下列几方面：

①溶剂影响络合物的离解度。许多有色化合物在水中的离解度大，而在有机溶剂中的离解度小，如在 $Fe(SCN)_3$ 溶液中加入可与水混溶的有机试剂（如丙酮），由于降低了 $Fe(SCN)_3$ 的离解度而使颜色加深提高了测定的灵敏度。

②溶剂改变络合物颜色的原因可能是各种溶剂分子的极性不同、介电常数不同，从而影响到络合物的稳定性，改变了络合物分子内部的状态或者形成不同的溶剂化合物的结果。

（5）共存离子的干扰及消除　在光度法中共存离子的干扰是一个经常要遇到的问题。例如待测离子 M^{n+} 与显色剂到 R 发生显色反应生成 MR_m^{n+}，如果有共存离子 N^{p+} 存在，则 N^{p+} 可能对 M^{n+} 的测定发生干扰。这种干扰或者直接表现为 N^{p+} 有色，或者虽然

N^{p+}无色，但它也能与R生成有色络合物NR_n^{p+}，从而造成测定MR_m^{n+}的误差。通常可以采取以下一些措施来消除干扰。

①控制酸度。这实际上是利用显色剂的酸效应来控制显色反应的完全程度。例如用双硫腙光度法测Hg^{2+}，共存的Cd^{2+}、Pb^{2+}等也能与双硫腙生成有色络合物，因而干扰Hg^{2+}的测定。但由于双硫腙汞络合物的K值最大因而最稳定，故可以在强酸条件下测定；而此时其他离子的双硫腙络合物则由于K值较小而不能稳定存在，因而无法显色。通过控制强酸条件就可以消除Cd^{2+}、Pb^{2+}等离子对测Hg^{2+}的干扰。

②加入掩蔽。例如用光度法测MnO_4^-，在$\lambda_{max}=525$ nm下共存的Fe^{3+}的干扰。加入络合剂络合Fe^{3+}，络合剂起到了掩蔽Fe^{3+}的作用。

又如SCN^-显色测定Co^{2+}时，Fe^{3+}干扰，加入NaF，使得Fe^{3+}络合为FeF_6^{3-}，将干扰离子掩蔽，直接测定Co^{2+}。

③选择合适的波长。例如在$\lambda_{max}=525$ nm处测定MnO_4^-时，共存的$Cr_2O_7^{2-}$也有吸收因而产生干扰，为此可改在545 nm处测定MnO_4^-。此时虽然测定MnO_4^-的灵敏度有所降低，但由于$Cr_2O_7^{2-}$在此波长无吸收，它的干扰被消除。

④选择合适的参比溶液。例如在用铬天青*S*光度法测Al^{3+}时，在$\lambda_{max}=525$ nm下共存的Co^{2+}、Ni^{2+}等有色离子也有吸收因而发生干扰。此时可将一份待测试液中加入NH_4F及铬天青，以此作为参比溶液。由于Al^{3+}可以与F^-形成稳定的无色络合物，无法再与铬天青等反应而显色，而此时Co^{2+}、Ni^{2+}等有色物质仍然在溶液中。所以当以此溶液作为参比溶液时，就即可以抵消显色剂本身有色所造成的干扰，也可以抵消Co^{2+}、Ni^{2+}等有色离子所造成的干扰。

二、吸光光度法的测量误差及测量条件的选择

同任何其他仪器一样，光度计测量的精确程度也是有限度的。

1. 仪器的测量误差

这是因为总存在着一些难以控制的偶然因素。如电子元件性能的不十分稳定，杂散光的干扰等，造成了测量中的某种程度的不确定性。正是由于这种不确定性，限制了仪器的测量精度，造成了仪器的测量误差。习惯上把造成仪器测量误差的偶然因素统称为噪音。仪器的测量误差属于偶然误差。

以普通分光度计为例，由噪音引起的测量不确定性直接表现为检测器的光电流读数的不确定性；而光电流又是与透光率成正比的，因此这种不确定性又表现为透光率读数的不确定性。一般这种T读数的不确定性最大不超过±0.01，这个由噪音引起的最大不确定性ΔT的大小是固定的，与T本身的大小无关。即$\Delta T=\pm0.01$。

但是光度分析的目的是通过吸光度A测得c，那么由这个固定的ΔT所引起的浓度c的测量相对误差是多少呢？这就涉及到误差传递问题，即透光率T的测量误差是如何传递到浓度c。这里不对误差传递的规律作详细讨论，仅就涉及的问题作简单介绍。

首先考察吸光度A的测量误差与浓度c的测量误差之间的关系。若在测量吸光度A时产生了一个微小的绝对误差dA，则测A的相对误差。

$$E_r = \frac{dA}{A}$$

由 Lambert - Beer 定律：$A = \varepsilon bc$

$$dA = \varepsilon bdc$$

这时 dc 就是测量浓度 c 的微小的绝对误差。二式相除。

$$\frac{dA}{A} = \frac{dc}{c}$$

可见，由于 c 与 A 成正比，则测量的绝对误差 dc 与 dA 成正比，而测量的相对误差完全相等。透光率在一定范围内，有较小的测量误差，则

$$A = -\lg T$$

$$dA = -d(\lg T) = -0.434\ d(\ln T) = \frac{0.434}{T}dT$$

所以 $$\frac{dA}{A} = \frac{0.434}{T\lg T}dT$$

即 $\frac{dc}{c} = \frac{0.434}{T\lg T}dT$ 误差与仪器读数误差（dT）有关；与本身透光率有关。

$$\frac{dA^1}{A} = 0.434\ dT\left(\frac{1}{T\lg T}\right)^1$$

$$= 0.434dT\frac{(T\lg T)^1}{(T\lg T)^2}$$

$$= -0.434dT\frac{\lg e + \lg T}{(T\lg T)^2}$$

当 $\lg e + \lg T = 0$ 时，$\left(\frac{dA}{A}\right)^1 = 0$ 测量误差最小。

$$-\lg T = \lg e = 0.434 = A$$

$A = 0.434$ 或 $T = 0.368$ 时，相对误差最小。

2. 测量条件的选择

选择适当的测量条件，是获得准确测定结果的重要途径。选择适合的测量条件，可从下列几个方面考虑。

（1）测量波长的选择　通常都是选择最强吸收带的最大吸收波长 λ_{max} 作为测量波长，称为最大吸收原则，以获得最高的分析灵敏度。而且在 λ_{max} 附近，吸光度随波长的变化一般较小，波长的稍许偏移引起吸光度的测量偏差较小，可得到较好的测定精密度。但在测量高浓度组分时，宁可选用灵敏度低一些的吸收峰波长（ε 较小）作为测量波长，以保证校正曲线有足够的线性范围。如果 λ_{max} 所处吸收峰太尖锐，则在满足分析灵敏度前提下，可选用灵敏度低一些的波长进行测量，以减少比耳定律的偏差。

（2）吸光度范围的控制　任何光度计都有一定的测量误差，这是由于测量过程中光源的不稳定、读数的不准确或实验条件的偶然变动等因素造成的。由于吸收定律中透射比 T 与浓度 c 是负对数的关系，从负对数的关系曲线可以看出，相同的透射比读数误差在不同的浓度范围中，所引起的浓度相对误差不同，当浓度较大或浓度较小时，相对误差都比较大。因此，要选择适宜的吸光度范围进行测量，以降低测定结果的相对误差。根据

吸收定律

$$A = -\lg T = \varepsilon bc$$

微分后得

$$\mathrm{d}\lg T = 0.434\,3\,\frac{\mathrm{d}T}{T} = -\varepsilon b\mathrm{d}c$$

写成有限的小区间为

$$0.434\,3\,\frac{\Delta T}{T} = -\varepsilon b\Delta c = \frac{\lg T}{c}\cdot\Delta c$$

即浓度的相对偏差为

$$\frac{\Delta c}{c} = \frac{0.434\,3\Delta T}{T\lg T}$$

要使测定结果的相对偏差$\left(\frac{\Delta c}{c}\right)$最小，上式对 T 求导应有一极小值，即

$$\frac{\mathrm{d}}{\mathrm{d}T}\left[\frac{0.434\,3\Delta T}{T\lg T}\right] = \frac{-0.434\,3\Delta T(\lg T + 0.434\,3)}{(T\lg T)^2} = 0$$

解得

$$\lg T = -0.434,\ T = 36.8\% \text{ 或 } A = 0.434$$

表明当吸光度 $A = 0.434$ 时，仪器的测量误差最小。这个结果也可以从图 13－14 表示。

即图中曲线的最低点。不论当 A 增大或减小时，误差都变大。在吸光分析中，一般选择 A 的测量范围为 0.2～0.8（$T\%$ 为 65%～15%），此时如果仪器的透射率读数误差（ΔT）为 1% 时，由此引起的测定结果相对误差$\left(\frac{\Delta c}{c}\right)$约为 3%。

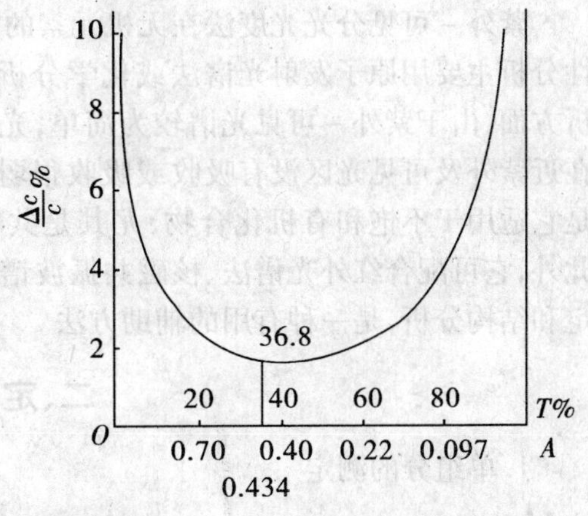

图 13－14　浓度测量的相对误差$\frac{\Delta c}{c}$与溶液透射比（T）的关系

在实际工作中，可通过调节待测溶液的浓度或选用适当厚度的吸收池的方法，使测得的吸光度落在所要求的范围内。

（3）参比溶液的选择　测量试样溶液的吸光度时，先要用参比溶液调节透过率为 100%，以消除溶液中其他成分以及吸收池和溶剂对光的反射和吸收所带来的误差。根据试样溶液的性质，选择合适组分的参比溶液是很重要的。

①溶剂参比。当试样溶液的组成较为简单，共存的其他组分很少且对测定波长的光几乎没有吸收以及显色剂没有吸收时，可采用溶剂作为参比溶液，这样可消除溶剂、吸收池等因素的影响。

②试剂参比。如果显色剂或其他试剂在测定波长有吸收，按显色反应相同的条件，只是不加入试样，同样加入试剂和溶剂作为参比溶液。这种参比溶液可消除试剂中的组

分产生吸收的影响。

③试样参比。如果试样基体在测定波长有吸收,而与显色剂不起显色反应时可按与显色反应相同的条件处理试样,只是不加显色剂。这种参比溶液适用于试样中有较多的共存组分,加入的显色剂量不大,且显色剂在测定波长无吸收的情况。

④平行操作溶液参比。用不含被测组分的试样,在相同条件下与被测试样同样进行处理,由此得到平行操作参比溶液。

此外,对于比色皿的厚度、透光率、仪器波长,读数刻度等应进行校正,对比色皿放置位置、光电池的灵敏度等也应注意检查。

第五节 吸光光度法的应用

一、定性分析

紫外-可见分光光度法是一种广泛应用的定量分析方法,也是对物质进行定性分析和结构分析的一种手段,同时还可以测定某些化合物的物理化学参数,例如摩尔质量、配合物的配合比和稳定常数,以及酸、碱的离解常数等。

紫外-可见分光光度法在无机元素的定性分析应用方面是比较少的,无机元素的定性分析主要用原子发射光谱法或化学分析法。在有机化合物的定性分析鉴定及结构分析方面,由于紫外-可见光谱较为简单,光谱信息少,特征性不强,而且不少简单官能团在近紫外及可见光区没有吸收或吸收很弱,因此,这种方法的应用有较大的局限性。但是它适用于不饱和有机化合物,尤其是共轭体系的鉴定,以此推断未知物的骨架结构。此外,它可配合红外光谱法、核磁共振波谱法和质谱法等常用的结构分析法进行定量鉴定和结构分析,是一种有用的辅助方法。

二、定量分析

1. 单组分的测定

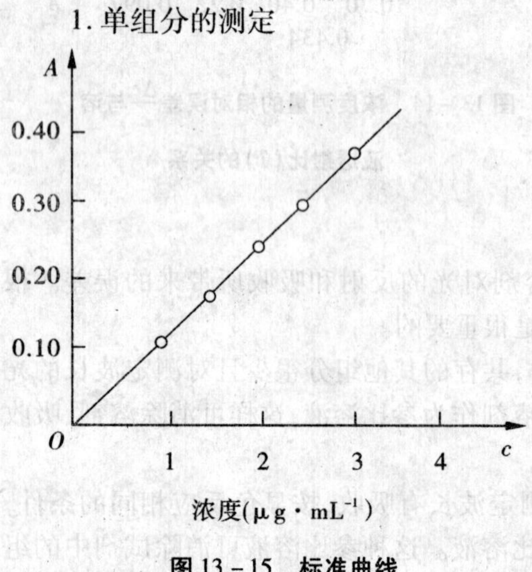

图 13-15 标准曲线

(1) 一般方法

①$A-c$ 标准曲线法。与标准系列法相似,先配制一系列不同浓度的标准溶液,相同条件下显色,用相同厚度的吸收池,在相同波长下以适当的参比溶液调节仪器零点后,分别测出其吸光度,以吸光度为纵坐标,以对应浓度为横坐标作图即得到一条通过原点的直线,如图 13-15 所示,称为标准曲线或工作曲线。再将待测试样在相同条件下显色,并测定其对应相同波长光的吸光度。从标准曲线上可查出其相应的浓度。

在实际工作中,有时标准曲线不通过原

点。这可能是由于参比溶液选择不当,吸收池厚度不均,吸收池位置放置不妥,或吸收池表面不清洁等因素造成的。

②比较法。根据朗伯—比耳定律,在入射光波长一定和液层厚度相等的条件下,溶液的吸光度与溶液中吸光组分的浓度成正比。用同一强度、同一波长的单色光通过两个厚度相同而浓度不同的有色溶液,其一为已知准确浓度的标准溶液,另一为未知浓度的被测试样溶液。则两溶液浓度之比等于其吸光度之比。即

$$A_{标} = \varepsilon_1\ b\ c_{标} \qquad A_{测} = \varepsilon_2\ b\ c_{测}$$

由于被测溶液与标准溶液的性质、测定温度、入射光波长等条件一致,所以上两式中 $\varepsilon_1 = \varepsilon_2$。因此

$$\frac{A_{标}}{A_{测}} = \frac{c_{标}}{c_{测}}$$

$$c_{测} = \frac{A_{测}}{A_{标}} \times c_{标}$$

标准溶液的浓度是已知的,因此只需测得标准溶液和被测试样溶液的吸光度即可用上式计算试样溶液中吸光组分的浓度。

用比较法进行测定时,标准溶液浓度应与被测试液浓度接近时测定结果才可靠,否则将有较大误差。

(2)示差分光光度法 普通分光光度法只适用于微量组分的分析,而不适合于常量组分的分析。这主要是因为测量误差较大。即使能将 A 控制在合适的吸光度范围 0.2 ~ 0.8 之内,测量误差也仍有 4% 左右。这样大的相对误差如果说对微量组分的测定还是可以接受的话,那么对常量组分测定就是不能允许的,因为此时不仅相对误差较大,而且绝对误差也较大。但差示分光光度法却可以应用于常量组分的测定,因为它们的测量相对误差可以降低 0% 到 5% 以下,从而使测量准确度大大提高。

差示分光光度法与普通分光光度法的主要区别在于它所采用的参比溶液不同。差示分光光度法是以浓度比待测定溶液浓度稍低的标准溶液作为参比溶液。假设待测溶液浓度为 c_x,参比溶液浓度为 c_s,则 $c_s < c_x$。根据朗伯—比耳定律,在普通分光光度法中

$$A_x = \varepsilon b c_x = -\lg T_x = -\lg \frac{I_x}{I_0}$$

$$A_s = \varepsilon b c_s = -\lg T_s = -\lg \frac{I_s}{I_0}$$

但是在差示法中,是以 c_s 溶液为参比,即以 c_s 溶液的透射光强 I_s 作为假想的入射光强 I_{01},来调节吸光度零点的。

$$I_s = I_{01}$$

而当把待测溶液推入光路后,其透光率

$$T_{差} = \frac{I_x}{I_{01}} = \frac{I_x}{I_s} = \frac{I_x}{I_0} = \frac{I_0}{I_s} = \frac{T_x}{T_s}$$

所测得的吸光度

$$A_{差} = -\lg T_{差} = -\lg \frac{T_x}{T_s} = (-\lg T_x) - (-\lg T_s) = A_x - A_s = \Delta A$$

可见，在差示分光光度法中，实际测得的吸光度 $A_{差}$ 就相当于在普通分光光度法中待测溶液与参比溶液的吸光度之差 ΔA。“差示”一词即原于此。将朗伯—比耳定律代入

$$\Delta A = A_x - A_s = \varepsilon b(c_x - c_s) = \varepsilon b\Delta c$$

其中

$$\Delta c = c_x - c_s$$

即在差示法中，朗伯—比耳定律可表示为

$$\Delta A = \varepsilon b\Delta c$$

据此测得的浓度并不是 c_x 而是浓度差 Δc。但由于 c_s 是已知的标准溶液的浓度，由

$$c_x = c_s + \Delta c$$

可间接推算出待测溶液的浓度 c_x。这即为差示法测定的原理。

在差示法中，由仪器噪音引起的测量误差依然存在，因此即使控制吸光度 ΔA 在合适范围 0.2 ~ 0.8 之内，测量相对误差也仍将达到约 4%。但与普通分光光度法不同的是，在差示法中这个近 4% 的相对误差是相对于 Δc 而言的，而不是相对于 c_x 而言的。如果是相对于 c_x 而言的，则相对误差

$$RE = \frac{4(\%) \times \Delta c}{c_x}$$

由于 c_x 仅仅是稍大于 c_s，故 c_x 总是远大于 Δc。假设 c_x 为 Δc 的 10 倍，则测量相对误差就等于 0.4%。这就使得差示分光光度法的准确度大大提高，可适用于常量组分的分析。

从仪器构造上讲，差示分光光度法需要一个大发射强度的光源，才能用高浓度的参比溶液调节吸光度零点。因此必须采用专门设计的差示分光光度计，这使它的应用受到一定限制。

2. 多组分的同时测定

根据吸光度具有加和性的特点，在同一试样中可以同时测定两个或两个以上组分。假设要测定试样中的两个组分 A、B，如果分别绘制 A、B 两纯物质的吸收光谱，绘出三种情况，如图 13 - 16 所示。

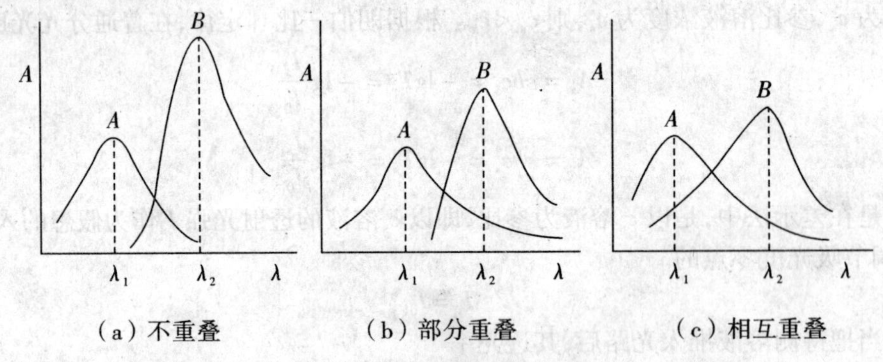

图 13 - 16　混合物的紫外吸收光谱

(a)情况表明两组分互不干扰，可以用测定单组分的方法分别在 λ_1、λ_2 测定 A、B 两组分；

(b)情况表明 A 组分对 B 组分的测定有干扰，而 B 组分对 A 组分的测定无干扰，则

可以在 λ_1 处单独测量 A 组分，求得 A 组分的浓度 c_A。然后在 λ_2 处测量溶液的吸光度 $A_{\lambda_2}^{A+B}$ 及 A、B 纯物质的 $\varepsilon_{\lambda_2}^{A}$ 和 $\varepsilon_{\lambda_2}^{B}$ 值，根据吸光度的加和性，即得

$$A_{\lambda_2}^{A+B}=A_{\lambda_2}^{A}+A_{\lambda_2}^{B}=\varepsilon_{\lambda_2}^{A}\mathrm{b}c_A+\varepsilon_{\lambda_2}^{B}bc_B$$

则可以求出 c_B；

(c)情况表明两组分彼此互相干扰，此时，在 λ_1、λ_2 处分别测定溶液的吸光度 $A_{\lambda_1}^{A+B}$ 及 $A_{\lambda_2}^{A+B}$，而且同时测定 A、B 纯物质的 $\varepsilon_{\lambda_1}^{A}$、$\varepsilon_{\lambda_1}^{B}$ 及 $\varepsilon_{\lambda_2}^{A}$、$\varepsilon_{\lambda_2}^{B}$。然后列出联立方程

$$A_{\lambda_1}^{A+B}=\varepsilon_{\lambda_1}^{A}bc_A+\varepsilon_{\lambda_1}^{B}bc_B$$

$$A_{\lambda_2}^{A+B}=\varepsilon_{\lambda_2}^{A}bc_A+\varepsilon_{\lambda_2}^{B}bc_B$$

解得 c_A、c_B。

显然，如果有 n 个组分的光谱互相干扰，就必须在 n 个波长处分别测定吸光度的加和值，然后解 n 元一次方程以求出各组分的浓度。应该指出，这将是繁琐的数学处理，且 n 越多，结果的准确性越差。用计算机处理测定结果将使运算大为方便。

三、络合物组成和酸碱离解常数的测定

1. 络合物组成的测定

分光光度法是测定配合物组成及稳定常数常用及有效的方法之一。主要有摩尔比法、等摩尔连续变化法、斜率比法和平衡移动法四种，前两种方法较后两种方法更为常用。

(1)摩尔比法　设络合反应

$$\mathrm{M}^{n+}+m\mathrm{R}\rightleftharpoons\mathrm{MR}_m^{n+}$$

若在某波长下只有络合物 MR_m^{n+} 有吸收，M^{n+} 和 R 及其他中间络合物均无吸收。可配制一系列溶液金属离子 M^{n+} 的浓度相等，而配位剂浓度各不相同的溶液，使摩尔比 $c_\mathrm{R}/c_\mathrm{M}$ 分别等于 0.5，1，1.5，2，…测定这一系列溶液的吸光度 A，绘制 $A-c_\mathrm{R}/c_\mathrm{M}$ 曲线，如图 13－17所示。

分别作曲线上升部分和平台部分两条直线的延长线，二者交点的横坐标等于多少，配位比就是多少。如图 13－17 所示，图中如果交点的横坐标等于 2，形成的络合物就是 MR_2^{n+}。摩尔比法的原理是，当 $c_\mathrm{R}/c_\mathrm{M}$ 小于 2 时，溶液中的 M^{n+} 只有一部分转变为 MR_2^{n+}，因此当 R 浓度增大，即比值 $c_\mathrm{R}/c_\mathrm{M}$ 增大时，MR_2^{n+} 的量也逐渐增多，吸光度逐渐增大，表现为一条随 $c_\mathrm{R}/c_\mathrm{M}$ 增大而增大的直线。而当 $c_\mathrm{R}/c_\mathrm{M}$ 大于 2 时，溶液中的 M^{n+} 已全部转变为 MR_2^{n+}，MR_2^{n+} 的量不会随 R 浓度的增加而增加。因此吸光度不变，表现为一条水平的直线。从上升的直线到水平的直线的转折点对应的摩尔比就是络合物的配位比。在实际测定中，两条直线之间并非存在明显转折点，而是一段曲线。这是由于络合物 MR_2^{n+} 离解所造成的，故采用延长线的交点作为实际的转折点。

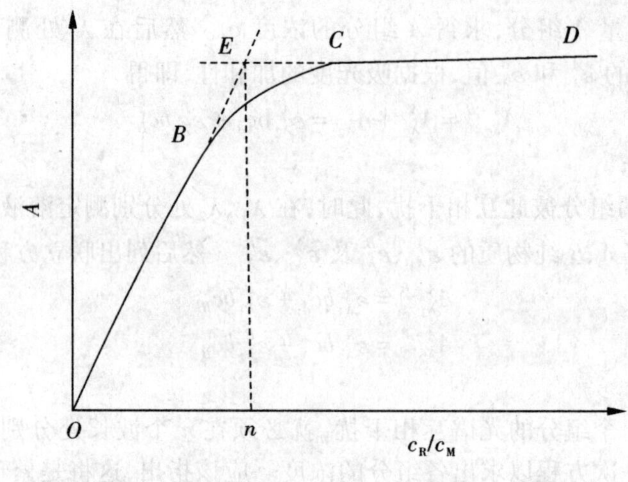

图 13－17 $A-c_R/c_M$ 曲线

显然，所生成的有色络合物越稳定，转折点就越容易得到，络合比就越好求，所以摩尔比法只适用于求稳定络合物的组成，另外，在可能形成的各级络合物中，如果 MR_1^{n+}、MR_2^{n+}、…、MR_{n-1}^{n+} 等中间络合物也很稳定，则摩尔比法也不适用。只有最后一级络合物 MR_m^{n+} 稳定且有色，其配位比才适用于摩尔比法测定。

（2）等摩尔连续变化法　设配合反应为

$$M+nR \Longrightarrow MR_n$$

设 c_M 与 c_R 分别为溶液中 M 与 R 物质的量浓度（原始浓度），配置一系列浓度，保持 $c_M+c_R=c$（c 值恒定）。改变 c_M 与 c_R 的相对比值，在 MR_n 的吸收波长下测定各溶液的吸光度 A。当 A 值达到最大时，即 MR_n 浓度最大，该溶液中 c_M/c_R 比值即为配合物的组成比。如以吸光度 A 为纵坐标，c_M/c 比值为横坐标作图，即绘出连续变化法曲线（图 13－18）。两曲线外推的交点所对应的 c_M/c 值即是配合物的组成 M 与 R 之比（n 值）。

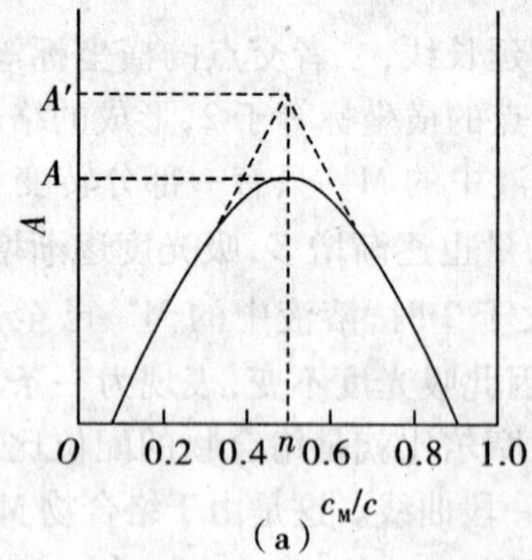

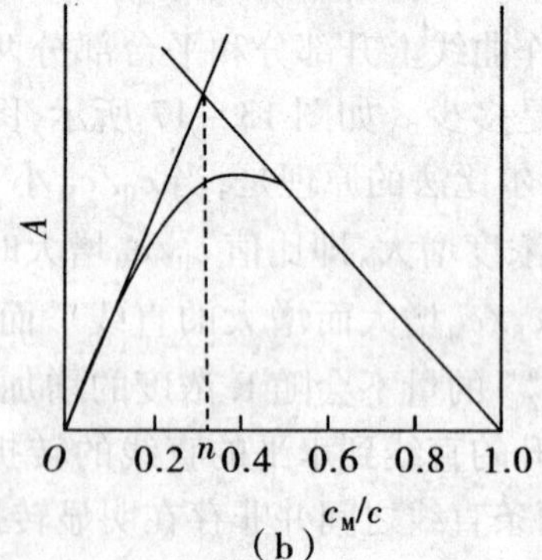

图 13－18　连续变化法

该法适用于溶液中只形成一种离解度小的、配合比低的测定。

若以[M]、[R]和[MR_n]分别表示金属离子、配位体和配合物平衡时的浓度，f 为金属

离子在总浓度中所占的分数,$f=c_M/c$,则

$$[M]=c_M-[MR_n]=fc-[MR_n]$$

$$[R]=c_R-n[MR_n]=(1-f)c-n[MR_n]$$

$$K_{稳}=\frac{[MR_n]}{[M][R]^n}=\frac{[MR_n]}{fc[MR_n]\{(1-f)c-n[MR_n]\}^n}$$

2. 酸碱离解常数的测定

(1)作图法　如果一种有机化合物的酸性官能团或碱性官能团是发色团的一部分,则该物质的吸收光谱随溶液的 pH 而改变,且可以不同 pH 时所获得的吸光物质测定该物质的离解常数。

例如:酸 HA 在水溶液中的离解平衡可表示为

$$HA+H_2O \rightleftharpoons H_3O^+ + A^-$$

$$K_a=\frac{[H_3O^+][A^-]}{[HA]}$$

当$[HA]=[A^-]$时,则

$$K_a=[H_3O^+]$$

$$pK_a=-\lg[H_3O^+]=pH$$

因此,只要找出$[HA]=[A^-]$时溶液的 pH,该 pH 就是该酸的 pK_a。

测定方法是:配制一系列 pH 标准溶液(用 pH 计精确校正),每一 pH 溶液中准确加入一定量的待测酸 HA。然后以水作空白,测量不同溶液的吸光度,以吸光度为纵坐标,pH 为横坐标,绘制一条曲线。曲线 A 点以前,溶液中全为酸 HA;B 点以后,全为其共轭碱 A^-;曲线 AB 间溶液中 HA 和 A^- 的形式共存,C 点为$[HA]=[A^-]$时吸光度,C 点所对应的 pH 即为 pK_a 值。

(2)代数法　以一元弱酸 HB 为例,其反应和离解常数表达式为

$$HB \rightleftharpoons H^+ + B^-$$

$$K_a=\frac{[H^+][B^-]}{[HB]} \quad (1)$$

设其分析浓度为 c,则

$$c=[HB]+[B^-] \quad (2)$$

设在某波长下,酸 HB 和碱 B^- 均有吸收,液层厚度 $b=1$ cm,则根据吸光度的加和性

$$A=A_{HB}+A_{B^-}=\varepsilon_{HB}[HB]+\varepsilon_{B^-}[B^-] \quad (3)$$

将(2)代入(3),则

$$A=\varepsilon_{HB}[HB]+\varepsilon_{B^-}\{c-[HB]\}=\varepsilon_{B^-}c+[HB](\varepsilon_{HB}-\varepsilon_{B^-})$$

故

$$[HB]=\frac{\varepsilon_{B^-}c-A}{\varepsilon_{B^-}-\varepsilon_{HB}} \quad (4)$$

同理

$$[B^-]=\frac{A-\varepsilon_{HBc}}{\varepsilon_{B^-}-\varepsilon_{HB}} \quad (5)$$

将(4)(5)代入(1),则

$$K_a=[H^+]\frac{A-\varepsilon_{HB}c}{\varepsilon_{B^-}-c-A}$$

这里 $\varepsilon_{HB}c$ 实际上是弱酸全部以 HB 型体存在时的吸光度，定义为 A_{HB}。$\varepsilon_{B^-}c$ 实际是弱酸全部以 B^- 型体存在时的吸光度，定义为 A_{B^-}。于是

$$K_a = [H^+]\frac{A - A_{HB}}{A_{B^-} - A}$$

或

$$pK_a = pH + \lg\frac{A_{B^-} - A}{A - A_{HB}}$$

测定时，调节溶液的 pH。当 $pH \ll pK_a$ 时，弱酸几乎全部以 HB 型体存在，可测得 A_{HB}；当 $pH \gg pK_a$ 时，弱酸几乎全部以 B^- 型体存在，可测得 A_{B^-}；而在 $pH = pKa \pm 1$ 范围内，可测得某一确定的 pH 及对应的 A，根据上式即可得 pK_a。

四、其他方面的应用

1. 化合物相对分子质量的测定

利用同样生色骨架的分子 λ_{max} 及 ε_{max} 基本相同的特点，若一化合物在紫外 - 可见光区无吸收，则可将它与另一已知摩尔吸光系数的生色团 ε 作用形成衍生物。测定一定质量浓度 m(g/L) 的该衍生物溶液的吸光度 A，可以计算该化合物的相对分子质量。

$$A = \varepsilon b\frac{m}{M}, M = \frac{\varepsilon mb}{A}$$

M 为衍生物的相对分子量，扣去生色团的相对分子量后得到该化合物的相对分子量。

2. 氢键强度的测定

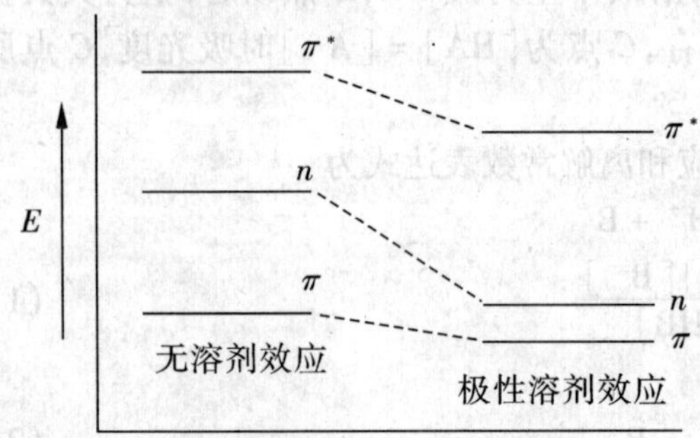

图 13 - 19 溶剂极性对 $\pi\to\pi^*$ 与 $n\to\pi^*$ 跃迁能量的影响

引起 $n-\pi^*$ 跃迁吸收带的蓝移，而引起 $\pi-\pi^*$ 吸收带的红移。这种移动是溶质分子与溶剂分子在溶剂效应对 $n-\pi^*$ 跃迁和 $\pi-\pi^*$ 所引起的吸收光谱的影响中已经指出，溶剂极性增大时，分子相互作用引起的。如果它们之间具有可形成氢键的基团，则就是由于形成氢键所引起的。因而可以通过吸收波长的移动程度来测定氢键的强度。从图 13 - 19 可见，溶剂极性变大时，使 n、π、π^* 轨道的能量都降低，而 n 降低最大，其次是 π^*，π 降低最少，致使 $n-\pi^*$ 跃迁所需能量 ΔE 升高，吸收波长移动所对应的能量差即为氢键的强度。

3. 在电化学研究方面的应用

分光光度法与电化学结合起来，构成了一个崭新的研究领域——光谱电化学。光谱电化学技术有透射技术、镜反射技术和内反射技术三种，以分光光度法为测量手段，研究某无机物、有机物和生物物质在电极上的电化学行为。可以同时获得氧化还原体系的吸收光谱和氧化还原电位，研究其向所发生的电化学反应历程及动力学。它还可以测定所发生电化学反应所转移的电子数、标准电位、摩尔吸光系数以及反应中间产物或最终产

物的扩散系数等。光谱电化学发展很快，它在研究无机、有机和生物化学氧化还原机理和均向反应动力学等方面无疑将会发挥极大的作用。

习　题

1. 以邻二氮菲光度法测定 Fe（Ⅱ），称取试样 0.500 g，经处理后，加入显色剂，最后定容为 50.0 mL，用 1.0 cm 吸收池在 510 nm 波长下测得吸光度 $A=0.430$，计算试样中的 $w(Fe)$（以百分数表示）；当溶液稀释一倍后透射比是多少？（$\varepsilon_{510}=1.1\times10^4$）

2. $T=10^{-A}\times100\%=61.0\%$ 已知 $KMnO_4$ 的 $\varepsilon_{545}=2.2\times10^3$，计算此波长下浓度为 0.002%（$m/V$）$KMnO_4$ 溶液在 3.0 cm 吸收池中的透射比。若溶液稀释一倍后透射比是多少？

3. 以丁二酮肟光度法测定镍，若络合物 $NiDx_2$ 的浓度为 1.7×10^{-5} mol·L^{-1}，用 2.0 cm 吸收池在 470 nm 波长下测得的透射比为 30.0%。计算络合物在该波长的摩尔吸光系数。

4. 根据下列数据绘制磺基水杨酸光度法测定 Fe（Ⅲ）的工作曲线。标准溶液是由 0.432 g 铁铵矾[$NH_4Fe(SO_4)_2\cdot12H_2O$]溶于水定容到 500.0 mL 配制成的。取下列不同量标准溶液于 50.0 mL 容量瓶中，加显色剂后定容，测量其吸光度。

V(Fe(Ⅲ))　(mL)	1.00	2.00	3.00	4.00	5.00	6.00
A	0.097	0.200	0.304	0.408	0.510	0.618

5. 测定某试液含铁量时，吸取试液 5.00 mL，稀释至 250.0 mL，再取此稀释溶液 2.00 mL 置于 50.0 mL 容量瓶中，与上述工作曲线相同条件下显色后定容，测得的吸光度为 0.450，计算试液中 Fe（Ⅲ）含量（以 g/L 表示）。

6. 以 PAR 光度法测定 Nb，络合物最大吸收波长为 550 nm，$\varepsilon=3.6\times10^4$；以 PAR 光度法测定 Pb，络合物最大吸收波长为 520 nm，$\varepsilon=4.0\times10^4$。计算并比较两者的桑德尔灵敏度。

7. 有两份不同浓度的某一有色络合物溶液，当液层厚度均为 1.0 cm 时，对某一波长的透射比分别为：(a) 65.0%；(b) 41.8%。求

(1) 该两份溶液的吸光度 A_1，A_2。

(2) 如果溶液 (a) 的浓度为 6.5×10^{-4} mol·L^{-1}，求溶液 (b) 的浓度。

(3) 计算在该波长下有色络合物的摩尔吸光系数和桑德尔灵敏度（设待测物质的摩尔质量为 47.9 g·mol^{-1}）。

8. 用吸光光度法测定含有两种络合物 x 与 y 的溶液的吸光度（$b=1.0$cm），获得下列数据：

溶液	c/mol·L^{-1}	A_1(285 nm)	A_2(365 nm)
x	5.0×10^{-4}	0.053	0.430
y	1.0×10^{-3}	0.950	0.050
$x+y$	未知	0.640	0.370

计算未知溶液中 x 和 y 的浓度。

9. 当光度计透射比测量的读数误差 $\Delta T = 0.010$ 时，测得不同浓度的某吸光溶液的吸光度为：0.010、0.100、0.200、0.434、0.800、1.200。利用吸光度与浓度成正比以及吸光度与透光率的关系，计算由仪器读数误差引起的浓度测量的相对误差。

10. 以联吡啶为显色剂，光度法测定 Fe(Ⅱ)，若在浓度为 0.2 $mol \cdot L^{-1}$，pH = 5.0 时的醋酸缓冲溶液中进行显色反应。已知过量联吡啶的浓度为 1×10^{-3} $mol \cdot L^{-1}$，$\lg K^{H}$(bipy) = 4.4，$\lg K$(FeAc) = 1.4，$\lg\beta_3 = 17.6$。试问反应能否定量进行？

11. 用示差光度法测量某含铁溶液，用 5.4×10^{-4} $mol \cdot L^{-1}$ Fe^{3+} 溶液作参比，在相同条件下显色，用 1 cm 吸收池测得样品溶液和参比溶液吸光度之差为 0.300。已知 $\varepsilon = 2.8 \times 10^{3}$ $L \cdot mol^{-1} \cdot cm^{-1}$，则样品溶液中 Fe^{3+} 的浓度有多大？

12. 准确称取一定量指示剂于 100 mL 容量瓶中定容使其浓度为 10.00 $mmol \cdot L^{-1}$。取该溶液 2.50 mL 5 份，分别调至不同 pH 并定容至 25.0 mL，用 1.0 cm 吸收池在 650 nm 波长下测得如下数据：

pH	1.00	2.00	7.00	10.00	11.00
A	0.00	0.00	0.588	0.840	0.840

计算在该波长下 In^{-} 的摩尔吸光系数和该指示剂的 pK_a。

参 考 文 献

1 倪静安主编.无机及分析化学.北京:化学工业出版社,1998.

2 陈荣三,张树成,黄孟键等编.无机及分析化学.北京:高等教育出版社,1985.

3 孟庆珍编.无机化学.北京:北京师范大学出版社,1988.

4 彭崇慧,冯建章,张锡瑜编著.定量化学分析简明教程.北京:北京大学出版社,1985.

5 周正民主编.简明无机化学.郑州:郑州大学出版社,2002.

6 胡传训主编.定量分析化学.成都:四川大学出版社,2002.

7 呼世斌主编.无机及分析化学.北京:高等教育出版社,2001.

8 吴玮,宋凌春,莫亦荣.厦门大学学报(自然科学版)现代价键理论研究进展,2001,40(2).

9 严宣申主编.普通无机化学.北京:北京大学出版社,1992.

10 王志勇主编.简明无机化学教程,北京:高等教育出版社,1988.

11 李发美主编.分析化学.北京:人民卫生出版社,2006.

12 孙毓庆.分析化学.上、下册(第四版).北京:人民卫生出版社,1999.

元素周期表

原子序数——92 U——元素符号，灰色指放射性元素
元素名称加*的是人造元素——铀
$5f^36d^17s^2$——外层电子层分布，括号指可能的电子层分布
238.03——相对原子质量

金属　稀有气体　非金属　过渡元素

周期＼族	Ⅰ A	Ⅱ A	Ⅲ B	Ⅳ B	Ⅴ B	Ⅵ B	Ⅶ B	Ⅷ	Ⅷ	Ⅷ	Ⅰ B	Ⅱ B	Ⅲ A	Ⅳ A	Ⅴ A	Ⅵ A	Ⅶ A	0	电子层	0族电子数
1	1 H 氢 $1s^1$ 1.008																	2 He 氦 $1s^2$ 4.003	K	2
2	3 Li 锂 $2s^1$ 6.941	4 Be 铍 $2s^2$ 9.012											5 B 硼 $2s^22p^1$ 10.81	6 C 碳 $2s^22p^2$ 12.01	7 N 氮 $2s^22p^3$ 14.01	8 O 氧 $2s^22p^4$ 16.00	9 F 氟 $2s^22p^5$ 19.00	10 Ne 氖 $2s^22p^6$ 20.18	L K	8 2
3	11 Na 钠 $3s^1$ 22.99	12 Mg 镁 $3s^2$ 24.31											13 Al 铝 $3s^23p^1$ 26.98	14 Si 硅 $3s^23p^2$ 28.09	15 P 磷 $3s^23p^3$ 30.97	16 S 硫 $3s^23p^4$ 32.06	17 Cl 氯 $3s^23p^5$ 35.45	18 Ar 氩 $3s^23p^6$ 39.95	M L K	8 8 2
4	19 K 钾 $4s^1$ 39.10	20 Ca 钙 $4s^2$ 40.08	21 Sc 钪 $3d^14s^2$ 44.96	22 Ti 钛 $3d^24s^2$ 47.87	23 V 钒 $3d^34s^2$ 50.94	24 Cr 铬 $3d^54s^2$ 52.00	25 Mn 锰 $3d^54s^2$ 54.94	26 Fe 铁 $3d^64s^2$ 55.85	27 Co 钴 $3d^74s^2$ 58.93	28 Ni 镍 $3d^84s^2$ 58.69	29 Cu 铜 $3d^{10}4s^2$ 63.55	30 Zn 锌 $3d^{10}4s^2$ 65.39	31 Ga 镓 $4s^24p^1$ 69.72	32 Ge 锗 $4s^24p^2$ 72.61	33 As 砷 $4s^24p^3$ 74.92	34 Se 硒 $4s^24p^4$ 78.96	35 Br 溴 $4s^24p^5$ 79.90	36 Kr 氪 $4s^24p^6$ 83.80	N M L K	8 18 8 2
5	37 Rb 铷 $5s^1$ 85.47	38 Sr 锶 $5s^2$ 87.62	39 Y 钇 $4d^15s^2$ 88.91	40 Zr 锆 $4d^25s^2$ 91.22	41 Nb 铌 $4d^45s^1$ 92.91	42 Mo 钼 $4d^55s^1$ 95.94	43 Tc 锝 $4d^55s^2$ [97.99]	44 Ru 钌 $4d^75s^1$ 101.10	45 Rh 铑 $4d^85s^1$ 102.91	46 Pd 钯 $4d^{10}$ 106.42	47 Ag 银 $4d^{10}5s^1$ 107.87	48 Cd 镉 $4d^{10}5s^2$ 112.41	49 In 铟 $5s^25p^1$ 114.82	50 Sn 锡 $5s^25p^2$ 118.71	51 Sb 锑 $5s^25p^3$ 121.76	52 Te 碲 $5s^25p^4$ 127.60	53 I 碘 $5s^25p^5$ 126.90	54 Xe 氙 $5s^25p^6$ 131.29	O N M L K	8 18 18 8 2
6	55 Cs 铯 $6s^1$ 132.91	56 Ba 钡 $6s^2$ 137.33	57~71 La~Lu 镧系	72 Hf 铪 $5d^26s^2$ 178.49	73 Ta 钽 $5d^36s^2$ 180.95	74 W 钨 $5d^46s^2$ 183.84	75 Re 铼 $5d^56s^2$ 186.21	76 Os 锇 $5d^66s^2$ 190.23	77 Ir 铱 $5d^76s^2$ 192.22	78 Pt 铂 $5d^96s^1$ 195.08	79 Au 金 $5d^{10}6s^1$ 196.97	80 Hg 汞 $5d^{10}6s^2$ 200.59	81 Tl 铊 $6s^26p^1$ 204.38	82 Pb 铅 $6s^26p^2$ 207.20	83 Bi 铋 $6s^26p^3$ 208.98	84 Po 钋 $6s^26p^4$ [209.21]	85 At 砹 $6s^26p^5$ [210.0]	86 Rn 氡 $6s^26p^6$ [222.0]	P O N M L K	8 18 32 18 8 2
7	87 Fr 钫 $7s^1$ [223.0]	88 Ra 镭 $7s^2$ [226.0]	89~103 Ac~Lr 锕系	104 Rf 𬬻* $(6d^27s^2)$ [261]	105 Db 𬭊* $(6d^37s^2)$ [262]	106 Sg 𬭳* $(6d^47s^2)$ [263]	107 Bh 𬭛* $(6d^57s^2)$ [264]	108 Hs 𬭶* $(6d^67s^2)$ [265]	109 Mt 鿏* $(6d^77s^2)$ [268]	110 Uun * [269]	111 Uuu * [272]	112 Uub * [277]								

镧系	57 La 镧 $5d^16s^2$ 138.91	58 Ce 铈 $4f^15d^16s^2$ 140.12	59 Pr 镨 $4f^36s^2$ 140.91	60 Nd 钕 $4f^46s^2$ 144.24	61 Pm 钷 $4f^56s^2$ [147]	62 Sm 钐 $4f^66s^2$ 150.36	63 Eu 铕 $4f^76s^2$ 151.96	64 Gd 钆 $4f^75d^16s^2$ 157.25	65 Tb 铽 $4f^96s^2$ 158.93	66 Dy 镝 $4f^{10}6s^2$ 162.50	67 Ho 钬 $4f^{11}6s^2$ 164.93	68 Er 铒 $4f^{12}6s^2$ 167.26	69 Tm 铥 $4f^{13}6s^2$ 168.93	70 Yb 镱 $4f^{14}6s^2$ 173.04	71 Lu 镥 $4f^{14}5d^16s^2$ 174.97
锕系	88 AC 锕 $6d^17s^2$ [227.0]	90 Th 钍 $6d^27s^2$ [232.04]	91 Pa 镤 $5f^26d^17s^2$ [231.04]	92 U 铀 $5f^36d^17s^2$ [238.03]	93 Np 镎 $5f^46d^17s^2$ [237.0]	94 Pu 钚 $5f^67s^2$ [239.24]	95 Am 镅* $5f^77s^2$ [243.0]	96 Cm 锔* $5f^76d^17s^2$ [247]	97 Bk 锫* $5f^97s^2$ [247]	98 Cf 锎* $5f^{10}7s$ [252]	99 Es 锿* $5f^{11}7s^2$ [252]	100 Fm 镄* $5f^{12}7s^2$ [257]	101 Md 钔* $(5f^{13}7s^2)$ [258]	102 No 锘* $(5f^{14}7s^2)$ [259]	103 Lr 铹* $(5f^{14}6d^17s^2)$ [262]

注：
1. 相对原子质量录自2002年国际原子量表
2. 中括号内的数据为放射性元素的半衰期最长的同位素的质量数。